NATIONAL GEOGRAPHIC KiDS

美国国家地理 少儿版
掠食动物大百科

[美]克里斯蒂娜·威尔斯顿 著 阳曦 译

最全面的**掠食动物**参考书

时代出版传媒股份有限公司
安徽科学技术出版社

Boulder Publishing
大石精品图书

［皖］版贸登记号：12201965

本作品中文简体版权由美国国家地理学会授权
北京大石创意文化传播有限公司所有。
由安徽科学技术出版社出版发行。
未经许可，不得翻印。

图书在版编目（CIP）数据

掠食动物大百科 /（美）克里斯蒂娜·威尔斯顿著；
阳曦译. —— 合肥：安徽科学技术出版社，2020.12
（美国国家地理：少儿版）
ISBN 978-7-5337-8213-9

Ⅰ.①掠… Ⅱ.①克… ②阳… Ⅲ.①动物－少儿读
物 Ⅳ.①Q95-49

中国版本图书馆CIP数据核字(2020)第044272号

自1888年起，美国国家地理学会在全球范
围内资助超过13 000项科学研究、环境保护
与探索计划。学会的部分资金来自National
Geographic Partners, LLC，您购买本书也为学
会提供了支持。本书所获收益的一部分将用于
支持学会的重要工作。更多详细内容，请访问
natgeo.com/info。

NATIONAL GEOGRAPHIC 和黄色边框设计
是美国国家地理学会的商标，未经许可，不得
使用。

LÜESHI DONGWU DA BAIKE
掠食动物大百科

［美］克里斯蒂娜·威尔斯顿 著
阳 曦 译

出 版 人：丁凌云　　　　总 策 划：李永适 张婷婷　　　　策　划：张 雯 高清艳
责任编辑：高清艳　　　　特约编辑：杨晓乐 才诗雨　　　　责任校对：李 茜
美术编辑：赵 飞 张渔歌　　封面设计：武 迪　　　　　　责任印制：廖小青
出版发行：时代出版传媒股份有限公司　http://www.press-mart.com
　　　　　安徽科学技术出版社　　　　　http://www.ahstp.net
　　　　　（安徽省合肥市政务文化新区翡翠路1118号出版传媒广场　邮政编码：230071）
　　电话：（0551）63533323
（如发现印装质量问题，影响阅读，请与印刷厂商联系调换）
印　　制：北京瑞禾彩色印刷有限公司
开　　本：889mm×1194mm　1/16　　印　　张：16.5　　　　　　字　　数：350千
版　　次：2020年12月第1版　　　　印　　次：2020年12月第1次印刷

ISBN 978-7-5337-8213-9　　　　　　　　　　　　　　　　　定　　价：168.00元

版权所有　侵权必究

引言

　　"掠食动物"指的是杀死其他动物并以之为食的动物。 现在我家里就住着两位掠食动物！

　　不过，我要是告诉你，这两位"掠食动物"其实是一只猫和一条狗，或许你就不会那么惊讶了。当然，宠物猫和宠物狗已经不再需要猎捕其他动物来当作食物，但它们生活在野外的远亲依然保留了这种生活方式。事实上，虽然我们生活的社区离西雅图——华盛顿州的一座大城市不远，但仍有两只这样的野生"表亲"在附近徘徊。我们常常在夜晚听见郊狼的嗥叫，偶尔也会看到短尾猫的身影在小树林中一闪而过。

　　这些掠食动物都是哺乳动物，但除了哺乳动物以外，自然界中的掠食动物还有爬行动物、鸟类、鱼类和其他种类的动物。有的掠食动物长得很大，比如说，蓝鲸一顿能吃掉好几吨拇指大小的猎物；而有的掠食动物个头很小，对它们来说，一滴水就相当于一个宇宙，比如说，有一种名叫"水熊虫"（缓步动物）的掠食动物，它的体形比一粒罂粟籽还小。最小的缓步动物甚至能塞进本句末尾的句号里。

　　在这本《美国国家地理　掠食动物大百科　少儿版》里，你将认识一些世界著名的掠食动物，其中包括孟加拉虎、非洲狮和大白鲨。除此以外，你还会遇到一些体形很小但同样坚定的掠食动物，例如一种名叫"蚁狮"的昆虫幼虫，它能在沙子里设下陷阱，捕捉猎物。你会发现，为了获取生存所需的食物，这些掠食动物做出了多么出色的适应性演化。

　　这样的演化包括某些特殊的身体部位，比如说，鲸科动物的喉咙里多长了一副牙齿；还有一些掠食动物养成了独特的行为习惯，例如穴鸮会把覆葬甲最爱的食物——牛粪放在甲虫挖掘的洞穴入口附近，好把它们引诱出来！

　　我热爱动物和自然史，所以我痴迷于研究这些掠食动物，了解它们在大自然中扮演的重要角色，并努力保护或者拯救这些了不起的生物，帮助它们在这个世界上继续生活下去。对我来说，创作这本书是一段十分愉快的经历，希望你的阅读之旅也同样愉快！

——克里斯蒂娜·威尔斯顿

作为一个在南卡罗来纳州长大的孩子，小时候我很少看电视，但我经常在户外四处玩耍。我每天看到的风景就是一部部自然纪录片，掠食动物是这些片子里当仁不让的主角。那些追逐的场面让我百看不腻，掠食动物渴望获取食物，而猎物只想保住性命！

我一直保留这样的兴趣，现在我成了西雅图华盛顿大学的一名野生动物学副教授，也拥有了自己的掠食动物生态实验室。我带着研究生一起探究掠食动物捕食猎物或者让猎物变得更警觉的行为对生态环境造成的影响。我们的研究对象包括许多物种，从加拿大猞猁和郊狼这样的小型掠食动物到灰狼、棕熊和虎鲨这样的大家伙。研究这些了不起的动物给我带来了莫大的成就感，原因有二：首先，这份工作让我实现了童年的梦想。（事实上，我一直渴望从事研究掠食动物的工作，为了提醒自己不忘初心，我的办公室里挂着自己五年级时画的两幅画——都是虎鲸追逐猎物的场面！）其次，全世界很多掠食动物的数量都在萎缩，所以我很乐意分享自己的研究成果，和大家一起保护这些动物，帮助它们重获生机。

在审阅《美国国家地理 掠食动物大百科 少儿版》的过程中，野生动物的多样性和它们多姿多彩的捕猎策略令我深深地沉醉其中。在我 20 年的研究生涯中，我发现过这些猎手的诸多秘密，但这本书再次提醒我，还有很多谜团等待我去揭晓。我希望，在阅读这本精彩百科全书的过程中，你能和我一样深受激励，去探索激动人心的掠食动物王国！

——亚伦·维尔辛

目录

4

地球上的所有生命，都是宇宙的奇迹

发现

掠食动物

一只非洲狮扑向一头非洲水牛，哪怕对大型猫科动物这样娴熟的猎手来说，非洲水牛也绝不是好对付的猎物。

什么是掠食动物？

听到"掠食动物"，你会立即想到什么动物？狮子，老虎，熊，可能还有狼和鲨鱼。

你大概不会想到知更鸟或者瓢虫，但这些动物的确属于掠食动物。掠食动物指的是杀死其他动物并以之为食的动物。狮子捕食的是斑马之类的大型动物，知更鸟以土壤中的小虫为食，而瓢虫吃的是蚜虫和其他小型昆虫。

为了顺利猎捕、杀戮、吃掉其他动物，掠食动物演化出了独特的身体结构和行为习惯。在历史的长河中，它们通过基因突变慢慢地获得了这些特征。这样的改变或者说适应性演化，帮助它们在生存竞争中存活下来。

有的掠食动物专注于捕食某种特定的猎物，也有些掠食动物从不挑食。很多掠食动物的食谱包括水果和植物，它们的体形也大小各异——巨大的蓝鲸的体形堪比喷气式飞机，而微不足道的螨虫比一粒沙子还小。

蓝鲸
Balaenoptera musculus

蓝鲸是世界上现存的体形最大的动物，也是体形最大的掠食动物，但蓝鲸的猎物个头特别小——它吃的是一种名叫磷虾的小动物。磷虾长得和虾差不多，但它的长度通常只有 5 厘米。蓝鲸的大嘴里长满了蓬松的长条，我们称之为"鲸须"，这样的结构可以帮助它将磷虾从海水里过滤出来。一头蓝鲸一天最多能吃 4000 万只磷虾。

高体金眼鲷
Anoplogaster cornuta

　　天哪！这种掠食性鱼类看起来简直就像海怪，但它的体长实际上只有15厘米左右。高体金眼鲷的下颌上有长而尖的牙齿，它的头上有几个特殊的小窝，当它闭上嘴巴的时候，长长的尖牙正好可以收进这几个窝里。高体金眼鲷生活在深海中，以鱼虾为食。它能捕食体形相当于自己三分之一的鱼类。

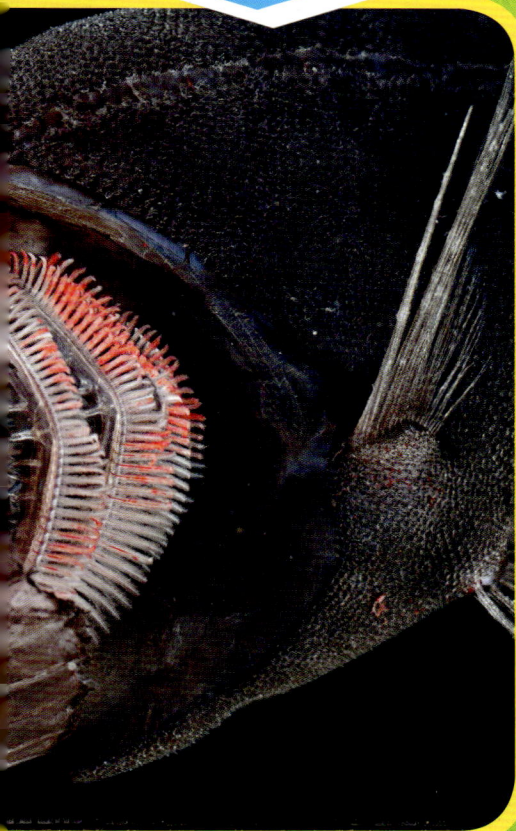

短尾猫
Lynx rufus

　　短尾猫是一种猫科动物。它的爪子很大，尾巴却很短。短尾猫主要以鸟类和野兔之类的小动物为食，但有时候它也会捕食鹿这样的大型猎物。在捕捉小动物的时候，短尾猫会直接咬断猎物的头或者脖子；对于那些比较大的动物，它会用爪子抓住对方的喉咙，将对方扼杀。

饰冠鹰雕
Spizaetus ornatus

　　中南美洲的饰冠鹰雕主要以其他鸟类为食。它会在雨林中高速飞行，搜寻枝头和地面上的猎物。饰冠鹰雕甚至能捕食比自己还大的鸟儿。

许氏棕榈蝮
Bothriechis schlegelii

　　许氏棕榈蝮靠尾巴将自己的身体倒挂在树上，一旦发现猎物，它就会张开大嘴猛扑过去。它的尖牙通常折叠在口腔内部，但在捕猎的时候，这些牙齿会向外弹出，深深扎进鸟类、蛙类等猎物的身体中，然后释放出致命的毒液。

智利小植绥螨
Phytoseiulus persimilis

　　这种螨虫的体长大约只有0.5毫米——你必须借助放大镜才能看清它的模样。但在螨虫的世界里，智利小植绥螨堪称猛兽！它甚至会吃掉另一种名叫"叶螨"的螨虫和它们的卵。

认识食肉动物

跟我一起念：食肉动物就是主要以肉类为食的动物。 肉来自动物，掠食动物以肉为食，但并不是所有掠食动物都是食肉动物。

说到食肉动物，很多人觉得凡是吃肉的动物都可以归入这一类。但从科学的角度来说，食肉动物有着独特的定义，它指的是一类特殊的动物。

猫科动物（从家猫到狮子）、狼、熊、浣熊、鼬、臭鼬、水獭、獴、鬣狗、海豹和海狮都属于食肉动物。这样的组合看起来似乎很奇怪，但这些动物拥有一个共同的特征：牙齿。

食肉动物拥有一种名叫"裂齿"的特殊牙齿，沿上下颌分布的一对对裂齿能像剪刀一样交错移动，对于大部分食肉动物来说，刀子一样锋利的裂齿能帮助它们撕开猎物的肉。如果你看到一只猫或者一条狗用嘴巴侧面的牙齿咀嚼（这时候它们通常低着头），那你应该知道，它们正在使用自己的裂齿。食肉动物的下颌只能上下移动——它们不能像你一样前后移动下颌来磨碎食物。

随着时间的流逝，某些食肉动物的裂齿逐渐适应了肉类以外的其他食物。比如说，熊的裂齿也很适合咀嚼植物。

但那些不属于食肉动物的掠食动物也不会饿着！鸟类、鱼类、无脊椎动物和土豚之类以昆虫为食的掠食动物没有裂齿，但它们也活得很好。

狗
Canis familiaris

虎
Panthera tigris

西欧刺猬偶尔会吃植物，但昆虫仍是它的主要食物。它还会吃其他自己抓到的动物，例如蜗牛、蜥蜴和小型啮齿动物。这样的掠食动物又被称为"食虫动物"——以昆虫为食的动物。

看看这头老虎的牙齿，你就知道它肯定属于食肉动物。和其他食肉动物一样，老虎拥有尖牙，也就是变大的犬齿。人类也有犬齿，但没有食肉动物的犬齿那么大。要是捕食鹿这样的大型猎物，老虎需要这么大的犬齿。

一条狗正在啃骨头。通过这张照片，你可以观察到食肉动物如何用裂齿切割、咀嚼食物。

西欧刺猬
Erinaceus europaeus

鸟类没有牙齿，但很多鸟儿也是食肉动物。这只普通秋沙鸭以鱼类为食，它的喙上长着类似牙齿的结构，能帮助它捉住滑溜溜的猎物。

普通秋沙鸭
Mergus merganser

掠食**工具**

为了捕食猎物，掠食动物做出了许多适应性演化。有的适应性演化十分明显，例如狮子的尖牙、鹰的爪子和鲨鱼锯齿般的牙齿。

但有的适应性演化非常隐蔽。比如说，狼、狮子和其他很多掠食动物没有锁骨。（锁骨将肩胛骨和胸口中间的胸骨连接在一起。）这样的身体结构让它们的动作更灵活、跑得更快，扑向猎物的时候也不必担心折断锁骨。

除了身体上的适应性演化以外，有些掠食动物还形成了特殊的行为习惯。比如说，有的掠食动物喜欢掘地三尺寻找猎物，有的喜欢追捕猎物，还有的喜欢无声地跟踪或者"潜行"逼近猎物，然后再展开追逐。有些掠食动物喜欢藏在某个地方，等待猎物从附近经过，人们称之为"守株待兔式"捕猎。

有的动物会设下陷阱来捕捉猎物，例如蜘蛛。有的动物会耍小花招，引诱猎物靠近。你对掠食动物了解得越多，你就越会发现，同样的行为模式经常一而再，再而三地出现在不同的动物身上。

我们在这里介绍的只是掠食动物众多适应性演化之中的几种而已。

豹变色龙
Furcifer pardalis

嘘！豹变色龙正沿着树枝悄悄靠近猎物！它转动眼睛寻找昆虫，一旦发现了猎物的踪迹，它的两只眼睛立即锁定目标，舌头倏地向外弹出，粘住虫子。

大鳄龟
Macrochelys temminckii

有的动物会想方设法迷惑猎物，悄悄靠近对方，然后再设法猎捕，比如大鳄龟。大鳄龟的舌头上长着一团酷似虫子的肉，可以帮助它诱捕鱼类。饿极了的鱼儿被"虫子"诱惑过来，结果却沦为大鳄龟的午餐。

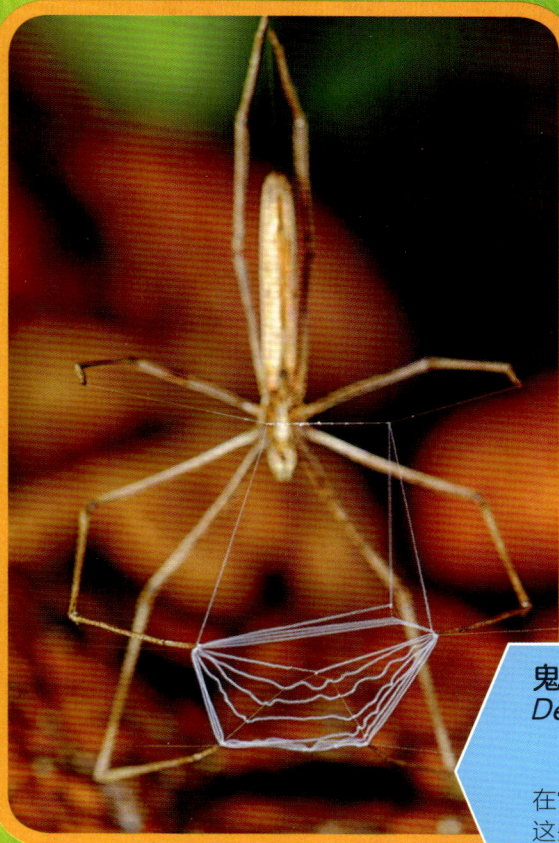

鬼面蛛
Deinopis longipes

鬼面蛛在夜间捕猎。它会织一张和邮票差不多大小的网，网就挂在它的前腿之间。鬼面蛛在网下方的地面或者叶片上留下白色的粪便，这些"记号"可以帮助它瞄准猎物。然后，它就坐下来等待。一旦有昆虫从附近经过，鬼面蛛立即从天而降，用蛛网捕捉猎物。

食物网

　　一群狮子正在追捕一匹斑马。它们扑倒斑马，将它咬死，然后开始分食尸体。吃完以后，狮子会小睡几个小时，好好消化这顿大餐。狮子打盹儿的时候，其他动物——秃鹫、鬣狗、昆虫等会一拥而上，争抢斑马的残骸，每一片肉都不会浪费。

　　我们情不自禁地为斑马感到悲伤，但狮子也得吃饭，它不能像斑马一样吃草或者吃其他植物。植物、斑马和狮子的关系像链条一样环环相扣，这根"链条"就是我们常说的"食物链"。

　　食物链的起点是那些能够利用阳光或者化学物质的能量制造食物的生物，这些生物被称为"初级生产者"。在"狮子—斑马—草"这条食物链中，草是初级生产者，它利用太阳能将水和空气中的二氧化碳转化为食物。草会结出种子。斑马吃草的时候，草中储藏的能量和营养物质进入斑马的身体，为斑马提供生存、行动、成长所需的能量。狮子吃掉斑马的时候，这些能量和营养物质又成为狮子身体的一部分。

　　那鬣狗、秃鹫和昆虫呢？它们也是食物链的一部分。栖息地的所有食物链彼此交错，构成了一张食物网，这张大网也包含了能够分解动植物尸体的细菌和其他微生物。

栗翅鹰

郊狼

王蛇

更格卢鼠

白翅哀鸽

吉拉啄木鸟

沙漠陆龟

巨型仙人掌

收获蚁

食物网示例

任何一个栖息地都有该地区的食物网，无论是深海还是山巅。这张图介绍的是美国西南部沙漠中的部分生物组成的一张食物网。

太阳

11

"谢谢你，掠食动物！"

从某种意义上来说，掠食动物也吃植物——因为它们的很多猎物都以植物为食。以植物为食的动物被称为"植食动物"。植食动物将植物中蕴含的能量转化为自己身体的一部分，掠食动物吃掉植食动物，将这些能量据为己有。

一些掠食动物全靠吃肉获取能量，猫科动物就是其中之一。另一些掠食动物除了吃肉以外，还能从植物中获取部分能量，狐狸、熊和狗都属于这一类，它们被称为"杂食动物"。

虽然掠食动物不一定直接以植物为食，但归根结底，它们总得依靠植物和类似植物的初级生产者获取能量。尽管掠食动物不一定吃植物，但它们依然会影响栖息地的植物的种类和生长方式。乍看之下，掠食动物似乎是植食动物的敌人，但事实上，它们可以帮助维护栖息地的生态平衡，从而为猎物创造健康的生活环境。

以美国为例，20世纪中期，灰狼在美国本土的48个州几乎灭绝。农场主和农民觉得狼是杀害牛、羊等家畜的罪魁祸首，猎人认为狼会和他们争夺鹿和其他猎物。在政府的支持下，狼和其他掠食动物几乎被赶尽杀绝，因为人们误以为这些动物一无是处，只会带来危险。但是，没有了以狼为代表的掠食动物，一些地区的鹿群数量飞速增长。这些鹿吃掉了大量的植物，有的鹿甚至会饿死，因为它们的数量实在太多，仅存的植物已经无法满足它们的食物需求。

在美国黄石国家公园，狼在1926年就销声匿迹了。不过，从1995年开始，科学家试着让狼重新回到这座公园。没过多久，黄石公园里的麋鹿就发现，它们的天敌回来了。于是麋鹿改变了自己的生活方式，不再长时间聚集在一处并吃光那里所有的小树。随着狼的不断捕食，麋鹿的数量开始下降。

随着麋鹿的减少，柳树和其他消失了数十年的树木开始重新生长。这些树木又引来了种类多样的鸣禽。水獭也重现踪影，因为柳树既是水獭的食物，又是它们搭建"水坝"的材料。狼为这个世界带来了这么大的变化，而它所做的只是兢兢业业地寻找晚餐！

海獭
Enhydra lutris

虎鲨
Galeocerdo cuvier

鲨鱼怎样帮助珊瑚礁健康成长？有的鲨鱼会捕食小型掠食性鱼类，从而控制它们的数量。掠食性鱼类少了，它们的猎物——以藻类为食的鱼类——就有了足够的生存空间。如果某块块礁石被藻类覆盖，那块珊瑚礁可能就会被闷死，而以藻类为食的鱼类能帮助珊瑚礁维持生态平衡。

海带森林是小鱼和其他海洋动物的重要栖息地。海胆之类的动物会吃掉海带，如果海胆的数量太多，海带森林就岌岌可危了。海胆不仅会吃光海带，还会破坏海底。不过，海胆是海獭钟爱的食物，所以海獭可以控制海胆的数量，帮助海带森林保持健康。

黄石狼
Yellowstone wolf

13

"清洁工" 小队

"嗷呜！"海豹刚从冰洞里探出头来，北极熊立即扑了上去。它将海豹拖出水面，然后大嚼起来。不过，北极熊只吃海豹身上肥厚的皮和脂肪，这些皮和脂肪富含能量，对北极熊来说，是最棒的美餐。

海豹的残骸也不会被浪费，很多动物会蜂拥而来，处理这些"垃圾"。如果某种动物吃的是别的动物猎捕、吃剩的残骸，那么它的这种行为叫作"食腐"。小北极狐、渡鸦和小北极熊都会高高兴兴地吃掉海豹的残骸。

食腐是一种十分普遍的动物行为，因为这种获取食物的方式真的很棒。很多掠食动物同时也是食腐动物。比如说，北极熊会吃鲸鱼的残骸，北极狐会跟在北极熊身后等着捡便宜，但它们主要的食物还是自己猎捕的旅鼠和其他啮齿动物。渡鸦几乎什么都吃，无论是动物尸体残骸，还是自己猎捕的昆虫和老鼠，又或者是浆果和种子。

等到食腐动物吃饱喝足，就轮到细菌和真菌之类的微生物上场了。它们会将尸体残骸分解成化学物质，这些化学物质重新回到土壤中，被植物吸收利用，然后再次被植食动物吃掉，这就是大自然的回收系统。

北极熊
Ursus maritimus

两头北极熊正在分食一头环斑海豹，海鸟围在它们身旁，等着啄食残骸。

14

端足虾
Iphimedia obesa

和陆地一样，海洋也是许多食腐动物的家园。这只小虾是端足类动物的一员，端足类动物以腐败的藻类、植物和动物为食。鲨鱼之类的大型海洋动物也是食腐动物。

丽蝇
Lucilia sp.

很多昆虫也是食腐者，它们会吃其他动物的残骸。比如说，丽蝇会在动物的残骸中产卵，这样一来，丽蝇幼虫刚孵化出来就有吃的食物了。

有的动物主要靠食腐为生，譬如秃鹫。红头美洲鹫不仅能在远处闻到动物尸体的气味，还能毫无负担地大嚼腐肉，完全不用担心生病。

红头美洲鹫
Cathartes aura

15

当掠食动物
彼此相遇

掠食动物不一定乐于与同类相遇。比如说，狼会成群结队地猎捕麋鹿这样的猎物，但它们并不欢迎别的狼群。陌生的狼群会和它们争抢食物，但食物总是有限的。

所以狼群会保卫自己的地盘，那是它们的领地。它们会在领地边缘留下气味作为记号，并用嗥叫声警告外来者："走开！不准进来！"狼群也不愿意看到其他的掠食动物在它们的领地内捕猎，如果发现了郊狼或者狐狸，它们会设法杀死对方。

这种行为被称为"共位群内捕食"，从本质上说，它指的是一类掠食动物消耗另一类掠食动物，并竞争相同的基础资源。动物世界里的"共位群"指的是依赖于同种资源的多种生物。比如说，狼和郊狼就属于掠食动物共位群，因为它们追捕的猎物几乎相同。很多掠食动物还会杀死其他掠食动物的幼崽。（某些掠食动物以其他掠食动物为食，比如说，北极熊会吃掉海豹。）

科学家发现，很多哺乳动物都有共位群内捕食行为——不光是猫科动物和犬科动物，还包括水獭、貂、鬣狗和熊。鸮和鹰等掠食性鸟类也会杀死其他掠食性鸟类。就连蝎子和某些种类的甲虫也会追捕有竞争关系的掠食动物。

但大自然总是充满奇迹。科学家还发现了一些能与其他物种（包括人类）一起合作捕猎的掠食动物，下面我们介绍的就是其中的几种。

白眼海鳗会在夜间钻进珊瑚礁的缝隙中捕猎，石斑鱼是一种在白天捕猎的鱼类，这两种动物有时候会共同行动。如果石斑鱼在某条缝隙里发现了猎物而它自己钻不进去，它会摇晃脑袋，通知白眼海鳗，带领后者前往目的地。然后，白眼海鳗将猎物从缝隙里赶出来，接着，这对搭档就可以大快朵颐了。

非洲部分地区生活着一种名叫黑喉响蜜䴕的鸟，它会和人类一起捕猎。人类用哨声或者其他能被黑喉响蜜䴕识别的声音召唤它，然后黑喉响蜜䴕会带着人类去寻找蜂巢。等到人类打开蜂巢取出蜂蜜，黑喉响蜜䴕就会俯冲下来，吃掉蜂巢里的幼虫和蜂蜡。

郊狼和獾有时候会合作捕猎。獾会挖开松鼠的地洞追捕松鼠，如果松鼠从洞里冲出来试图逃跑，郊狼会扑上去把它抓住。要是松鼠想钻进洞里摆脱敏捷的郊狼，可能又会被獾逮个正着。但郊狼和獾不会分享自己抓到的猎物。

17

你抓不住我！

为了抓捕其他动物，掠食动物做出了一些适应性演化——为了逃脱掠食动物的追捕，猎物也有自己的生存之道。为了多活几天，避免沦为掠食动物的美餐，这些动物练就了一身本领。

"想逃命就快点儿跑！"这是众多猎物恪守的金句。野兔、鹿、斑马、角马和瞪羚都是这方面的佼佼者。为了逃脱灰背隼的追捕，鸟儿扇动翅膀，在空中飞掠而过；被蝙蝠追逐的蛾子学会了"Z"字形的飞行路线。

还有很多猎物善于隐藏自己。珊瑚礁里就有很多可供鱼类和其他猎物藏身的石缝和裂隙。潮池里的螃蟹会爬到石头下面，老鼠和生活在地下的其他动物会藏进地洞。

换句话说，如果周围实在没有藏身之地，原地不动可能也是一种不错的保命策略。很多掠食动物对运动物体特别敏感，但只要猎物停止活动，它们立即就会失去目标。比如说，为了摆脱掠食动物的视线，野兔可以长时间保持静止不动。

角马之类的猎物会结成庞大的群落，凭借数量优势抵挡掠食动物。结成群落的动物有了更多的耳目和鼻子，可以更快地发现危险，大大降低了掠食动物突袭成功的概率。对掠食动物来说，从一大群猎物中拖走一只比猎捕落单的猎物更难。除此以外，对猎物个体来说，"藏在群落里"总有好处。

一般来说，虽然掠食动物总是处于强势的地位，但猎物也不是一点儿机会都没有。很多猎物会用自己的角、蹄子、牙齿或者其他武器奋起反抗，争取逃跑的机会。它们还会利用"盔甲"、臭气、味道糟糕的物质甚至毒药来赶走掠食动物。很多动物演化出了能够完美融入环境的颜色和体形，这种行为叫作"伪装"。

澳洲魔蜥
Moloch horridus

澳洲魔蜥有很多自保的绝招。它的皮肤十分坚韧，身上长满了锋利粗壮的棘刺。这种蜥蜴身体的颜色和周围的沙子差不多，可以很好地融入周围的环境。它甚至还能以极慢的速度移动，不会触发掠食动物对运动的警觉。澳洲魔蜥受到威胁的时候，会将头藏在自己的两条前腿之间，竖起棘刺应对袭击者。它还会鼓起身体让自己变得更大，掠食动物很难一口把它吞掉。

北美负鼠
Didelphis virginiana

马来西亚巨叶虫
Phyllium giganteum

面临死亡的威胁，有的动物会装死。比如说，被逼的无处可逃的负鼠会张大嘴巴，一边流口水，一边发出嘶嘶的叫声，试图吓退掠食动物。但如果真的遭到攻击，它就立即"躺倒装死"。负鼠侧面躺下，吐出舌头，眼睛紧闭，就算被咬了也不会动弹。很多掠食动物只吃自己杀死的猎物，所以装死的小花招可能帮助负鼠保住小命。

掠食动物可能会放过马来西亚巨叶虫，原因很简单：它们根本找不到这种虫子在哪里。马来西亚巨叶虫身体的形状和颜色与叶子十分相似，甚至还有逼真的叶脉纹理和褐色斑点。

东苯蝗
Romalea microptera

北美洲的东苯蝗颜色鲜艳，这是为了警告掠食动物离它远点，因为它体内包含着一种有毒的化学物质。东苯蝗遭到攻击的时候，还会嘶叫、吐口水、喷出一种恶臭的泡沫，这些都是它的防御手段。

远古
掠食动物

　　以植物为食的植食动物早在亿万年前就已诞生——追捕它们的掠食动物也同样历史悠久。

　　最有名的远古掠食动物是肉食性恐龙。生活在陆地上的远古掠食动物包括像狼群一样结队捕猎的艾伯塔龙和爪子长达 13 厘米的恐鳄。古代的海洋中也游荡着海王龙这样的掠食动物，这种巨型海洋蜥蜴的上下颚都长着锋利的牙齿。会飞的爬行动物在远古的天空中拍打翅膀，自由翱翔。

　　大约 6600 万年前，一颗巨大的小行星撞上了地球，很多物种因此而灭绝，其中包括恐龙（只有少量恐龙逃过了这场劫难，后来它们演化成了今天的鸟类）。从那以后，许多物种来了又去，其中包括各种各样的掠食动物。有些掠食动物灭绝的时间距今只有一万年左右，在地球的历史中，这不过是一眨眼的时间。

　　我们之所以对恐龙和其他消失已久的动物有所了解，是因为考古学家找到了它们留在石头里的骨头、牙齿和其他残骸。这些存留在古代地层中的古生物遗体、遗物或遗迹被称为化石。比如说，恐龙的骨头可能被泥巴或者沙子掩埋，随着时间的流逝变为化石。与此同时，恐龙骨头里的某些成分会慢慢地被矿物质取代，最终变成岩石。研究者可以寻找这样的化石，然后把它们拼起来，通过这种方式研究远古动物的外形、食谱和生活方式。

巨牙鲨
Megalodon shark

如果一条鲨鱼长得跟地铁车厢差不多大，那它会吃什么？恐怕任何猎物都无法逃脱它的追捕！鲸鲨是现存体形最大的鱼类，而巨牙鲨的体长大约相当于它的1.5倍。巨牙鲨以海豚、鲸、海豹和海龟为食，它的牙齿化石和成年人的手掌差不多大。巨牙鲨大约灭绝于260万年前。

泰坦巨蟒
Titanoboa

科学家已经发现了泰坦巨蟒的一部分脊骨化石，这种巨蟒大约灭绝于5600万年前。根据这些骨头的尺寸，科学家估计，泰坦巨蟒的体长差不多有13米。人们认为，泰坦巨蟒以鱼类、龟类和鳄鱼为食。

美洲剑齿虎
Smilodon

它生活在250万年~13000年前。这种体形和狮子差不多的掠食动物曾在南美洲、北美洲和中美洲的大地上游荡。剑齿虎张开的嘴巴大小差不多相当于现代大型猫科动物的两倍，它的尖牙长达18厘米。这些尖牙可以像匕首一样深深地插进猎物的喉咙里。

暴龙
Tyrannosaurus rex

在长达200万年的时间里，强大的暴龙是所有猎物的噩梦，直到大约6600万年前，它和其他恐龙一起灭绝了。除了追捕猎物以外，暴龙还会吃动物的尸体残骸，它的体长大约有12米，身高约6米，锯齿状的牙齿和香蕉差不多大。暴龙会用牙齿撕下猎物身上的肉，然后向后甩头，让食物滚进自己的喉咙。人们认为，暴龙一口就能吞掉230千克肉。

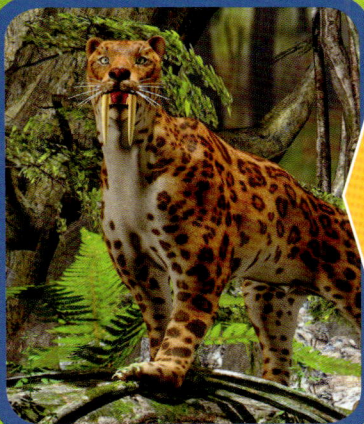

史前巨蜻蜓
Giant prehistoric dragonfly

大约3亿年前，个头比小鸡还大的蜻蜓在天空中飞行。这种昆虫的翼展可达65厘米，和今天的鹰类差不多。科学家认为，史前巨蜻蜓的体形之所以能长这么大，很可能与空气中氧含量的变化有关。

奔跑大师和跳跃高手：
陆地上的掠食动物

从最小的岛屿到最广阔的大陆，掠食动物寻找食物的身影无处不在。如果是一座很小的岛屿，那么你在这座岛上看到的掠食动物可能只有昆虫。有幸栖居在这里的鸟类和其他小动物完全不用担心猫或者狐狸之类的大型掠食动物。不过，如果是面积更大一点的陆地，你就会看到短吻鳄和非洲艾虎等掠食动物。

对陆地上的掠食动物来说，腿的作用不言而喻。要是没有腿，它们就没办法跑跑跳跳，更不能抓捕猎物！陆地上长着腿的掠食动物可能只有两条腿（你好啊，鸟儿！），也有一些掠食动物的腿多达 350 条，比如某些种类的蜈蚣，还有一些陆生掠食动物完全没有腿，比如蛇。陆地上的掠食动物种类繁多，我们这里介绍的只是其中几种。

渔貂
Pekania pennanti

渔貂吃什么？当然不是鱼！渔貂的食物包括野兔等啮齿动物和鸟类。能对付豪猪的掠食动物不多，渔貂便是其中之一。它会围着豪猪转圈子，伺机袭击豪猪的脸部，因为豪猪脸上没有刺。杀死豪猪以后，渔貂会把豪猪的身体翻过来，从豪猪没有刺的肚皮开始大快朵颐。

远东豹
Panthera pardus orientalis

很多豹子生活在非洲炎热的草原上，但远东豹的家乡在俄罗斯远东地区。和南方的表亲不同，远东豹十分熟悉雪地环境，因为它早已习惯了栖息地寒冷多雪的冬天。寒冬来临的时候，远东豹会换上保暖的厚毛皮。这种高度濒危的罕见物种主要以鹿、野兔和野猪为食。

走鹃
Geococcyx californianus

走鹃会飞，但它更喜欢跑。走鹃主要以啮齿动物、蜥蜴和蝎子之类的小动物为食。有时候它能通过反复啄击猎物头部的方式杀死响尾蛇。走鹃猎捕响尾蛇的时候会和同类合作：一只鸟儿拍打翅膀，吸引猎物的注意力，其他鸟儿一拥而上发起攻击。走鹃生活在美国西南部、墨西哥和中美洲部分地区。

金步甲
Carabus auratus

每当夜幕降临，金步甲就开始外出猎捕蠕虫、昆虫、蛞蝓和蜗牛，用巨大的下颚一口咬住猎物。20世纪40年代，人们将这种原产于欧洲的甲虫带到了北美洲，希望利用它来控制一种名叫舞毒蛾的园艺害虫。

豺
Cuon alpinus

豺是一种生活在亚洲部分地区的犬科动物。它们会成群结队地猎捕鹿、野猪和其他有蹄类动物。落单的豺只能捕食兔子之类的小猎物。豺不会像狗一样汪汪叫，但它们会发出一种奇怪的"口哨"声。这种濒危掠食动物生活的区域和虎、熊、狼、豹、雪豹等动物生活的区域差不多。

水中的掠食动物

在地球上的任何一片水域里，你总能看见掠食动物漂浮、悠游或者飞掠而过的身影。世界各地的湖泊、池塘和河流里生活着多种多样的掠食动物，包括蛙类、鲇鱼和喜欢吃鱼的潜水鸭。海洋是鲨鱼和其他掠食性鱼类的家园，你家附近的小水塘里说不定也生存着掠食性的微型缓步动物——俗称"水熊虫"。肉食性的水熊虫会吃掉体形比自己更小的缓步动物。

有些掠食动物可以生活在陆地上或水中，例如北极熊、水獭和海豹。还有一些掠食动物一辈子都生活在水中，为了适应水下生活，它们演化出了独特的游泳、潜水和生存技能。

下面我们就将介绍几种在水中捕猎的掠食动物。

宽吻海豚
Tursiops truncatus

宽吻海豚仿佛永远在微笑的嘴里长满了圆锥形锋利的牙齿，特别适合抓捕鱼类、乌贼和其他海洋猎物。不过，宽吻海豚首先需要找到猎物。海豚主要依靠声音完成这一任务，它会发出类似敲击的声音，声音一旦遇到障碍就会反弹回来，传进它的耳朵。海豚依靠回声判断猎物的方位和大小，这种行为叫作"回声定位"。

无沟双髻鲨
Sphyrna mokarran

无沟双髻鲨形状怪异的脑袋可以帮助它寻找海里的猎物，因为它的感觉器官分布在宽阔的头部两侧，能帮助它探测猎物身体释放的微量电流，让它轻松找到藏在沙子里的魟鱼。无沟双髻鲨撕咬魟鱼的鱼鳍时，宽阔的头部也能帮助它控制猎物。除了魟鱼以外，无沟双髻鲨的食谱还包括乌贼、章鱼和螃蟹等动物。

雀尾螳螂虾
Odontodactylus scyllarus

雀尾螳螂虾生活在印度洋和太平洋礁石附近的温暖水域，靠着锤头似的大爪子，它能捕食蟹类、螺类甚至鱼类。这种虾能以每秒 23 米的速度挥舞爪子，挥爪的力度足以击碎玻璃。

贝加尔海豹
Pusa sibirica

大部分海豹生活在海洋的咸水里，但贝加尔海豹的身影只出现在俄罗斯贝加尔湖流域的淡水中。每当夜幕降临，贝加尔海豹就会出来捕食贝加尔湖油鱼，这也是当地特有的一种鱼类。在捕猎的时候，贝加尔海豹能在水面下停留 25 分钟以上，完全不用浮出水面透气。

美国白鲟
Acipenser transmontanus

美国白鲟是北美洲最大的淡水鱼，它的体长可达 6 米，但大部分白鲟只能长到 3 米左右。美国白鲟的食谱包括鱼类、蠕虫和河底浑浊深水里的其他猎物。这种掠食性鱼类的口鼻部长着绳子似的触须，这种器官可以帮助它探测气味、寻找猎物。美国白鲟的味蕾位于无牙的嘴巴外面。当它找到猎物以后，它会像吸尘器一样将食物一口吸进去。

天空中的 掠食动物

会飞的掠食动物习惯于从空中俯冲下来，捕捉地面上或者水里的猎物。比如说，鹰会用爪子牢牢抓住地面上的野兔，雕也会准确地抓捕海里的鱼儿。有些掠食动物会飞得很高，然后一头扎进海里抓鱼，比如褐鹈鹕和一种名叫塘鹅的海鸟。

不过也有一些会飞的掠食动物能在空中抓捕猎物，它们甚至能够一边飞行一边进食！为了顺利捕食空中的猎物，这些掠食动物做出了各种各样的适应性演化。

下面我们将介绍几种擅长空中捕猎的动物。

美洲假吸血蝠
Vampyrum spectrum

大部分蝙蝠以昆虫为食，有的蝙蝠爱吃水果和花蜜，有的蝙蝠靠吸血为生，但也有一些蝙蝠偏爱鱼类、爬行动物、小型动物和鸟类。生活在中美洲和南美洲北部的美洲假吸血蝠就是一种善于飞行的食肉动物。它会擦着地面飞行，寻找猎物的踪迹，一旦得手就立即飞高。人们认为，这种蝙蝠依靠嗅觉来寻找气味浓烈的鸟儿。

盗虻
Efferia pogonias

盗虻的大眼睛能帮助它迅速发现猎物，长满刚毛的长腿又能灵活地抓捕猎物。这种蝇类主要以昆虫为食，其中某些物种只吃特定种类的猎物，譬如蜜蜂。大部分盗虻捕猎的方式类似鹰——它们会栖息在高处的树枝上搜寻猎物，一旦发现目标就飞扑而下。盗虻能在空中追捕其他蝇类，它将致命的唾液注入猎物体内，然后把对方拖回树枝上吃掉。

食蝠鸢
Macheiramphus alcinus

食蝠鸢的名字暴露了它的食谱——蝙蝠是这种鸟儿最主要的食物，除此以外，食蝠鸢也吃一些飞得很快的鸟儿，例如雨燕和燕子。它会高速追逐猎物，用爪子抓住对方，然后一边继续飞行寻找猎物，一边将抓到的蝙蝠或者鸟儿囫囵吞下去。食蝠鸢主要在凌晨和傍晚捕猎。

灰背隼
Falco columbarius

灰背隼是一种动作敏捷的鸟儿，它最主要的食物是小型和中型鸟类。灰背隼快速拍打翅膀，其飞行速度能达到每小时 48 千米，追捕猎物时还会更快。它能从侧面或者下方对猎物发起突袭，高速的追逐将持续一段时间，直至猎物筋疲力尽，再一下子将对方抓住。它还能在空中抓捕蜻蜓。

楼燕
Apus apus

楼燕从空中轻盈地掠过，一边飞翔一边捕食昆虫。别看楼燕的喙长得很小，但它的嘴巴可以张得很大，这样才能方便地"叼走"一路上遇到的虫子。为了抓虫子吃，这种鸟儿能飞到 1.6 千米以上的高度。楼燕一年有 10 个月以上的时间待在空中！这种鸟儿可以长距离滑翔，这时候它或许能打个盹。只有在繁殖季节，它们才会降落到地面上，搭建巢穴、哺育雏鸟。

掠食动物
和我们

人类与掠食性动物的渊源由来已久。比如说，欧洲部分地区的史前洞穴壁画里就留下了洞熊强壮的身影，也许它不仅启发了史前人类的智慧，也让他们产生了恐惧的心理。历史故事里的狮子常常象征着力量和勇气，直到今天，全球各地的运动队依然爱给自己起个掠食动物的名字，例如熊队、黑豹队、狮子队或者老鹰队。

但是，在不同的时期，人们都把掠食动物当成敌人，因为掠食动物会杀死牛、羊、鸡之类的家畜，会和人类争抢鹿、鱼以及其他猎物。

今天，我们知道掠食动物在健康的生态系统中扮演着重要的角色——整个生态系统由一片栖息地内互有联系的所有生物和非生物环境组成。全世界的人们正在探寻与掠食动物和平共处的方式——当然是在保证人身安全和家畜安全的前提下。下面你将听到几个和掠食动物有关的故事。

千万年来，人们早已习惯了驯养强壮的大狗，让它们来保护我们的家畜。不过，随着时间的流逝，世界各地的狼、熊和其他掠食动物变得越来越少，养狗防害的行为方式也逐渐减少。不过最近几十年来，守卫犬又重新赢得了人们的青睐。

比如说，在美国西部地区，狗可以保护羊群，阻挡郊狼、美洲狮、熊这样的掠食动物。为了吓退野兽，农场主还会安装电网和一种能够随风飘拂、发出清脆声响的塑料飘带。

亚洲一些地区的羊群有时候会遭到雪豹的袭击，对牧羊人来说，这是个不小的烦恼。最终，雪豹常常会被人枪击。为了帮助牧羊人和雪豹和平共处，1998 年，人们发起了一个特殊的项目，鼓励牧羊人为自己的羊群购买保险。这种保险的保费很便宜，牧羊人只需要花一点点钱；如果有牲畜被雪豹咬死，他们就能得到全额赔偿。牧羊人学着建造更坚固的围栏，除此以外，他们还想了其他一些办法来预防雪豹的侵扰。

在肯尼亚和东非其他地区，狮子有时候会在夜间偷袭牛群。牧人难以承受这样的损失，作为报复，他们常常杀死狮子——这样的行为看似合理，但没了狮子，东非狒狒的数量就会快速增长，这种动物会破坏农田，吃掉庄稼。为了保护农田免遭狒狒的破坏，孩子们有时候不得不从学校请假回家帮忙。

不过现在，有的牧人会在夜晚将自己的牛群赶进特殊的围栏，利用这种办法来保护牛群。这种围栏被称为"活墙"，它由两种栅栏结合改良而成，其中一种叫作"博马"，这是非洲的传统栅栏，用带刺的植物编制而成；另一种则是现代的铁丝网。围栏的立柱是活的树木，这样的"活墙"几乎能阻挡所有掠食动物。

保护 掠食动物

　　拥有尖牙利爪的老虎看起来似乎不需要帮助，但实际上，老虎是地球上众多濒危的物种之一——如果我们坐视不理，这些动物很可能灭绝。

　　保护动物、植物或者其他生物及其栖息地的行为叫作"保育"。保育某种生物，意思就是说，我们不能破坏它们的生活环境，更不能杀死它们。如果保育的对象是某种生物或某片栖息地，我们需要努力确保生物的生存或栖息地正常运转。

　　很多掠食动物受到法律保护，任何人都不能猎捕它们或者贩卖它们的身体器官。但是，要保护掠食动物（和它们的猎物）——栖息地保育是一种非常重要的方式。对于生活在某个区域的动物或者生物来说，保护它们所在的生态系统，是一件关乎生死存亡的大事。

　　下面我们将介绍几个保育掠食动物的案例。

游隼
Falco peregrinus

　　游隼是一种动作敏捷的鸟儿，它主要以其他鸟类为食。1964 年，游隼在美国东部灭绝了，因为它在捕猎的时候间接吃掉了被 DDT（滴滴涕）毒死的昆虫。DDT 是一种杀虫剂，它会让游隼产下的卵壳变得薄而易碎。1972 年，DDT 在美国被禁用，但游隼已经灭绝了。1979 年，人们启动了一个名叫"游隼复育计划"的新项目。保育者在人工环境中孵化游隼雏鸟并将它们抚养长大，然后再放回野外。这个项目获得了成功。今天，游隼的身影已经再次出现在北美洲的天空中。

红圆尾鹱
Pterodroma magentae

红圆尾鹱是一种海鸟，新西兰的一座离岸海岛是它唯一的栖息地。这种鸟儿会在森林里挖洞产卵，海里的鱼和乌贼是它主要的食物。

很久很久以前，海岛上的人们会抓红圆尾鹱的雏鸟来吃。到了19世纪中期，这种鸟儿的栖息地开始发生变化，农民将羊、牛和猪带到了岛上，老鼠和猫也随之而来。牧群破坏了森林，猪、老鼠和猫吃掉了小鸟，岛上红圆尾鹱的数量锐减到不足200只。

1983年，岛上的农民开始行动起来，保护这种鸟儿。他们将残存的红圆尾鹱生活的区域划分出来，建立了土库自然保护区。保护区内的老鼠和其他掠食动物都遭到了严格的控制，牛和羊更是禁止入内。2006年，人们又沿着保护区的边界竖起了一道阻挡掠食动物的篱笆。2014年，这片特殊的区域首次见证了红圆尾鹱雏鸟的孵化。

灰熊
Ursus arctos

灰熊曾在美国华盛顿州中部的山地里游荡，但是现在，这种动物可能只剩下了几头了——科学家没有严格统计过这片区域中灰熊的数量，但很少有人看到它们的踪迹。不过，这样的局面可能发生改变，因为人们发起了多个项目，试图帮助灰熊重返家园，其中一个项目是从美国蒙大拿州和加拿大引进灰熊。人们打算给这些灰熊戴上无线电项圈，好让科学家掌握它们的行踪。保育者的目标是在100年内让该地区的灰熊数量恢复到200头以上。

东北虎
Panthera tigris altaica

目前全球的野生老虎数量加起来不到4000头。疯狂的偷猎（非法猎杀）将这些大型猫科动物逼到了灭绝的边缘。现存的野生老虎中大约有540头东北虎——这个数字听起来少得可怜，但是对东北虎来说，这简直就是胜利的曙光。

东北虎曾经生活在俄罗斯东部、中国北部和朝鲜半岛。由于人类多年的猎杀和对东北虎栖息地的掠夺，到了1940年,野生东北虎只剩下40头左右。之后，俄国政府颁布了保护老虎的法律，中国也开始着手保护老虎的栖息地，东北虎的数量正在回升。

2008年，IUCN（国际自然保护联盟）将东北虎的生存状态从"极度濒危"改成了"濒危"，这意味着我们在正确的方向上迈出了重要的一小步。现在，人们仍在继续努力保护这些大型猫科动物。

热得 没法捕猎?

　　有些地方的夏天变得更热，冬天变得更短；有些地方遭到超级飓风的袭击；还有一些地方的水变得更暖和，冰开始融化。这些灾难和其他异常现象可能都和全球气候变化有关。

　　气候指的是某地区多年的天气平均状况。全球气候变化则意味着整个地球的气候出现了长时间、大规模的改变。从 1880 年至今，地球的平均温度已经上升了 1.0℃，其中 2/3 的变化出现在 1975 年以后。升温 1.0℃ 听起来似乎没什么大不了，但是请记住，要是全球温度下降 1.0℃，那么整个地球可能进入冰期！

　　气候变化的原因到底是什么？科学家认为，这很可能与大气中温室气体的含量上升有关。温室气体能将热量锁在大气层内，燃烧石油、煤炭和天然气之类的燃料都会产生温室气体。温室气体增多，地球表面的温度自然就会上升，随之而来的还有海洋升温和陆地气候变化。

　　下面我们将介绍几个气候变化影响掠食动物生存的例子。

热水里的珊瑚礁

　　热带海洋里的珊瑚对水温的变化特别敏感。如果海水变得过于温暖，小珊瑚虫可能就会喷出自己体内的海藻。这些海藻能为珊瑚制造食物，失去了海藻的珊瑚很可能饿死。

　　一旦珊瑚礁走向死亡，在珊瑚礁附近觅食的鱼儿就同时失去了猎物和家园，而捕食这些鱼儿的掠食动物也会挨饿，围绕珊瑚礁形成的整个食物网都会崩溃。

热坏了的北极熊

热坏了的北极熊是气候变化影响动物的著名案例之一。这种熊需要依靠海冰才能捕食海豹，但随着气候变暖，加拿大哈德逊湾的海冰在春天融化得更早，秋天又结冰得太晚，这意味着北极熊有更长的时间被困在陆地上，几乎没有任何食物可吃。春天正好是海豹幼崽出生的季节，但融化的海冰缩短了北极熊的黄金捕猎时间。

火焰和洪水中的穴鸮

小小的穴鸮生活在北美洲、南美洲和中美洲部分地区的草原、沙漠和其他开阔地带。这种鸟儿和草原犬鼠的关系十分密切，因为它们喜欢生活在草原犬鼠留下的废弃的地洞里。

和其他鸮类一样，穴鸮主要靠爪子捕捉猎物。啮齿动物、鸟类、小型爬行动物和昆虫都是它的食物。穴鸮会利用一种聪明的手段将蜣螂吸引到自己的捕猎范围以内：在洞穴的部分区域里摆上蜣螂喜欢的牛粪。

但穴鸮是一种濒危动物，因为人类毒死了草原犬鼠，并将这些犬鼠留下的地洞开垦成了农田。现在，穴鸮还面临着气候变化带来的新挑战。有些穴鸮的栖息地可能出现水源短缺的情况，或者遭到草原野火的威胁。而在其他地方，暴雨带来的洪水可能淹没它们的洞穴。

掠食性哺乳动物

毒牙、爪子和强壮的下颌：

正在打呵欠的美洲虎露出尖牙，这些尖牙可以帮助它咬紧猎物，撕开血肉。

掠食性哺乳动物概览

如果你家养了一只猫或者一条狗，那你就和掠食性哺乳动物生活在一起！哺乳动物是指拥有毛发、靠乳汁哺育幼崽的动物。这个大家族拥有众多成员，有体形和大黄蜂差不多的小凹脸蝠，也有比两辆校车还长的大蓝鲸！（是的，就连鲸也拥有毛发，至少幼鲸有。）

掠食性哺乳动物具有适合捕捉猎物的器官和能力。你找只猫或者狗观察一下，就会发现这样的特征，或者说适应性演化。

比如说，很多掠食性哺乳动物的眼睛长在脸部前方，所以它们能准确判断物体的距离。这里的"物体"常常是它试图捕捉的猎物。而被捕食的动物的眼睛通常长在头部两侧，这有助于扩大它们的视野，帮助它们及早发现掠食动物。

掠食性哺乳动物可能还长着适合抓捕、杀死猎物的爪子。想想锋利弯曲的猫爪！

很多掠食性哺乳动物的牙齿特别适合撕咬猎物，其中部分物种被称为食肉动物。

对很多人来说，"食肉动物"的意思就是"吃肉的动物"。但在科学家眼里，食肉动物的特征是长长的犬齿（尖牙）和几颗名叫"裂齿"的后牙，这种牙齿能像剪刀一样撕开猎物的皮肉。食肉动物的下颌不能前后运动，只能上下移动。

狞猫
Caracal caracal

狞猫是一种生活在非洲、亚洲中部和西南部及印度部分地区的野猫，它主要以老鼠和小羚羊之类的小型动物为食。狞猫会追逐猎物，然后扑倒对方。为了抓住一只鸟，它甚至能在空中扑出 3 米之远！和其他所有猫科动物一样，狞猫也是一种食肉动物。它的爪子平时紧缩在脚掌里面，只在需要的时候才会伸出来，这能帮助它保持爪子的锋利，大部分猫科动物都拥有这样的特征。

黑熊
Ursus americanus

谁说食肉动物不吃素？很多食肉动物吃水果，熊就是其中之一。在漫长的演化过程中，熊的后牙——或者说臼齿，变得越来越平，越来越适合咀嚼植物根茎。实际上，黑熊吃的植物比肉还多，坚果、根、叶子、浆果和其他水果都是它钟爱的美食。

鬃狼
Chrysocyon brachyurus

鬃狼是一种四肢修长、毛发蓬松的犬科动物，狐狸和郊狼都是它的亲属。鬃狼生活在南美洲部分地区，水果和蔬菜差不多占据了它的一半食谱，除此以外，它还吃啮齿动物和昆虫。捕猎的时候，鬃狼会用前爪拍打地面，把猎物从洞穴里赶出来，然后再扑上去抓住对方。

食鱼蝠
Myotis vivesi

有的蝙蝠爱吃水果和花朵，有的蝙蝠会捕食昆虫，不过你可以大胆猜猜，食鱼蝠主要吃的是什么？到了晚上，这种蝙蝠会从池塘和溪流上方掠过，利用长腿、大脚和爪子捉鱼。食鱼蝠一个晚上能抓 30 条鱼！

海獭
Enhydra lutris

海獭会捕食蟹类、蚌类和海胆之类的水下猎物。进食的时候，它常常肚皮朝上漂浮在水面上，把自己的胸口当成餐桌。这张"餐桌"上还摆着一块石头，海獭用它来砸开蚌壳。这种动物甚至能在水下利用石头将贝壳从礁石上撬下来。

海象
Odobenus rosmarus

看似笨拙的海象其实是掠食动物中的游泳高手，它在水里的动作总是十分优雅，因为水里是它捕食蚌类的主战场。虽然这种动物长着长长的牙齿，但它却不会用牙齿撕咬猎物——而是像吸尘器一样直接把食物吸进嘴里！有的雌性海象还会捕食海鸟和海豹。

非洲塞伦盖蒂草原上的一头狮子正在追逐疣猪。为了逃脱追捕，疣猪有时候会钻进地洞里，然后转身露出尖牙，与掠食动物正面对峙。

非洲狮

非洲狮常常被称为"万兽之王"，这种猫科动物在全球各地广受尊敬，因为它拥有强大的力量。

狮子是唯一一种习惯于群居生活的猫科动物。狮子的群落被称为狮群。典型的狮群主要由雌狮和幼崽组成，雄狮只有寥寥几头。一个狮群通常拥有 3~6 头雌狮和 2~3 头雄狮，再加上它们的孩子。雌狮是狮群的根基，它们通常都有亲缘关系。同一个群落里的雄狮可能是兄弟，但也可能只是伙伴。

狮子主要在夜晚、凌晨和黄昏捕猎。通常情况下，狮子的猎捕总是从跟踪猎物开始。狮子悄悄靠近猎物，然后突然冲上去发起攻击。狮群也会分工合作，比如说，一头狮子负责逼近猎物，它的同伴藏在附近各处，随时准备袭击逃跑的猎物。

狮子会用爪子拍翻猎物，或者直接将对方扑倒，然后咬住猎物的喉咙或者脖子，置对方于死地。如果猎物体形太大，没法一口咬死，狮子可能咬住它的鼻子和嘴巴，让它窒息而死。

狮群的狩猎任务主要由雌狮完成，但雄狮也不是无所事事的闲汉。它们不仅可以自己捕猎，还可以帮助狮群围捕大型猎物。雄狮会保护狮群的领地，赶走那些试图杀死幼狮的陌生雄狮。

小档案

科：猫科

别名：狮子

拉丁学名：*Panthera leo*

体长：1.6~2.5 米，不包括尾巴长

食物：斑马、角马、羚羊和其他大型有蹄类动物，啮齿动物和动物残骸

栖息地：热带稀树草原、草原、林地

分布范围：撒哈拉以南的非洲，印度的吉尔森林

狮子通过吼叫与群落里的其他成员保持联系。它们还会利用吼叫声警告陌生同类，不让对方跨入自己的领地。狮子的咆哮声甚至能传到 8 千米以外！

39

孟加拉虎

小档案

科： 猫科

别名： 印度虎

拉丁学名： *Panthera tigris tigris*

体长： 1.5~3 米，不包括尾巴长

食物： 大型有蹄类动物和各种小型猎物

栖息地： 森林、草原

分布范围： 孟加拉、印度、尼泊尔、不丹

孟加拉虎披着一身黑色条纹的鲜艳橙色皮毛， 你也许觉得它在野外肯定像闪电一样显眼，但招摇的外表实际上是一种伪装，这些花纹可以帮助老虎很好地藏身于森林和草原地带交织的太阳光斑与枝叶阴影之中。

孟加拉虎会捕食各种各样的鹿和羚羊，野猪和水牛也是它的猎物。猴子、狐狸、野兔和鸟之类的小动物是孟加拉虎钟爱的点心。

孟加拉虎通常独自捕猎。饥饿的老虎可能埋伏在水坑附近，准备偷袭猎物，或者悄悄靠近猎物，然后猛扑过去。面对大型猎物，它会扼住对方的喉咙或者口鼻部，让对方窒息；而在对付小动物的时候，它只需要在对方的脖子或者脑袋上咬一口就足以使其丧命。

和狮子一样，老虎也会高高兴兴地大嚼其他掠食动物吃剩的残骸。它还会赶走别的掠食动物，夺走对方的猎物。一头大型有蹄类动物够一只老虎吃上好几天，它会把动物尸体吃得干干净净，最后只剩下零星的碎屑。一只老虎一顿就能吃掉 40 千克肉！

孟加拉虎是目前仅存的五种野生虎之一。

这种大型猫科动物通常独自生活。交配季节的雌虎有时候会和雄虎共同生活一段时间，然后生下两只或者更多幼崽。小老虎会和妈妈一起生活两三年，在此期间它需要学习捕猎和独立生活的技巧。

野生虎正面临灭绝的危险，它们面临的主要威胁是栖息地丧失和偷猎。

老虎通常在夜间捕猎，为了寻找食物，它们可能会游荡好几千米。

老虎是优秀的猎手，但它们并不拒绝偷窃！老虎很爱偷豹子、豺和其他掠食动物的战利品。

和其他大型猫科动物一样，豹子也会吼叫，但它们的叫声和狮子很不一样，听起来更像是咕哝声与锯木头的声音混合在一起。这头豹子正在咆哮着发出警告。

非洲豹

豹子的斑纹迷惑性很强！ 这些大型猫科动物身上的斑纹实际上是一种伪装。这种伪装不仅能帮助它很好地藏身于光暗交错的岩石和植物之间，还能弱化豹子的身体轮廓，骗过猎物的眼睛。乍看之下，你根本不会发现那些斑斑点点的图案实际上是一头大型猫科动物。

虽然豹子擅长伪装，但它还是更爱在夜间捕猎。如果豹子生活的栖息地里有可供藏身的高草和灌木，那它就能伏击猎物——豹子会埋伏起来，耐心等待猎物从附近经过，然后发起突袭。如果猎场的地形比较开阔，它就会无声地靠近猎物，然后猛地扑过去。豹子还能从树上一跃而下，直扑猎物。

捕食大型猎物的时候，豹子会直接撕咬对方的喉咙，或者用爪子攻击对方的口鼻部；体形较小的猎物则会被它一口咬断脖子或者脑袋。

和老虎一样，豹子也会把自己吃剩的东西藏起来，以免被秃鹫之类的食腐动物或者其他掠食动物偷走。非洲豹可能把猎物藏在灌木丛中或者洞穴里。和老虎不一样的是，这种大型猫科动物甚至会把猎物拖到树上！豹子的身体十分强壮，足以将一头鹿拖到树枝上面。

豹子妈妈外出狩猎的时候会把孩子藏在窝里。豹窝可能是一处石头洞穴，也可能是一丛茂密的植物或者其他类似的藏身之所。为了保护幼崽，躲开狮子、鬣狗和其他掠食动物，豹子妈妈会经常转移自己的孩子。小豹子长到三个月左右才会断奶，它们通常会和妈妈一起生活到两岁左右。

小档案

科： 猫科

别名： 豹子

拉丁学名： *Panthera pardus pardus*

体长： 1.3~1.9 米，不包括尾巴长

食物： 中型和大型有蹄类动物，爬行动物、鸟类和昆虫类的小猎物

栖息地： 雨林、山地、热带稀树草原、沙漠和其他干燥的区域

分布范围： 撒哈拉以南的非洲及非洲东北部

远东豹生活在俄罗斯东部的森林里，它是世界上最罕见的大型猫科动物。科学家估计，目前生活在俄罗斯豹之乡国家公园里的远东豹一共不到 60 只。

43

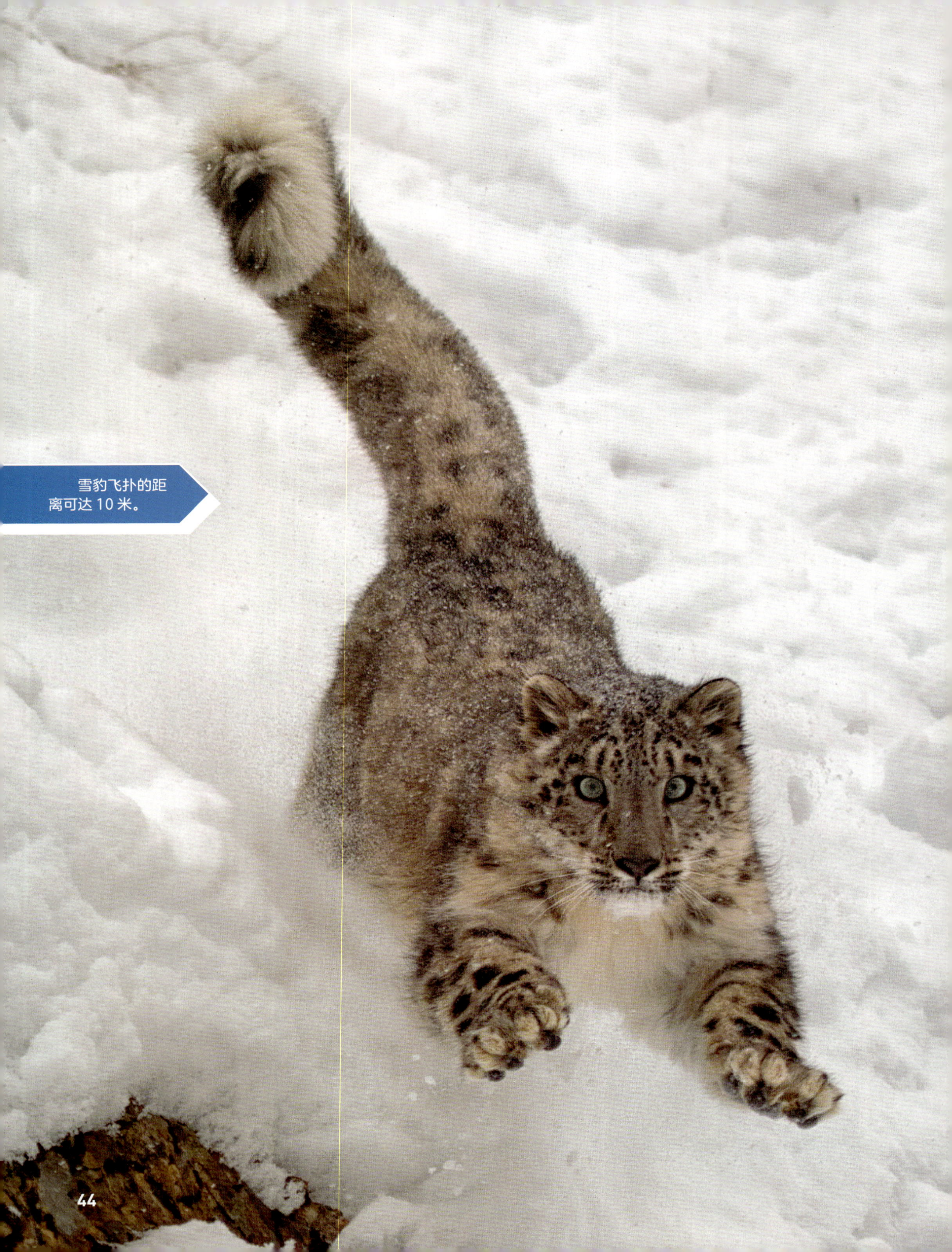

雪豹飞扑的距离可达 10 米。

雪豹

雪豹被称为"山地幽灵"， 因为这种大型猫科动物十分罕见。人们之所以很难见到雪豹的踪影，一方面是因为它们数量稀少，另一个方面则是因为它们斑斑点点的皮毛能够很好地融入冰天雪地的岩石之中。

除了富有迷惑性的伪装以外，为了适应寒冷的环境，雪豹还演化出了另外一些特征。比如说，它们的皮毛特别蓬松、特别厚，就连它们的爪子都覆盖着一层厚厚的皮毛。而且雪豹的爪子很宽，所以它们能在雪面上轻松地行走，就像穿着雪地靴一样。

要论尾巴和身体的比例，雪豹是猫科动物中当之无愧的冠军。它的尾巴最长可达 105 厘米，某些雪豹的尾巴甚至能够到自己的脖子！

这条漂亮的长尾巴绝不仅仅是装饰，雪豹在崎岖陡峭的山坡上奔跑跳跃的时候，尾巴能帮助它保持身体平衡。这种大型猫科动物还能用长长的尾巴遮住身体保暖。

雪豹最爱的猎物是岩羊。岩羊蓝灰色的皮毛能帮助它很好地藏身于崎岖的山坡上，但雪豹锐利的眼睛仍能发现岩羊的身影。雪豹主要在凌晨、黄昏和夜间捕猎，偏远地区的雪豹偶尔也会在白天出击。

和其他大型猫科动物一样，雪豹也会伏击或跟踪猎物。它会用爪子抓住猎物，或者直接将对方扑倒，然后接连数日在猎物的残骸附近盘桓，直到将战利品吃得干干净净。

小档案

科： 猫科

别名： 草豹

拉丁学名： *Panthera uncia*

体长： 0.9~1.2 米，不包括尾巴长

食物： 蓝羊（岩羊）、野山羊和其他有蹄类动物，野兔、旱獭和其他小动物

栖息地： 寒冷崎岖的山地

分布范围： 亚洲中部

偷猎、栖息地丧失和猎物减少正在威胁雪豹的生存。很多人正在努力保护这些大型猫科动物和它们的栖息地。

猎豹一次飞跃的距离可达 6.7 米，这个成绩差不多相当于奥运跳远冠军的 3 倍！

猎豹

"咻！"这就是猎豹，世界上速度最快的陆地动物。这种行动敏捷的大型猫科动物能在短短 3 秒内从静止状态加速到每小时 96 千米。惊人的速度让它能够顺利捕捉瞪羚之类的跑步高手。

猎豹的身体从头到尾都是为速度而生的。它的鼻孔比其他猫科动物更大，这能帮助它吸入更多的空气，从而为它提供高速奔跑所需的大量氧气。猎豹奔跑的时候，尾巴能帮助它做出急转弯的动作，同时保持身体平衡。这种大型猫科动物的脊柱弹性极强，所以它才能灵活地扭动身体，一步就跨出极长的距离。就连它的爪子也能帮助提速，奔跑的时候，猎豹的爪子会向外伸出抓住地面，为它提供足够的支撑。

不过在开始奔跑之前，猎豹需要做点准备。首先，它必须利用锐利的双眼挑选猎物。猎豹通常在白天捕猎，顺着眼角蜿蜒而下的黑色斑纹或许能帮助它消除强烈的阳光带来的干扰。

一旦猎豹选定了猎物，它就会收起长腿，伏低身体，慢慢逼近猎物。如果猎物警觉地抬头查看，猎豹会立即停止行动，直到猎物重新低下头继续吃草，它才会继续行动。等到双方距离缩短到一定程度以后，猎豹就会一跃而起，发动攻击。它会用爪子抓住猎物，或者直接将对方扑倒。面对比较大的猎物，它会用爪子扼住对方的喉咙，直到猎物窒息；而对于比较小的猎物，它会一口咬断对方的脖子。

不幸的是，就连猎豹也无法战胜栖息地丧失和偷猎之类的威胁。人们估计，目前野生猎豹的数量只有 7100 头左右。为了拯救这些动物，人们想出了各种各样的办法，农民在保护牲畜的时候也会尽量避免杀死猎豹。

小档案

科： 猫科

别名： 印度豹

拉丁学名： *Acinonyx jubatus*

体长： 1.1~1.4 米，不包括尾巴长

食物： 小羚羊、瞪羚、野兔

栖息地： 热带稀树草原、沙漠

分布范围： 撒哈拉以南的非洲及伊朗北部

有些猎豹身上的斑点会融合在一起，形成条带和斑纹，这种猎豹被称为"猎豹王"，但它们和普通斑纹的猎豹实际上还是同一个物种。长着类似条状花纹的家猫被称为"虎斑猫"。

美洲豹

很多人以为猫不喜欢水，但美洲豹特别喜欢游泳。这种大型猫科动物通常生活在水边，它们常常横渡河流。美洲豹甚至会在水中捕猎，鱼类、龟类和凯门鳄都是它们的猎物。

在陆地上，美洲豹也会捕食鹿、野猪和南美貘（南美貘的体形和小马差不多，口鼻部有点像大象）之类的猎物，除此以外，它们还会吃世界上最大的陆生啮齿动物——水豚（看起来就像超大的豚鼠）。噢，巨型食蚁兽、树懒、猴子和犰狳也是它们的食物……美洲豹的食谱真的很长！

美洲豹拥有肌肉发达的健壮身体和强壮有力的四肢。它会藏在树上等待猎物经过，然后飞扑下来。和其他猫科动物一样，美洲豹也会跟踪追逐猎物。它甚至会顺水漂流，然后从水里对经过岸边的动物发起攻击。

美洲豹的下颌十分有力，它甚至能咬穿海龟的硬壳。捕杀大型猎物的时候，它会直接咬穿对方的颅骨或者脖子。

这些大型猫科动物曾经遭到人类的猎捕，因为它们美丽的皮毛可以制成漂亮的皮草大衣。多亏了 20 世纪 70 年代开始实行的一系列法律，时至今日，以获取皮毛为目的的猎捕活动已经不再是美洲豹面临的主要危险。但栖息地丧失仍在威胁它们的生存，因为人们一直在砍伐森林以获取木材、开垦农场。农民和农场主有时候也会杀死美洲豹。

科学家正在致力于与生活在美洲豹栖息地内的人们合作，为美洲豹开辟一条通道，或者说"野生动物走廊"，好将小块的栖息地连接起来，让美洲豹和其他动物能够安全地沿着这条走廊穿过多个国家，寻找食物、庇护所和伴侣。科学家也在帮助农场主研究怎样更好地保护牲畜，让它们免遭掠食动物的袭击。

美洲豹在所有猫科动物中的体形排名第三，前两位由老虎和狮子占据。

2011 年，人们在美国亚利桑那州的丛林里发现了一头游荡的美洲豹。为了给这只大型猫科动物起名字，人们特地举办了一场比赛，最后获胜的名字是"El Jefe"，在西班牙语里，这个词的意思是"老板"。

美洲狮一次就能跳出 9 米远。在悬崖或者墙壁上攀爬的时候，它还能跳到 4.6 米的高度——其他任何猫科动物都跳不了这么高。

美洲狮

如果有人给你看一只美洲狮幼崽，你可千万别把它认成小美洲虎或者小豹子。美洲狮幼崽身上满是斑点，不过等它长到 9 个月左右，童年期的斑点就会全部消失，取而代之的是成年美洲狮的黄褐色皮毛。

美洲狮是西半球分布最广泛的哺乳动物——西半球包括北美洲、中美洲、南美洲和其他一些地区。虽然很多栖息地已经难觅美洲狮的身影，但这一事实仍未改变。

美洲狮曾在美国本土的 48 个州和加拿大游荡。不过到了 20 世纪初，北美洲东部的美洲狮几乎被农民、农场主和政府猎人赶尽杀绝。美国东部仅存的约 200 头美洲狮生活在佛罗里达南部的沼泽中，人们称之为"佛罗里达山狮"。

美洲狮主要在凌晨、黄昏和夜间捕猎。为了搜寻猎物，这种大型猫科动物一夜能走 10 千米。它也会耐心地藏起来伏击猎物。美洲狮会用爪子拍倒猎物，也会一口咬住小猎物的头或脖子。对付有蹄类动物的时候，它会撕咬对方的脖子，但要是猎物的体形太大，美洲狮会用强力的嘴巴咬紧对方的喉咙，让猎物窒息而死。

然后，美洲狮会把战利品拖到一边，大吃一顿。饿了一段时间的美洲狮一顿最多能吃 4.5 千克肉。吃完了以后，它会用树叶和草盖住残骸，以免被食腐动物发现。接下来的几天里，美洲狮还会回来，吃掉剩下的战利品。

小档案

科：猫科

别名：山狮、山地狮、山猫、美洲豹

拉丁学名：*Puma concolor*

体长：1~1.6 米，不包括尾巴长

食物：鹿、麋鹿和其他中到大型有蹄类哺乳动物；也吃小型哺乳动物和其他小动物，例如鸟类和爬行动物

栖息地：沙漠灌木丛、有树的草原、林地、森林、沼泽

分布范围：加拿大西南部、美国西部、中美洲、南美洲

美洲狮有很多俗称，你应该常常听到人们叫它"山地狮"或者"山狮"。欧洲拓荒者叫它"老虎"或者"美洲豹"。也有人叫它"红老虎"或者"猎鹿虎"。它还有一个古老的俗称叫作"山猫"，这个词的意思是"山里的猫"。

赤狐

赤狐猎捕老鼠的方式赫赫有名。它发现老鼠以后，会一动不动地原地等待，在此期间，它可能只有黑色的耳朵和鼻子会微微翕动。

等老鼠靠近到一定距离以后，赤狐就会展开行动。它会高高地跃向空中，紧接着并拢两条前腿，狠狠拍向老鼠头顶。这个动作会将猎物牢牢地钉在地上，然后赤狐就能轻而易举地用爪子将它抓住了。这种狐狸能够飞扑捕捉 5 米之外的老鼠！

世界各地的老鼠都会遭到赤狐的抓捕，因为这种狐狸是世界上分布最广泛的陆生食肉动物。很多地方都是赤狐的天然栖息地，人类也会在一些原本没有赤狐的地方放生这种动物。

比如说，赤狐直到 19 世纪中期才进入了澳大利亚。来自英国的猎人将赤狐放到了澳大利亚大地上，以供他们骑马捕猎。这些狐狸在新的领地里生活得很好，很快它们就给澳大利亚的生态系统带来了麻烦，当地的一些小型野生动物被赤狐吃得几近灭绝。

这种适应环境的能力也让赤狐融入了一些小镇甚至城市里。但赤狐的天然栖息地包括草原和"过渡地带"——森林和草原的交界区域。

和狼不一样，赤狐绝不会组成群落——但和狗不一样的是，雄性赤狐会帮助雌性赤狐抚养幼崽。雌雄赤狐会在领地的窝里结对抚育幼崽，小赤狐通常会在一岁以前离开父母的领地，但有时候，年轻的雌性赤狐会留下来帮助妈妈抚育新出生的弟弟妹妹。

小档案

科：犬科

别名：银狐、十字狐

拉丁学名：*Vulpes vulpes*

体长：90~103 厘米，不包括尾巴长

食物：兔子、啮齿动物、其他小型哺乳动物；鸟类、蛙类、小型爬行动物、昆虫、蠕虫、水果、动物残骸

栖息地：森林、草原、山地、苔原、湿地、田野、沙漠、农田

分布范围：北美洲、欧洲、欧亚大陆、印度、日本、非洲北部、澳大利亚

赤狐身披银色、灰色、蓝灰色或者黑色的毛。

北极熊

想象一下，有一种掠食动物站起来高达 3 米，体重甚至能超过一匹马！ 这种动物生活在北极冰天雪地的海边，它就是北极熊，全世界最大的陆地掠食动物。

北极熊特别擅长捕食海豹。它最爱的策略是守在冰面上的呼吸孔旁，为了等待海豹探头换气，它能守上好几个小时。然后，"哗啦！"北极熊会敏捷地抓住海豹，并将猎物从水里拖出来。

北极熊悄悄靠近爬到冰面上晒太阳的海豹。它会一跃而起，扑向正在打盹的猎物。除此以外，北极熊还会刨开海豹藏在雪里的窝，吃掉里面的幼崽。

如果周围有足够的海豹可供捕食，北极熊可能只吃猎物的鲸脂，抛弃剩余的肉。鲸脂蕴含的能量比肉多，而且更容易消化。不过那些肉也不会浪费，因为小小的北极狐会追随北极熊的脚步，吃掉剩余的残骸，海鸥和乌鸦也会分享这份美食。

北极熊必须等到海水结冰才能捕猎。它在终年不化的冰面上行走，岸边那些每年只在最冷的季节结冰的区域也是它的活动范围。加拿大东部哈德逊湾的冰层到了夏天就会融化，所以北极熊只能饿上好几个月，直到海冰再次冻结。在这段时间里，北极熊会吃浆果、鸟蛋和其他一切能找到的食物，但它们仍会不可避免地损失体重。

如今哈德逊湾的冰层春天融化得更早，秋天冻结得更晚，所以这里的北极熊不得不少生幼崽，这样一来，长大成年的北极熊势必也会变得更少。我们可以设法延缓气候变化，通过这种方法保护北极熊的栖息地，拯救这些北极熊。

两头年轻的北极熊正在打闹。等到春天争夺配偶的时候，这样的玩闹就会变成真正的战斗。

一头北极熊一顿最多能吃 45 千克海豹鲸脂！这么多食物足够它消耗一周左右。

北美洲部分地区的棕熊被人们称为"灰熊"，因为它们的皮毛看起来是灰色的。这些熊背部和肩部的毛发末端呈白色，远远看去就像灰色一样。

棕熊

"嗷！"浑身肌肉的棕熊体重高达半吨，爪子的长度和人类的手指差不多。这样的爪子十分适合挖掘啮齿动物或者撕开树干，寻找可供食用的昆虫。棕熊还能一巴掌拍死一头鹿，如果抓到比较大的猎物（比如说鹿），它会将战利品藏起来慢慢享用，直到吃光最后一点碎屑。

在鲑鱼洄游产卵的季节，阿拉斯加的棕熊会成群结队地聚集起来，捕食这些鱼儿。它们会挑选瀑布或者狭窄的溪流，用熊掌拍晕鲑鱼，或者用爪子将鱼儿勾起来，然后一口叼住。

棕熊还会大嚼昆虫。研究者发现，北美洲部分地区的棕熊甚至会在夏天爬到高高的山崖上，大吃行军切叶虫蛾。一头棕熊一天就能吃掉 40000 只蛾子。

虽然棕熊是食肉动物，但它其实更像杂食动物。它会吃大量的植物，包括根、浆果和坚果。

每到秋天，棕熊就要吃掉大量食物。一头棕熊在一天之内能吃掉 40 千克食物，差不多相当于 360 个汉堡包！它吃这么多是为了储存能量，迎接即将到来的冬天。等到寒冬来临，棕熊就会躲进窝里陷入沉睡，或者说冬眠。在好几个月的时间里，它们不吃不喝，也不会大小便。但雌性棕熊会在冬眠期间产崽！

棕熊是世界上分布最广的熊。今天，全世界大约半数的棕熊生活在俄罗斯。

小档案

科： 熊科

别名： 灰熊、银尖熊

拉丁学名： *Ursus arctos*

体长： 1.5~2.5 米

食物： 哺乳动物、小型爬行动物、鱼类、昆虫、水果、坚果、根、叶、草、动物残骸

栖息地： 森林、林地、草原、山地、苔原、海滨、沙漠边缘

分布范围： 北美洲西部、西伯利亚、欧洲、亚洲

棕熊的鼻子里负责探测气味的区域面积大约比你鼻子里的大 100 倍，它能在 1000 米之外闻到猎物或者腐肉的气味。

懒熊

小档案

科： 熊科

别名： 蜜熊

拉丁学名： *Melursus ursinus*

体长： 1.5~1.8 米

食物： 蚂蚁、白蚁、水果、花朵、卵、动物残骸、蜂蜜

栖息地： 潮湿或干燥的热带森林、热带稀树草原、灌木丛林、草原

分布范围： 印度、尼泊尔、斯里兰卡

如果你在印度的森林里远足， 突然间，你听到黑暗中传来一阵低沉的呜呜声。半夜三更的，难道有人在森林中央给地毯吸尘？这不是真空吸尘器，而是正在进食的懒熊。

懒熊是唯一一种主要以蚂蚁和白蚁为食的熊类。水果丰收的季节，它们也会吃很多果子，但在一年中的大部分时间，蚂蚁和白蚁是懒熊最主要的食物。

为了适应这样的食谱，懒熊的口鼻部做出了巧妙的适应性演化。它的上唇很软，上方的门牙之间有一条缝隙，上颚长而弯曲，这些特征都能帮助懒熊方便地吸食昆虫——它的嘴巴可以形成一种类似真空吸尘管的特殊形状。懒熊只需要挥动长长的爪子，挖开白蚁丘或者蚁穴，把嘴唇凑到洞口，然后，"呜呜呜！"虫子就会哗啦啦地掉进它的嘴里。

懒熊的爪子不光能挖掘昆虫，还能帮助它对付老虎和胡狼之类的掠食动物。

为了寻找食物，一头懒熊每天需要"工作"8~14个小时，所以它一点也不懒。可人们为什么要叫它"懒"熊呢？其实这完全是个误会。

1791 年，一位名叫乔治·肖的科学家写下了一些描述这种动物的文字，当时他以为这是一种树懒——这种动作缓慢的雨林动物喜欢倒挂在树枝上。虽然后来人们很快发现这种动物其实不是树懒，而是一种熊，但懒熊的名字依然阴差阳错地保留了下来。

懒熊的鼻孔能像一扇小门一样关上，当它扫荡蚁穴的时候，这能阻止蚂蚁和白蚁爬进它的鼻孔。

懒熊是唯一一种常常把幼崽背在自己背上的熊。其他很多以蚂蚁和白蚁为食的动物也有类似的习惯，例如大食蚁兽。

斑鬣狗看起来有点儿像狗，但实际上，比起狗来，它们和猫以及麝猫（一种外形酷似鼬的动物）的亲缘关系更近。雌性斑鬣狗的体形比雄性更大，斑鬣狗群落的领袖也由雌性担任。

斑鬣狗

要想一口咬断动物的腿骨，你需要强大的咬合力。不过对斑鬣狗来说，这个挑战和折断牙签一样简单！这种动物的下颌和牙齿特别强壮有力。研究者曾亲眼看到斑鬣狗咬断了一根宽达 7 厘米的长颈鹿骨头！

斑鬣狗撕咬猎物的时候，几乎没有什么东西是它吃不掉的。它吃下去的不仅是肉，还包括兽皮、骨头、蹄子和角。斑鬣狗一顿就能吃掉 18 千克食物！这并不是因为斑鬣狗特别贪婪，而是因为它们根本不知道什么时候才能吃到下一顿饭。除此以外，狮子随时可能突然出现，赶走斑鬣狗，夺走它们的战利品，最后只留下骨头和兽皮。

狮子竟然会偷吃斑鬣狗的食物，很多人难以相信这个事实，因为人们曾经以为斑鬣狗才是食腐动物，它们会大嚼狮子吃剩的动物残骸。但事实上，斑鬣狗是非常能干的掠食动物。

斑鬣狗群落能像狼群一样合作捕猎。大的斑鬣狗群落可能拥有 80 名以上的成员。它们可以捕捉角马、斑马甚至非洲水牛之类的大型猎物。而小的斑鬣狗群落只能袭击疣猪和瞪羚等小型猎物。单枪匹马的斑鬣狗可以捕食兔子、狐狸和鸟。

斑鬣狗和人类的关系并不和谐，因为这种动物会袭击人类饲养的牛羊。但斑鬣狗也能赢得尊重。在一些非洲城市里，斑鬣狗甚至大受欢迎，因为它们的好胃口能帮助人类清理多余的食物和其他垃圾。

小档案

科：鬣狗科

别名：笑鬣狗

拉丁学名：*Crocuta crocuta*

体长：86~150 厘米

食物：哺乳动物、鸟类、蜥蜴、蛇、昆虫、鸵鸟蛋、动物残骸、水果、植物

栖息地：热带稀树草原、草原、林地、森林边缘、山地、旱地

分布范围：撒哈拉以南的非洲

斑鬣狗的奔跑速度可达每小时 60 千米。

土狼

一只土狼一夜之间就能吃掉 300000 只白蚁。

你永远看不到结队捕猎的土狼，因为它们从不捕食大型哺乳动物。 饥饿的土狼最爱的美食只有一种：白蚁。

虽然土狼强壮的下颌里长着硕大的犬齿，但它吃白蚁的时候根本用不着这么强大的"武器"，只需要用黏糊糊的宽舌头把白蚁卷进嘴里就行了。而且土狼并不是什么白蚁都吃——它们只钟爱一种名叫"草白蚁"的物种。一旦土狼发现有草白蚁在地上忙忙碌碌地搜集草叶，就会伸出舌头把这些小家伙舔起来吃掉；实在找不到草白蚁的时候，它才会吃其他种类的白蚁。

土狼通常在夜间捕猎，因为这是它们爱吃的白蚁物种最活跃的时间。土狼通常独自进食，就连配对成功的雄狼和雌狼在觅食的时候也会分头行动，以免和对方争夺食物。

从干燥的地面上舔舐白蚁，这种进食方式一听就觉得很容易口渴，但土狼一般不需要喝水。白蚁丰满的身体能为它提供充足的水分。

雄狼和雌狼都会照顾幼崽。雄狼会保护幼崽，帮助它们抵御天敌胡狼的袭击；雌狼外出捕猎的时候，它还会守卫狼窝。小土狼长到 9 周左右就会试着自己吃白蚁了。

以前有些农民会杀死土狼，因为他们认为这种动物会偷吃自家的羊羔、小鸡或者蛋。其实他们多半是把土狼和鬣狗或者胡狼弄混了。今天大部分人已经意识到，土狼不会危害我们。恰恰相反，我们使用的杀虫剂倒是对土狼的生存造成了威胁。

"土狼"这个词在南非荷兰语里的意思是"土地上的狼"。有时候人们也叫它"鬃胡狼",意思是"毛很长的胡狼"。土狼之所以得到这个俗称,是因为它在生气或者受到威胁的时候,背上的毛发会竖立起来。

蜜獾

蜜獾的名字听起来很甜，但这种动物一点也不可爱！ 这种敢跟狮子正面叫板的小型掠食动物是地球上最无畏的生物之一。

敢于捕食毒蛇的小型动物不多，蜜獾正是其中之一。它会从后面抓住毒蛇的头，然后杀死对方。就算被毒蛇咬了，蜜獾也有办法保住性命。它咬死毒蛇以后，会立即从头部开始咔嚓咔嚓地把整条蛇吃掉，就像在啃一根特别长的热狗。

蜜獾大部分时间都在觅食。它会把头探进地洞里寻找老鼠和田鼠，也会爬到树上抓蛇，还会钻进水里捕食乌龟。蜜獾之所以得此名，正是因为它会钻进蜂巢吃掉蜜蜂的幼虫和蜂蜜。

外出觅食的蜜獾常常被其他掠食动物盯上，这些跟踪者包括胡狼和一种名叫淡色歌鹰的鸟，就算猎物能逃脱蜜獾的追捕，最终也很可能落入淡色歌鹰的魔爪。

还有一些动物会直接袭击蜜獾，譬如狮子、豹子和斑鬣狗。但勇敢的蜜獾会正面迎击敌人，利用锋利的牙齿、难闻的气味和嘶吼的声音击退对方。

如果不幸被敌人抓住，蜜獾会缩进自己松垮垮的厚实皮毛里，让掠食动物无从下手。

小档案

科：鼬科

别名：平头哥

拉丁学名：_Mellivora capensis_

体长：最长可达 73 厘米

食物：小型哺乳动物、啮齿动物、鸟类、小型爬行动物、蛙类、昆虫、动物残骸、卵、水果、植物

栖息地：热带稀树草原、旱地、森林、树林

分布范围：非洲、中东、印度

蜜獾的尾巴附近长着特殊的腺体，能分泌一种臭烘烘的液体。它会利用这种液体标记自己的领地，遭到袭击或者受到惊吓的时候，也会释放这种液体。

马岛长尾狸猫

小档案

科： 食蚁狸科

别名： 马岛灵猫

拉丁学名： *Cryptoprocta ferox*

体长： 60~76 厘米，不包括尾巴长

食物： 狐猴、啮齿动物、鸟类、小型爬行动物、蛙类、鱼

栖息地： 干燥的森林、雨林

分布范围： 马达加斯加

马达加斯加岛（简称"马岛"）的大小仅仅相当于美国的得克萨斯州。马达加斯加岛坐落在印度洋里，距离非洲海岸线约 400 千米。你可以在这里看到许多奇特的生物，其中包括长得像叶子的小变色龙和在树枝间跳跃的长腿狐猴。

你还会看到马岛长尾狸猫——这种食肉动物看起来像猫和鼬的混血儿。它和鼬一样，长着圆圆的小耳朵和修长的身躯，但它的爪子在不用的时候又能收起来，这一点和猫十分相似。长尾狸猫在枝叶间跳跃追逐狐猴（这是它最主要的食物）的时候，最长可达 70 厘米的尾巴能帮助它保持平衡。

这种敏捷的掠食动物出生在窝里，刚出生的马岛长尾狸猫披着一身白毛，没有牙齿。小狸猫要在窝里长到 5 个月大才会离开，然后它们还会和妈妈一起生活 3 个月左右。这种动物要长到两三岁才能完全成年，然后再过 1 年左右，它们就会开始繁殖后代。

马岛长尾狸猫是马达加斯加的顶级掠食动物，但自从 2000 年前人类发现这座岛屿以来，这种动物就成为人们的猎物。时至今日，跟随人类来到马岛的狗也会追逐狸猫。

但马岛长尾狸猫和它们的猎物面临着同一个最大的威胁：森林砍伐。农民、伐木公司和矿业公司都会砍伐树木，普通居民也会砍树来烧制木炭。今天，马达加斯加曾经郁郁葱葱的森林大约只剩下了 10%。

怎样阻止森林砍伐？解决方案有两个：创建保护区，或者推行法律来限制土地的使用。除此以外，我们还应该推行可持续性发展策略，这意味着合理利用资源，确保未来人类和野生动物拥有清洁的空气和水，以及生存所需的栖息地。

灵活的踝关节、强壮的四肢和锋利的爪子让马岛长尾狸猫能像松鼠一样在树木之间快速跳跃。它甚至能头朝下顺着树干往下爬。

马岛长尾狸猫看起来有点儿像猫，但它不会像猫那样踮脚走路。在地面上行走的时候，它的脚掌总是像熊一样完全贴着地面。

袋獾

18 世纪末，第一次来到塔斯马尼亚的欧洲探险家听到黑暗中传来恐怖的咆哮，他们还以为那是恶魔的声音！实际上那只是一种掠食动物的叫声，但恶魔的名字却流传了下来——直到今天，袋獾仍被人们称为"塔斯马尼亚恶魔"。

袋獾的模样和它的叫声一样凶猛。这种动物长着斗牛犬般敦实的身体和巨大的脑袋，它的嘴可以张得很大，露出两排尖牙。

袋獾大部分时间过着独居生活，白天睡觉，晚上才出来觅食。动物尸体是袋獾最爱的食物，因为这样的"猎物"比较好对付——完全不需要亲自捕杀。不过大型动物的尸体会引来许多袋獾。它们一边大声吼叫，呼朋唤友，一边和同类争夺最佳的进食位置。

和袋鼠、考拉一样，袋獾也是一种有袋动物——雌性袋獾会生下发育不完全的幼崽，小袋獾就在妈妈的袋子里继续发育长大。一只雌袋獾一次能产下多达 30 只幼崽，每只小袋獾比一粒葡萄干还小。它们会抓紧妈妈的皮毛，自己爬进袋子里。但这 30 只幼崽中只有 4 只能活下来，因为妈妈的袋子里能分泌乳汁的乳头只有 4 个。

袋獾的足迹曾经遍布澳大利亚，但是现在，你只能在澳大利亚南端的塔斯马尼亚岛上看到它们的身影。科学家认为，澳洲野犬是导致袋獾在澳大利亚灭绝的罪魁祸首。牧场主和农民也试图清除塔斯马尼亚岛的袋獾，但在 1941 年，这种动物开始受到法律保护，因为它们已经变得十分稀有。

小档案

科： 袋鼬科

别名： 无

拉丁学名： *Sarcophilus harrisii*

体长： 57~65 厘米，不包括尾巴长

食物： 哺乳动物、鸟类、爬行动物、蛙类、鱼类、昆虫、蛆、动物尸体

栖息地： 森林、林地、海滨灌木丛林、农田

分布范围： 塔斯马尼亚

和其他有袋动物一样，袋獾会将脂肪储存在自己的尾巴里。食物不好找的时候，它们的身体可以利用这些脂肪。

斑尾虎鼬

小档案

科： 袋鼬科

别名： 虎猫、虎鼬

拉丁学名： *Dasyurus maculatus*

体长： 35~76 厘米，不包括尾巴长

食物： 哺乳动物、鸟类、爬行动物、昆虫、蜘蛛、蝎子、螯虾、卵、动物尸体

栖息地： 森林、雨林、林地、海滨灌木、河畔、崎岖的岩层

分布范围： 澳大利亚东部、塔斯马尼亚

在斑尾虎鼬的聚居地，科学家可以轻松获得斑尾虎鼬的粪便。他们还专门训练一种狗来寻找这些粪便，这种工作犬被称为"野生动物嗅探犬"。

袋狼和袋獾的身影在澳大利亚消失已久，所以现在，斑尾虎鼬就成了澳大利亚最大的土著食肉动物。（澳洲野犬的体形比斑尾虎鼬大得多，但它们是由人类带到澳大利亚的。）

每当夜幕降临，斑尾虎鼬就会穿梭于岩石、沟渠和树梢之间觅食。这种动物有时候也会在白天捕猎，在这样的时间段，它们最容易找到的猎物是负鼠。负鼠是夜行动物，白天总是躲在树梢呼呼大睡。斑尾虎鼬会捕杀负鼠和兔子之类的猎物，它最常用的攻击方式是一口咬住猎物的后颈。不用捕猎的白天，斑尾虎鼬会蜷缩在自己的窝里，它的窝一般筑在中空的树干里或者岩石之间。

雌性斑尾虎鼬还会把自己的幼崽藏在窝里。新出生的小斑尾虎鼬会在妈妈的袋子里长到 8~10 周大。之后，它们每天躲在鼬窝内部草编的巢里，等待妈妈捕猎归来。如果雌性斑尾虎鼬决定换窝，它会把孩子背在背上"搬家"。

研究斑尾虎鼬的科学家通过一种有趣的方式探究这种动物的食谱和居住地：他们会造访斑尾虎鼬的"卫生间"！住在同一片区域的斑尾虎鼬共享一块专门的排泄区，这块地方被称为"公共厕所"。科学家可以从这里轻松获取样品，借此分析斑尾虎鼬的许多信息，比如说，生活在这里的雌性和雄性斑尾虎鼬的数量、它们的繁殖周期以及它们平时吃的食物。

研究斑尾虎鼬的工作十分重要，因为澳大利亚部分地区的斑尾虎鼬已经成为濒危物种。现在科学家非常担心居住在塔斯马尼亚岛的这种动物。

斑尾虎鼬又叫"虎鼬"，虽然它们身上根本没有老虎的标志性条纹。这个名字很可能来自它凶猛的嘶吼声，斑尾虎鼬生气的时候就会发出这种声音。

人们曾经认为，巴西犬吻蝠的飞行速度不可能超过每小时 96.5 千米，但最近的一项研究发现，这种动物的飞行速度实际上能达到每小时 160 千米！这可比高速公路上的平均车速快得多。

巴西犬吻蝠

夏天的夜晚，美国得克萨斯州布拉肯洞穴外的天空中传来一大群动物拍打翅膀的杂乱声响，那是无数只巴西犬吻蝠正在涌出洞穴飞向天空，准备趁夜色的掩护捕猎会飞的昆虫。

巴西犬吻蝠利用声音寻找猎物。它们飞行时会发出频率极高的叫声，然后通过声音传回来的时间判断物体离自己有多远。

蝙蝠可以利用这种办法锁定一只极小的昆虫，人们称之为"回声定位"。接下来，犬吻蝠会张开嘴巴一口咬住猎物，要么就用翅膀或者尾巴拍晕猎物，然后再把它叼走。

犬吻蝠每晚都要吃掉很多昆虫，尤其是那些需要哺育幼崽的蝙蝠妈妈。作为一种哺乳动物，雌性犬吻蝠必须吃得好才能为孩子提供足够的乳汁。人们估计，从布拉肯洞穴里蜂拥而出的犬吻蝠超过2000万只，它们只需要一个晚上就能吃掉250吨以上的昆虫！

夏季快要结束的时候，这些洞穴会渐渐安静下来。美国的大部分巴西犬吻蝠会飞去中美洲和南美洲过冬。每晚守在洞口等着捕食蝙蝠的雕、鸮、臭鼬和蛇只能另寻出路。

小档案

科：犬吻蝠科

别名：墨西哥犬吻蝠、鸟粪蝙蝠

拉丁学名：*Tadarida brasiliensis*

体长：9~11厘米，不包括尾巴长

食物：昆虫

栖息地：洞穴和其他各种各样的栖身之所

分布范围：墨西哥、美国西部和南部、中美洲、南美洲、加勒比地区

大量蝙蝠可以紧紧挤在狭窄的空间里。白天休息的时候，0.1平方米的洞壁上就能栖息200只以上的蝙蝠。

豹海豹

小档案

科： 海豹科

别名： 豹形海豹

拉丁学名： *Hydrurga leptonyx*

体长： 3~3.5 米

食物： 企鹅、海豹、鱼类、乌贼、磷虾、动物尸体

栖息地： 浮冰、冰冷的海水

分布范围： 大西洋、印度洋和南极洲附近的太平洋

繁殖季节的豹海豹会在水里"唱歌"。这种动物的歌声听起来像是某种呻吟或者颤音，它们这样做可能是为了寻找配偶。

　　企鹅从冰面上跳进南极洲附近冰冷的海水之前总要仔细观察，因为水里可能藏着凶猛的掠食动物，它们锋利的牙齿随时准备扎进企鹅的身体。豹海豹就是这些掠食动物之中比较凶猛的一种。

　　豹海豹会沿着南极洲海滨的冰层边缘徘徊潜行，它是已知唯一一种捕食温血动物的海豹。豹海豹吃的食物里大约有一半是其他海豹物种的幼崽和企鹅，这种动物的食谱还包括鱼类、乌贼和长得像小虾一样的磷虾。

　　豹海豹的模样不像其他海豹那么可爱，它的头看起来更像短吻鳄，宽阔的下颌可以张得很大，露出里面匕首似的尖牙。这种动物拥有修长的身体，所以它们能在海里敏捷地游动。豹海豹的前鳍长得特别长，高速追逐猎物的时候，这对前鳍能帮助它灵活地转向。

　　豹海豹抓到企鹅或者其他物种的海豹幼崽以后，会以一种夸张的方式杀死猎物并将它吃掉。首先，豹海豹会叼住猎物的头或者屁股，将它举出水面；然后甩动自己的头和脖子，将猎物远远地抛向空中，再任由它重重地砸在水面上。这种方法会震碎猎物的身体，同时撕掉猎物的皮，然后豹海豹就能大快朵颐了。

　　捕食磷虾这么小的动物时，豹海豹会利用尖牙后面的牙齿。它会将海水吸进嘴里，就像我们用吸管喝饮料一样，然后再闭紧嘴巴，透过齿缝将海水逼出去，牙齿的特殊形状和结构能帮助它将磷虾留在嘴里。

为了拍照，保罗·尼克伦走遍了全球，其中也包括南极洲的海岸。在这里，他跳进冰冷的海水，拍下了豹海豹的珍贵照片。别人都警告他说，这种掠食动物可能会袭击人类；但让保罗深感惊讶的是，一头巨大的雌性海豹非但没有追咬他，反而试图喂企鹅给他吃！雌海豹先是给他送来了活的企鹅，然后又带来了死的。这样的行为持续了四天，在此期间，它从未尝试过伤害他。（专家仍然不建议人类在水中和豹海豹同游，因为保罗的遭遇可能并不常见。）

长到七岁左右的时候，雄性北象海豹的鼻子会膨胀变大。这样的大鼻子能帮助繁殖季节的雄性北象海豹发出浑厚洪亮的叫声。

北象海豹

北象海豹看起来就像一根灰色的巨大香肠。 北象海豹体内的鲸脂能帮助它在冰冷的海水里保暖，但这些脂肪也让它们的身体变得格外笨重，一旦离开海水，这样的身材就显得十分奇怪。但是到了水里，北象海豹立即就会化身为强壮优雅的泳者，为了追捕猎物，它们甚至能一口气潜到 1735 米的深度。

北象海豹在海里简直如鱼得水，它们每年甚至能完成两次长途迁徙，其中 90% 的旅程都在水下完成。

第一次迁徙的时候，北象海豹从美国墨西哥和加利福尼亚州海滨的繁殖场出发，一路北上前往美国阿拉斯加和太平洋北部，在这里，它们可以捕捉乌贼、鱼和其他猎物。

接下来，北象海豹掉头往南，回到熟悉的繁殖场。这一次它们会登上陆地，换掉皮毛和最外面的一层皮肤。全身的皮毛和皮肤不会一次性全部脱落——而是一小片一小片地逐渐蜕掉，所以这段时间的北象海豹看起来浑身斑驳，仿佛伤痕累累。

换完皮以后，北象海豹会披上一层崭新的皮毛。然后它们重新回到海里，游回捕食区。6 个月后它们还会回来，这次是为了生育幼崽。北象海豹一年的迁徙路程加起来长达 33800 千米。

小档案

科： 海豹科

别名： 象海豹

拉丁学名： *Mirounga angustirostris*

体长： 3~4 米

食物： 乌贼、章鱼、鱼类、鳐鱼、鲨鱼

栖息地： 沙质海滩、海滨和开阔的海洋

分布范围： 从墨西哥的下加利福尼亚州到阿拉斯加湾的太平洋中部和东部

雄性北象海豹的体重是雌性的三四倍，最多能达到 2000 千克，差不多相当于一辆小货车的重量！

101

南美洲的一些虎鲸甚至会打"登陆战"。照片上的这头虎鲸正借着海浪冲向海滩，准备捕捉一头年轻的海狮。得手之后，它又会游回深水区。

虎鲸

什么动物拥有庞大的脑子，游泳的速度能达到每小时 48 千米，而且嘴里长满了长达 10 厘米的尖牙？答案是虎鲸——这种海豚科的掠食动物格外凶猛，它甚至能捕食大白鲨！

虎鲸会以家庭为单位结成群落，在雌性头领的带领下，像狼群一样捕猎。鲸群通力合作，利用发达的大脑和强大的力量，采用多样的策略捕食猎物。

比如说，在南极洲，虎鲸会集体冲向海豹栖息的浮冰，激起波浪，波浪漫过浮冰的时候，虎鲸会潜到水面下，等待海豹被冲进水里，然后再轻松捕获这些猎物。

虎鲸也会成群结队地驱赶小鱼，让它们聚拢成群，然后再用尾巴把小鱼拍晕，借此降低捕猎难度。利用同样的方法，虎鲸还能逼迫体形较小的鲸游向海边，让它们在浅水里搁浅，这样更便于捕猎。

虎鲸甚至会追捕蓝鲸和座头鲸这样的大型鲸类。它们会用自己的头撞击猎物，撕咬对方，或者跳到对方背上。巨大的猎物会被慢慢累垮甚至淹死，变成虎鲸的漂浮盛宴。南美洲部分海岸上栖息的海狮看到虎鲸冲出水面来抓自己的时候，甚至会吓得浑身僵硬，不敢动弹。

虽然虎鲸的猎物十分多样，但它们特别擅长捕捉的猎物只有几种。北太平洋东部的一部分虎鲸主要以鲑鱼为食，同一片水域里的其他虎鲸主要捕食海豹。

小档案

科: 海豚科

别名: 杀人鲸、逆戟鲸、黑鱼

拉丁学名: *Orcinus orca*

体长: 10 米

食物: 鱼类（包括鲨鱼）、乌贼、鼠海豚、海豚、小型鲸类、幼鲸、海豹、海狮、海龟、海鸟

栖息地: 近岸海域和开阔海洋

分布范围: 全球海洋中都有虎鲸的身影，最常见于北大西洋、北太平洋和南极洲附近海域

捕捉鲨鱼的时候，虎鲸会用尾巴将鲨鱼驱赶到海面上，用尾巴拍击鲨鱼，将对方的身体翻过来，然后趁着鲨鱼恢复行动能力之前一口把它咬住。

抹香鲸头部的长度可达总体长度的
1/3，巨大头颅内部的脑子重量可能高达
7.7千克——比其他任何动物的都大。除
此以外，抹香鲸的脑袋里还有一种名叫鲸
蜡的物质，抹香鲸的名字正是来源于此。
人们认为，寻找猎物的时候，这些鲸蜡能
帮助抹香鲸确定回声的方向。

抹香鲸

抹香鲸是深海潜水冠军，这种动物下潜的最高纪录是海面下 2250 米。 对人类来说，抹香鲸的大部分生活仍是谜团。

不过早在 18 世纪末，捕鲸者——为了获取鲸脂而猎捕鲸类的人，就对抹香鲸的习性有了一定的了解。他们在抹香鲸的胃里找到了喙状物体和带吸盘的长触手，于是他们意识到，乌贼是抹香鲸的猎物。

今天的科学家正在利用深海相机、录音设备和潜水设备之类的技术研究抹香鲸的生活。靠着这些工具，科学家已经知道，深海里不光有长达 18 米的巨乌贼，还有体形更大的大王酸浆鱿。除了这些巨型乌贼以外，抹香鲸也会吃体形小得多的乌贼，还有章鱼和其他猎物。

近年来，研究者发现，抹香鲸会利用声音来寻找乌贼——哪怕猎物的体形只有鞋子那么大。乌贼的身体会将抹香鲸发出的声音反射到抹香鲸的耳朵里，回声提供的线索能帮助抹香鲸锁定猎物的位置。然后，抹香鲸会游向乌贼的方向，发起进攻的前一秒钟，它会扭动身体，然后张开嘴将乌贼吸进嘴里——它的吸食距离最远可达 1 米。

这种掠食行为让抹香鲸能够捕捉 1.6 千米之外体形比面包还小的乌贼。它在一天内就能吃掉 0.9 吨以上的乌贼和鱼！

小档案

科： 抹香鲸科

别名： 卡切拉特鲸、巨抹香鲸、罐鲸

拉丁学名： *Physeter macrocephalus*

体长： 15~18 米

食物： 乌贼、鲨鱼、鳐鱼、鱼类

栖息地： 海洋

分布范围： 全世界几乎所有海洋里都有抹香鲸

抹香鲸下颌两侧各有 20~26 颗圆锥形的牙齿，每颗牙齿最重可达 0.9 千克。

喙、脚和大爪子：掠食性鸟类

一只白头海雕能抓着相当于自身体重 1/3 的鱼在空中飞行。如果抓到的鱼实在太重，那么白头海雕常常借助翅膀的力量将鱼拖到岸上，而不会轻易放弃猎物。

掠食性鸟类概览

北鲣鸟
Morus bassanus

北鲣鸟会吃鱼。这种鸟会飞到海面上方的高空中，然后向下俯冲，速度最高可达每小时 96.5 千米，和高速公路上的汽车差不多。它会收起翅膀，像利箭一样插入水面；在这样的高速冲击下，大部分动物都会被撞晕，但北鲣鸟的胸口和颈部有特殊的气囊，可以帮助它进行缓冲。

地球上有一部分最令人惊艳的掠食动物属于鸟类。掠食性鸟类没有毒牙——鸟儿完全没有牙齿，但形状各异的喙、爪子和强壮的身体能帮助它们出色地完成任务。

任何吃过蚜虫和毛毛虫的鸟类都属于掠食动物——尤其是在昆虫眼里。不过科学家所说的掠食性鸟类通常指的是特定种类的鸟，也就是所谓的猛禽——它们会用爪子捕捉猎物。鹰、雕、隼和鸮都是典型的猛禽。为了捕捉猎物，猛禽的脚上都长着锋利的爪子，也就是我们常说的"鸟爪"；除此以外，它们的抓握力也相当惊人。猛禽的喙通常是弯曲的，或者边缘十分锋利，能够撕开猎物的身体。

但除了猛禽以外，别的鸟也会捕食体形大于昆虫的猎物。比如说，很多海鸟会抓鱼吃。为了适应这种捕鱼生活，它们演化出了特殊的身体和喙。举个例子，鸭子的喙内侧有小小的凸起，能稳稳地叼住滑溜溜的鱼；潜鸟的腿位于身体后半部分，在游泳的时候充当"船桨"。

所有鸟儿在它们生活的地方都扮演着重要的角色，无论它们吃的到底是什么。只要看一眼数据，你就能清晰地认识到这一点。比如说，一只仓鸮每天晚上大概要吃三四只啮齿动物——一年就是将近 1500 只。啮齿动物的繁殖速度很快，如果没有猛禽的"照料"，它们会吃掉大量的植物和种子，栖息地的生态必然遭到破坏，这又将危害生活在栖息地里的其他动物。

食螺鸢
Rostrhamus sociabilis

    食螺鸢是一种奇怪的猛禽,这种鸟儿主要以螺类为食,但它最主要的猎物其实只有一种——福寿螺。食螺鸢在池塘上空翱翔,用爪子抓捕植物上的螺类。它会把猎物带回栖枝上,然后用弯曲细长的上喙小心地将螺肉从螺旋状的壳里挑出来。

红头美洲鹫
Cathartes aura

    和所有秃鹫一样,红头美洲鹫也是一种猛禽,它从不亲自杀死猎物,恰恰相反,它只吃动物尸体。这种鸟儿会在空中盘旋,利用敏锐的视力和嗅觉寻找动物尸体。和其他猛禽不一样的是,红头美洲鹫的爪子并不强壮,但它们的喙锋利有力,可以撕开坚韧的兽皮。

穴鸮
Athene cunicularia

    穴鸮生活在沙漠和草原的地道里。这种鸟儿会吃大量的昆虫,但它也会捕食小型哺乳动物、爬行动物、蛙类和鸟类。穴鸮会将多余的猎物储存起来,以备孵卵育雏时食用。1997 年,科学家发现一只穴鸮储存了 200 多只啮齿动物。

漂泊信天翁
Diomedea exulans

    漂泊信天翁的翼展最长可达 3.4 米,它在海洋上空盘旋,乌贼和鱼类是它的主要食物。这种鸟儿最远能闻到海面上 19.3 千米之外的食物气味。

白头海雕的头并不秃！它的英文名里之所以带一个"bald"（秃）的单词，是因为这个单词曾有"白斑"的意思。白头海雕长到四五岁时，它的头和尾巴就会变白。

白头海雕

如果你是一条鱼，那你最不愿意看到的恐怕就是一只白头海雕迎面向你扑来——因为这很可能是你看到的最后一幕。白头海雕从空中俯冲而下的速度最高可达每小时 161 千米。它会从水面上掠过，用锋利的长爪子抓捕猎物。这种大鸟的爪子会深深扎进鱼儿的身体，然后它会拍打翅膀飞回岸上，用强壮的钩状喙将鱼儿撕碎。

白头海雕黑色鸟爪的强大力量来自腿上的肌肉和强韧的肌腱。这些肌腱拥有特殊的结构，能帮助白头海雕"锁住"鱼儿。这样一来，白头海雕就不必单纯依靠肌肉的力量抓紧猎物的身体了。

白头海雕如此美丽而强大，1782 年，它被选作美国的国家象征——虽然大家都知道，本杰明·富兰克林曾经开玩笑说，我们不该挑白头海雕来代表国家，因为这种鸟儿"实在太懒，甚至不愿意自己抓鱼"，而是从别的猛禽手里偷鱼吃。其实富兰克林说的并不完全正确。白头海雕的确会偷其他猛禽的猎物，但除此以外，它们也会努力自己抓鱼。

不过，虽然白头海雕是美国的象征，但这依然不能阻挡人类对它的伤害。随着时间的流逝，出于种种原因，这种鸟儿渐渐成为濒危物种。比如说，农民和渔民都会枪杀白头海雕，有时候它们还会被杀虫剂误伤。

幸运的是，1940 年，美国政府通过了一项保护鹰类的法律，从那以后，要想捕杀鹰类，你必须获得特殊的许可。接下来，DDT 在 1972 年遭到了禁用。时至今日，白头海雕的巢穴再次遍布美国的每一个州（除了夏威夷以外，但那里从来就不是白头海雕的栖息地）。

小档案

科： 鹰科

别名： 美国雕、渔雕、白头鹰

拉丁学名： *Haliaeetus leucocephalus*

体长： 74~94 厘米

食物： 鱼类、鸭子、鹅、小型哺乳动物、爬行动物、蛙类、蟹类、动物尸体

栖息地： 海滨、河流、湖泊、沼泽

分布范围： 北美洲

白头海雕会搭筑巨大的巢。每年它们都会给自己的巢增添新的枝叶。最大的白头海雕巢位于佛罗里达州，这座鸟巢足足有两层楼高！

一只雌性角雕正抓着猎物往回飞，准备和家里的雏鸟分享。她已经吃掉了半只猎物。

角雕

所有猛禽都拥有适合抓握、杀戮的爪子，但角雕的爪子特别残暴。它的每只脚上都长着 4 根和灰熊的爪子差不多长的爪子！角雕脚趾的抓握力极强，它甚至能生生碾碎像你手臂那么粗的骨头。

角雕之所以需要这么强壮的爪子，是因为它的猎物体形相当可观。这种鸟儿会捕捉猴子和树懒之类的动物。树懒的体形和中型犬差不多，它们大部分时间都倒挂在树枝上。想象一下，角雕需要用爪子抓捕体重和自己差不多，甚至比自己还重的猎物，然后抓着它飞走！

虽然角雕的翼展最长可达 2 米，但相对于它的体形，翼展可以算是它的短板。因为角雕不需要在高空中翱翔寻找猎物——这种鸟儿主要在森林中捕猎，所以在飞行的时候，它必须尽量躲开树枝和树干。角雕穿梭于林木之间的时候，长长的尾巴可以帮助它掌握方向。

不过，和其他鹰类一样，角雕拥有敏锐的视力。它能清晰地看到近 200 米之外大小只有 2 厘米的物体。如果你拥有这样的视力，那你就能看清一两个街区外的一张邮票！

角雕捕猎的主要方式是栖息在高处的树枝上观察，等待猎物出现。它也会侧耳倾听，角雕的脸部周围长着一圈羽毛，看起来和鸮差不多。这些羽毛可以帮助它搜集声音，让它能在光线昏暗的森林中清晰地听到猎物的脚步声。

小档案

科： 鹰科

别名： 美洲角雕、皇家鹰

拉丁学名： *Harpia harpyja*

体长： 89~105 厘米

食物： 树懒、猴子、犰狳、小野猪和其他中型哺乳动物；鹦鹉和其他大鸟；鬣蜥

栖息地： 低地热带森林

分布范围： 墨西哥南部、中美洲、南美洲

年轻的角雕会和父母一起生活 1 年左右，然后才开始独立生活。

113

猛雕

小档案

科： 鹰科

别名： 猛鹰雕

拉丁学名： *Polemaetus bellicosus*

体长： 78~96 厘米

食物： 中型哺乳动物、鸟类和爬行动物

栖息地： 开阔林地、热带稀树草原、草原、多刺高灌丛、旱地

分布范围： 撒哈拉以南的非洲

猛雕这个名字的意思是"好战的雕"，但实际上，这种鸟儿对战争毫无兴趣。它凶猛的习性和强大的力量只是为了觅食而已。猛雕最主要的食物是中等大小的动物。

猛雕到底吃什么？这个问题的答案和它生活在非洲的哪个区域有关。某些地方盛产小羚羊和一种名叫蹄兔的岩栖动物——所以猛雕就吃这些动物。而在其他地方，野兔和鸟类才是它们最主要的食物。

猛雕会在高空中盘旋，寻找猎物的踪迹。它发现猎物以后，会俯冲下来，用强壮的爪子抓住对方。这些强大的猎手甚至能捕杀胡狼和薮猫（一种野猫）。在南非的克鲁格国家公园，很多猛雕爱吃一种名叫圆鼻巨蜥的大蜥蜴。

猛雕是非洲最大的鹰类，也是一种世界最大的鹰。不幸的是，它正在成为最濒危的鹰类物种。这种鸟儿有时候会捕杀绵羊和山羊的羊羔，这常常招来农民的报复，他们会用枪或者毒药对付猛雕。随着人类不断将荒地垦作农田，栖息地丧失也威胁着猛雕的生存。

为了帮助这些鸟儿，我们能做些什么？许多组织正在利用一些经过实践证明的方法帮助这种猛禽。比如说，保育者会付钱给非洲部分地区的农民，以弥补他们的羊羔被鹰类捕杀造成的损失。

非洲侏隼是这片大陆上最小的猛禽，它的体长还不到 8 英寸（约 20 厘米）。

猛雕的巢筑在高高的树上，所以对它们来说，高耸的电线杆似乎是理想的筑巢地点。但危险的电线已经杀死很多鹰，为了确保安全，有些地方的人们会把鹰巢挪到平台上。将来，电力公司可能会在电力装置上加装特殊的设备，阻止鹰在这些危险的地方筑巢。

虎头海雕

小档案

科： 鹰科

别名： 白肩雕、太平洋雕

拉丁学名： *Haliaeetus pelagicus*

体长： 85~105 厘米

食物： 鱼类、蟹类、蚌类、乌贼、海鸟、鸭子、哺乳动物、动物尸体

栖息地： 海滨、岛屿、大河和大湖

分布范围： 俄罗斯远东地区、日本、中国、朝鲜半岛

认识一下白头海雕的亚洲表亲吧，虎头海雕就像超大号的白头海雕， 只不过它们长着白色羽毛的位置是腿和翅膀，而不是头。虎头海雕的头部长着巨大的黄色的喙——喙的尺寸甚至超过了它的颅骨（颅骨指的是它的眼睛和大脑所在的地方）。

虎头海雕巨大的喙特别适合撕开鱼的身体。它会栖息在高高的树枝或悬崖上，搜寻猎物的踪迹。为了寻找猎物，它有时候也会在水面上盘旋。一旦发现鱼儿，虎头海雕会立即俯冲下来，用强壮的爪子抓住猎物。虎头海雕会站在水边捕鱼，也会吃冲上岸的死鱼。

这种巨型海雕在俄罗斯远东地区的海岸边繁育后代，这里的鲑鱼是它最爱的食物。洄游产卵的鲑鱼是虎头海雕的主要食物，到了冬天，很多虎头海雕会迁徙到日本、韩国和中国。

这种鸟儿非常稀有。科学家估计，野生虎头海雕的数量可能只有 4600~5100 只。人类对森林的砍伐影响了虎头海雕，过度捕鱼也威胁着它们的生存。因为渔民捕捉的鱼太多，留下来繁殖的鱼变得更少，鱼的总产量就会下降，这意味着虎头海雕的食物也变少了。

由于过度捕鱼的影响，日本的虎头海雕甚至学会了吃猎人留下的鹿尸。这又带来了另一个问题：猎人会使用含铅的子弹，鸟误吞了这些子弹就会送命。不过也有好消息：人们开始立法禁止使用铅弹，这或许能帮助这种美丽的鸟。

研究野生鹰类的科学家发现，虎头海雕能在三四分钟内吃掉 0.9 千克鱼——这可能得归功于它强壮的巨喙。

虎头海雕的平均翼展长 2.1 米，雌性的体形比雄性更大。

如果猎物实在太重，冠雕没法抓着它飞走，那么它可能会把猎物撕成几块藏到树上，留着以后再吃。

非洲冠雕

冠雕的体形比不上非洲最大的鹰——猛雕，但它却是人们心目中最强大的鹰，因为这种猛禽能杀死超过自身 4 倍大小的猎物。冠雕的体重只有 2.7~4.7 千克，但它却能捕杀重达 20 千克的猎物。

冠雕之所以能发起这样的袭击，主要归功于它超大的爪子。冠雕每根向后生长的脚趾上都长着和体形完全不相称的巨爪，它可以利用这样的爪子碾碎猎物的脊柱。但一般情况下，它根本用不着这样做——巨爪沉重的拍击足以杀死猎物。

冠雕常常栖息在水坑边的树枝上等待猎物。如果有动物前来喝水，冠雕就会立即扑上去。但这种鸟儿最爱的猎物是猴子。冠雕能猎食树梢上的猴子，因为它的身体和生活在中南美洲的角雕十分相似，翅膀短而宽阔，尾巴很长，这让它能在树木的枝干之间灵活地飞行、转向。

雌性冠雕有时候会和伴侣一起捕猎。一只冠雕飞到树木上空发出叫声，吸引猴子的注意力，让它们警觉地大叫起来，藏在附近的另一只冠雕就能立即锁定这些猎物的位置，然后它会冲过去抓住一只猴子的脑袋。

小档案

科： 鹰科

别名： 冠鹰雕

拉丁学名： *Stephanoaetus coronatus*

体长： 80~90 厘米

食物： 哺乳动物，尤其是猴子

栖息地： 森林、林地、热带稀树草原、灌木丛林

分布范围： 撒哈拉以南的非洲

黑雕、冠雕和猛雕并称为非洲的"三大雕"，其中，黑雕排名第三。黑雕最主要的猎物是蹄兔。蹄兔是一种体形和大兔子差不多的哺乳动物。

菲律宾雕

小档案

科：鹰科

别名：食猿雕、大菲律宾雕

拉丁学名：*Pithecophaga jeffeyi*

体长：90~100 厘米

食物：猴子、鼯猴、蝙蝠、老鼠和其他哺乳动物、鸟类、爬行动物

栖息地：森林

分布范围：菲律宾四岛

雌性菲律宾雕每两年才会产下一枚卵。父母双方都会抚育雏鸟，直到孩子拥有独立生活的能力。

名字有时候会造成误导，菲律宾雕曾经叫作"食猿雕"，这个名字如果挪到人类身上，那么我们可能会被称为"吃比萨的灵长类动物"！这种鹰的确会吃猴子，但除此以外，它们还吃其他很多食物。

所以在 1978 年，菲律宾总统发布了一份正式声明，将这种鹰的官方俗称改成"菲律宾雕"。到了 1995 年，这种鸟儿又成为菲律宾的国鸟。

和角雕一样，菲律宾雕也在森林中捕猎。它会栖息在树枝上等待猎物，也会穿梭于林木间主动出击。菲律宾雕还会像冠雕一样夫妻合作捕猎：一只菲律宾雕设法吸引猎物的注意力，另一只则负责发起攻击。这种鸟儿还会将爪子伸进树洞和树干的缝隙里抓住猎物。

菲律宾雕是全世界体形最大的鹰类之一，与此同时，这种罕见的大鸟也是最稀有的鹰类。据科学家估计，现存的菲律宾雕只有 750 只，甚至可能只有 250 只。这种鸟儿之所以如此濒危，是因为它们失去了大部分的栖息地。人类为了伐木砍倒了大片森林，农民也会砍伐、焚烧树木，腾出土地来种植庄稼。令人悲伤的是，菲律宾雕还常常莫名遭到枪杀。

保育者通过各种方式帮助菲律宾雕，其中包括人工培育幼雕，等雏鸟长大后再放归野外。人们还制定了法律来保护菲律宾雕的鸟巢，并教育菲律宾人更好地认识这些鸟儿。

人工圈养的菲律宾雕能活40年以上，野生菲律宾雕大约能活20年。

蜂鹰有窄缝似的鼻孔，鸟儿挖掘蜂巢的时候，这样的鼻孔可以帮它挡住泥土。

欧洲蜂鹰

哪种猛禽在觅食的时候会像饿狗一样疯狂刨地？答案是蜂鹰——实际上它是一种鸢。

蜂鹰不会像其他猛禽一样在高空中盘旋，然后俯冲下来，它对追逐鸟儿、抓捕鱼类或者兔子之类的事情也不感兴趣。它一心想吃的只有肥美多汁的蜂类幼虫——无论是胡蜂、大黄蜂，还是蜜蜂。

首先，蜂鹰需要找到一处蜂巢。它会寻找空中飞舞的蜂，跟踪它们，也会利用嗅觉来寻找猎物。然后，蜂鹰会用长长的爪子刨开蜂巢。蜂鹰的爪子不像其他猛禽那样弯曲，除了挖土以外，还能在地面上自如地行走和奔跑。

最后，蜂鹰用细长的喙慢条斯理地从小小的壳里把幼虫叼出来吃掉。

当然，在此期间，成年蜂会猛烈地攻击蜂鹰，但蜂鹰细密的鳞片状羽毛不仅可以帮助它抵御蜂类的蜇刺，还能保护它的腿和爪子。有的科学家推测，蜂鹰的羽毛可能会释放一种物质，帮助它驱逐蜂类。

欧洲是蜂鹰的繁殖地。每年初秋，它们会飞到非洲过冬，等到冬末再飞回欧洲，这时春季孵化的幼蜂将成为它们丰盛的美餐。

小档案

科： 鹰科

别名： 西方蜂鹰

拉丁学名： *Pernis apivorus*

体长： 51~56 厘米

食物： 以胡蜂和蜜蜂的幼虫（雏蜂和蛹）为主，也吃昆虫、蠕虫、蛙类、火蝾螈、小型爬行动物、小型哺乳动物、卵、水果和浆果

栖息地： 开阔林地、森林、低地雨林

分布范围： 欧洲、非洲、西亚

一种名叫凤头蜂鹰的亚洲物种可能是大虎头蜂唯一的天敌，后者大约能长到 5 厘米。

鲸头鹳的喙最多能长到25厘米长、13厘米宽。乌干达沼泽里的这只鲸头鹳正在吞食一条肺鱼。

黑鹭的捕鱼方法十分独特。它站在水中，张开翅膀，围成伞状，头蜷缩在伞中，静静地等待猎物出现。

黑鹭

和其他种类的鹭一样，黑鹭的腿、脖子和喙都很长，而且也喜欢吃鱼；但和表亲们不一样的是，黑鹭有自己的捕猎小绝招：它会伪装成一把行走的大伞，帮助它找到并迷惑猎物。

黑鹭会迈开黄色的大脚，在水中小心翼翼地行走。它靠近鱼儿的时候，会猛地向前挥动翅膀，在水面上形成一把碗状的大伞。这把伞能遮蔽水面，让黑鹭看得更清楚，原理就像你在炫目的阳光下用手盖在眼睛上方一样（但很多研究者指出，哪怕在阴天，黑鹭也会做出这种"撑伞遮阳"的动作）。

水面上的阴影也会吸引鱼儿，因为对它们来说，阴影是理想的藏身之地。当然，它们并不知道，这片阴影实际上是一只饥饿的黑鹭。黑鹭会把头钻进自己的翅膀下面，寻找鱼儿的踪迹。它可能还会伸出一只脚搅动水面来吸引鱼儿。一旦发现了猎物，它就会立即用喙咬住对方，然后再收起翅膀，寻找下一个目标。

黑鹭的头颈部醒目的羽毛可以遮住伞顶，让伞下的水面变得更加阴暗。

小档案

科：鹭科

别名：无

拉丁学名：*Egretta ardesiaca*

体长：43~66 厘米

食物：鱼类、两栖动物、甲壳动物、昆虫

栖息地：浅湖、池塘、沼泽、河边、红树林边缘、感潮河段、稻田、季节性淹水的草原

分布范围：撒哈拉以南的非洲、马达加斯加

有时候，大量的黑鹭会聚集在一个地方觅食，但它们不会互相合作，只是共享同一片捕猎场地。

美洲蛇鹈

小档案

科： 蛇鹈科

别名： 蛇鸟

拉丁学名： *Anhinga anhinga*

体长： 75~95 厘米

食物： 鱼类、水蛇、蛙类、甲壳动物、昆虫

栖息地： 沼泽、泥塘、水湾、湖泊、潟湖、河流

分布范围： 美国东南部、墨西哥、巴拿马、古巴、中美洲、南美洲

美洲蛇鹈的英文名字"anhinga"来自巴西图皮人的土语，意思是"魔鬼鸟"。

在水面下游泳的美洲蛇鹈看起来像是火鸡、鸭子和蛇的古怪混合体。 它宽大的长尾巴像扇子一样展开，乍看之下和感恩节的火鸡尾巴十分相似；长蹼的黄色大脚掌又能像鸭子一样划水；蛇的特征则体现在它的头颈部。美洲蛇鹈修长的头颈部可以探进水下洞穴和缝隙里寻找鱼儿。这种鸟儿游泳的时候常常只有脑袋和脖子露在水面上，看起来就更像蛇了。

美洲蛇鹈不会像软木塞一样漂荡在水面上。经过演化后，它又重又密的骨头可以帮助它潜入水下，游到浅水区靠近水底的地方觅食；它的羽毛也不像鸭毛或者鹅毛那么防水，因为被浸湿的羽毛同样有助于潜水。此外，美洲蛇鹈还能通过控制自己体内的空气含量在水中上浮或下沉。

美洲蛇鹈一旦发现鱼儿，就会用锋利的长喙直接将它刺穿。这种鸟儿的攻击速度之所以快得像闪电一样，是因为它独特的身体构造：它的颈部长度大约是身高的一半，与身体联动时，关节和肌肉可以助它完成雷霆一击。

美洲蛇鹈抓到猎物以后，会浮上水面进食。这种鸟儿喙的边缘就像面包刀上的锯齿一样，可以帮它叼紧滑溜溜的鱼儿。在进食的时候，它必须先把鱼儿甩到空中，这样才能从头部开始将整条鱼囫囵吞下。美洲蛇鹈可能会直接抛出猎物，然后张大嘴把它接住；也可能会游到岸边，利用摩擦力将扎在喙上的猎物取下来。

美洲蛇鹈捕猎结束后，会飞到栖枝上，张开翅膀让阳光晒干自己的羽毛。

美洲蛇鹈喙的外侧没有开放的鼻孔，所以它只能通过嘴巴呼吸空气。这样的适应性演变可以预防呛水。

一只灰伯劳将猎物穿在了铁丝网上。除了铁丝网以外，它还会利用其他锋利的尖刺。这种鸟儿有时候也会把猎物塞在树干缝隙等狭窄的空间里。

灰伯劳

灰伯劳是一种鸣禽，但它锋利的钩状喙看起来有点儿像鹰。这种鸟儿会在开阔地带的树枝、高杆或其他栖息点栖息，寻找猎物的踪迹。一旦发现了飞行的昆虫，它就会迅速起飞，追上去用喙叼住对方。如果实在饿极了，它就会在半空中开始进食。灰伯劳还会追逐飞行的小鸟，用喙或者爪子把对方逼到地面上。在捕捉老鼠、田鼠和其他地面上的小动物时，灰伯劳会径直扑向猎物，居高临下地发起攻击。

灰伯劳钩状的喙既能轻松地撕开猎物，又能成为高效的杀戮工具。在捕猎时，它会用喙狠狠地啄击猎物的后脑勺。灰伯劳喙的边缘长着一对锋利的齿状凸起，这样的结构能够让它牢牢地咬住鸟类、啮齿动物和爬行动物的脖子。

灰伯劳的另一种习性也成就了它"屠夫鸟"的名声：它会把猎物塞进树干的缝隙里，或者扎在荆棘、尖刺或者其他锋利的物体上。将食物固定以后，灰伯劳就能更方便地撕开猎物的身体，大快朵颐。除此以外，这也是一种储存多余猎物的好办法。

灰伯劳也会用特别的方式准备食物。对于特定种类的蚱蜢，灰伯劳会将它穿在棘刺上晾几天再吃，而且只吃头和腹部——这样就可以避开蚱蜢身体中间有毒的部分了。

小档案

科：伯劳科

别名：寒露儿、北寒露

拉丁学名： *Lanius excubitor*

体长： 23~24 厘米

食物：昆虫、蜘蛛、小型哺乳动物、鸟类、小型爬行动物、蛙类

栖息地：极北方的常绿林（针叶林）、湿地、森林边缘、草原、有零星树木和灌木的荒野

分布范围：北美洲、欧亚大陆北部、非洲北部、印度、中国、日本

灰伯劳会不遗余力地阻止竞争者侵入自己的领地，甚至不惜正面对抗金雕、鸮和鹰。

缠绕、毒牙和致命毒素：掠食性爬行动物和两栖动物

一只白足鼠成了这条木纹响尾蛇的美餐。

掠食性 爬行动物和两栖动物概览

爬行动物和两栖动物都是冷血动物，这意味着它们的体温会随周围的环境温度而改变。冷血动物身体产生的热量远不如哺乳动物或鸟类。

这些动物会通过各种各样的方式调节自己的体温，在冷的时候，它们可以晒太阳取暖，因此，现在科学家不再用"冷血动物"，而改用"变温动物"来形容它们的这一特性。"变温"的意思是"靠外界热量调节体温"，这正是爬行动物和两栖动物控制体温的方式。

爬行动物和两栖动物有诸多相似之处，但两者也有区别。爬行动物通常身披鳞片，能在陆地上，甚至包括一些干燥炎热的地方产卵。两栖动物没有鳞片，而且只能在水里或者潮湿的地方产卵。蜥蜴、蛇和龟都属于爬行动物，蛙、蟾蜍和火蝾螈等则属于两栖动物。

那么爬行动物和两栖动物到底是掠食动物还是植食动物呢？不同物种的食性各不相同：很多爬行动物以水果和叶子为食，不过只要看看短吻鳄的满嘴尖牙，你就知道它肯定属于掠食动物！爬行动物的大家庭里有很多强大的掠食动物，它们敢于捕捉成年牛这样的大型动物，但大部分掠食性爬行动物的目标还是老鼠和昆虫这样的小家伙。

幼年两栖动物通常既吃肉也吃植物，不过等到长大成年以后，它们就只爱吃肉了。两栖动物通常会吃很多很多像昆虫那样的小猎物。

棱皮龟
Dermochelys coriacea

作为体形最大的海龟，棱皮龟能长到一张大沙发那么长、一头奶牛那么重。这些大块头以水母为食。为了捕捉这种果冻状的猎物，棱皮龟演化出了特殊的嘴。这种海龟的上下颌边缘十分锋利，能够牢牢地叼住水母；它的嘴巴和喉咙里还长满了锋利的倒刺，可以有效地阻止水母逃跑。

西部菱斑响尾蛇
Crotalus atrox

有些蛇类在捕猎时会紧紧地咬住猎物，并将一种名叫毒液的致命物质注入对方的身体，等到猎物被毒液杀死，再将其吃掉。响尾蛇就是毒蛇的一种，它有时候会主动寻找猎物，有时候则更愿意耐心地等待猎物从附近经过。

中国大鲵（娃娃鱼）
Andrias davidianus

作为体形最大的两栖动物，中国大鲵身长可达1.8米，比大部分的人类还高。中国大鲵生活在水中，每当夜幕降临，就会外出捕食鱼类、蛙类、蟹类、虾类、昆虫和蠕虫。这种动物平时行动迟缓，但只要发现猎物，就会张开大嘴敏捷地咬住猎物，然后灵活地将其卷进嘴里。

真鳄龟
Macrochelys temminckii

真鳄龟的舌头上有一小团长得像虫子一样的肉，可以诱使鱼儿主动游进它的嘴里。真鳄龟的钩状颚锋利无比，一口就能咬断扫帚柄。这种龟主要以鱼类为食，但偶尔也吃小鸭子和小型哺乳动物。

圆角变色龙
Calumma globifer

等待猎物的圆角变色龙看起来就像石头一样静立不动，只有两只眼睛还在灵活地寻觅猎物的踪影。发现猎物时，圆角变色龙会向前凸出双眼，然后以闪电般的速度弹出又长又黏的舌头，牢牢地粘住猎物，再飞快地将其拖回嘴里。

湾鳄是咬合力很强的动物之一。它的咬合力相当于狮子的5倍。它甚至能一口咬穿金属板！这张照片中的尖吻鲈成了湾鳄的午餐。

150

幼年红尾管蛇的背上长着灰色的条纹。随着年龄的增长，这些条纹会慢慢变红，然后变黑。成年红尾管蛇的背可能会变成纯黑色。

生活在南美洲天然栖息地里的这只海蟾蜍正在吞食一种长得像蠕虫一样的两栖动物，名叫蚓螈。蚓螈本身也是掠食动物，蠕虫、昆虫、小型爬行动物和蛙类都是它们的猎物。

海蟾蜍

很久以前，海蟾蜍曾是中美洲、南美洲和得克萨斯州部分地区极为常见的一种蟾蜍。这种蟾蜍以虫子和小动物为食，而它们也是其他掠食动物口中的美餐。海蟾蜍有毒，它们的卵和蝌蚪也有毒——但毒只是它们的自保手段。有些捕食海蟾蜍的掠食动物会被毒死，但也有一些掠食动物已经适应了这种毒，所以完全不会受到影响，还有一些掠食动物知道在进食时应该避开海蟾蜍身体的哪些部分。

生活在本地的海蟾蜍不会造成任何危害，但在某些地方，被人类放生到野外的海蟾蜍却给当地的物种带来了严重的威胁。这些地方的掠食动物和猎物本来已经通过长期的演化达成了平衡，但"空降"的海蟾蜍却打破了这一局面。由于它们吃掉了大量的小动物和昆虫，本地其他掠食动物的食物资源遭到了挤压，而捕食了海蟾蜍的动物也会被毒死，因此海蟾蜍成为危害新栖息地的外来入侵物种的典例。

那么海蟾蜍是怎么来到新栖息地的呢？因为当时的人们认为海蟾蜍能控制啃食庄稼的害虫。1935年，人们就在澳大利亚昆士兰北部释放了大约3000只海蟾蜍，希望它们可以大批量消灭破坏甘蔗作物的甲虫。

然而事与愿违的是，海蟾蜍对甲虫的数量并未产生太大的影响，却在这里安了家。直到今天，这种动物仍在澳洲大陆上不断地扩张领地。为了控制海蟾蜍的扩张，有关部门已经开始鼓励市民搜集它的卵，或者直接捕捉海蟾蜍。

小档案

科： 蟾蜍科

别名： 巨蟾蜍、巨型海蟾蜍、南美海蟾蜍、甘蔗蟾蜍、美洲巨蟾蜍

拉丁学名： *Rhinella marina*

体长： 10~15厘米

食物： 昆虫、蜗牛、小型哺乳动物、鸟类、爬行动物和两栖动物

栖息地： 草原、开阔的林地和森林、花园、公园、农田

分布范围： 美国得克萨斯州南部、墨西哥和中美洲热带地区、南美洲北部；目前已被引入美国佛罗里达州和夏威夷、澳大利亚、日本及太平洋和东南亚诸多地区

雌性海蟾蜍一次可以产下8000~17000枚卵。这种蟾蜍通常在水中产卵，有时候就连泥泞的水塘也可能成为它们的产卵地。

171

人们发现，野生角蛙有时候会因为吞下了太大的猎物而把自己撑死。有时候你甚至能看见猎物的腿和尾巴从角蛙尸体的嘴角伸出来。

亚马孙角蛙

如果你喜欢钻进一摞毯子下面，等着食物自动送上门来，那么你的这种"捕食"方式就和亚马孙角蛙如出一辙了。这种颜色鲜艳的蛙会钻进森林厚厚的落叶层里，静静地等待昆虫和其他猎物的到来。

亚马孙角蛙的皮肤就像一幅色彩斑斓的拼图，这样的肤色可以帮助它很好地藏身于落叶堆中。亚马孙角蛙的眼睛上方长着尖角，雌蛙的皮肤以棕褐色为主，雄蛙的皮肤除了棕褐色以外还带一点儿绿色。低调的颜色能够很好地迷惑角蛙的猎物和鸟类等天敌，它们的头看起来有点儿像植物的茎或者小树枝的角，也有助于伪装。

如果有猎物靠近，亚马孙角蛙就会从落叶堆中一跃而起，张开大嘴，伸出黏糊糊的舌头捕猎。它的嘴巴张开的宽度能达到自身体长的一半。和海蟾蜍一样，只要是嘴巴装得下的，亚马孙角蛙都会囫囵吞下。这种蛙主要以蚂蚁和甲虫为食，但有时候它也会吃老鼠等比较大的猎物。

亚马孙角蛙的嘴不但很大，还十分有力。嘴上坚韧的皮肤、像鸟喙一样锋利的边缘，还有几排类似牙齿的凸起都可以让它牢牢地叼住捕获的猎物。

亚马孙角蛙和其他角蛙有时候又被叫作"吃豆人蛙"，因为它们的外型和食量都很像电子游戏里的那个大嘴的角色。亚马孙角蛙甚至敢于吞下体形和自己一样大的猎物。

小档案

科： 薄趾蟾科

别名： 苏利南角蛙、霸王角蛙

拉丁学名： *Ceratophrys cornuta*

体长： 7.2~20 厘米

食物： 昆虫、小型哺乳动物和爬行动物、蛙类

栖息地： 淡水沼泽和池塘、雨林

分布范围： 南美洲北部

亚马孙角蛙的蝌蚪在成长过程中会吃掉很多其他蝌蚪——甚至包括其他角蛙的孩子。成年角蛙也会吃掉同类的蝌蚪。

火蝾螈

小档案

科： 蝾螈科

别名： 真螈、火螈

拉丁学名： Salamandra Salamandra

体长： 15~35 厘米

食物： 昆虫、蜘蛛、千足虫、蜈蚣、鼠妇、蠕虫、蛞蝓、蜗牛

栖息地： 林地里的池塘和溪流

分布范围： 欧洲中部、东部和南部

火蝾螈鲜艳的颜色不仅是一种装饰，还是一种警告标志：捕食者们最好离它远点儿！

很多有毒的动物都身披各种颜色的皮肤作为警告标志，有黄黑相间的，有橙色的，也有红色的。火蝾螈危险的毒腺位于它的眼睛后方和身体各处，这些腺体会通过皮肤上的小洞（气孔）向外分泌一种黏稠厚重的液体。火蝾螈甚至还能将这种液体向外喷出一小段距离。

如果某只掠食动物无视警告标志，执意要捕食火蝾螈，那么它马上就能体会到疼痛和恶心是什么滋味，然后十有八九会丢下这只火蝾螈跑掉。

火蝾螈的毒素只是一种自保手段，它并不会利用毒素来杀死猎物。火蝾螈主要以蠕虫和昆虫之类的无脊椎动物为食，它能通过探测潜行猎物的动作，锁定猎物的踪迹。除此以外，敏锐的嗅觉也能帮助火蝾螈找到猎物，这对火蝾螈来说十分重要，因为它通常在夜间捕猎。白天的大部分时间，这种动物都躲藏在石头和树干下方潮湿的角落里。

因为火蝾螈喜欢藏在木头堆里，所以它有时候会随着木柴一起被扔进篝火或者火炉中。一旦发生这种情况，火蝾螈会第一时间逃离火焰的炙烤。很久以前，人们以为火蝾螈是从火炉里凭空冒出来的，所以它才得到了"火蝾螈"这个名字。

和所有两栖动物一样，火蝾螈需要在潮湿的环境中才能生存。有些品种会在水中产卵，它们的幼崽会在水里生活，直到几个月后才上岸；有些品种则会将自己的卵藏在体内，直到幼崽破壳而出。

火蝾螈在野外最长能活 23 年，人工养殖的火蝾螈甚至能活 40 年以上。

到了冬天，火蝾螈会藏到一些潮湿而温暖的地方，譬如洞穴里。研究火蝾螈的科学家发现，这种动物每年冬天都会回到同一个洞里过冬，这样的行为可能持续多年。

尖牙、电击和利剑：

掠食性鱼类

几条旗鱼同心协力将一大群鱼赶到一个狭窄的空间里，然后开始在鱼群中单枪匹马地穿进穿出，凭借锋利的喙大杀四方。大量受伤的鱼儿就这样成为旗鱼唾手可得的美餐。

掠食性
鱼类概览

在波涛和涟漪之下生活着许多掠食性鱼类，它们没有锋利的爪子和喙，但拥有特殊的牙齿。有些鱼类的口鼻部和尾巴演化成了特殊的武器，有些鱼类有着特殊的能力，譬如说，用电击晕猎物。

有些鱼类会通过特殊的行为捕获猎物，它们的一些策略和陆地上的掠食动物十分相似，譬如守株待兔的伏击。此外，还有一些掠食性鱼类会直接追逐猎物。

有些鱼类甚至会诱捕猎物，这可是一部分爬行动物的拿手好戏。比如说，有的鳖鱼会挥舞酷似虫子的诱饵吸引其他鱼类，这种伎俩和生活在淡水中的鳄龟如出一辙。很多深海鱼类还会自带末端闪光的"鱼竿"，这可以帮助它们引诱海洋生物。

对栖息水域的健康发展来说，掠食性鱼类的存在至关重要。在澳大利亚的鲨鱼湾，在海床上的海草丛中潜行的虎鲨会迫使以海草为食的海龟不得不离开这里，所以同一块区域里的海草很难被它们吃光。对于以海草为食为家的其他物种来说，这显然是个好消息。

巨型水虎鱼
Hydrocynus goliath

巨型水虎鱼生活在非洲中部部分地区的湖泊和河流里，体长可达 1.5 米，32 颗锋利的牙齿能长到你的大脚趾那么长。巨型水虎鱼善于成群结队地猎捕大型猎物。一种体形更小的水虎鱼甚至能跃出水面，一口咬住空中的鸟儿。

豹鳎
Pardachirus pavoninus

豹鳎是大师级别的伪装者和偷袭者，它的颜色和花纹都和海床如出一辙。除此以外，这种鱼还能把自己埋进沙子里，静静地等待小型甲壳动物、软体动物和蠕虫从附近经过。豹鳎的皮肤还能产生一种有毒的液体，这种液体的气味能赶走鲨鱼。

吸血鬼鱼
Hydrolycus scomberoides

吸血鬼鱼低调地生活在南美洲部分地区的河流里。看看它的牙齿，你就会知道它为什么会叫这个名字。这种鱼下颌上的尖牙能长到 15 厘米长。当它闭上嘴巴的时候，尖牙会滑进上颌的孔洞里。捕食鱼类的时候，它会用最长的尖牙和其他锋利的牙齿刺穿猎物。

剑鱼
Xiphias gladius

剑鱼脸上的长剑其实是它的上颌骨，这把"剑"威力十足，甚至能刺穿船体。当然，这并不是剑鱼的目标！这把"剑"真正的作用是捕猎。不过剑鱼不会直接刺穿猎物，而是挥舞长剑砍劈，一旦猎物因此受伤或死去，没有牙齿的剑鱼就会一口吞掉猎物。

狐形长尾鲨
Alopias vulpinus

狐形长尾鲨可长达 7.6 米，而尾巴就占了全部体长的一半。捕食鱼类的时候，狐形长尾鲨会猛地冲过去，然后骤然停下来，以每小时 48 千米 ~129 千米的速度将自己的尾巴甩过头顶。这样的袭击足以击晕猎物，甚至拍碎猎物的身体，让狐形长尾鲨吃个痛快。

电鳗

小档案

科：裸背电鳗科

别名：无

拉丁学名：*Electrophorus electricus*

体长：1.8~2.5 米

食物：鱼类、小型哺乳动物、蛙类、甲壳动物

栖息地：水潭里的浑浊水域、池塘、沼泽和溪流

分布范围：南美洲北部

雄性电鳗会修筑泡沫状的巢穴，以供配偶产卵。在小电鳗孵化之前，它会一直守在巢穴附近。最先破壳而出的小电鳗可能会吃掉后面孵化的弟弟或妹妹。

电鳗真的会对猎物"放电"！ 这种鱼拥有能产生电流的特殊器官，这一器官起于它的头部后方，沿着长长的身体向下延伸，其内部包含了大约 6000 个能产生电荷的特殊肌肉细胞。虽然每个细胞产生的电荷都只有一点点，但加起来的电量却不容小觑。

这种鱼的特殊器官所释放的低压电可以在昏暗泥泞的环境中帮它辨别方向，锁定猎物。除此以外，电鳗身上还有一些能产生高强度电脉冲的器官，它会利用这些电脉冲杀死猎物或赶走掠食动物。电鳗释放的电流强度大约相当于标准插座的 2 倍。

人们认为，电鳗释放的电脉冲足以击倒一匹马。但这种鱼对马并不感兴趣，它的猎物包括鱼类、蛙类、蟹类和其他小型水生动物。电鳗释放的电流足以击晕、麻痹，甚至杀死这些猎物。

强大的电脉冲能够迫使猎物离开藏身之地，除此以外，电鳗在游泳时也会利用电流跟踪猎物。最近，研究者发现，如果遇到比较大的猎物，电鳗会盘起身体绕着对方转圈，通过这种方式增加电场强度，让电击变得更加强烈。

电鳗喜欢在阴凉的水域中活动，这些地方的水通常氧含量极低，所以电鳗会浮上水面，用嘴巴呼吸空气。

电鳗和电有关的器官占了身体的一大部分，其他器官主要位于头部附近。

和所有鲨鱼一样，大白鲨在海洋生态系统中扮演着至关重要的角色。如果大白鲨的数量锐减，珊瑚礁等栖息地必然受到伤害。没有了鲨鱼，其他掠食性鱼类就有可能乘虚而入，大量捕食以海藻为食的鱼。于是海藻便会开始疯狂生长，长满整片珊瑚礁，最终导致珊瑚窒息而死。人们正在努力保护大白鲨，阻止过度捕猎。

大白鲨

大白鲨是目前海洋中最大的掠食性鱼类，体长超过 4 支首尾相连的棒球棒，体重堪比幼年亚洲象，爆发速度高达每小时 48 千米。大白鲨巨大的嘴巴里长着一排排锋利的牙齿——加起来差不多有 300 颗，其中 50 颗可以随时撕开猎物的血肉，剩余的牙齿则处于待命状态。等到前面的牙齿磨损脱落，这些牙齿就会派上用场。

除了鱼以外，大白鲨还吃海豹和海狮。漂浮在海面上的鲸尸残骸也常常成为它的美餐，成群结队的大白鲨会争相享用这堆庞大的食物，但只有个头最大的鲨鱼才能抢到最肥美的部位。

大白鲨寻找猎物的方式很多。它可以循着水里的血腥味找到 5 千米外的猎物，因为它的身体两侧各有一条特别敏感的皮肤，可以探测水中的振动。

大白鲨刀锋似的牙齿能够让它轻松地撕下大型猎物身上的肉块。但这些牙齿不是用来咀嚼的——撕下来的肉会被它囫囵吞掉。

小档案

科： 鼠鲨科

别名： 白死鲨、食人鲨

拉丁学名： *Carcharodon carcharias*

体长： 4~7 米

食物： 海豹、海狮、象海豹、企鹅、鱼类、海龟、海鸟、乌贼、甲壳动物、鲸尸残骸

栖息地： 从热带到寒带的海洋水域，通常是近岸区域

分布范围： 大西洋、太平洋和印度洋

大白鲨牙齿的长度在 5.7 厘米以上。

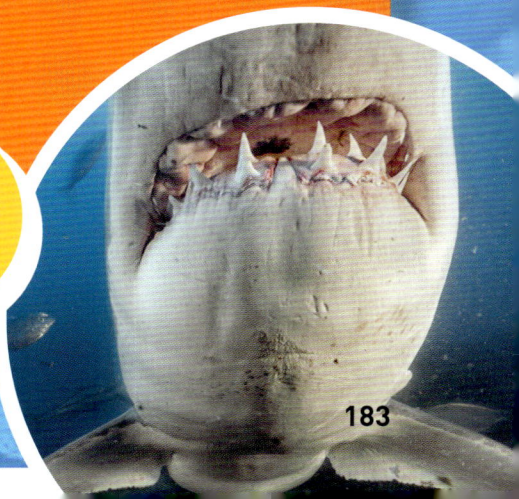

绿裸胸鳝

想象一下，海里生活着这样一种怪物：它长着两套上下颌，其中一套能在游泳时捕食鱼类，另一套则藏在喉咙里面，会在抓住鱼以后向外弹出，咬紧猎物的身体，将它拖进喉咙深处。

这听起来简直就像恐怖电影——但这种怪物却是真实存在的，它的名字叫绿裸胸鳝。绿裸胸鳝不是什么虚构的怪兽，它只是一种饥饿的海洋生物罢了。这种鱼生活在珊瑚礁缝隙内部的狭窄空间里，长长的身体看起来像蛇一样。由于周围的环境十分狭窄，所以绿裸胸鳝不能像开阔水域里的很多鱼类一样张开大嘴吞掉猎物。

作为代替，绿裸胸鳝靠牙齿捕猎。在咬紧猎物以后，它会动用第二套上下颌（也就是所谓的"咽颌"，"咽"指的是紧邻口腔的喉部）将猎物拖进喉咙深处。

绿裸胸鳝之所以呈绿色，是因为它棕灰色的身体外面覆盖着厚厚的一层黄色黏液，这些黏液可以保护它的皮肤免受一些小动物的侵蚀。和生活在珊瑚礁里的其他鱼类一样，绿裸胸鳝也会造访栖息地的"清洁站"，让清洁虾和一种名叫隆头鱼的小鱼为自己清理身体。

绿裸胸鳝通常在夜间捕猎，它会将身体探进岩石之间的缝隙里靠嗅觉寻找猎物。到了白天，它就会回到珊瑚礁的缝隙里休息，只把头露在外面。它也会采取这种守株待兔的方式捕猎，如果有鱼从附近经过，绿裸胸鳝就会发起突袭。

小档案

科： 鳝科

别名： 绿鳝、绿狼牙鳝、巨鳝

拉丁学名： *Gymnothorax funebris*

体长： 1.8~2.5 米

食物： 鱼类、甲壳动物、乌贼

栖息地： 潮池、多石的海岸、红树林、珊瑚礁、海草床

分布范围： 包括墨西哥湾和加勒比海在内的大西洋西部

通过这张 X 光片，我们可以清楚地看到绿裸胸鳝的两套上下颌。大部分拥有咽颌的鱼会利用这套特殊的器官将猎物拖进喉咙深处，但和绿裸胸鳝不一样的是，它们的咽颌不能向前伸进口腔咬住猎物。

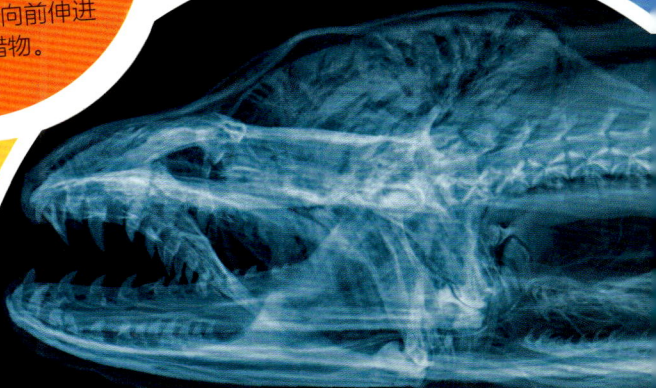

吞鳗的嘴可能长得特别大，但它的牙齿却很小。这种动物主要以小型甲壳动物为食。

吞鳗

吞鳗是一种十分特别的动物，甚至可以说独一无二，事实上，它是宽咽鱼科唯一的物种。

可以说，吞鳗完全就是一张游动的大嘴，它的嘴巴占据了身体总长度的 25%。当吞鳗闭上嘴巴的时候，连接上下颌的皮肤会像雨伞一样折叠起来；等它张开大嘴的时候，这层皮肤又会展开。

人们认为，吞鳗会在冲向猎物时张大嘴巴，而水流的冲击力又会让它的嘴巴张得更大。眨眼间，吞鳗的嘴巴就会变得比它身体其余所有部分加起来还大上数倍。

随即，这张大嘴就会干脆利落地包裹猎物，就像你从碗里捞一把橡皮糖然后攥紧拳头一样。但橡皮糖可比吞鳗的猎物好对付多了。在吞下猎物之前，吞鳗还得设法把嘴里的水全都排掉。

巨大的嘴巴和富有弹性的胃让吞鳗能够一次性吃掉大量食物。要知道，在深海中觅食并不是一件容易的事情。除了这张大嘴以外，吞鳗的鼻子上还长着一双小眼睛。这种动物的脑袋小得可怜，仿佛只是挂在大嘴上方的附属物而已。吞鳗小小的身躯后面还拖着一条长长的尾巴，尾巴尖上有一团粉白色的器官，可以发出亮光吸引猎物。

和大多数鱼类不一样的是，吞鳗完全没有鳞片，这种动物的身体外面覆盖着一层天鹅绒般柔软光滑的黑色皮肤，为它的特殊性又增添了新的一笔。

小档案

科：宽咽鱼科

别名：鹈鹕鳗、宽咽鱼、咽囊鳗

拉丁学名：*Eurypharynx pelecanoides*

体长：最长可达 100 厘米

食物：鱼类、章鱼、甲壳动物

栖息地：深海

分布范围：全世界的热带和温带海洋

性成熟的雄性吞鳗鼻子会长得特别大，这可能意味着它会利用嗅觉来寻找配偶。与此同时，成年雄吞鳗的牙齿和上下颌也会开始萎缩，或许这暗示着它在交配后很快就会死去。

随着年龄的增长，波纹唇鱼头部的凸起会变得越来越大。只有拥有最大的凸起的大型雄鱼才能占据主导地位，人们称之为"超雄鱼"。

波纹唇鱼

"咔嚓！""嘎吱！""噼啪！"在探索有波纹唇鱼居住的珊瑚礁时，戴着水肺的潜水员有时候会听到这样的声音。这种大鱼的牙齿融合在一起形成嘴巴，形状类似鹦鹉的喙。波纹唇鱼会利用强壮有力的喙咬开蟹类、海星和其他软体动物的硬壳或外骨骼，吃掉它们的肉。

就好像锋利的喙还不够用一样，波纹唇鱼的喉咙里还长着牙齿。很多鱼类的喉咙里都长着牙齿——甚至包括金鱼在内，这种牙齿被叫作咽齿。波纹唇鱼虽然不能像绿裸胸鳝那样将咽齿伸进口腔，但它可以利用这些牙齿进一步碾碎软体动物的外壳。这些牙齿还能帮助波纹唇鱼咬碎珊瑚，吃掉藏在珊瑚里的小虫子和其他动物。

波纹唇鱼似乎特别喜欢那些不好对付的猎物。敢于捕食箱鲀、海兔（它长得很像蛞蝓）等有毒猎物的捕食者并不多，而波纹唇鱼正是其中之一，它甚至连全身长满毒刺的棘冠海星都吃。

波纹唇鱼的寿命可达 32 岁以上，但现在它们基本活不到这个岁数。虽然很多国家已经颁布法律来保护这个物种，但非法捕猎仍然存在。偷猎者会抓捕年幼的小鱼，把它们送到渔市上高价出售。

政府、研究者和其他热心人士正在致力于打击这种交易。

小档案

科： 隆头鱼科

别名： 苏眉鱼、波纹鹦鲷、曲纹唇鱼、拿破仑鲷、龙王鲷

拉丁学名： *Cheilinus undulatus*

体长： 0.6~2.3 米

食物： 鱼类、甲壳动物、软体动物、海胆、海星

栖息地： 珊瑚礁、海草床、红树林区域、潟湖

分布范围： 印度洋和太平洋的热带海域

雌性波纹唇鱼呈鲜艳的橙红色，雄性则呈蓝绿色。有的雌鱼长到 9~15 岁时会变成雄鱼，颜色也会发生相应的变化。

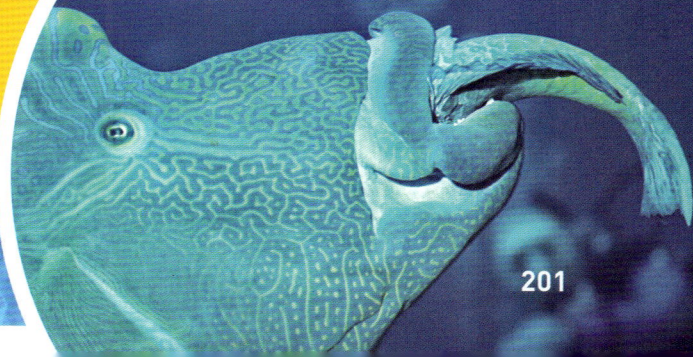

杂斑狗母鱼

小档案

科：狗母鱼科

别名：花沙咀

拉丁学名：*Synodus variegatus*

体长：14~24 厘米

食物：鱼类、虾类

栖息地：珊瑚礁、潟湖

分布范围：印度洋、太平洋、红海、夏威夷沿海

埋伏，等待，啊呜！埋伏，等待，啊呜！
喜欢伏击的掠食动物很多，杂斑狗母鱼也是其中之一，这种鱼为这种生活方式做出了很多适应性演化。

猎物很难发现杂斑狗母鱼的踪迹。斑驳的皮肤让杂斑狗母鱼完美地融入了周围的环境，有必要的话，它还会把自己半埋起来，以免被猎物发现。除了迷惑猎物以外，这样的伪装还能帮它逃过掠食动物的搜寻。

杂斑狗母鱼可以一动不动地等待很长时间。这种鱼的鳍长得又粗又短，就像陆地动物的腿一样。它可以用鳍支撑身体，弓起脊背，紧盯上方，因为它的这副模样的确很像趴在石头上晒太阳的蜥蜴，所以又被人们称作"蜥蜴鱼"。

杂斑狗母鱼的牙齿覆盖了它的整个上下颌，甚至包括舌头。如果有一群小鱼从附近经过，警觉的杂斑狗母鱼会一跃而起，张开长满锋利尖牙的大嘴，眨眼间，一条鱼就已成为它嘴里的美餐。

全世界共有 50 多种狗母鱼，其中有一种特别擅长偷袭，人们叫它"潜沙狗母鱼"。这种鱼会埋伏在清洁虾居住的"清洁站"礁石附近，偷袭前来清理身体的鱼。

细蛇鲻（狗母鱼科蛇鲻属）能完美地融入周围的卵石和沙砾之中，这样的伪装可以帮助它逃过掠食动物和人类的眼睛。但最近研究者发现，这种鱼的身体一旦被蓝光照到就会反射出青柠般的光泽。

这张嘴塞得真满！和所有吃鱼的动物一样，狗母鱼在吞食其他鱼类时通常会从头部开始，因为这样比较方便，鱼儿流线型的身体很容易顺着掠食动物的喉咙滑下去。不过，就算不小心先吞下了猎物的尾巴，这条狗母鱼也不会选择放弃！

大西洋狼鱼生活在寒冷的水中，它们的血液中有一种特殊的化学物质，可以防止身体被冻僵。

大西洋狼鱼

"嗷呜!"看到大西洋狼鱼的模样,你大概觉得它会像饿狼一样饥不择食。事实上,这种鱼主要以甲壳动物和软体动物为食,它的牙齿特别适合咬碎龙虾、蟹类、海星、海胆和螺类的硬壳。

大西洋狼鱼的上下颌前方长着粗壮的圆锥状牙齿,看起来就像狗的牙;口腔后方也有半球状的粗短牙齿,看起来有点儿像你的臼齿。除此以外,这种鱼就连喉咙里都长着牙齿。它的脑袋长得很大,上下颌也强壮有力,这些特征都能帮助大西洋狼鱼轻松地吃掉身披硬甲的猎物。

狼鱼会在礁石和崎岖的海床上徘徊,寻找动作缓慢的猎物。它会用露在嘴巴外面的锋利牙齿咬住猎物,再用半球状的后牙咬碎猎物的硬壳,然后连壳带肉一口吞掉!经常对付硬壳自然会损伤牙齿,所以大西洋狼鱼每年都会换一批新牙。

狼鱼的生长速度很慢,它们要到 6 岁左右才会开始寻找配偶。雄性狼鱼和雌性狼鱼会在繁殖季节交配,雌鱼会产下 5000~12000 枚卵。在鱼卵孵化前的几个月里,雄鱼会一直守在附近,期间不会进食。

科学家和渔业从业者正在进一步研究狼鱼,以探索保护这种动物的方法。

小档案

科: 狼鳚科

别名: 无

拉丁学名: *Anarhichas lupus*

体长: 最长可达 1.5 米

食物: 软体动物、甲壳动物、棘皮动物

栖息地: 海草床、多石区域

分布范围: 大西洋北部

如果被人类抓住,大西洋狼鱼也会咬人,但一般情况下它们是不会对人类造成威胁的。如果遇到潜水者,狼鱼通常会避开,躲回自己的巢穴里。狼鱼游动时丝带般细长的身体看起来有点像鳗鱼。

叮、咬和巧妙的陷阱……

掠食性无脊椎动物

207

掠食性
无脊椎动物概览

蝎子、蜘蛛还有乌贼，老天爷啊！这个世界上有很多无脊椎动物，也就是没有脊骨的动物，它们大约占据了所有动物的97%。有些无脊椎动物拥有动物王国中最奇怪的模样、最狂野的外形、最古怪的器官和最不可思议的行为。你要是想创作某种科幻故事里的怪物，不妨从无脊椎动物身上找找灵感！

无脊椎动物分为8个大类，其中最大的一类是由昆虫组成——全世界已知的昆虫物种超过100万种；其余的7个大类也包括很多物种，比如蜗牛、蠕虫、蜘蛛、海星和海绵。

很多无脊椎动物属于植食动物或者滤食动物（从水中过滤细菌等微粒并以之为食的动物），但也有很多属于掠食性无脊椎动物。有的掠食性无脊椎动物会主动出击，积极寻找猎物；有的擅长布置陷阱，然后再袭击被困住的猎物；还有一些掠食性无脊椎动物偏爱古老的伏击手段，藏在暗处等待猎物经过，为了加快捕猎节奏，有时它们还会放出诱饵。

下面就是几种不可思议的无脊椎掠食动物：

北太平洋巨型章鱼
Enteroctopus dofleini

若是将长长的"手臂"展开，北太平洋巨型章鱼的体长可达9.1米。它会用长满吸盘的臂突袭鱼类、蚌类或者龙虾之类的猎物，把它们拖进自己的嘴里，再用剃刀般锋利的喙撕碎猎物。这种章鱼甚至还能捕食鲨鱼！

208

双斑猎蝽
Platymeris biguttata

大部分猎蝽以其他无脊椎动物为食，它们会用长长的口鼻部刺穿猎物的身体，注入致命的液体。这种液体会将猎物的软组织溶解为液体，以供猎蝽吸食。

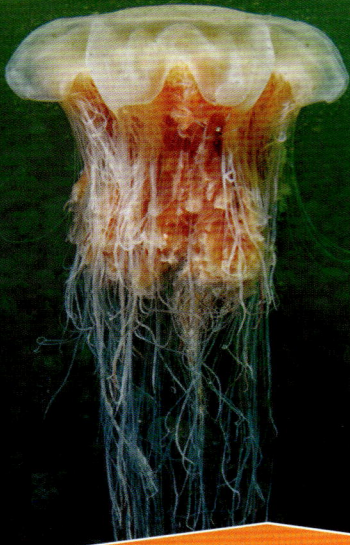

狮鬃水母
Cyanea capillata

狮鬃水母布满斑点的身体上挂着上百条长长的触须，每条触须上都长满了微型鱼叉般的刺细胞。狮鬃水母会蜇刺鱼和其他猎物并把它们毒晕，然后拖进铃铛状的身体里慢慢消化。

巨鞭蝎
Mastigoproctus giganteus

巨鞭蝎虽然名字听起来十分吓人，但这种掠食动物只会对昆虫和蠕虫造成致命的威胁。巨鞭蝎体长约 5 厘米，但这个长度并不包括它的"鞭子"。巨鞭蝎的鞭子就像一根天线，能帮助它在夜间捕食蟋蟀、白蚁和其他无脊椎动物。

十字园蛛
Araneus diadematus

你可以轻松地在欧洲和北美洲的花园里找到十字园蛛——或者至少找到它的网。这种蜘蛛和它的网堪称日常生活中最优秀的掠食行为样本。很多蜘蛛会用蛛丝织网，然后依靠黏糊糊的蛛网捕捉昆虫，十字园蛛也是其中之一。

一只雌性棘冠海星体内最多能储存 2400 万枚卵。单单一个繁殖季节，它就能孕育 6000 万 ~1 亿枚卵。

210

棘冠海星

和海胆、沙钱、海参一样，海星也是棘皮动物大家庭的成员。所有的棘皮动物都拥有被坚韧皮肤覆盖着的外骨骼，有些棘皮动物的皮肤十分柔软，有的则非常坚硬。

"棘皮"这个词的意思是"皮肤上有刺"，虽然并不是所有棘皮动物的皮肤上都长着尖刺，但棘冠海星简直就像针插成精了一样。这种大型海星长有 7~23 只臂，遍布全身的硬刺最长可达 5 厘米，这些棘皮上的刺蕴含毒素，可以保护海星，赶走掠食动物。

棘冠海星一般在珊瑚礁上爬行捕猎。如果爬着爬着感受到了猎物就在身体下，棘冠海星就会开始行动：它会将胃部推出身体，悬挂在猎物上方；猎物会被海星分泌的消化液分解，随后再被海星吸进胃里。

这种海星的主食是能够快速更新换代的珊瑚物种，所以它一般不会对自己的栖息地造成危害。

然而，如果某片区域聚集了太多的棘冠海星，长得快的珊瑚不够吃，那些生长速度较慢的物种就要遭殃了。当这些珊瑚虫更新换代的速度无法满足饥饿的海星时，大片的珊瑚礁就会失去活的珊瑚虫，这必然会影响到那些依赖健康珊瑚礁存活的生物。

小档案

科：长棘海星科

别名：无

拉丁学名：*Acanthaster planci*

体长：25~80 厘米

食物：石珊瑚、软珊瑚、海绵、动物残骸、海藻

栖息地：珊瑚礁

分布范围：印度洋、太平洋

一只棘冠海星一夜之间就能吃掉和自己差不多大的一片珊瑚，一年最多能吃掉 13 平方米的珊瑚。

211

法螺

小档案

科：法螺科

别名：大法螺

拉丁学名：_Charonia tritonis_

体长：最长可达 50 厘米

食物：海蛞蝓、海螺、海星、海参

栖息地：珊瑚礁、沙滩

分布范围：从东非到夏威夷的太平洋及印度洋热带水域

你可能很难想象蜗牛追逐猎物的样子。要知道，陆地上速度最快的蜗牛 1 个小时最多也只能移动 1 米，但对海中蜗牛——法螺来说，这种"高速"追逐简直就是家常便饭，因为它的猎物跑得也很慢——法螺主要以海蛞蝓、海星和其他海螺为食。

法螺会通过嗅觉寻找猎物。它会跟在猎物身后，利用肌肉发达的巨大腹足慢慢挪动身体追逐猎物。在用腹足抓住猎物后，它就会用形状类似舌头但十分坚韧的口器——人们称之为"齿舌"，撕咬食物。法螺的齿舌上长着成千上万根牙齿般的棘刺。

法螺撕咬猎物的时候，它有毒的唾液也会流入猎物体内，导致猎物瘫痪，从而失去逃跑和反抗的能力。然后，法螺就能利用齿舌轻松地把肉从猎物身上撕下来吃掉。

法螺是唯一一种以棘冠海星为食的海洋生物，海星也很清楚这一点——所以只要闻到法螺的气味，它就会立即扭动身体逃跑。有的研究者正试图通过化学方法重现法螺的气味，希望借此控制这些以珊瑚为食的海星的数量，保护脆弱的珊瑚礁。

千百年来，法螺漂亮的螺壳赢得了很多人的喜爱；但从 20 世纪 30 年代开始，由于人类对其螺壳的过度觊觎，法螺的数量直线下降。时至今日，法螺已经变得十分稀少，它也因此成为多个国家和地区的保护物种。

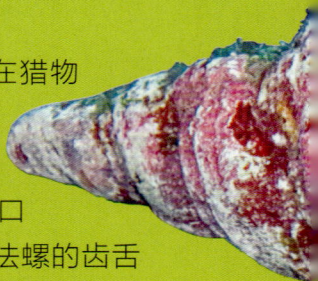

很多品种的法螺都会产下一团团的卵，我们称之为"卵鞘"。南美洲巴塔哥尼亚的这只毛法螺正趴在自己产的卵上。雌性法螺的一个卵鞘里可能就含有数百枚卵。

从古代开始，太平洋的很多岛国（例如日本、新西兰和斐济）的居民就会利用老死的空法螺壳制作号角了。

213

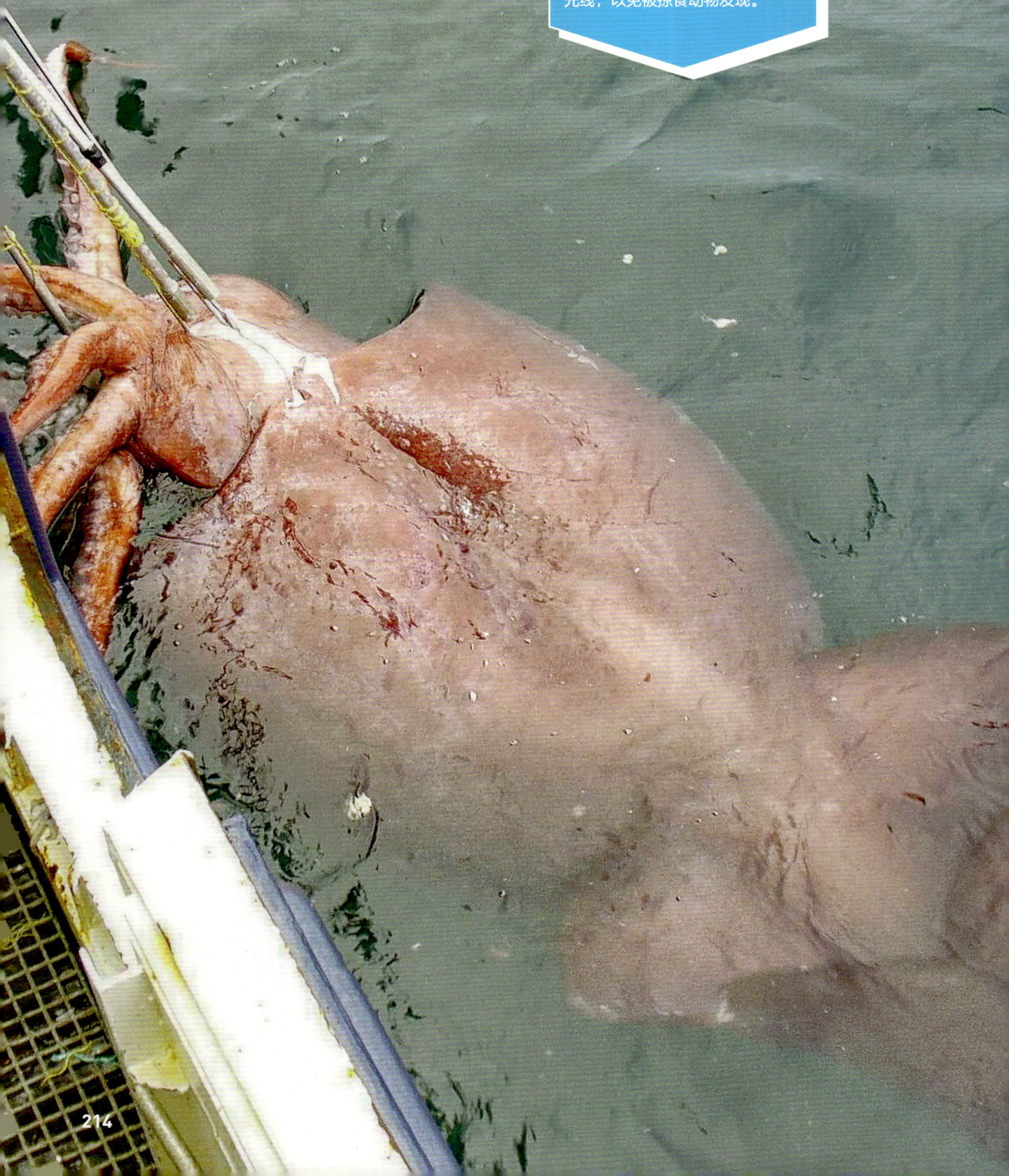

大王酸浆鱿胃部外的身体呈浓重的暗红色，这是因为这种乌贼会以一些发光的深海鱼为食，而它体内的红色物质会遮挡这些鱼发出的光线，以免被掠食动物发现。

大王酸浆鱿

巨乌贼是一种庞大的动物，甚至比一辆校车还长，而深海中的大王酸浆鱿体形和重量可能比巨乌贼还要惊人。谁也不知道这种神秘的海洋生物到底有多大，因为人们很少看到它的身影，也很少有人抓到过它。

2007 年，南极洲附近的渔民在捕鱼的时候意外抓到了一只大王酸浆鱿，这也是人类有史以来第一次亲眼看见这个物种的活体。他们把这只庞大的动物拖到甲板上，送去新西兰研究。这只乌贼重达 495 千克——大约相当于 4 名专业的橄榄球运动员的重量，体长约 10 米。

虽然谁也不清楚大王酸浆鱿的习性，但科学家知道，它的眼睛比其他任何一种动物都大。大王酸浆鱿的一只眼睛直径就有 27 厘米，每只眼睛的大小都跟足球差不多。它的眼睛下面长着两排发光器官，这些器官发出的光线可能会迷惑猎物，让它们将大王酸浆鱿误认成另一种发光鱼类。奇怪的是，当大王酸浆鱿从深海游向海面的时候，这些发光器官或许还能帮助它隐藏行迹，因为这些亮光可能会和上方直射下来的亮光混在一起，让猎物更难发现大王酸浆鱿恐怖的眼睛。

这种乌贼用于进食的两条长触手上盘绕着锋利的钩子，这种阴险的工具能帮助大王酸浆鱿将鱼和其他猎物拖进嘴里，然后用剃刀般锋利的巨喙将猎物撕碎。

抹香鲸会捕食这种巨型无脊椎动物，大王酸浆鱿的吸盘可能会在抹香鲸的皮肤上留下圆形伤痕。科学家还在抹香鲸的胃里发现过大王酸浆鱿的喙。

小档案

科：小头乌贼科

别名：巨枪鱿鱼

拉丁学名：*Mesonychoteuthis hamiltoni*

体长：包括触手在内，可能长达 14 米以上

食物：鱼类、乌贼

栖息地：寒冷的深海

分布范围：大西洋、印度洋、南极洲周围的太平洋

科学家认为，大王酸浆鱿只要吃下一条体形和中号保龄球差不多的小鳞犬牙南极鱼就能支撑 200 天左右。

行军蚁

如果你是一只虫子，那么在你横穿马路的时候，你绝对不想迎面碰上行军蚁的队伍。这种昆虫外出巡逻的时候，几乎任何挡路的东西都会沦为它们的盘中餐。

全世界共有两百多种行军蚁，但其中最著名、被科学家研究得最透彻的还要数生活在中美洲和南美洲的布氏游蚁。

行军蚁的长腿末端长着钩子，成千上万只行军蚁会利用腿上的钩子互相连接起来，用身体筑成一座临时的"巢穴"。行军蚁从不在地下筑巢，因为这些昆虫每隔几周就会搬到新的地方去寻找新的食物来源，所以它们更需要帐篷式的巢穴，而不是固定的"房子"。

蚁后被围在由行军蚁身体筑就的巢穴中央，它是蚁群中唯一能够产卵的个体，整窝蚂蚁都是它的孩子。未发育的幼蚁也会被围在蚁群中央。

工蚁负责寻找食物，它们通常在夜间行动。多达 200000 只工蚁会呈扇形展开搜索，在广阔的区域内成群结队地叮咬猎物，然后用钩子似的口器撕碎猎物的身体。

昆虫和其他猎物会对行军蚁的入侵做出不同的反应：有些动物会僵在原地，因为行军蚁几乎看不到任何东西，只要猎物不动，它们就很难发现对方的踪迹；有的动物会藏起来；还有一些动物会分泌蚂蚁不喜欢的化学物质来抵抗它们。

一个行军蚁群落里的成员可能多达 200 万只，这些蚂蚁各司其职，不同工种的蚂蚁外形也不尽相同。特别小的蚂蚁负责照料卵和幼蚁；头和口器都特别发达的兵蚁负责保护蚁群的安全；工蚁的个头比兵蚁小一点，它们的数量也是最多的。

小档案

科：蚁科
别名：军团蚁、进军蚁
拉丁学名：*Eciton burchellii*
体长：3~12 毫米
食物：昆虫、蚜虫、小型爬行动物、两栖动物
栖息地：森林
分布范围：中美洲和南美洲的热带地区

两只行军蚁正在将食物搬回蚁巢。幼蚁需要高脂肪的食物，工蚁常常喂它们吃各种各样的昆虫——包括其他种类的蚂蚁。

217

十二斑蜻蜓

小档案

科：蜻蜓科

别名：无

拉丁学名：*Libellula pulchella*

体长：4.5~5.8 厘米

食物：昆虫（成年以后）

栖息地：池塘、湖泊、沼泽、溪流

分布范围：加拿大南部、美国本土 48 个州

十二斑蜻蜓是蜻蛉目的一员，这个大家族包含 5000 多种蜻蜓和豆娘。这种蜻蜓的 4 片翅膀上各长着 3 个黑斑，它的名字正是来源于此。

和其他蜻蜓一样，十二斑蜻蜓的生命是从水里的一枚卵开始的。蜻蜓卵会孵化出一只凶猛的小掠食动物，人们叫它"稚虫"。稚虫生活在水下，会设下圈套，诱捕昆虫幼虫、小虾、蝌蚪，甚至小鱼之类的猎物。为了顺利完成这个任务，它能向外弹出下颌，用顶端的刚毛杀死猎物。

稚虫发育成熟以后，就会离开水面，变成会飞的成虫。蜻蜓是昆虫界的飞行冠军，它能以每小时 48 千米的速度在空中高速飞行。这种昆虫的每片翅膀都能独立运动，故而可以完成各种高难度的飞行技巧，譬如急转弯、悬停，甚至还能倒飞和垂直起落。

除此以外，作为优秀的猎手，蜻蜓的成就绝不逊于那些最著名的掠食动物。研究表明，狮子捕猎的成功率只有 25% 左右；被大白鲨追捕的动物总有一半能够逃出生天；北极熊每十次捕猎大约只能成功一次；游隼只能抓到一半的目标；但蜻蜓捕猎的成功率却高达 95%！

蜻蜓巨大的复眼里大约有 30000 片独立的"镜片"，这赋予了蜻蜓近乎 360 度无死角的视野，而且蜻蜓的眼睛对运动格外敏感，这两种特质都能帮助它捕捉猎物，同时避开天敌的袭击。

蜻蜓在捕猎时会利用巨大的眼睛观察猎物的动静。它会从猎物背后或者下方垂直向上发动奇袭，用脚抓住猎物，然后用它锋利的下颌咬碎猎物的身体。这种昆虫常常一边飞行一边进食。

螳螂

小档案

科： 螳科

别名： 欧洲螳螂、祷告虫

拉丁学名： *Mantis religiosa*

体长： 5~7.5 厘米

食物： 昆虫

栖息地： 牧场、农田、花园、公园、草场

分布范围： 欧洲、北美洲、亚洲、非洲

螳螂又叫"祷告虫"，因为它的两条前腿常常举在胸前，看起来就像在祷告一样。不过，对这种昆虫来说，"猎手虫"的名字可能更加合适，因为捕猎才是它举起前腿的真正原因。严阵以待的螳螂随时都可以挥舞前腿，捕捉毫无防备的过路者。

捕猎的时候，螳螂会耐心蹲守，或者慢慢靠近猎物。这种昆虫的颜色从棕色到绿色不一，这样的颜色能够让它完美地融入枝叶的背景之中。等到猎物终于进入可攻击的范围时，螳螂就会迅速伸出前腿抓住猎物，将腿上的尖刺扎进猎物的身体，然后螳螂就能大快朵颐了。

薄翅螳螂原产于欧洲，不过早在 1899 年，它就藏在植物的幼苗里漂洋过海来到了北美洲。外来入侵物种通常会给新的栖息地带来麻烦，但这种螳螂却是个例外。事实上，这种昆虫反而有益于当地生态，因为它可以吃掉花园里的害虫。

全世界的螳螂差不多有 2000 种，它们的颜色和体形各异。和薄翅螳螂一样，很多螳螂呈绿色或棕色，而生活在热带地区的某些螳螂则呈粉色或橘色，这样的颜色能帮助它们藏身于热带花卉之中。它们会埋伏在花朵里面，等待吸食花蜜的昆虫靠近。

还有一些螳螂的形状和颜色酷似枯叶、棘刺丛，甚至胡蜂。有的螳螂体形庞大，甚至能捕食小型蛙类、蜥蜴和蜂鸟。

螳螂的脖子十分灵活，这一点和其他昆虫不同。螳螂头部可转动的角度甚至和人类相差无几。

螳螂常常同类相食。小螳螂（若虫）会迫不及待地大嚼其他同类，雌螳螂有时候也会吃掉自己的配偶。这张照片里的薄翅螳螂正在吃一只蝗虫。

抓到猎物后，绿虎甲会用边缘带锯齿的巨大而锋利的口器紧紧咬住对方。在撕咬的同时，它也会分泌出消化液注入猎物的身体。

绿虎甲

　　绿虎甲金属绿色的硬壳在阳光下闪闪发光，看起来就像一粒宝石，十分漂亮！

　　虽然绿虎甲幼虫颜色黯淡，毫不起眼，但早在这个时期，它就已经显露出不凡的特质——特别是在捕猎的时候。绿虎甲幼虫会在松软的沙质土壤里挖一条隧道，然后藏在洞口处；它会将背上的钩子深深地插进洞壁，借此固定身体，以免被外力拽出去。一旦有猎物经过，绿虎甲幼虫就会敏捷地伸出口器咬住对方，然后将猎物拖回洞里吃掉。

　　不过，绿虎甲幼虫也可能会成为别人的猎物——一种体形和蚂蚁差不多的小胡蜂能够避开绿虎甲幼虫的口器闯进洞穴。这种胡蜂会将绿虎甲幼虫赶到隧道深处，用毒刺麻痹幼虫的身体，并在这副躯壳中产卵。不久后，绿虎甲幼虫就会被破壳而出的小胡蜂吃掉。

　　但这样的厄运绝不会落到成年绿虎甲头上！长大成年后的绿虎甲会从伏击者变为善于追逐的猎手。它的长腿奔跑速度极快，绿虎甲也因此成为昆虫界的跳远冠军，而它的"表亲"澳洲虎甲是全世界跑得最快的昆虫，其奔跑速度可达每小时 8 千米，比大多数人走路的速度还快。

　　虽然绿虎甲跑得很快，但视力却拖了它的后腿。这种甲虫的大眼睛搜集的光线不足以形成猎物的清晰图像，所以它必须停下来重新聚焦，然后才能继续追逐猎物。奔跑的时候，绿虎甲必须伸出触须探测前方的物体才能避免被绊倒。

小档案

科：步甲科

别名：无

拉丁学名：*Cicindela campestris*

体长：1.2~1.5 厘米

食物：昆虫、蜘蛛

栖息地：欧石楠灌丛、沙丘、山坡、开阔地带

分布范围：欧洲

大王虎甲是体形最大的虎甲，它的体长可达 5.4 厘米，身体前方发达的钩状口器让它看起来就像一辆叉车。

魔鬼隐翅虫

看到"魔鬼隐翅虫"这样的名字，你大概会以为这种甲虫会给人类带来不小的危险，但这种甲虫事实上是花园里的益虫，专吃蛞蝓、蜗牛等啃食植物的害虫。

蜗牛壳简直就是一副完美的盔甲，小小的甲虫要怎么对付它呢？科学家发现，魔鬼隐翅虫能咬穿蜗牛壳，直接攻击蜗牛柔软的身体。如果你发现了侧面有洞的空蜗牛壳，那可能就是魔鬼隐翅虫留下的战利品。

魔鬼隐翅虫之所以会得到这么一个古怪的名字，可能是因为它看起来十分凶残。这种昆虫弯曲的巨大口器可以帮助它捕捉、撕开猎物。如果你试图抓住一只魔鬼隐翅虫，结果被它咬了一口，那感觉就像被夹了一下一样。魔鬼隐翅虫受到威胁的时候，会像臭鼬一样翘起"屁股"，露出肚子上的两个能分泌恶臭液体的特殊腺体。如此，掠食动物在发起攻击之前恐怕需要三思而行了。

魔鬼隐翅虫原产于欧洲和北非，目前已扩散到了北美洲等地区。人们认为这种甲虫是在 20 世纪 20 年代被人们意外带到加利福尼亚州的。

实验表明，一只魔鬼隐翅虫能在 22 天内吃掉 20 只庭园蜗牛，这意味着它每天都能吃掉差不多相当于自身体重的蜗牛。如果用人类来类比的话，这相当于一个 11 岁的孩子在一天内吃掉了 320 个 113 克重的汉堡包。

这只魔鬼隐翅虫正在摆出防御姿态，腹部末端的恶臭液体能帮它赶走掠食动物。

美国田鳖

小档案

科： 美国田鳖科

别名： 咬脚趾虫

拉丁学名： *Lethocerus americanus*

体长： 4.5~6 厘米

食物： 昆虫、蜗牛、蝌蚪、小鱼、火蝾螈、蛙类

栖息地： 浅塘、溪流

分布范围： 北美洲

"哎哟！"你在池塘里游泳的时候差点儿踩到了水里的一只美国田鳖，于是你情不自禁地叫了一声——然后你马上就会明白，人们为什么叫它"咬脚趾虫"了。

其实人类的脚趾并不是美国田鳖青睐的猎物，它们爱吃的是水里的小动物。这种昆虫会静静等待猎物靠近，然后扑上去用弯曲的前腿抓住对方。

接下来，美国田鳖会将长长的喙刺进猎物的身体，将消化液顺着喙注入猎物体内，将猎物的肉分解成它爱吃的汁液。美国田鳖开始进食之前，会等待几分钟，让食物充分"溶化"。在饱餐一顿以后，它会回到水底的植物丛中休息，这时候的它看起来和一片枯叶没什么两样。

美国田鳖需要呼吸空气，所以它会游到水面附近，将背上的一根管子伸出水面透气。此外，美国田鳖还能将气泡储存在自己的翅膀下面以供呼吸。为了在水下生活，这种昆虫演化出了特殊的后腿，其扁平的形状和密密麻麻的刚毛让这双腿变成一对"船桨"。这种虫子长着翅膀，所以它也会飞。暮春和初夏时节，美国田鳖常常飞到空中寻找配偶；为了完成交配，它甚至可能飞去另一片池塘。

美国田鳖是印度田鳖的一种，这种田鳖的身体能长到你的手掌那么大！

美国田鳖的个头大得足以捕食蛙类。南美洲部分地区的田鳖体形更加惊人——有的甚至能长到 10 厘米长！这些巨大的虫子能捕食小海龟、鸟类，甚至小蛇。

中国大虎头蜂

小档案

小档案

科：胡蜂科

别名：中华大虎头蜂

拉丁学名：Vespa mandarinia

体长：3.5~5.5 厘米

食物：昆虫、树汁、水果

栖息地：森林地区

分布范围：亚洲东部和东南部、热带区域北部

来认识一下全世界最大的蜂！要不——还是算了，这种危险的虫子离你越远越好。

蜂后是中国大虎头蜂群落里体形最大的个体，体长可达 5.5 厘米。工蜂的体形比蜂后小一点，但它们的蜇刺长达 6 毫米，差不多相当于普通图钉长度的一半。

这些工蜂会利用蜇刺保护蜂后和巢穴，赶走掠食动物。中国大虎头蜂的巢穴一般藏在土里、树根之间、啮齿动物废弃的地洞里，或者中空的树干中。蜂后留在蜂巢里产卵，工蜂则负责外出觅食、照顾蜂后。

此外，工蜂还需要喂养刚刚孵化的幼蜂。它们会捕捉昆虫，用口器咬死猎物，然后把猎物撕成碎片喂给幼蜂吃。工蜂自己无法消化固态食物，但被它们喂养的幼蜂会吐出一些富有营养的唾液来回馈工蜂。想想真是够恶心的！

为了哺育后代，中国大虎头蜂敢于向蜜蜂的巢穴发动奇袭。首先，几只中国大虎头蜂会守在蜜蜂的蜂巢外面，抓几只蜜蜂带回自己家里；然后，一只中国大虎头蜂会用气味在目标蜂巢上做记号，呼唤其他工蜂共同发起攻击；一群群的中国大虎头蜂继而闯入目标蜂巢，杀死所有蜜蜂，这样的战斗可能持续好几个小时；接着，中国大虎头蜂就会占领目标蜂巢，直到幼蜂吃光蜜蜂的所有幼虫和蛹之后才会离开。

中国大虎头蜂的翼展最长可达 7.6 厘米——和最小的鸟类（蜂鸟）差不多。

一只中国大虎头蜂在一分钟内就能用口器咬死 40 只蜜蜂。

沙漠蛛蜂不喜欢蜇人，但要是遭到打扰，它们也不会客气。沙漠蛛蜂是全世界蜇人最疼的昆虫之一。

沙漠蛛蜂

　　狼蛛的体形很大，某些品种的个头甚至能超过人类的手掌，但如果狼蛛也会做梦的话，沙漠蛛蜂可能就是它们的噩梦。

　　和它的猎物狼蛛一样，沙漠蛛蜂的体形也不小。雌性沙漠蛛蜂的体长可达 5.1 厘米，拥有一根蜇刺——这是它面对体形庞大、拥有强壮的下颚和毒牙的狼蛛时，唯一的武器。

　　找到狼蛛的洞穴后，雌性沙漠蛛蜂会撕开洞口的蛛网，钻进洞里，或者等着狼蛛自己冲出来。战斗就此拉开序幕。

　　沙漠蛛蜂会敏捷地躲开狼蛛的毒牙，一边闪转腾挪，一边寻找机会将蜇刺送入狼蛛的身体。最终，它的蜇刺会刺破狼蛛位于腿和身体连接处的弱点，穿透其坚硬的外骨骼。立即起效的毒素很快会使狼蛛陷入彻底的瘫痪，但不会杀死狼蛛。

　　不过，沙漠蛛蜂并不会自己吃掉猎物，而会把狼蛛拖回原来的地洞或者它自己新挖的洞穴里，再将卵产在狼蛛的肚皮上面。产卵后，它会用泥土封住洞口，接着寻找下一只狼蛛。

　　待沙漠蛛蜂的幼虫孵化后，这只被活埋的狼蛛就会成为它们的食物。

小档案

科：蛛蜂科

别名：狼蛛鹰、蜘蛛鹰胡蜂、塔兰图拉毒蛛鹰黄蜂

拉丁学名：*Hemipepsis ustulata*

体长：2.4~5.1 厘米

食物：花蜜、花粉

栖息地：沙漠灌木丛林

分布范围：美国西南部和中部、墨西哥、中美洲、南美洲北部

有些沙漠蛛蜂长着黑色的翅膀，也有些拥有橙色的翅膀。翅膀颜色不同的沙漠蛛蜂很少在同一片区域生活。

蚁狮

雌性蚁蛉会在适合幼虫挖掘陷阱的沙质或泥质土壤中产卵。

蚁狮会把沙子堆在自己头顶，而且只能倒退着走路——这听起来实在不像掠食动物，但蚂蚁可不会这么想。

蚁狮之所以被叫作蚁狮，就是因为它的幼年形态看起来很像狮子。这种昆虫的成虫被称为"蚁蛉"，它长得可一点都不像狮子。蚁蛉只吃花蜜和花粉，十分优雅，而蚁狮则有着圆桶似的身体和弯曲的口器。

蚁狮以昆虫为食，蚂蚁是它最主要的猎物。和许多掠食动物一样，蚁狮最爱的捕猎策略也是伏击，不过，它还对这种古老的策略做出了一点小小的调整。首先，它会用腹部的末端挖沙子，挖出来的沙子会堆积在蚁狮铲状的头部上方；然后，蚁狮会抖动头部和口器，将小沙堆甩到陷阱外面。它会以这种近乎直立的姿势不断挖掘，直到挖出一个漏斗状的陷阱。最后，它会把自己埋在陷阱中央……开始等待。

蚁狮陷阱的深度虽然最多只有 5 厘米，但这足以困住一只蚂蚁。不小心掉进陷阱的蚂蚁很难爬出去，因为陷阱里唯一可供它逃脱的着力点就是蚁狮露在沙子外面、随时准备发动攻击的口器。口器上的刚毛能帮助蚁狮固定身体。如果猎物挣脱了它的钳制，蚁狮就会向陷阱侧壁抛洒沙子，让陷阱壁变得更滑，迫使蚂蚁跌回原地。

接着，蚁狮会张开口器咬住蚂蚁，将消化液注入蚂蚁的身体，将蚂蚁的血肉转化成可以吸食的液体。饱餐一顿以后，蚁狮就会将蚂蚁只剩空壳的身体甩到陷阱外面，将自己重新埋进沙子里，等待下一位受害者的到来。

蚁狮的幼虫阶段可能长达3年。在此期间，它从来不上厕所——所有排泄物都会被储存在体内。呕，真恶心！

雌性流星锤蜘蛛的卵鞘比自己的身体还大，每个卵鞘能容纳约600枚卵。而雄性流星锤蜘蛛的个头还不到雌蛛的1/10！

流星锤蜘蛛

各种蜘蛛都有着高超的捕猎技巧，有的蜘蛛会编织黏糊糊的蛛网；有的会藏在花朵里面或者跟在猎物身后，发动偷袭；而有一种蜘蛛的行为却尤为惊人：它会用蛛丝制作一种工具，然后用这种工具来"钓"飞蛾。

这种蜘蛛被称为"流星锤蜘蛛"，也叫投石索蜘蛛。投石索是南美洲的一种传统捕猎工具，从本质上说，它是一对由绳索连在一起的重锤。猎人会将投石索抡圆甩向奔跑的猎物，让绳子缠住猎物的腿。

流星锤蜘蛛的"流星锤"事实上是一根由蛛丝织成的、蛛丝的末端有一个黏糊糊的丝球。只有雌性流星锤蜘蛛才会制作这种工具。此外，它的腿上还长着敏感的刚毛，能够探测飞蛾靠近时激起的气流。如果雌蛛感觉到飞蛾进入了攻击范围，它就会将锤子甩出去——飞蛾就这样被黏糊糊的"流星锤"粘住了。

一种生活在澳洲（其他物种居住在非洲和美洲）的流星锤蜘蛛的雌蛛会在夜间散发气味吸引猎物，这种名叫"信息素"的化学物质闻起来很像某些雌蛾释放的气味。雄蛾循着气味而来，满心希望找到配偶——但等待它们的却只有狡猾的蜘蛛。

美国还有一种名叫哈氏乳突蛛的流星锤蜘蛛，它会算准哪种飞蛾在哪个时段比较活跃，在夜间不同时段利用不同的信息素吸引不同种类的飞蛾。

小档案

科：圆蛛科

别名：牛仔蜘蛛、渔翁蜘蛛、投石索蜘蛛

拉丁学名：_Ordgarius magnificus_

体长：2~14 毫米

食物：飞蛾

栖息地：森林、公园、花园

分布范围：澳洲东部

流星锤蜘蛛在夜间捕猎，白天则藏在叶子里睡觉。很多种流星锤蜘蛛（例如哈氏乳突蛛）都会利用身体的颜色和花纹伪装成鸟粪，以躲开敌人的视线。

这只雌性弓足梢蛛几乎融入了雏菊花瓣的背景，这样的伪装能帮助它捕捉猎物，例如照片中的那只苍蝇。顺便说一下，这顿美餐的个头可比这只雌蛛还大呢！雄性弓足梢蛛是一种棕白色的小生物，看起来简直就像另一个物种。

弓足梢蛛

全世界共有两千多种蟹蛛，弓足梢蛛正是其中之一。因为雌蛛常常披着一身鲜艳的黄色，这种蜘蛛又叫"秋麒麟蟹蛛"，但它并不会永远长成这样。雌性弓足梢蛛能在几天或几周内变成白色或灰绿色，这种变色的能力可以让它更好地融入周围的花朵背景之中。

就像雌狮总爱守着水塘一样，弓足梢蛛喜欢栖息在花瓣上，等待它的猎物来这里觅食。它会藏在花朵里，等待蜜蜂和其他昆虫前来造访。它的两排大眼睛不会放过任何风吹草动；与此同时，它那两对特别长的前腿也做好了随时抓捕猎物的准备。

抓住猎物以后，它会立即咬住对方，注入毒素。雌蛛的消化液会将猎物的身体变成易于吸食的"虫汤"。

为了产卵，雌蛛需要尽可能地多摄入食物。雌蛛会把产下的卵装在树叶叠成的"杯子"里，再从特殊的腺体中分泌蛛丝，封住杯口。它会一直守护自己的卵，直到初冬到来，死去为止。

下次看到一丛雏菊、秋麒麟、其他白色或黄色花朵的时候，请仔细观察一下，看看能不能找到藏在里面的弓足梢蛛。如果你看到一只蜜蜂或者蝴蝶以奇怪的姿势一动不动地蜷缩在花瓣上，那很可能意味着它们已经沦为这种小小掠食动物的盘中餐。

小档案

科：蟹蛛科

别名：弓足花蛛、姬花蛛

拉丁学名：*Misumena vatia*

体长：3~9 毫米

食物：蜜蜂、胡蜂、蝴蝶、蝇类和其他可能造访花朵的昆虫

栖息地：草原、牧场、花园、公园、湿地

分布范围：北美洲、非洲

蟹蛛不会织网，却能分泌蛛丝。它们的蛛丝不仅能封住卵囊，还能充当"空降保护绳"，让蟹蛛从叶片或花朵上安全降落。

《中国增材制造产业年鉴2024》编制委员会

指导委员会

顾　问

林宗棠　原航空航天工业部部长　中国增材制造产业联盟荣誉顾问

主　任

瞿国春　工业和信息化部装备工业发展中心　主任、党委副书记

柳新岩　工业和信息化部装备工业发展中心　党委书记、副主任

副主任

汪　宏　工业和信息化部装备工业一司　副司长

姚振智　工业和信息化部装备工业发展中心　副主任

刘法旺　工业和信息化部装备工业发展中心　副主任

左世全　工业和信息化部装备工业发展中心　总工程师

片　飞　工业和信息化部装备工业发展中心　副主任、纪委书记

委　员

赵奉杰　工业和信息化部装备工业一司　智能制造处处长

唐　军　工业和信息化部装备工业一司　通用机械处处长

韩　行　工业和信息化部装备工业一司　二级巡视员

陆瑞阳　工业和信息化部装备工业一司　智能制造处一级调研员

尹　峰　工业和信息化部装备工业发展中心　装备一处、二处处长

刘　斌　国家药品监督管理局医疗器械技术审评检查大湾区分中心主任

王　玲　中国机械工程学会　秘书长助理兼教育培训处处长

学术委员会

李应红　中国科学院院士

冷劲松　中国科学院院士

林　峰　清华大学教授

李涤尘　西安交通大学教授

邓　乔　深圳阿尔比斯科技有限公司

干　勇　长三角先进材料研究院

高正江　中航迈特增材科技（北京）有限公司

顾孙望　中天上材增材制造有限公司

郭　瑜　西安赛隆增材技术股份有限公司

郭　錾　内蒙古众合增材制造科技有限公司

贺　永　苏州永沁泉智能设备有限公司

洪　臣　亚琛联合科技（天津）有限公司

侯雅青　中国钢研科技集团有限公司

黄宝婵　先临三维科技股份有限公司

黄棨麟　深圳薪创生命科技有限公司

姜　滨　歌尔股份有限公司

姜　勇　南通金源智能技术有限公司

蒋　峰　深圳市宝辰鑫激光科技有限公司

金　枫　广东峰华卓立科技股份有限公司

李成坤　康硕（山西）智能制造有限公司

李国青　南京铖联激光科技有限公司

李　庆　西安空天机电智能制造有限公司

李淑文　科路睿（天津）生物技术有限公司

林美秀　杭州唯迪尚创新科技有限公司

刘　斌　鑫精合激光科技有限公司

刘建业　广东汉邦激光科技有限公司

刘　轶　共享智能装备有限公司

鲁正浪　深圳升华三维科技有限公司

吕　营　沈阳五寰材料科技有限公司

冒浴沂　国家增材制造产品质量检验检测中心（江苏）

米天健　陕西金信天钛材料科技有限公司

潘可俊　南京健安干燥设备厂

潘学松　北京南极熊科技有限公司

庞瑞峰　北京京城增材科技有限公司

齐　欢　南京辉锐光电科技有限公司

祁俊峰　北京卫星制造厂有限公司

仇生生　泸州翰飞航天科技发展有限责任公司

任光裕　江苏天凯光电有限公司

沈于蓝　飞而康快速制造科技有限责任公司
孙桂芳　广东腐蚀科学与技术创新研究院
孙玉华　上海盈普三维打印科技有限公司
谭文杰　3D打印资源库
唐景龙　深圳市大族聚维科技有限公司
唐　凯　南京联空智能增材研究院有限公司
唐盛来　晶瓷（北京）新材料科技有限公司
王洁瑶　北京清研智束科技有限公司
王秋珍　北京空间智筑技术有限公司
王　玮　凯联（北京）投资基金管理有限公司
王友华　北京航天九斗科技有限公司
吴小平　深圳市人彩科技有限公司
吴泽宏　贵州森远增材制造科技有限公司
武施辰　"3D行"搜索引擎
邢　飞　南京中科煜宸激光技术有限公司
薛　佳　江苏威拉里新材料科技有限公司
杨家福　东莞爱的合成材料科技有限公司
杨　凯　湖南云箭集团有限公司
姚胜南　中山市天创祺盛科技有限公司
叶志鹏　工业和信息化部电子第五研究所
应　华　浙江正向增材制造有限公司
于清晓　上海联泰科技股份有限公司
曾梓涛　广州晋原铭科技有限公司
张朝鑫　上海漫格科技有限公司
张成林　北京拓宝增材科技有限公司
张春雨　广东健齿生物科技有限公司
张海鸥　武汉天昱智能制造有限公司
张　浩　宁波中科祥龙轻量化科技有限公司
张　坤　北京三帝科技股份有限公司
张树兵　杭州浙富核电设备有限公司
赵晓明　西安铂力特增材技术股份有限公司
赵新明　有研增材技术有限公司
钟平生　中山市海雄科技有限公司
朱益波　江苏奇纳新材料科技有限公司

《中国增材制造产业年鉴2024》编制办公室

前言

　　增材制造作为发展新质生产力的重要引擎，是推动制造业高端化、智能化、绿色化发展的重要方向，是培育发展新动能、获取未来竞争新优势的关键领域，是加快建设制造强国、推进新型工业化的重要抓手。中共中央、国务院高度重视增材制造产业发展，《中华人民共和国国民经济和社会发展第十四个五年规划和2035年远景目标纲要》提出"发展增材制造"，以带动制造业核心竞争力提升。"十三五"以来，在制造强国战略的引导下，在《国家增材制造产业发展推进计划（2015—2016年）》《增材制造产业发展行动计划（2017—2020年）》等相关政策的支持下，我国增材制造产业发展取得显著成效，供给能力大幅提升，应用成效不断显现，发展环境逐步优化。

　　本书在《中国增材制造产业年鉴（2022）》的基础上进行充实和完善，集权威性、专业性、指导性、学术性和综合性于一体，真实地记录我国增材制造产业的发展情况、政策信息、新技术的创新与应用和企业相关信息。本书通过汇总翔实的数据信息和国内外权威专家的视点，科学、系统、真实、全面地梳理我国增材制造产业目前的发展情况，客观地反映我国增材制造产业当前面临的各种机遇与挑战。本书致力于打造一个在增材制造产业中具有不可或缺的信息资料支撑作用、能促进多方技术交流合作并提升品牌推广效果的重要平台。本书深入挖掘增材制造产业产业链、价值链的优质资源，为我国政府部门出台增材制造产业相关政策法规和企业制订相关战略规划提供重要参考和有效借鉴。

　　本书征集了增材制造领域的重点企事业单位的生产经营及技术研发相关数据与进展情况，并进行严格筛选，最终收录百余家单位的相关信息。另外，本书还邀请二十余位行业权威专家围绕增材制造领域焦点问题进行全面、深入、系统的汇总和梳理，勾勒出增材制造产业未来的走向与发展趋势，以期帮助我国增材制造产业持续、健康、高质量发展。

　　本书在征集资料及编制过程中，得到了工业和信息化部装备工业一司及各地方行业组织的关怀和指导，并获得了全国增材制造标准化技术委员会（SAC/TC562）、国家增材制造产品质量检验检测中心（江苏）、国家增材制造创新中心等单位的大力协助，在此表示诚挚的谢意。

　　本书共7章，并包含4个附录。第1章着重阐明增材制造产业的发展、技术、应用、技术发展、标准、进出口，以及投融资等方面的内容；第2章重点更新国内外增材制造的相关政策；第3章从专用材料、软件系统、质量可靠性创新、创新设计、解决方案创新等方面多层次、多维度地梳理产业情况；第4章重点展示工业、医学、文化体育、建筑等领域的典型应用场景案例；第5章系统梳理我国不同区域增材制造产业概况，并分析各区域代表性企业发展现状；第6章介绍我国不同区域在增材制造产业的代表性企业及其代表性装备等；第7章介绍国内增材制造主要科研机构和主要科研团队基本情况。附录部分主要包括增材制造标准清单、融资遴选案例、增材制造典型应用场景名单（2022年度、2023年度）以及中国增材制造产业联盟成员单位名录。

　　本书历时10个月编写完成，由于增材制造涉及面极广，而编者学识水平有限，因此书中内容难免有疏漏之处，敬请各位读者谅解。在本书编写过程中，编者获得了各大单位及专家学者的大力支持，在此，编者表示衷心的感谢，并希望各大单位与专家学者能进一步为本书提供信息和技术支持，为行业发展建言献策，加强技术交流与市场合作。同时欢迎各位读者对本书提出宝贵意见和建议，在此一并致以谢意！

《中国增材制造产业年鉴2024》编制办公室

2025年4月28日

目录

第4章 应用场景篇

第7章 增材制造主要科研机构和主要科研团队基本情况

Development

发展篇

第 1 章

1.1 产业发展综述

（中国增材制造产业联盟 李方正、郭丹、姜兵）

"十四五"期间，中共中央、国务院全力推进新型工业化建设，聚焦制造强国、质量强国、航天强国、交通强国、网络强国、数字中国建设。增材制造作为建设制造强国的主攻方向，建设质量强国、航天强国、数字中国的重要手段，对推动我国制造业高端化、智能化、绿色化发展具有重要作用。经过多年的快速发展和技术创新，2023年我国增材制造产业发展成效显著、亮点突出，已成为我国推进新质生产力的新名片。

1.1.1 产业发展现状

中国增材制造产业联盟调研了66家经营增材制造业务的企业。统计数据显示，2023年调研企业总营业收入约129亿元，相比2022年的88亿元增长46.59%。具体的总营业收入和增长率情况如图1.1所示。

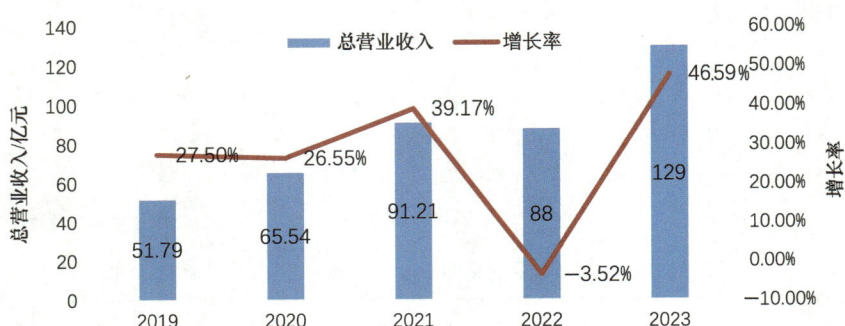

图1.1 2019—2023年企业总营业收入和增长率情况

其中，2023年专用材料、装备制造、加工服务、其他（扫描仪、零部件、软件等）的营业收入分别约为20亿元、68亿元、21亿元、20亿元，占总营业收入的比重分别为15.5%、52.72%、16.28%、15.5%，与2022年（专用材料17%、装备制造47%、加工服务17%、其他19%）相比分别增加−1.5%、5.72%、−0.72%、−3.5%。2022—2023年产业链各环节营收占比情况如图1.2所示。

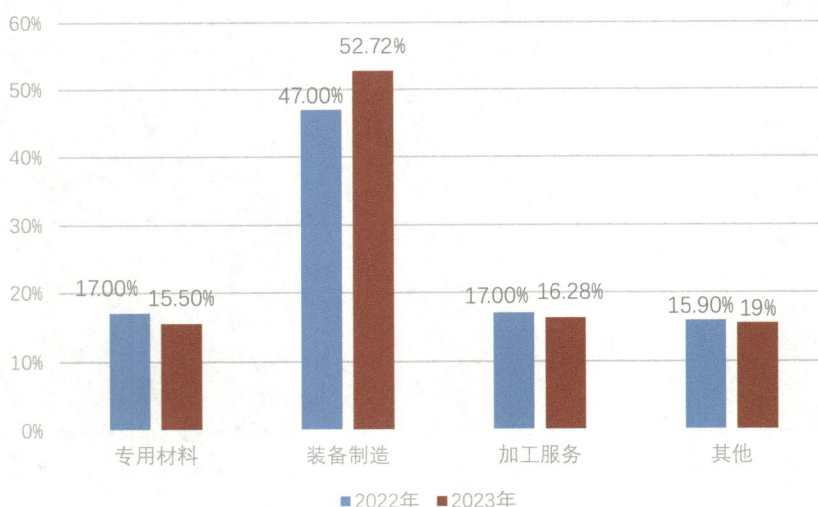

图1.2 2022—2023年产业链各环节营收占比情况

专用材料方面，2023年调研企业专用材料营收达到20亿元。以PLA、ABS、PA为主的高分子材料（包括生物、医疗类原材料，如干细胞等）的营收为9亿元，占专用材料营收的45%；以高温合金、钛合金、铝合金为主的金属材料年产量约2700吨，营收达到10亿元，占专用材料营收的50%；陶瓷等无机非金属材料的营收为1亿元，占专用材料营收的5%。各类专用材料营收占比如图1.3所示。

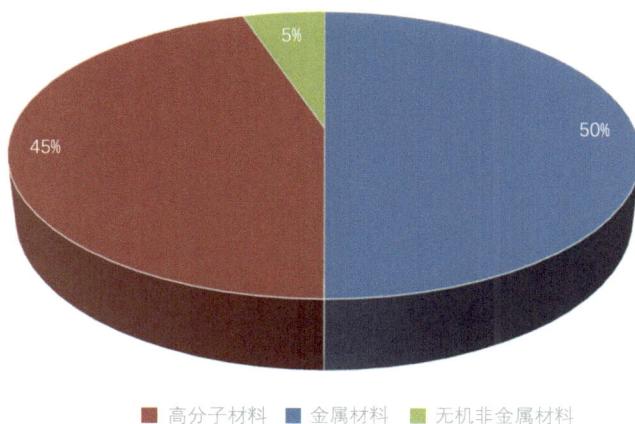

图1.3 各类专用材料营收占比

在金属材料中，钛合金产量约800吨，高温合金产量约600吨，铝合金产量约100吨，铁基合金约1000吨，钴基等其他合金产量约200吨。各类金属材料产量占比如图1.4所示。

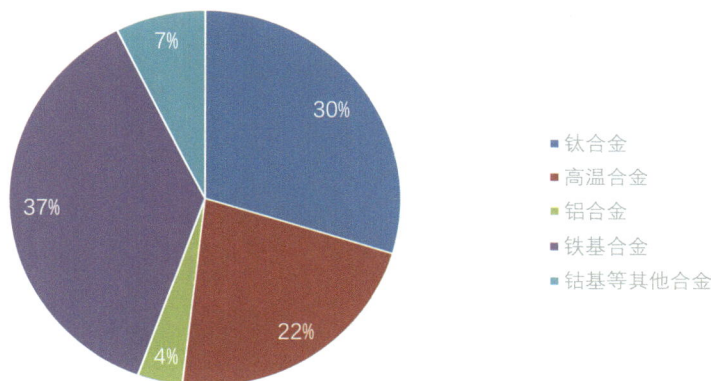

图1.4 各类金属材料产量占比

装备制造方面，2023年调研企业装备营收达到67.8亿元，较2022年增长61.9%。其中，材料挤出、立体光固化等非金属增材制造装备营收居首位，达到37亿元，占装备制造营收的55%；粉末床熔融、定向能量沉积等金属增材制造装备营收达到26亿元，占装备制造营收的38%；粘结剂喷射等其他工艺门类营收4.8亿元，占装备制造营收的7%。各类工艺装备营收占比情况如图1.5所示。

加工服务方面，2023年调研企业加工服务总营收达到21亿元。航空航天仍是增材制造最重要的应用场景，主要应用在卫星轻质多孔复杂薄壁、商业航天涡轮盘、航天液体发动机、航空发动机等结构复杂、轻量化零部件的研制或批量生产阶段。齿科、骨科等医疗领域次之。此外，在各类模具、核电、电子产品、新能源汽车、煤机、风电等领域加工服务也展示出了较强的发展潜力。

人才方面，2023年调研企业员工总计1.5万人，人均产值86.7万元，高出制造业从业人员人均产值32万元，高出58.5%。其中，本科及以上学历的人员约有7050人，占比47%。从事研发的人员约有4540人，占比约30%。从中可以看出从事增材制造的人员具有高产值、高学历、高研发等特点。

区域方面，从中国增材制造产业联盟400家成员单位及参与调研的企业分布情况中可以看出，增材制造领域的企业主要分布在北京（21.4%）、广东（12.79%）、江苏（11.4%）、上海（10.47%）、浙江（7.21%）等地。增材制造企业区域分布情况如图1.6所示。

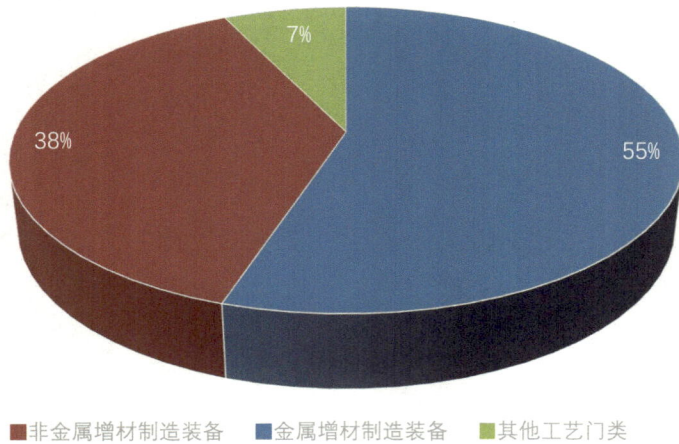

图1.5 各类工艺装备营收占比情况

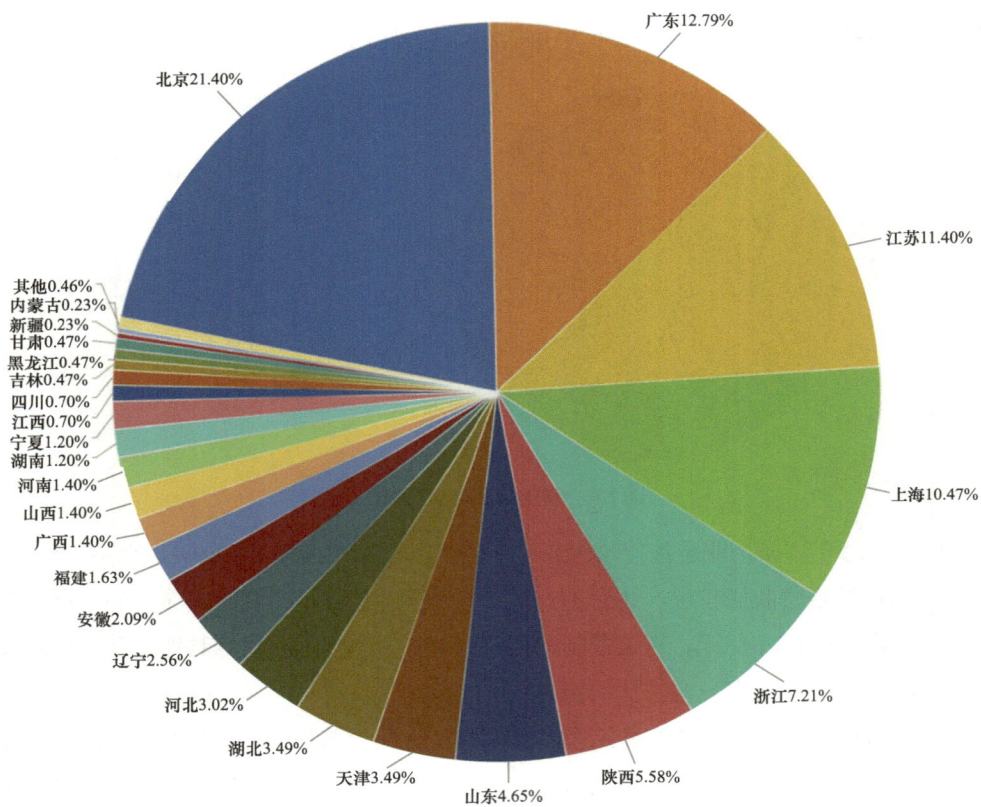

图1.6 增材制造企业区域分布情况

1.1.2 产业发展亮点

产业发展再上新台阶。2023年以来，在技术快速创新和市场需求不断增加的积极综合影响下，我国增材制造产业主要指标持续增长，呈现出优质、高效的发展态势。一是产业规模持续快速增长，2023年我国增材制造产业企业总营收约400亿元，规模位居全球第二，同比增长25%，近5年复合增长率为27%。二是产业投融资持续增长，2023年我国增材制造产业企业融资总金额约73亿元，同比增长28%，融资金额再创新高。三是行业集中度下降，随着更多企业涉足增材制造产业，市场竞争激烈，市场集中度出现明显下降，2023年CR4为12.8%，同比下降4.2%。

自主供给水平再创新高。 我国增材制造产业的发展从利用国际技术的外部带动向自主创新的内生驱动转变，产业重点领域技术多点突破，自主供给能力不断提升。一是新型工艺实现自主可控，微纳打印、陶瓷打印、粘结剂金属喷射成形技术已实现自主可控。二是部分装备领跑国际，增材制造装备相关核心指标达到国际先进水平，铂力特、易加三维等企业发布20余种激光器增材制造装备，处于国际领先地位。三是百种材料实现自主开发，我国已开发出钛合金、高强钢、镍基合金、尼龙粉末、碳纤维复合材料等上百种牌号专用材料，金属粉末产量达到2300吨，较2020年增长了187.5%。

增材制造应用释放新动能。 截至目前，我国增材制造已成功应用于国民经济39个行业大类、89个行业中类，覆盖产品全生命周期，逐渐进入多领域、广渗透新阶段。一是应用场景加速拓展，除了传统的航空航天、医疗领域，增材制造开始应用于消费电子、动力电池、核能、船舶、轨道交通、油田等领域。二是促进高端装备制造提质增效，某型号空天发动机本体增材制造使用量占比超70%，核能领域首次使用增材制造换热装置，重量和体积减小80%以上。三是助推传统制造业转型升级提速，增材制造将铸造周期缩短90%，成品率提高15%，成本基本持平。义齿由传统的10道工序减少至4道工序，后处理时间降低50%，半成品24小时出货。

企业发展展现新风貌。 2023年以来，我国增材制造企业在技术创新、规模扩大、企业升级等方面持续努力，实现规模和质量的双提升。一是企业发展提质增速，截至2023年底，规模以上企业近200家，营收超过1亿元的企业超50家，上市公司25家（含新三板），国家级专精特新"小巨人"企业39家，呈逐年倍增趋势。二是企业向规模化、综合化方向发展，拥有上百台设备的服务中心有10余家，集装备、材料、服务等多种业务于一身的综合供应商超20家。三是企业创新活力不断迸发，企业研发经费投入力度不断增强，始终保持较高研发强度。2023年前3个季度，铂力特、华曙高科、先临三维研发经费比例分别为18.31%、16.35%、27.72%。

对外开放打开新局面。 随着产品工艺的创新突破，成形过程控制稳定性不断提升，批量化供应能力提高，成本竞争优势凸显，我国装备在国际市场的认可度进一步提升。一是装备"出海"成果显著。海关总署统计，2023年装备出口373.04万台，同比增长63.01%，规模和增速创同期历史新高。美国亚马逊网站上销量前十的3D打印机大多是我国品牌。二是贸易顺差持续扩大，增材制造连续4年实现贸易顺差，2023年贸易顺差63.17亿元，同比增长73.58%。

1.1.3 产业发展趋势

民品领域市场需求加速增长，2027年增材制造市场规模有望突破千亿。 随着工艺不断成熟、成本逐步降低，2023年消费电子、动力电池、轨道交通、油田等民品领域的市场需求加速增长，航空航天等领域的增材制造供应商和服务商逐步开始探索民品领域。中国增材制造产业联盟预测，2027年消费电子市场预计将为增材市场带来超250亿元的规模，金属鞋模市场需求将达到80亿元，砂型模具市场需求达40亿元，齿科市场需求约100亿元。这为增材制造产业提供了广阔的市场空间和发展机遇，以我国增材制造产业近5年复合增长率（27%）测算，2027年我国增材制造市场规模有望突破千亿。

新技术、新工艺不断涌现，供给能力将持续提升。 为进一步提高增材制造产业创新能力，我国通过重大科技项目、高质量发展专项、重点研发计划等部署了一系列增材制造相关项目。在"政策+市场"双驱动下，企事业单位创新动力不断增强，技术创新成效逐渐显现，如防震动超高速材料挤出、金属面曝光、飞行打印等新技术已经将打印效率提升至10倍以上；无支撑打印、金属粘结剂喷射等将进一步缩短制造流程，更适应批量化生产；微纳打印、生物打印、陶瓷打印等将带来更多应用场景。新技术、新工艺推动增材制造产业向先进技术、高端产品升级，与国际先进水平的差距进一步缩小。

AI融入增材制造，不断催生新模式、新业态。 随着增材制造应用场景的多元化和复杂化，人工智能（AI）等新一代信息技术不断融入增材制造，持续优化设计、打印、材料选择、维保等各个环节，实现快速、安全、高效的协同。尤其是利用AI通过文字描述实现三维建模，极大降低了我国增材制造设计门槛，实现由高端装备向民用消费扩展。目前行业内企业已经开始探索"AI+增材制造"，如赛纳利用AI实现精准建模眼镜定制，面向智能制造的分布式网络协同、集成化组合、大规模个性化定制等新模式有望实现突破。

潜在用户认知加深，综合解决方案业务成为行业趋势。 潜在用户对增材制造的认识不断加深，已经从"不敢用"向"怎么用"转变。增材制造技术在更多领域得到应用，专业程度和复杂程度提升，咨询服务需求增加。为适应这样的变化，增材制造设计、制造、打印服务等供应商结合客户需求，从提供单一的设备或服务向提供"从前期设计，到材料筛选、设备选型，再到工艺优化、加工生产，最后到成品交付"的综合解决方案业务拓展。目前，铂力特、华曙高科等部分厂商已经布局该方向，涉及综合解决方案服务业务的企业将爆发式增加。

1.2 技术综述

（清华大学 林峰）

增材制造技术也被称为3D打印技术，通过数字模型直接创建三维实体对象。与传统的减材制造（如切削、磨削等）不同，增材制造通过逐层添加材料的方式来构建物体，这一过程通常将材料（如塑料、金属粉末、树脂或其他合成材料）按照特定的几何信息逐层堆叠，直至形成最终产品。这种技术的核心优势在于其具备设计灵活性以及对复杂性的处理能力。增材制造可以轻松制造出传统方法难以或无法实现的复杂几何形状，这为个性化定制和创新设计提供了广阔空间。此外，由于材料是按需添加的，因此增材制造在材料使用上更为高效，有助于减少浪费和降低成本。

增材制造技术的应用范围非常广泛，涵盖了快速原型制造、工业零件制造等。在生物医学领域，可用于定制植入物和组织工程；在航空航天领域，能够制造轻质、高强度的复杂零件。此外，它还在艺术和设计领域展现出了独特的创造力，使得艺术家和设计师能够将他们的想象转化为现实。随着技术的发展，增材制造正在不断突破材料和工艺的限制，例如通过多材料打印实现不同性能的材料的集成，或者通过4D打印在制造过程中加入时间或环境维度，使得打印出的物体能够随时间或环境变化而改变形状。随着技术的成熟和成本的降低，预计增材制造将在未来的制造业中扮演更加重要的角色。

近年来，增材制造领域涌现了很多新兴成果。学术界中的众多科研团队不断拓展技术概念与能力边界，产业界也持续推进增材制造技术更为广泛地应用。本节内容将紧密结合产业进展与学术前沿，对近年来增材制造领域的技术研究进行梳理，为我国增材制造产业提供参考，从而加快发展新质生产力。

1.2.1 产业进展

在金属增材制造技术与装备领域，近年来出现了多种改进升级技术和新技术。

激光粉末床熔融（Laser Powder Bed Fusion，LPBF）技术是应用最广且最为成熟的金属增材制造技术。美国Velo3D公司推出了系列化低角度无支撑激光选区熔化成形设备及工艺技术，具备典型大尺寸零件低角度直接成形能力，可实现部分结构的完全悬垂面直接成形。相关设备及技术在诸如SpaceX、通用动力、洛马等美国军工及航空航天企业中有着广泛的应用。德国EOS公司依托其著名的EOS-M系列激光选区熔化成形设备，结合其自主研发的Smart Fusion实时闭环调控技术,同样成功实现了低角度无支撑激光选区熔化技术的开发应用。

近年来,金属区域打印和高预热选区激光熔化技术展现出重要的应用前景。美国劳伦斯利弗莫尔国家实验室提出了金属区域打印技术的全新概念并由Seurat Technologies实现产业化应用。在技术原理上,通过200万个10μm的激光点进行一次性15mm×15mm区域的打印。通过激光强度的完全控制,可以最大限度地减少飞溅、控制微观结构和减少残余应力。目前,相比于传统增材制造技术,金属区域打印可以在提升10倍打印精度的同时提高40倍打印效率,并且还提出了2030年实现比单激光选区激光熔化系统高1000倍打印效率的目标。

美国通快公司新一代TruPrint 5000打印设备最高预热温度达到500℃,解决了H11(1.2343)和H13(1.2344)等高碳类模具钢残余应力、变形和分层难题,大幅度提高了零件的几何精度和成形质量。同时,由于采用了较高的预热温度,设计过程无须考虑为防止变形、开裂等问题增加支撑结构和模拟步骤,提高了设计的自由度,减少了后处理工作量。

我国则走出了一条有特色的设备大型化路线。2023年,西安铂力特公司推出了超大幅面的激光粉末床熔融增材制造设备BLT-S1500,其成形尺寸达到1500mm×1500mm×1200mm,配置26个500W激光器,成形效率达到900cm³/h。通过对校正方案、结构和控温方案进行优化等举措,提高了拼接精度和并接保持稳定性,拼接精度可达±0.05mm;还可实现增材制造领域计划层与执行层数据物联,为用户提供端到端全链路的数字化制造解决方案;实现厂房能源监控及设备集中管控,助力批量生产。易加三维公司开发的EP-M2050成型室可达2058mm×2058mm×1700mm(z向高度可至2000mm),是目前最大的LPBF设备,具有三十六激光振镜配置,结合多激光精准定位与拼接区精度控制技术,保证了高效生产和打印品质的均一稳定,适用大尺寸高精度复杂金属结构件的直接制造。

电子束粉末床熔融(Electron Beam Powder Bed Fusion,EB-PBF)技术方面,德国ALD公司于2023年推出了一款EB-PBF系统EBuild 850,该设备单电子枪成形幅面达到了850mm×850mm×1000mm,为目前全球幅面最大的EB-PBF设备。德国Pro-beam公司推出的电子束粉末床PB EBM 30S设备,拥有全真空粉末缸自动换缸系统、电子光学原位监测系统和独特的热分布曝光策略等。日本JEOL公司于2022年推出了一款工业级的JAM-5200EBM设备,其阴极使用寿命可有1500多小时,是目前EB-PBF机器中阴极使用寿命最长的。此外,JAM-5200EBM还提出了一种名为"E-Shield"的屏蔽技术,用于解决EB-PBF工艺过程中的吹粉问题。英国Wayland Additive公司则采用一种电荷中和技术消除吹粉现象。瑞典Freemelt公司和美国GE公司分别推出了Pixel-melt和Point-melt两种点扫描技术,以避免常规线扫描熔池的形貌不稳定和温度不均匀问题,降低了热应力和表面粗糙度,并开始结合AI逐步开展智能工艺规划研究。

我国电子束粉末床熔融技术与装备也取得了长足的进步,在多枪大幅面EB-PBF设备、大尺寸EB-PBF打印工艺、超高温粉末床熔融等方面都超过了国外同类同行。北京清研智束公司推出QBeam G350、Qbeam S600等代表性设备,实现了多种大尺寸、高性能、难加工金属材料结构件的成形。

定向能量沉积装备方面,德国弗劳恩霍夫激光技术研究所开发了超高速直接能量沉积(High-Rate Powder Directed Energy Deposition,HRP-DED)制造技术,打印速率可达到224cm³/h,成形效率较激光熔化沉积(Laser Melting Deposition,LMD)技术提升了10~100倍。美国橡树岭国家实验室研发的MedUSA系统可实现多机器人协同控制电弧熔丝增材制造,效率显著提升。2024年,英国克兰菲尔德大学焊接与增材制造中心提出了一种新型电弧增材直接能量沉积(Directed Energy Deposition,DED)工艺,结合气体金属弧(Gas Metal Arc,GMA)和外部冷丝,即冷丝气体金属弧(Cold Wire Gas Metal Arc,CW-GMA),实现高沉积速率和低材料重熔,最高沉积速率可以达到14kg/h。外部冷丝的加入降低了比能量密度,减小了晶粒之间的各向异性,提高了机械性能。美德联合企业Coherent-Rofin公司开发的激光熔覆沉积设备能够实现25种光斑形式的激光熔覆,通过采用光斑自适应调控，可有效抑制熔覆过程不稳定导致的成形缺陷。

我国已研制出制造能力达 7000mm×5000mm×3000mm、钛合金沉积效率达 500cm³/h 的世界最大多路沉积"桥式"激光熔覆沉积增材制造成套装备，以及成形效率≥700cm³/h、机床行程≥4000mm×3500mm×3000mm、拓展成形能力达 13000mm×35000mm×3000mm 的世界最大的可拓展成形大型双光束双龙门激光熔覆沉积增材制造装备。我国实现了世界最大尺寸航空航天关键构件激光增材制造，显著提升了我国在增材制造方面的国际影响力。

为提高成形效率、降低增材制造成本，国际上还涌现了众多新型金属增材制造和增减材复合制造技术研发项目。2019 年，日本大阪大学相继开发了实验级蓝激光焊接、选区熔化增材制造和粉末沉积熔覆的装置，并成功地应用于纯铜材料的焊接、选区熔化增材制造和表面熔覆，显著提高了加工过程中的能量转换效率，减少了加工缺陷。2019 年，新加坡制造技术研究所开发了高精度 μ-LPBF 系统，光斑直径约 25μm，适用铺粉层厚为 1～10μm，制造的微观结构特征具有更高的表面光洁度，可以实现的最小特征尺寸为 60μm，最小表面粗糙度为 1.3μm。

德国弗劳恩霍夫激光技术研究所发展了基于逐层吸粉/铺粉技术的多材料粉末床选区熔化装备，成功制备了具有跨尺度复杂结构的铜−钢非均质燃烧室样件。比利时 Aerosint 公司创新发展双铺粉鼓技术，实现了层内两种材料复杂形状高效直接预置，制备出多种铜−钢复杂金属样件，但该技术高度保密，对我国禁售。

2019 年 4 月，美国国家航空航天局（National Aeronautics and Spale Administration，NASA）斥资与美国增材制造卓越中心（National Center for Additive Manufacturing Excellence，NCAME）合作，联合开发出 RS-25 航天发动机主引擎推力室的增减材复合精密制造工艺，利用该工艺成形出的火箭发动机推力室在 60s 点火测试中推力高达 200lb（1lb=0.454kg），成本显著降低，交付周期由数月减至几周。2020 年德日联合企业 DMG MORI 推出了集成激光直接能量沉积的大尺寸复合增减材制造装备 LASERTEC 6600 DED hybrid，通过将增材制造与五轴车铣削集成，制造尺寸达 1040mm×610mm×3890mm 或 1010mm×3702mm，可应用于包括火箭发动机、能源工业的油井管以及运输飞机的轴等大型复杂构件的高效、高精度制造。

2023 年，美国相对论空间公司采用增减材制造了高强铝合金火箭燃料贮箱、整流罩等复杂构件，将火箭制造周期缩短至 60 天，将整箭零件数量压缩至 1000 个以下，且已经实现了成功试飞。

2022 年，美国 MELD 公司推出了最新的搅拌摩擦增材制造系列装备 3PO，其带有独立于增材制造部分的集成减材头，拥有 4000mm×2700mm×1000mm（共 10.8m³）的打印空间。同年，MELD Manufacturing 公司成功研制出 10m 级金属构件，应用于航空航天制造领域。

我国在复合制造方面提出了一些特色技术路线。例如，超音速激光复合沉积技术，能够有效调控修复过程出现的气孔夹杂等微观缺陷，已用于超临界大型汽轮机叶片和转子、航空发动机叶片、大型轧机和矿机结构件等能源、冶金及交通行业的高端装备构件，在激光修复的批量化工业应用方面走在世界前列。还有电子束-激光复合粉末床增减材技术，在国际上首次结合了电子束同步预热、连续激光选区熔化和皮秒超快激光刻蚀（气化切割）的低应力粉末床熔融增减材创新技术，增强了对低塑性、易热裂复杂空心结构的成形能力，已成功实现了钛铝合金叶片的激光粉末床熔融成形。

在非金属增材制造领域，微纳增材制造、超高效光固化、陶瓷增材制造、复合材料增材制造等技术与装备发展迅速并开始进入产业应用。

2018 年，美国劳伦斯利弗莫尔国家实验室采用超快激光打印亚微米结构技术，在不牺牲分辨率的情况下将传统方法的效率提高了 3 个数量级；2019 年，法国 3DCeram 公司推出 C3600 型超大陶瓷 3D 打印机，成形尺寸可达 600mm×600mm×300mm；同年，美国 Carbon 公司推出超大型高速光固化 3D 打印机，成形面积达到

1000cm²；2020年，美国Continuous Composites公司发展出了米级复合材料增材制造设备，并开展了无支撑增材制造工艺研究，为复杂结构件的高效高精度制造奠定了基础。

在提高增材制造技术产品效能方面，美国Fortify公司采用数字复合制造（Digital Composite Manufacturing，DCM）工艺，结合了数字光处理（Digital Light Processing，DLP）和磁性技术，通过在树脂基质中排列增强纤维（功能性添加剂）优化光聚合物的材料性能，打印出了比传统光敏聚合物黏度高100倍的材料。2020年12月，德国科学家在 *Nature* 上发布了一种被称为X线照相体积的3D打印技术，该技术允许以高达25μm的特征分辨率和55mm³/s的固化速度3D打印物体。该项技术的打印速度是双光子3D打印技术的1000 ～ 100000倍。

美国AREVO公司已开展了高速连续碳纤维增强聚合物复合材料增材制造，采用基于激光直接能量沉积的专利3D打印工艺，结合滚轴施加压力，将层间空隙率降至小于1%，实现层与层之间的紧密粘连。美国密歇根大学提出的双波长光源直写光刻技术，使用两种不同波长的光源实现连续打印目标，采用直接抑制光掩模照射非固化区域，激发树脂体系中抑制剂的活性；美国西北大学提出的高速大尺寸3D打印技术，能够以极快的垂直打印速度将大尺寸零件连续打印出来；香港中文大学提出的飞秒投影双光子光刻技术，结合飞秒投影的并行双光子光刻处理，可确保同时对超快光进行时空聚焦；美国加州大学伯克利分校提出的计算轴向光刻技术，基于一种广泛应用于医学成像和无损检测的CT图像重建程序，将之前光固化的点扫描线成型、面成型直接发展到体成型方法；美国劳伦斯利弗莫尔国家实验室提出的激光全息投影技术，可以通过3D全息光场在多个轴向平面或3D空间投影，该技术能使来自不同方向的多束光在光敏树脂中叠加形成数字化图案进行曝光。

在提高增材制造技术效率和降低成本方面，以色列大尺寸凝胶点胶光固化3D打印机制造商Massivit 3D的凝胶点胶打印（Gel Dispensing Printing，GDP）技术无须构建支撑结构，可以减少材料用量，并且大幅缩短打印时间。该公司独特的GDP技术将高速的增材制造技术与Dimengel打印材料以及先进的软件相结合，为大型工具的制造带来了巨大的成本优势。Massivit 3D首先开始颠覆传统的增材制造工作流程，向市场推出大规模、超快速的3D打印，使服务提供商和制造者能够在紧张的时间周期内完成任务流程；根据官方的测算，可以将模具生产时间缩短80%，并将手工劳动量减少90%，最终成功将模具的生产成本降低50%。美国Evolve公司开发了名为选择性热塑性电子照相（Selective Thermoplastic Electrophotographic Process，STEP）的3D打印技术，该技术采用柯达彩色照片印刷引擎，结合了热塑性材料的打印和电子照相技术，能够以50倍快于传统激光选区烧结（Selective Laser Sintering，SLS）技术的速度，高速打印出多材料、全彩色的零件，该技术已于2020年底开始商业销售。

美国AREVO公司开发的连续碳纤维增强复合材料激光增材制造设备，现已用于空客机组轻量化构件、无人机机身和机翼、自行车车架等多种产品的制造，并实现了工程化应用。美国惠普公司推出的多射流熔融（Multi Jet Fusion，MJF）聚合物3D打印技术，已经成为聚合物粉末材料的主流技术路线，全球的惠普3D打印机已累计生产了超过1亿个零件，其打印精度高，能够每秒每英寸喷射3000万滴试剂，打印对象的精度高达20μm。与传统SLS技术相比，MJF的打印速度可以快10倍以上。此外，利用传统喷墨打印的色彩技术，MJF技术能够在"体素"级别彻底改变零件的色彩、质感和机械特性，实现全彩色、功能性的塑料3D打印。

以色列Nano Dimension公司推出的增材制造电子（Addictive Manufacturing Electronic，AME）技术——无人数字工厂（Lights-out Digital Manufacturing，LDM）技术，采用高精度喷墨沉积3D打印系统，同时制作出高导电银纳米粒子墨水（金属）和绝缘墨水（绝缘聚合物），成为3D打印电子产品的新标杆。德国的EOS公司引入了一种名为LaserProFusion的新型聚合物增材制造技术，利用近百万个二极管激光器排列成阵列，实现了一次性烧结粉末材料，大幅提升制造速度和表面精度。德国EOS公司推出了可用于高性能特种工程塑料成形的双激光粉末床熔融增材制造装备EOS P810，成形台面700mm×380mm×380mm，最高预热温度为385℃，成形件强度达90MPa以上，成功应用于航空航天等对性能要求较高的领域。

在复合材料与非金属等增材制造装备领域，我国研制出了高效面曝光光固化增材制造工艺与装备，将连续面曝光光固化成形增材制造速度提高到900mm/h，相比于传统光固化技术，成形速度提高了100倍。研制连续纤维树脂基复合材料增材制造工艺与设备，最大单向成形尺寸为1500mm，创新发展了激光、电子束原位固化、热处理工艺，显著提升复合材料的层间性能。在国际上首次实现连续纤维复合材料的太空增材制造，为未来空间站长期在轨运行、发展空间超大型结构在轨制造奠定了重要基础。

生物增材制造是近年来学术界和产业界的研究热点。目前，在非体内植入物和具有良好生物相容性的永久植入物领域内已有部分技术开始应用于临床，而活体细胞、组织和器官乃至体外生命系统的增材制造正成为研究的前沿热点方向。

在基于挤出工艺的生物增材制造类组织与器官方面，国外先后报道了悬浮水凝胶自由可逆嵌入（Freeform Reversible Embedding of Suspended Hydrogels，FRESH）生物制造技术和材料梯度分布改变肾脏类器官构象等。2023年10月，瑞士3D Systems公司宣布成功使用材料挤出技术，为巴塞尔大学医院的颅骨修复手术患者提供了定制颅骨植入物，植入物生产设备为3D Systems的EXT 220 MED挤出平台，植入物材料为赢创的VESTAKEEP i4 3DF。2024年，英国格拉斯哥大学在 *Advanced Enginecring Materials* 报道了一项通过3D打印使聚醚醚酮（Polyether Ether Ketone，PEEK）具备感知能力的技术，通过借鉴人体骨骼自身的压电效应，研究者在PEEK基材中掺入导电性碳纳米管（Conductive Nanotubes，CNT）和石墨烯纳米片（Graphene Nanoplatelets，GNP），使结构在具备优异机械性能的同时，还具备优异的压阻感知能力和细胞相容性，展示出其作为智能生物材料植入物的潜力。

2021年，瑞士洛桑联邦理工学院提出了一种新型类器官打印技术方法，该方法结合了类器官制造技术和生物3D打印技术的优势，并成功构建了高度仿生的厘米尺度的组织，包括管状结构、分支血管和管状小肠上皮体内样隐窝和绒毛域等，为药物发现和再生医学研究提供了新的技术手段。

近年来，生物/医疗增材制造技术在打印精度、构建效率、细胞密度等方面取得了重要进展。例如，卡内基梅隆大学的亚当·范伯格（Adam Feinberg）等人开拓了悬浮打印技术，极大地提升了挤出式生物3D打印的多层次结构成形能力；哈佛大学的珍妮弗·刘易斯（Jenifer Lewis）建立了细胞团簇支持浴生物制造方法，通过在诱导性多能干细胞（Induced Pluripotent Stem Cells，iPSC）衍生的器官构建单元基质中进行悬浮打印，构建了高细胞密度、血管化、功能性类心肌组织，为个性化、血管化的器官特异性组织的快速成形提供了新方案。

2020年，美国乔治华盛顿大学的Lijie Grace Zhang课题组采用可光聚合的生物墨水材料体系，利用陶瓷膏体光固化成形（Stereolithography Apparatus，SLA）3D打印工艺构建"肿瘤-血管-骨"异质组织模型，探究乳腺癌细胞转移机制。2021年以色列理工学院的利文贝格（Levenberg）团队结合光敏胶原和含出芽孔的血管支架初步实现了人工血管结构与自组装毛细血管的贯通连接。2023年哈佛大学的Wyss研究所开发了旋转多材料3D打印方法，模拟了自然界中的螺旋结构，并设计制造了人造肌肉和弹性格子。

国外已开始利用太空的微重力环境进行半月板、心脏等结构的在轨生物3D打印，但尚未实现活细胞打印与功能验证。

而单细胞打印技术正在成为国外生物3D打印的研究热点。比如德国的彼得·科尔塔伊（Peter Koltay）等人通过压电喷墨式微流控打印及光学成像检测，实现只打印带有单细胞的液滴，但打印速度只能达到0.1Hz。美国的秋（Chiu）等人采用电流体动力引发微流控芯片喷墨，并用高速摄像机实时检测喷射的液滴，选择打印带有单细胞的液滴实现了单细胞打印，打印速度可达到1Hz，但打印的精度较低。美国的阿巴特（Abate）等人采用微流控的流式单细胞打印方法，实现了高速、可控的单细胞打印，已实现单细胞打印速度20Hz，单细胞打印精度±10μm，并实现了按需、可控的复杂细胞球打印，同时概念性地验证了多层异质微组织打印的可行性。

在类脑组织3D打印构建方面，哈佛大学的珍妮弗·刘易斯领导的研究小组开发了模拟神经网络的结构多材料生物3D打印技术，该体外神经网络能够表现出与体内神经网络相似的神经活动；麻省理工学院和加州大学则致力于提高神经细胞结构体的打印精度和细胞活性，以便为后续的体外脑机接口工作研究奠定基础；瑞典的卡罗琳斯卡医学院利用生物3D打印技术构建了能够模拟大脑的电生理活动的神经组织模型；日本的研究团队利用3D打印技术探索了神经再生和神经疾病模型的构建，东京大学和京都大学等在这一领域发表了多项具有影响力的研究成果；新加坡国立大学也利用生物3D打印技术制备出用于研究神经退行性疾病的模型。而国外通过3D打印技术得到的原代神经细胞结构体也已经进入预临床阶段，用于诱导疾病模型或者定制化模型进行神经疾病病理分析。

增材制造技术已被证明有助于神经干细胞的诱导分化。2021年德国海因里希·海涅大学医学院的卡普尔（Kapr）等人利用人诱导多能干细胞（human induced Pluripotent Stem Cells，h-iPSC）来源的神经祖细胞在海藻酸盐（Alginate，ALG）/结冷胶（Gellan Gum，GG）/层粘连蛋白（Laminin，LAM）水凝胶中构建三维模型，实现神经祖细胞向神经元和星形胶质细胞的分化；2022年哈佛大学医学院的张宇（Yu Shrike Zhang）等人创建了一种弹性模量仅为（1.3±0.4）kPa的水凝胶材料与打印体系，成功打印了转基因神经祖细胞并观测到了其分化发育为神经元和星形胶质细胞；2023年英国牛津大学的贝利（Bayley）等人将h-iPSC分化成上层和深层神经祖细胞，再通过生物3D打印方式构建了两层的大脑皮层组织，发展出结构完整的神经网络且可以在体外整合入小鼠大脑切片中；2024年美国威斯康星大学麦迪逊分校的张素春（Su-Chun Zhang）等人成功利用3D打印技术构建出多细胞功能性人类脑组织，再现了组织内不同类型神经元的回路、皮层与纹状体组织之间的功能性连接、病理状态下细胞反应等重要特征，为体外类脑组织用于生理、病理研究提供了有力的技术平台。

欧美发达国家在器官芯片增材制造方面积累了大量成果，实现了浸没打印、体积打印等方法创新，并且探索出多种适用于器官芯片的生物传感材料。其中，导电聚合物水凝胶不仅可以模拟人体组织的力学特性，减少对活性组织行为的干扰，还可以通过增材制造形成匹配活性组织三维形态的传感结构，促进器官芯片实现原位监测、智能分析的重要功能。

生物增材制造的器官芯片近年来被进一步用于合成生物智能的研发中。2023年11月15日，美国国家科学基金会（National Science Foundation，NSF）宣布征集"通过工程类器官智能进行生物计算"（BEGIN OI）研究项目，以支持基础和变革性研究，推进类器官系统的设计、工程和制造。

我国在生物增材制造方面已取得诸多世界先进成果。清华大学开发了逐级悬浮生物3D打印技术、基于交变滞惯力的单细胞打印技术等新技术，还开发了一款可用于微小卫星的肿瘤模型太空3D打印与培养集成系统，实现了肿瘤模型在轨3D打印；中国科学院将六轴机器人改造为生物3D打印机，实现了360°全方位任意角度细胞打印，可打印出具有毛细血管网络、能够在体外存活及搏动超过6个月的心肌组织。中科大提出了压电驱动类喷墨式单细胞打印技术，改进了传统的液滴喷射方式。我国科研团队还发展了数字光处理打印、静电打印等具有高精度、高效率等特点的器官芯片增材制造技术，并且开发了兼具生物材料、细胞等多材料打印能力的系列装备，增强了我国对器官芯片这类复杂生物活性微系统的可控高效研发能力。

增材制造的临床应用为医疗行业带来了更多创新和发展的机会，我国已掌握钛合金、钽的医疗植入物的电子束粉末床增材制造技术。世界首例电子束粉末床增材制造打印的钛合金个体定制式3D打印人工枢椎置换在我国已经进入临床阶段，定制式3D打印骨科植入物的研发及相关法规与标准也已建立，爱康医疗与北医三院合作的增材制造髋臼杯、人工椎体、脊柱椎间融合器等骨科植入物已获得我国国家药品监督管理局批准，可降解金属医用植入物的增材制造也在研制中。

1.2.2 学术前沿

增材制造的核心理念在于逐层堆积的建造过程，这种理念可以拓展到更宏观的尺度，也可以深入更精细的层面。

帝国理工学院和欧洲空间局提出了一种空中增材制造（Aerial Additive Manufacturing，Aerial-AM）的技术理念，被 *Nature* 选为封面报道。该研究将生物合作机制与工程原理相结合，使用由多个无人机实现的空中机器人团队进行集体建筑，开发了一个可扩展的多机器人增材制造和路径规划框架，机器人任务和群体大小可以根据建筑任务的几何变化进行调整。这种新的概念允许在飞行过程中进行制造，并为未来在无边界、高空或难以到达的地点进行建筑提供了可能性。

哈佛大学开发了一种使用毛细力操纵微观物体的增材制造机器，利用水的表面张力来抓取和操纵微观物体，形成可编程的二维模式。该设备的内部雕刻有相交的通道，当设备从水中提起时，排斥力会随着通道形状的变化而变化。研究人员将微观纤维附着在漂浮物上。随着水位的变化和浮子在通道内向左或向右移动，纤维相互缠绕，实现利用排斥毛细力捕获漂浮物体。这种技术可用于操纵微米级颗粒或编织用于高频电子的微线。

增材制造技术为复杂结构和功能一体化的产品设计提供了前所未有的自由度。材料挤出、立体光固化、粘结剂喷射、定向能量沉积、材料喷射、粉末床熔融、薄材叠层等技术属于增材制造的传统七大门类。新兴的研究成果在传统技术概念的基础上，通过对工艺方法的改进或革新，在打印精度、速度和功能方面实现了质的飞跃。这些技术包括但不限于微尺度计算机轴向光刻（micro-scale Computed Axial Lithography，micro-CAL）、三重态融合上转换体积打印、基于光聚合技术的金属增材制造、低温3D打印技术、视觉控制喷射（Vision-Controlled Jetting，VCJ）喷墨沉积过程、旋转多材料3D打印（Rotating Multi-material 3D Printing，RM-3DP）、精确硅酮结构3D打印、深穿透声学体积打印（Deep-penetration Acoustic Volumetric Printing，DAVP）技术、卷对卷连续液体界面生产（roll-to-roll Continuous Liquid Interface Production，r2rCLIP）、光片3D微打印技术，以及DNA分子打印技术。每一种技术都代表了3D打印领域的最新进展，它们的发展不仅极大地扩大了制造的可能性，也为未来的创新提供了丰富的想象空间。

玻璃因其光学透明度、热稳定性和化学稳定性好以及热膨胀系数低而在多个领域的需求日益增长。加州大学伯克利分校提出了一种micro-CAL技术，用于制造二氧化硅组件，通过体层照明光固化硅纳米复合材料，然后进行烧结，被 *Science* 作为封面报道。使用micro-CAL技术制造了具有150μm内径的三维微流体、表面粗糙度为6nm的自由形状微光学元件，以及具有50μm最小特征尺寸的复杂高强度桁架和格子结构。作为一种高速、无层数字光制造过程，micro-CAL能够处理高固体含量的纳米复合材料，具有高几何自由度，能够实现新的设备结构和应用。

斯坦福大学的研究者突破了立体光刻技术中光的线性吸收带来的打印层表面光聚合过程导致树脂的选择和形状范围的限制，于 *Nature* 发文报道了三重态融合上转换的体积打印方法。利用淬灭分子中的激子态产生相对于敏化剂吸收的反斯托克斯发射实现上转换。此外，上转换步骤需要两个激发的淬灭三联态碰撞，它们融合形成一个更高能量的淬灭单线态，然后释放蓝光，通过与光引发剂耦合，可用于局部驱动光聚合。最终通过封装在硅烷壳中并使用溶解配体引入上转换，实现了对上转换阈值的系统控制。这种技术能够实现快速、可定制、精密的3D打印，适用于需要快速打印的应用领域。

加州理工大学研究者基于光聚合技术通过水凝胶灌注实现金属增材制造。使用三维构建的水凝胶作为金属前体的载体，然后通过煅烧和还原将水凝胶支架转换为微型金属复制品。这种方法为创建具有先进性能的金属微材料提供了一条途径。

卡尔斯鲁厄理工学院纳米技术研究所提出了一种无须烧结的低温3D打印技术，使用聚硅氧烷（Polyhedral

Oligomeric Silsesquioxane，POSS）树脂通过双光子聚合（Two-Photon Polymerization，TPP）3D打印技术制造自由形态的熔融石英纳米结构。与传统的基于粒子烧结的方法相比，这种技术在650℃的低温下即可形成透明的熔融石英，比传统方法低500℃。这项技术不仅降低了制造温度，还实现了4倍的分辨率提升，使得可见光纳米光子学成为可能。通过展示出的出色的光学质量、机械韧性、易加工性和可覆盖的尺寸规模，这种材料为微米级和纳米级3D打印无机固体材料设立了新的基准。

自然生物体的结构和功能的复杂性一直是人类试图在合成系统中复制的目标。然而，传统的制造工艺难以制造出具有高空间分辨率和复杂材料排列的复杂系统，这些系统需要实现从弹性到刚性的不同功能特性。麻省理工学院联合Inkbit公司和苏黎世联邦理工学院提出了一种名为视觉控制喷射（Vision-Controlled Jetting，VCJ）的喷墨沉积过程，用于创建复杂的系统和机器人。该过程采用扫描系统捕获三维打印几何形状，并通过数字反馈回路消除了对机械平面化器的需求。这种无接触过程允许使用连续固化的化学材料，从而能够打印更广泛的材料家族和弹性模量。通过标准化测试，将打印材料的性能与现有技术进行了比较。研究团队直接制造了一系列复杂的高分辨率复合系统和机器人，包括腱驱动手、气动行走机械手、模仿心脏的泵和超材料结构。VCJ方法提供了一种自动化、可扩展、高通量的制造过程，用于生产高分辨率、功能性强的多材料系统。这种方法不仅能够实现具有精细特征和快速变形部分的复杂多材料机器人设计，还能够创建具有精细分辨率的腔室和通道，这对于制造具有所需属性的复杂功能性材料和结构至关重要。

自然界中普遍存在的螺旋结构赋予了材料独特的机械性能和多功能性。尽管已有多种方法模仿这些自然系统构建合成结构，但这些方法无法同时创建并图案化具有亚体素控制的多材料、螺旋结构的丝材。哈佛大学报道了一种RM-3DP平台，该平台能够在多材料功能和结构丝材中实现对局部方位的亚体素控制。通过连续旋转多材料喷嘴并控制角速度与平移速度的比率，研究者们创造了具有可编程螺旋角度、层厚度和几种材料之间界面面积的螺旋丝材。利用这种集成方法，研究者们制造了由螺旋介电弹性体执行器（Helical Dielectric Elastomer Actuator，HDEA）组成的功能性人工肌肉，这些执行器具有高保真度和可单独寻址的导电螺旋通道，嵌在介电弹性体矩阵中。此外，还制造了包含刚性弹簧的分层格架，这些弹簧嵌在柔软的矩阵中。这种增材制造平台为生成具有生物启发图案的多功能架构材料开辟了新的途径。通过实现喷嘴的更极端内部特征，这些分层生物启发结构的分辨率、复杂性和性能可以进一步从亚体素尺度增强到宏观尺度。

佛罗里达大学材料科学与工程系研究团队开发了一种新型增材制造技术，用于制造精确、准确、坚固且功能性强的硅酮结构。这项技术采用了一种基于硅酮油乳液的支持材料，该材料与硅酮基墨水之间的界面张力极低，从而消除了在打印过程中导致硅酮特征变形和断裂的破坏性力量。通过调整支持材料的弹性和流动性，研究人员能够制造出直径小至8μm的复杂形状，如脑动脉瘤模型和功能性三叶草心脏瓣膜。这项技术不仅提高了打印质量，还拓宽了3D打印硅酮基设备的应用范围。

哈佛大学医学院布里格姆和妇女医院医学工程系的研究人员开发了一种新型的声体打印技术，称为自增强声纳墨水（Self-Enhancing Sono-Inks）和深层穿透声学体积打印（Deep-penetration Acoustic Volumetric Printing，DAVP）。这种技术使用声波（而非光能）来触发光聚合，从而克服了现有体积打印技术对材料选择和构建尺寸的限制。通过实验和声学建模，研究团队研究了频率和扫描速率对声学打印行为的影响。DAVP技术实现了低声流、快速声热聚合和大打印深度等关键特性，能够打印出具有各种形状的水凝胶和纳米复合材料，且无论其光学特性如何。此外，DAVP技术还允许通过生物组织进行厘米深度的打印，为微创医学开辟了新的可能性。

斯坦福大学的研究者开发了一种r2rCLIP的高通量、高分辨率3D打印技术，用于制造具有特定形状的粒子。这项技术能够快速、可变地制造和收获各种材料和复杂几何形状的粒子，包括传统模具技术无法实现的几何形状，为生物医学、分析和先进材料应用提供了新的可能性。

卡尔斯鲁厄理工学院开发了一种新颖的光片3D微打印技术，通过双色双步吸收过程实现高精度打印。这种方法允许更精细的微尺度结构制造，为微光学、微流体学和生物医学工程等领域的应用提供了新的可能性。新加坡技术与设计大学提出了一种使用非相干白光产生彩色涡旋光束的新方法，拓宽了光学成像和光操控的应用范围。牛津大学发明了一种DNA分子打印机，它能够在二维空间中精确地定位和图案化DNA分子。这项技术为合成生物学和纳米尺度的生物制造提供了强大的工具，具有巨大的应用潜力。

这些工艺创新极大地推动了增材制造技术的发展，不仅提高了制造效率，降低了成本，还为个性化和定制化生产提供了可能。随着相关技术的不断成熟，新兴的产业应用将成为可能，进一步实现增材制造技术的推广。

新材料的开发和应用在清洁能源、环境可持续性以及下一代技术领域等关键问题上具有重大意义。传统材料的开发过程往往耗时漫长，资源消耗巨大，且效率低下。增材制造技术为新材料的开发提供了新思路和新解决方案，在提高材料性能、降低制造成本以及推动环境可持续性方面展现出巨大潜力。从高通量组合印刷方法到新型多主元合金的开发，从超分子组装的高发光量子产率钙钛矿到可循环利用的光敏树脂，再到超高强度纳米孪晶钛合金和具有生物相容性的生物凝胶，这些技术不仅推动了材料科学的发展，也为解决现实世界中的技术挑战提供了新的解决方案。

美国圣母大学报道了一种高通量组合印刷方法，该方法能够在微观尺度空间分辨率下制造具有成分梯度的材料。与传统的组合沉积方法相比，这种基于气溶胶的印刷技术能够在飞行过程中即时调节材料的混合比例，这是传统多材料印刷技术无法实现的。研究团队展示了在组合掺杂、功能梯度和化学反应中的各种高通量印刷策略和应用，这为掺杂的硫属化物和成分梯度材料的探索提供了新的可能性。此外，这种方法结合了增材制造的自上而下设计自由度和对局部材料组成的自下而上的控制，有望开发出传统制造方法无法获得的复杂成分材料。这项技术的发展有望加速新材料的发现和优化过程，特别是在电子、磁性、光学和能源相关应用领域。通过这种高通量组合印刷方法，研究人员能够快速探索和筛选具有广阔成分范围的材料，从而加快解决重大社会挑战的进程。

在极端环境（如航空航天和能源领域中的某些环境）下，对具有卓越机械性能和抗氧化性能的材料的需求日益增长。传统的多主元合金（Multi-Principal Element Alloys，MPEAs）虽然展现出了一些非凡的性能，但在制造过程中仍面临资源密集和重复性问题。NASA和俄亥俄州立大学的研究团队开发了一种新型的氧化物弥散强化（Oxide Dispersion Strengthened，ODS）NiCoCr基合金GRX-810，该合金采用模型驱动的合金设计方法和基于激光的增材制造技术。GRX-810合金利用激光粉末床熔化技术，无须机械或原位合金化等资源密集型加工步骤，即可在微观结构中分散纳米级Y_2O_3粒子。与传统的多晶Ni基合金相比，GRX-810在1093℃下展示了两倍的强度提升、超过1000倍的蠕变性能改善以及两倍的抗氧化性能提升。这种合金的成功开发展示了模型驱动合金设计如何利用更少的资源提供优越的成分，与过去的"试错"方法相比，这是一种进步。这些结果表明，未来合金开发通过利用分散强化和增材制造加工的结合，可以加速革命性材料的发现。GRX-810合金的卓越性能使其在极端环境下的应用前景广阔，尤其是在需要轻质、高性能运行的航空航天和能源领域。

美国马萨诸塞大学与佐治亚理工学院的研究者使用L-PBF打印了AlCoCrFeNi2.1的双相纳米层状高熵合金（High Entropy Alloys，HEAs），其表现出约1.3GPa的高屈服强度和约14%的均匀伸长率，这超过了其他先进的金属3D打印材料。合金的高屈服强度来自由交替的面心立方和体心立方纳米层构成的双相结构的强化效果，为开发具有优越机械性能的分层、双相和多相纳米结构合金提供了启发。澳大利亚蒙纳士大学通过激光粉末床熔融制备了超高强度纳米孪晶钛合金，对于航空航天、医疗器械等领域的应用具有重大意义。

加州大学伯克利分校的研究者通过超分子组装方法，成功制备了具有接近完美光致发光量子产率的蓝色和绿色卤化物钙钛矿。这些高发光粉末不仅具有低温溶液合成的便利性，还能在多种环境条件下保持较高的发光量子产率，为薄膜显示和3D打印发光结构的应用提供了新材料。

英国伯明翰大学的研究者开发了一种创新的光敏树脂，这种树脂来源于可再生的脂肪酸脂，可用于3D打印技术。与传统的光敏树脂相比，这种新型树脂不仅可以循环利用，还具有高分辨率打印能力。通过使用动态环状二硫化物代替传统的甲基丙烯酸酯，这种树脂在3D打印后可以高效解聚并循环再利用，为3D打印材料的可持续发展提供了新的可能性。

奥地利林兹大学通过3D打印技术制造了具有弹性和外感受性的生物凝胶，这些生物凝胶能够用于全方位和外感受性软执行器，为软体机器人的设计和制造提供了新材料和新思路。

增材制造技术正在推动材料科学的发展，不仅提高了材料的性能和制造效率，还为环境可持续性做出了贡献。随着这些技术的不断成熟和应用领域的不断拓展，未来的材料开发将更加快速、高效和环保。

增材制造在制作将传感、驱动和控制等功能紧密集成的仿生材料方面发挥了重要作用。加州大学洛杉矶分校在 Science 报道了一种设计和制造方法，能够创建一类具有多自由度运动、在电场作用下应变放大以及具有自感知和反馈控制功能的机器人超材料。这些超材料由压电、导电和结构元素网络构成，形成设计的三维晶格结构，能够主动感知并移动。这些材料可以作为微机器人执行许多机器人任务，包括运动、转向、步行以及双向声音和超声换能，并通过反馈控制进行决策。3D打印的超材料微型机器人仅有一枚硬币那么大，大大简化了常规的运动系统，未来可能会有广泛的应用价值。比如在生物医疗领域，制作微型体内"游泳机器人"，也可以用于宏观尺寸的危险环境探索等。

在金属LPBF技术中，孔隙缺陷是阻碍其广泛应用的主要原因。弗吉尼亚大学材料科学与工程系的研究团队通过高速同步辐射X射线成像和热成像技术，结合多物理模拟，发现了Ti-6Al-4V材料在LPBF过程中匙孔（keyhole）振荡的两种模式。利用机器学习，研究人员开发了一种实时检测匙孔生成的方法，该方法具有亚毫秒级的时间分辨率和接近完美的预测率。这项工作不仅为理解LPBF过程中的孔隙形成机制提供了新的视角，而且为商业系统中实时质量控制和闭环控制系统的开发提供了一种实用的解决方案。

洛桑联邦理工学院软体换能器实验室基于一种新型的纤维泵发明了可穿戴流体系统。这种纤维泵由嵌在薄弹性管壁内的连续螺旋电极构成，通过电荷注入电液动力学原理无声地产生压力。与传统的刚性泵相比，这种纤维泵具有更高的设计自由度，并且可以直接集成到纺织品中。纤维泵能够产生高达 100kPa 的压力和接近 55mL/min 的流量，相当于 15W/kg 的功率密度。研究团队通过展示可穿戴触觉、机械活性织物和热调节纺织品，证明了这种纤维泵在设计上的灵活性和潜在应用。

其他值得关注的研究前沿包括：剑桥大学的研究者通过3D打印技术制造了分层支柱阵列电极，可用于提升半人工光合作用的效率，对于开发新型光能转换和化学能存储技术具有重要意义；哈佛大学开发了一种新型的纤维增强凝胶支架，用于3D打印心室模型中引导心肌细胞的排列，为心脏组织工程提供了新策略；苏黎世联邦理工大学通过3D打印技术将菌丝体水凝胶转化为具有生物活性和自我修复能力的复杂材料；哈佛大学还开发了一种新型的氟化弹性体神经探针，能够在体内进行3D空间扩展和时间上的稳定监测，这种探针的可扩展性和生物相容性为深入研究神经系统提供了新的工具；加州大学圣迭戈分校提出了一种桌面制造技术，用于制造具有嵌入式流体控制电路的单体软机器人，这种一体化制造方法简化了软机器人的制造流程，为软体机器人的快速开发和应用提供了便利。

在纳米技术领域，使用多种材料制造复杂的三维结构一直是一个长期追求的目标。香港理工大学和卡内基梅隆大学的合作团队提出了一种策略，可以制造任意3D纳米结构，材料库包括金属、合金、2D材料、氧化物、钻石、上转换材料、半导体、聚合物、生物材料、分子晶体和墨水等。使用飞秒激光光片模式化的水凝胶作为模板，允许直接组装材料以形成设计的纳米结构。通过微调曝光策略和图案化凝胶的特征，实现了 20～200nm

分辨率的2D和3D结构。展示了包括加密光学存储和微电极在内的纳米设备的制造，证明了其设计功能和精度。这些结果表明，该方法为不同类别材料的纳米制造提供了系统解决方案，并为设计复杂的纳米设备开辟了进一步的可能性。

南京大学研究团队开发出了一种非互易近红外激光写入技术，用于在锂铌酸盐晶体中重构三维铁电畴。这种方法基于激光诱导的电场，可以根据不同方向写入或擦除畴结构；为在锂铌酸盐和其他透明铁电晶体中可控的纳米级畴工程提供了新途径，具有在高频声子学、非挥发性铁电存储器等领域的潜在应用。传统的三维激光纳米打印技术依赖于光聚合机制，限制了材料纯度和内在性能。清华大学精密仪器系开发了一种独立于聚合的激光直接写入技术，称为光激发诱导化学键合，能够在没有任何添加剂的情况下，通过激发半导体量子点内部的电子-空穴对来改善其化学活性，实现了粒子间化学键合。作为概念验证，打印了超出衍射极限分辨率的任意三维量子点结构。该策略将有助于制造自由形态的量子点光电子设备，如发光设备和光电探测器。

钙钛矿纳米晶体的合成和器件制造过程中可能会引入有机污染，并且需要多个合成、处理和稳定化步骤。浙江大学的研究者提出了一种在玻璃中通过三维直接光刻技术制造PNCs的新方法。利用超快激光诱导的液态纳米相分离控制卤素离子分布，实现了PNCs的组成和带隙的可调。所制造的PNCs在紫外线照射、有机溶液和高达250℃的高温下表现出显著的稳定性。

3D打印的玻璃结构可被用于光学存储、微型发光二极管和全息显示等。清华大学化学系提出了一种3D打印无机纳米材料的通用策略，利用胶体纳米晶体作为构建块，并通过其本征配体进行光化学键合。与传统技术相比，这种方法不使用光固化树脂，从而避免了材料纯度降低和性能退化的问题。研究人员展示了超过10种半导体、金属氧化物、金属及其混合物的激光直接打印，实现了具有高达约90%的无机质量分数和高机械强度的任意三维结构。此外，打印材料保留了组成纳米晶体的固有属性，并创造出由结构决定的新功能，例如半导体硫化镉纳米螺旋阵列的宽带手性光学响应。

钛合金是先进的轻质材料，在许多关键应用中不可或缺。α-β型钛合金是钛工业的支柱，通过添加稳定α相和β相的合金元素来形成。然而，作为α相的主要稳定剂，氧（O）因在变形过程中与位错的强烈相互作用而产生脆化效应，限制了其在α-β型钛合金发展中的应用。香港理工大学和国外合作单位通过将合金设计和增材制造工艺设计相结合，开发了一系列表现出卓越拉伸性能的钛-氧-铁（Ti-O-Fe）合金。研究者们利用各种表征技术解释了这些合金在原子尺度上的强化机制。由于氧和铁的丰富性以及增材制造在净成形或近净成形制造中的工艺简单性，这些α-β型钛-氧-铁合金在多种应用中具有吸引力。此外，它们还为目前作为工业废料的低等级海绵钛或海绵钛-氧-铁的工业规模使用提供了希望，这在经济和环境上都有可能显著降低能耗密集型海绵钛生产的碳足迹。通过增材制造技术，研究者们成功地克服了传统钛合金设计中的一些限制，开发出了具有高强度和良好延展性的新型合金。这些合金不仅在性能上优于现有的工业钛合金，而且其成分简单、易于加工，有望在航空航天、医疗器械、汽车制造等领域得到广泛应用。

重庆大学联合昆士兰大学的研究团队提出了一种3D打印钛合金的双功能合金设计策略，通过添加钼（Mo）纳米粒子，实现了晶粒细化和相异质性的抑制，从而显著提升了合金的均匀性、强度和延展性。这种策略为3D打印金属合金的微观结构和力学性能的优化提供了新的设计思路。上海交通大学通过优化激光粉末床熔融工艺参数，显著提高了AlSi10Mg合金的疲劳寿命和机械性能，为轻质高强度材料的应用提供了新的途径。

中国科学院金属研究所和加州大学伯克利分校的研究者通过近无空洞的3D打印技术，成功重建了Ti-6Al-4V钛合金的近似无空洞增材制造（AM）微观结构。这种新的净AM（Net-AM）处理技术通过理解相变和晶粒生长的非同步性，显著提高了材料的疲劳抗力，展示了3D打印技术在制造具有最大疲劳强度的结构组件方面的潜力。

增材制造技术，作为制造业的一次革命性变革，正以前所未有的速度发展，不仅在学术研究领域取得了显著进展，也在产业应用中展现出巨大的潜力和价值。产业发展方面，我国增材制造产业能力逐年提升，已形成完整的产业链，包括上游的原材料、中游的增材制造设备、下游的增材制造服务等。我国在高性能金属增材制造原材料及其生产装备方面基本实现了国产化替代，具有批量化供应和成本竞争优势。同时，增材制造技术在航空、航天、动力、能源等高端装备制造领域获得了广泛认可，并在实际应用中展现出显著的效益。从学术前沿方面来看，增材制造技术的研究正不断深入，涉及新概念、新途径、新材料以及新应用等多个方面。例如，4D打印、空间3D打印、电子3D打印、细胞3D打印、微纳3D打印等新概念和技术不断涌现，推动增材制造技术向更高层次发展。同时，增材制造技术在生物医药、医疗器械、大型高性能复杂构件制造、空间制造等领域的应用前景广阔。

增材制造技术正逐渐与人工智能、大数据、物联网等前沿技术融合，推动制造业向智能化、定制化、绿色化方向发展。随着技术成熟度的提升和材料及生产成本的持续下降，增材制造技术的应用范围及产业规模有望进一步扩大。未来，随着技术的不断成熟和应用领域的持续扩大，增材制造技术有望为制造业带来更深远的影响。

1.3 应用综述
（北京动力机械研究所 马瑞、中国商飞北京民用飞机技术研究中心 司瑞、中车工业研究院有限公司 祝弘斌、中国核动力研究设计院 何戈宁）

1.3.1 航天领域

随着我国航天事业与武器装备建设持续发展，对航天飞行器服役性能、迭代周期、研制成本的要求日渐提高，航天飞行器与发动机核心部件也呈现出结构复杂、整体化程度高、迭代周期快等特点。增材制造技术通过将金属材料逐层堆积，可以快速制造出结构复杂的定制化产品，因此在航天制造领域的应用非常广泛，且正逐步成为未来航天制造的主流手段之一。

（1）增材制造技术在航天领域的应用

近年来，以北京动力机械研究所、首都航天机械科技有限公司为代表的国内航天飞行器与发动机制造单位，在金属增材制造领域开展了许多研制工作，在复杂结构与整体化结构试制、产品快速研制和基于增材制造的结构优化等方面实现了大量应用。

① 复杂结构件研制。

在使用传统减材配合焊接手段制造复杂结构产品时，存在去料量大、加工过程复杂、加工周期长等问题，且对于部分复杂型面或内部槽道结构，传统制造工艺几乎无法进行高效加工，因此增材制造技术是当前发动机复杂构件的重要生产工艺之一。

某飞行器发动机燃烧室方转圆段材料为高温合金，尺寸超过 $\Phi600mm \times 500mm$，外形面为复杂方转圆结构，且壁面内部为复杂冷却结构，传统制造工艺采用锻件机加＋槽道铣削＋激光焊接蒙皮等手段，导致该零件焊缝数量多、长度长，且加工可靠性极低，无法避免焊接后出现的裂纹、气孔与变形等问题，更无法满足产品快速迭代需求。工艺人员借助金属激光选区熔化技术优势，采用分段打印＋激光焊接＋组合机加的新型工艺路线，使产品试制周期缩短50%，焊缝数量减少95%以上，内部质量符合设计指标要求，极大地提高了产品稳定性。

某类型发动机进气道部件如图1.7所示，其采用高温钛合金，截面尺寸接近100mm×100mm，高度超过800mm，均为复杂薄壁结构，高厚比极大，传统采用铸件机加的加工方案，产品迭代周期较慢。由于产品型面复杂、水平突变面较多、部分薄壁内部存在复杂冷却结构，此类产品在激光选区成形过程中极易因热应力与结构应力的叠加而变形，甚至在打印过程中出现开裂。工艺人员通过对钛合金激光选区熔化技术的深入研究，通过优化打印参数与产品支撑结构，大幅降低了产品激光成形报废率，对成形过程的变形行为做出了有效控制，使产品各项技术指标满足设计需求。

在铜合金复杂结构产品打印方面，针对铜合金增材制造特点，充分研究激光功率等不同工艺对成形规律的影响，提出专用设备的集成方案，最终实现某类型发动机推力室身部内壁试验件的整体增材制造，如图1.8所示。该产品直径达600mm量级，高度达850mm量级，填补了国内大尺寸铬锆铜合金激光选区熔化增材制造技术领域的空白，助力发动机生产跑出创新"加速度"。

图1.7　进气道部件

② 整体化结构试制。

整体化结构是航天飞行器与发动机发展的重要方向之一，通过减少零部件数量，可有效提升飞行器与发动机性能，减轻重量和制造成本，提高航天飞行器与发动机服役稳定性，并充分发挥增材制造技术在工业制造领域的优势。

某类型发动机进气装置如图1.9所示，其采用高温钛合金，尺寸约为Φ150mm×350mm，结构为薄壁回转体，外回转筒体与内回转体通过非均布的支板结构相连接。传统工艺方案为钣金焊接加工，材料涵盖铸件、锻件、板材、管路等，涉及10余个零件、4个配套层级，共计近80道加工工序，加工过程复杂，组织生产难度大。采用增材制造方案后（见图1.10），该部件合并为1个零件，工序数量减少至20道，生产组织过程简单，生产周期大幅缩短。

图1.8　发动机推力室身部内壁试验件

图1.9　进气装置

某型号发动机波瓣喷管部件如图1.11所示，其采用不锈钢，外形尺寸超过Φ400mm×150mm，壁厚仅0.5mm左右，当采用传统焊接工艺路线时，需将不同波瓣部件逐一进行焊接，大量焊缝导致产品服役稳定性呈指数降低，且生产效率无法满足产品试制快速迭代需求，因此需采用增材制造工艺路线。然而，对激光选区熔化工艺而言，该产品的变形控制与稳定成形也极为困难，且设计指标对薄壁性能要求严格。工艺人员通过收集大量支撑优化与材料端基础性能数据，已解决相关工艺难题，实现此类产品的增材制造生产与交付，产品部件由18个简化至1个，并大幅减少了产品焊缝区域的面积，提高了产品服役稳定性。

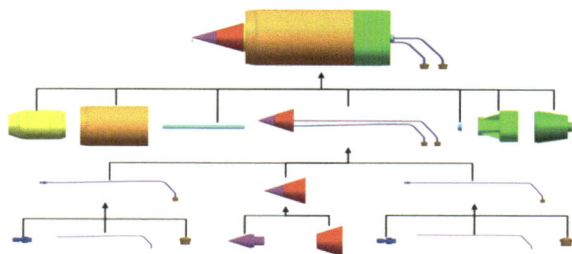

图1.10 进气装置一体化方案

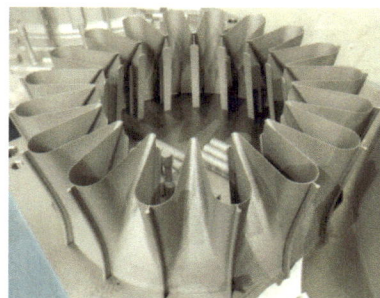

图1.11 波瓣喷管部件

围绕大尺寸复杂钛合金/高温合金结构件整体制造需求，开展钛合金复杂结构件增材制造变形控制技术与工艺攻关，通过特征工艺结构优化、点阵与实体支撑相结合、筋条辅助防变形、适应性缩放系数、热处理制度完善、反变形控制等多种举措，实现了钛合金/高温合金轻量化翼舵结构组件的一体化增材制造成形，如图1.12所示，支撑了航天装备重要结构件高效、低成本制造。

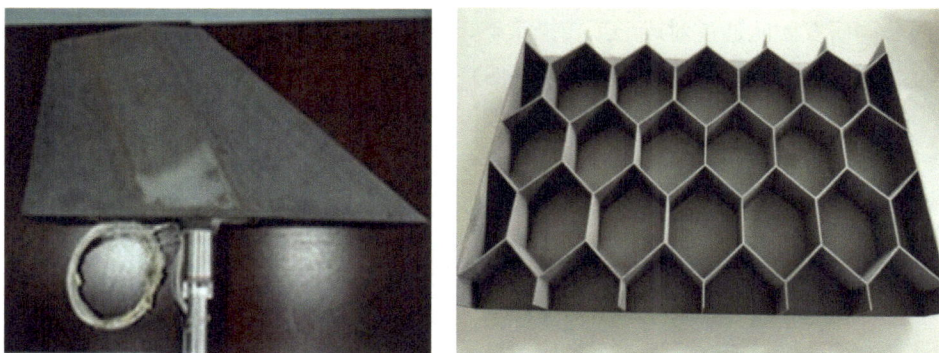

图1.12 轻量化翼舵组件的一体化制造

③ 产品快速研制。

随着飞行器与发动机迭代更新速度逐渐加快，对零部件生产周期的要求大幅提高，部分产品需要进行快速试制并验证，而传统制造工艺，如铸造、锻造、钣金焊接等，前期模具及工装制造工艺复杂，小批量的产品研制周期无法满足部件研制快速迭代需求，而增材制造技术可以很好地避免此类问题，成为现阶段航天发动机快速试制的主要手段。

某型号中心体部件如图1.13所示，所用材料为不锈钢，尺寸约为Φ200mm×150mm；为薄壁回转体结构，传统工艺路线以钣金焊接为主。虽然此类产品在批量生产阶段成本较低、工序较为简单，但在产品预研阶段，钣金工装投产周期较长，多轮次迭代成本较高，无法满足快速迭代验证需求。因此，在此类产品预研阶段采用增材制造工艺，可使研制周期大幅缩短，产品结构迭代速度提升，从而帮助设计人员快速确定技术状态，保证型号进度。

某飞行器发动机接管，如图1.14所示，所用材料为高温合金，外形尺寸约为Φ40mm×80mm，存在复杂随形流道结构，外形轮廓角度复杂，传统工艺流程为铸件后机械加工。产品试制阶段模具制造周期较长，产品报废率高，无法实现产品快速迭代。采用激光选区熔化技术后，通过模型优化与工艺攻关，产品外形轮廓与尺寸精度均满足设计指标要求，合格率与生产效率明显提升，迭代验证周期加快。

图1.13　中心体部件

图1.14　单向阀外壳

星河动力（北京）空间科技有限公司研制的"谷神星"一号商业运载火箭，采用增材制造方案成形，将阀门集成化管路连接点减少了30%，大幅提升了可靠性，"谷神星"一号四级轨控发动机如图1.15所示。湖南华曙高科技股份有限公司研发团队通过对成形工扫描策略、电气电子等多方面的控制，为深蓝航天制造火箭发动机，成功将某大尺寸火箭发动机收扩段零件（见图1.16）金属3D打印效率提升超3倍，如图1.16所示。

图1.15　"谷神星"一号四级轨控发动机

图1.16　火箭发动机收拓段零件

对航天器的舱体结构而言，其传统的生产方式是通过胚料减材制造，而舱段内部结构复杂，减材制造生产工序复杂且会产生大量的加工废料，铸件无法达到质量要求，锻件后加工周期长。采用电弧增材制造技术，后期只需通过简单的减材加工即可实现，可缩短生产周期和提升产品性能。南京英尼格玛工业自动化技术有限公司研究了影响电弧增材交叉结构成形缺陷的机理和控制方法，开发了全数字化过程质量监控超大型模块化电弧增材装备，可在横向和纵向上进行模块化拓展实现直径为1200mm、高度为1500mm的大型舱段结构样件的增减材一体成形，如图1.17所示。

针对铸造模具加工准备时间长等问题，北京隆源自动成型系统有限公司、航天科工第十研究院利用砂型增材设备实现铸造模具的减少，如图1.18所示，将3D打印砂型和传统铸造相结合，突破了铸造技术的瓶颈，快速实现高精度、质量优异的熔模产品。

④ 基于增材制造的结构优化。

设计端优化是增材制造技术进一步发展的前提，将整体化、轻量化、低成本等理念应用到产品设计中，规避增材制造本征工艺边界，将更大限度地发挥增材制造技术在制造领域中的优势。

某型号涡扇发动机如图1.19所示，包括滑油箱、换热器等10余个附件，附件之间连接管路近20根，连接结构40余处，零件总数有1200多个，生产组织复杂，装配难度大。通过设计人员与工艺人员共同对原有模型的大规模优化，将外涵中机匣、滑油箱等部件进行整合，零件数量减少到几十个，生产流程与产品装配关系简化，并通过飞行试验，成为基于增材制造技术的设计优化典型范例。

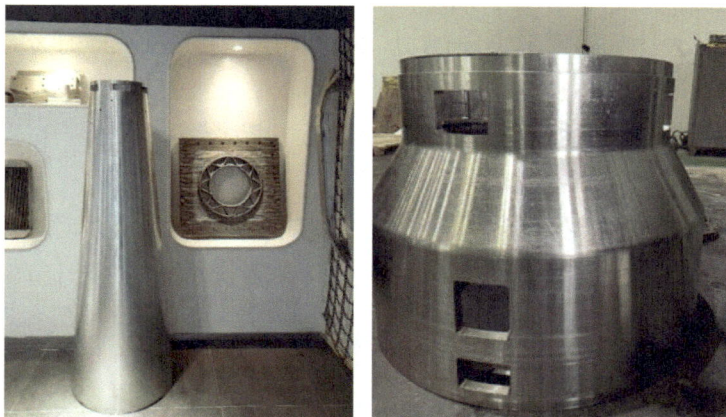

图1.17　大型舱段结构样件增减材一体成形

围绕米级大尺寸薄壁厚高温合金结构件研制需求，在辨别增材制造成形区域的变形趋势基础上，通过设计协同结构优化，调控形变补偿、维形筋板、反变形打印、支撑结构优化等方式，解决了大尺寸高温合金结构件的一体化成形、变形控制、开裂抑制等难题，实现了米级高温合金舱体的增材制造成形，满足产品研制的使役需求，为后续大尺寸高温合金结构件增材制造技术的变形预测与控制奠定了理论基础。

图1.18　砂型成形导弹壳体　　　　图1.19　涡扇发动机　　　　图1.20　大尺寸合金部件增材制造高温合金框

（2）增材制造技术当前面临的挑战

随着增材制造技术在航天发动机制造领域的应用日益广泛，零部件生产也逐渐开始实现由"点对点、个性化"到"成体系、成批量"的生产模式转型，对增材制造产品的质量控制、成本控制、周期控制均提出了更高要求，也为该技术应用的范围进一步扩大带来了诸多挑战。

① 批量生产质量稳定性控制面临挑战。

对以金属激光选区熔化技术为代表的增材制造技术而言，其激光成形过程的本质是激光与金属粉末的相互作用，与激光焊接工艺类似，涉及粉末快速熔化、快速凝固、循环加热等多个非平衡相变过程，微观组织演化复杂且难以预测，所成形材料的力学性能散度较大。随着增材制造技术应用的发展，国内外用户单位已逐渐不满足于单个产品的尺寸精度、力学性能等技术指标符合需求，而是希望可以实现产品批次性稳定生产。然而，现阶段增材制造批量生产的质量稳定性控制仍面临巨大挑战，以材料力学性能为例，其稳定性涉及粉末状态、设备状态、工艺状态等多个方面的影响，较难实现精准控制。

金属粉末作为激光成形过程的原始材料，将直接决定成形材料的力学性能，而制粉工艺的稳定性（如粉末成分、杂质控制、粒径分布等）也会对最终产品的质量稳定性产生影响。除此之外，批量生产涉及多个生产批次的粉末的贮存、转运、循环使用、重新筛分与烘干等，这些过程可能会引入粉末氧含量升高、夹杂物增多、粉末粗化等问题，导致材料力学性能下降。另一方面，3D打印设备是激光成形的实现工具，由于核心光学部件的技术方案不同，不同设备输出激光的光斑直径、能量分布、激光波长等参数均有差别，从而造成不同设备打印产品的组织特征、缺陷水平和力学性能出现差异。对同时使用多台设备的生产过程而言，不同设备造成的质量稳定性风险已成为用户单位重点关注方向之一。

因此，与传统工艺技术相比，增材制造技术批量生产尚处于起步阶段，业内对该工艺各环节的理解仍有待深入。在原材料、设备、工艺等方面生产环节控制还不完善，从而造成批量生产环节出现较为频繁的质量不稳定问题，这为未来更大规模的应用带来严峻挑战。

② 相关理论支撑与标准评价体系仍需补充。

作为近年来应用领域快速扩张的新一代技术，学术界与工业界对增材制造技术的理论研究仍有待深入，对于激光成形过程、组织性能调控与产品工艺性优化等方面，大量基础性工作与具有针对性的理论探索亟须进一步开展；粉末成分变化、打印参数调整与激光成形环境耦合等对服役态组织性能的影响规律尚不明晰，业内已公开发表的基础数据库与相关理论无法有效支撑国内外日益增长的3D打印应用规模，且面向工程生产的研究类工作相对匮乏。这就要求增材制造用户单位积极发挥牵引作用，以技术应用需求为目标，为行业提出该技术的深耕方向，高效突破当前工程制造面临的种种瓶颈。

除此之外，行业内对于增材制造的工艺管理与质量评价标准大多仍沿用传统工艺方法技术标准，尚没有建立成体系的针对增材制造工艺的评价标准。以增材制造材料为例，多数直接引用传统铸锻态材料的成分范围与性能指标，未充分考虑增材制造本征的技术特点与工艺边界，为技术指标的合理制定与科学发展带来阻碍。而随着行业内对产品质量要求的不断提高，X光检测、荧光检测、三维扫描等检测手段被广泛应用于当前增材制造航天发动机产品的生产与检测环节中，对部分多余物、表面缺陷、搭接纹、应力收缩线等判定仍存在争议。因此，对于增材制造产品的质量检验与评价也亟需建立可被公认的统一标准，降低需求方与供应方之间关于产品质量的迭代成本，为未来工艺优化与产品质量控制提出明确的目标与方向。

③ 可借鉴的成熟增材制造生产线有待建立。

与传统铸造锻造、机械加工、钣金焊接等生产加工手段不同，增材制造工艺生产线的开发与应用也处于起步阶段。早期行业内生产模式以个性化单点生产为主，不涉及多台设备、多批次产品的资源整合，因此很难暴露出产线建立需面临的问题。随着近年来国内多个用户单位开始大规模生产3D打印产品，此类问题也逐步引起关注。在增材制造批量生产工艺流程中，生产管理者需要考虑粉末原材料调配、3D打印设备准备、连续激光成形、产品出仓及后处理、产品流转与质量检验等多个环节，评估不同生产环节的资源需求与进度风险，制定具有一定抗风险能力的生产策略。合理的生产节奏与资源调配可以显著提高生产效率与产品质量，并大幅提高设备利用率，降低不必要的生产成本。

然而，当前国内尚不具备可公开的成熟增材制造工艺生产线。与其他新技术的开发过程类似，合理的增材制造生产线在开发前期也需要投入相当大的成本。对于用户单位而言，大量的产品需求、具备多台3D打印设备和相对完备的产品后处理配套设备是探索生产模式的先决条件；而生产过程中原材料成本、设备折旧成本、人工成本、机时成本与部分产品报废等大幅增加了用户单位的生产投入，无形中提高了增材制造工艺生产线的研发门槛，使得可借鉴的成功模式进一步减少，给有此需求的航天发动机制造单位提出了巨大挑战。

综上所述，增材制造技术应用范围的不断拓宽、生产模式的逐渐转变，势必会为该行业的发展带来诸多挑战，但这也为增材制造工程应用提出了明确的发展方向，是未来该技术成为成熟工艺手段的必经之路。

（3）增材制造技术的未来发展潜力

为应对未来航天发动机高性能、一体化、低成本的研制需求，增材制造技术仍有可观的发展潜力。以北京动力机械研究所、西安航天发动机有限公司等为代表的航天发动机生产单位快速提升自身的增材制造能力，代表着该技术在未来发动机制造领域具有重要的战略地位。

① 新一代增材制造技术提升。

随着航天发动机对推重比和零部件性能需求的不断提升，增材制造技术在设备端与材料端均有较大发展空间。

对国内增材制造设备而言，大尺寸成形仓一直以来都是设备重要的发展方向之一。以西安铂力特、华曙高科、易加三维等为主的国内3D打印制造厂家，均具备生产成形仓尺寸不小于1500mm×1500mm×1500mm的激光选区熔化设备的能力，可以匹配未来大推力发动机核心零部件一体化成形需求。然而，当成形仓尺寸持续扩大时，多激光设备将面临风场均匀性差、激光搭接区域多、设备稳定性与容错率低等问题，为传统固定振镜结构的3D打印设备的成形尺寸发展带来阻碍。为解决该问题，北京动力机械研究所联合西安铂力特等优势单位，将"光学部件边移动、边打印"的飞行打印模式应用到激光选区熔化设备中，以规避上述大尺寸设备带来的问题，致力于突破3D打印设备成形仓尺寸瓶颈。

另一方面，随着未来产品复杂程度的进一步增加，传统激光选区熔化技术将在产品工艺模型中引入大量支撑结构，大幅增加了材料成本与后处理成本，且部分半封闭内腔中的支撑结构很难彻底去除。因此国内外3D打印设备厂商均在通过对扫描策略与设备结构的优化，发展"少支撑"打印技术，推动产品表面质量控制、加工难度控制与成本控制进一步发展。

对材料端而言，增材制造技术可以同时实现材料的性能优化与快速迭代。与传统铸锻态材料相比，3D打印组织特有的胞状结构在一定程度上可以提升材料强度，但仍需要研究人员针对工艺特点对粉末成分进行调整，控制材料组织缺陷与应力开裂敏感性。除此之外，相比于传统熔炼铸锻过程，增材制造可以实现更快速的粉末成分调整与验证。近年来国内多个科研院所与优势高校也针对此方向进行了大量攻关，涌现出很多面向增材制造的高性能新型合金，并有望在预研航天发动机型号中得到应用验证。

② 面向增材制造技术的设计端驱动。

增材制造技术可以实现复杂结构快速试制与结构功能一体化制造，在航天发动机零部件制造领域发挥了重要作用，该技术具有独特的优势，可以生产内部流道、几何点阵、轻量化与集成化部件等特殊结构；但增材制造技术也存在明显的工艺边界，受粉层厚度与光斑直径等因素的影响，其成形精度与产品表面质量存在本征壁垒，且由于激光成形过程中热应力、结构应力与相变应力的相互叠加，使得部分产品应力集中水平高于传统产品。

除工艺人员外，设计人员也应对工艺技术的特点进行深入理解，在设计产品结构时充分考虑增材制造技术特点，如设计自支撑结构、避免封闭腔体、评估表面粗糙度增大引入的产品服役风险等；对于一体化零部件产品，发挥增材制造技术的优势，避免出现将原有部件进行简单组合，实现由工艺特点驱动的产品结构设计。除此之外，增材制造工艺自身的局限性也决定了其未来的发展定位将会是组合式工业生产链条中的一环，考虑增材制造技术与传统机械加工、焊接、喷涂等工艺的耦合连接，通过传统工艺手段对产品进行二次加工，也是发挥增材制造技术潜力的必经之路。

③ 成熟的增材制造生产线的建设。

随着国内外各行业对增材制造需求的不断增加与其生产模式的逐步转型，以增材制造为主体的批量生产线建设已成为未来发展的必然方向之一。虽然当前增材制造生产线仍存在成本过高、产品质量不稳定、产品流转效率较低等问题，但基于基础研究工作的持续深入与工艺技术的不断进步，通过合理的生产线布局、资源调配与生产模式开发，未来增材制造生产线将逐渐向"低成本、高效率、易管控"的成熟生产线模式转变。在保证多批次产品质量稳定性的同时，工艺技术与发展模式也可实现转移与复制，并最终实现生产线的可持续发展。

近年来，西安航天发动机有限公司建设百余台增材制造设备，用于实现液体火箭发动机制造的产业化发展；北京动力机械研究所在全国范围内布局多个以3D打印设备为核心、多种生产加工手段配套的制造生产基地，并联合产业链优势单位，致力于开发全流程增材制造快速试制产线。此类航天发动机优势单位的建设布局，均代表了工业制造领域对发展增材制造技术应用的决心与信心，将引领增材制造技术及其应用迈向新的阶段。

1.3.2 航空领域

国内权威机构预测，未来 20 年全球航空旅客的周转量年均增长率为 3.8%，我国航空旅客周转量将以平均每年 5.4% 的速度增长。未来全球客机数量将持续增加，全球货机数量增长态势良好。

（1）商业航空增材制造技术应用现状

由于商用飞机适航审定的严格要求，增材制造在民机领域的应用相较于军机领域面临更大的挑战。目前增材制造技术在民机领域的主要应用集中在发动机和机体结构。

2015年，GE公司采用激光选区熔化技术制造高压压气机T25温度传感器外壳并通过适航审定，成为首个通过美国联邦航空管理局（Federal Aviation Administration，FAA）认证的增材制造发动机零件，应用于GE90-40B发动机。2016年，GE公司生产了航空发动机燃油喷嘴并通过FAA认证，应用于Leap X航空发动机，将原来的20余个零件一体化成形，使发动机喷油嘴的设计制造理念发展变革，极大缩短了零件生产周期，生产成本降低了50%，同时耐用性提高5倍。GE公司制造了发动机电动开门系统（Power Door Opening System，PDOS）支架，与传统减材制造方法相比材料利用率提高90%，零件减重10%，该零件于2018年通过FAA认证，应用于GEnx-2B发动机。上述GE公司增材制造零件如图1.21所示。

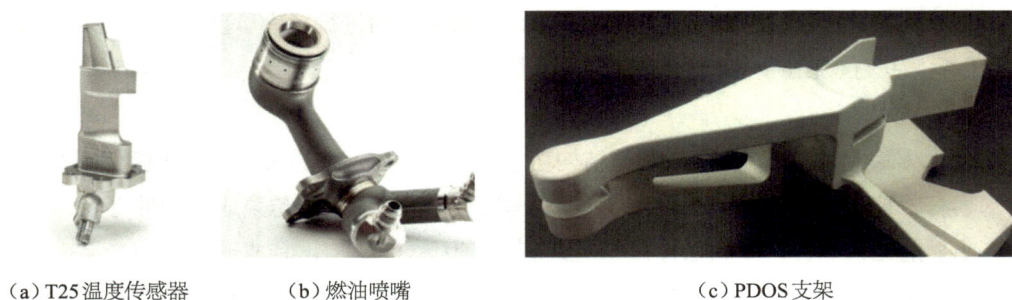

（a）T25温度传感器　　　　（b）燃油喷嘴　　　　（c）PDOS支架

图1.21　GE公司增材制造零件

2013年，空客与Stratasys合作开发了聚合物增材制造零件，在每架A350 XWB中使用超过500件零件，包括机载系统的导管、线箍、封罩等。2015年，Airbus公司通过激光选区熔化技术实现了用于A320客舱和厨房之间的隔板零件的仿生设计与制造，如图1.22所示，使用的材料是APWORKS开发的Scalmalloy新型高强铝合金，零件减重45%。2017年，空客A350 XWB安装了用激光选区熔化技术制造的Ti6Al4V钛合金拓扑优化飞机连接架，如图1.23所示，相比于传统加工方式零件减重约30%，这是钛合金增材制造第一次在民机型号上实现装机应用。2022年，Premium Aerotec公司通过激光选区熔化技术为空客A320制造了钛合金制动管，与传统工艺相比零件减重50%以上。2022年，汉莎航空技术公司与Premium Aerotec公司合作完成了用于IAE-V2500发动机防结冰系统的"A-Link"钛合金激光选区熔化增材制造零件，并获得欧洲航空安全局（European

Union Aviation Safety Agency，EASA）的认证，这是增材制造承重备件首次获得EASA认证，如图1.24所示。"A-Link"零件在发动机的进气口罩内连接形成环形热空气管道，防止在飞行过程中结冰，运行过程中发生的振动会导致组件在其安装孔处磨损，可根据需要进行更换。

图1.22　空客A320仿生机舱隔板

图1.23　空客A350 XWB的钛合金连接架

2017年，波音通过Norsk Titanium的等离子体快速沉积（Rapid Plasma Deposition，RPD）技术制造了钛合金结构件厨房支架并获得FAA认证，应用于波音787飞机，如图1.25所示。

图1.24　"A-Link"钛合金零件

图1.25　波音787的厨房支架

国内大型客机主制造商中国商飞公司不断推进增材制造技术在民用飞机型号上的应用，并联合华东适航审定中心、飞而康公司等单位于2022年实现了钛合金激光选区熔化零件在大型客机上的装机应用，初步探索出民机增材制造适航认证的技术路径。

同年，北京民用飞机技术研究中心、上海飞机制造有限公司联合西安铂力特增材技术股份有限公司采用BLT-S600型激光选区熔化成形装备（最大可成形尺寸为600mm×600mm×600mm），实现登机门铰链臂优化设计及增材方案装机验证。优化后的零件设计重量为6.4kg，较原设计构型减重约30%，全生命周期制造成本降低了30%以上，如图1.26所示。2023年，北京民用飞机技术研究中心联合中航迈特增材科技（北京）有限公司，以飞机旋翼支架为研究对象，选择国产低成本AlMgErZr高强铝合金材料，通过开展结构优化设计、利用MT280型激光选区熔化成形装备（最大可成形尺寸为250mm×250mm×300mm）进行零件试制，实现了国产低成本高强铝合金在新能源小型民用飞机的应用，旋翼支架传统机加构型优化后减重52%，如图1.27所示。

大型激光选区熔化（Selective Laser Melting，SLM）装备的发展为结构更复杂的大型整体金属构件的成形开辟了新途径，基于SLM成形的钛合金风扇叶片包边长度可达1200mm，具有复杂的空间曲面结构，且成形尺寸精度较高；基于SLM成形的镍基高温合金发动机机匣尺寸达到了Φ576mm×200mm，为发动机关键零部件的设计、制造及应用验证提供了重要的技术支撑。西北工业大学黄卫东、林鑫教授团队面向我国C919中型客机的需求，利用激光能量沉积技术制造了TC4合金体系C919飞机翼肋缘条，如图1.28所示，其长度为3100mm，探伤和力学性能测试结果皆符合我国商飞的设计要求。

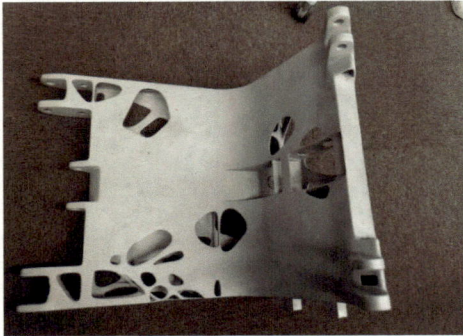

图1.26　SLM高强铝合金舱门铰链臂　　图1.27　SLM高强铝合金旋翼支架　　图1.28　LMD成形C919
钛合金翼肋缘条

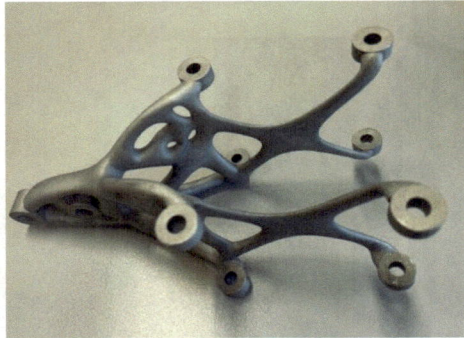

（2）商业航空增材制造适航性要求

适航性（Airworthiness）是用来描述民用航空器"适于（在空中）飞行"品质属性的专用词。民用航空器
的适航性指航空器（包括其部件和子系统的整体性能和操纵特性）在预期的服役使用环境中和使用限制下，飞
行的安全性和物理完整性的一种品质。适航性是确保公众利益的需要，也是航空工业发展的需要。适航标准是
保证民用航空器适航性的最低安全标准。民用飞机的设计制造必须符合相关型号采用的适航标准（适航审定基
础）中每一项条款的要求。通过适航审查并获得适航当局颁发的型号合格证是许可民用飞机设计用于生产的前
提之一。

我国大型民机的研制需符合适航标准CCAR第25部的要求，对于增材制造这类新材料新工艺的应用，中
国民用航空局审定机构（简称"局方"）重点关注如下3个条款。

① "材料"——CCAR 25.603条款。

已经制定了针对增材制造技术的专用材料规范，这些规范是建立在经验和测试基础上的。材料的适用性和
耐久性应已充分考虑服役过程中预期的环境条件。

② "制造方法"——CCAR 25.605条款。

所用制造工艺根据批准的工艺规范进行鉴定。通过鉴定测试程序和这些规范中定义的检查程序确保所有零
部件生产过程控制的一致性。

③ "材料设计值"——CCAR 25.613条款。

材料的强度性能必须以足够的材料试验为依据，材料应符合经批准的材料规范要求，在试验统计的基础上
设定设计值。考虑到数据是从不同设备、粉末和材料方向获得，设计值需根据试验数据的统计处理得出。经批
准的材料设计值可用于增材制造零部件静力、疲劳和损伤容限的评估。同时还需与采用传统工艺的相同材料数
据进行比较。

除上述3个基础条款，根据零件的应用位置和特点，还需对零件进行相应的检测、结构/功能验证。飞机
零件适航认证的要求与零件的关键（重要）程度有关，零件的关键程度可基于零件失效后果的级别确定。零件
失效后果级别分为以下3个。

① 轻度：失效不会显著降低飞机安全或影响机组人员的工作。轻微的故障情况可能包括飞机安全裕度或
功能的轻微降低、机组工作量的轻微增加、常规飞行计划的改变或给乘客造成的一些不便等。主要涉及内饰件。

② 严重：失效可能对安全产生不利影响。如飞机安全裕度或功能显著降低、机组人员工作量显著增加，同时效率降低或乘客感到不适。在更严重的情况下，机组人员可能无法准确执行飞行任务，对乘客造成不利影响。主要涉及功能件和次承力结构件。

③ 灾难性：一旦失效就无法继续安全飞行和着陆。主要为飞机主承力结构件，包括所有易受疲劳裂纹影响的结构。

将全新的材料和工艺应用于民机，对适航审定而言必将是一个漫长而谨慎的过程。增材制造技术在民机领域应用的早期，飞机和发动机主制造商都采取了非常谨慎的态度，优先选择关键程度低和设计余量较大的零部件，如装饰件和功能件，这样可显著降低增材制造技术最初应用时发生故障、影响飞机安全性的可能性。随着增材制造技术不断发展和成熟，减少零件数量、减轻零部件重量、缩短制造周期等优势逐渐显现，主制造商会逐步提高增材制造零件的复杂程度和关键性。

（3）商业航空增材制造的未来发展趋势

① 一体化设计制造。

增材制造显著解放了制造工艺对飞机结构形式的约束，为结构创新设计提供了技术基础。对飞机结构可基于先进制造"量身定做"，通过设计与制造高度融合构造出全新结构形式，其中包括大型整体化、构型拓扑化、梯度复合化和结构功能一体化等。基于增材制造的创新结构具有高减重、长寿命、多功能、低成本、快速响应研制等显著优势，有望突破传统结构的设计"天花板"。结构一体化设计是发挥增材制造工艺优势的最佳设计形式，但仍需在结构整体建模、多功能与多学科性能的综合优化设计、跨尺度结构构型的性能表征和优化设计、增材制造工艺约束等方面进一步开展深入研究。

② 应用集成化设计。

随着对增材制造技术广度与深度的不断探索，功能材料集成式设计及增材制造逐渐被开发出来。在电池制作方面，与传统的电池制造技术相比，增材制造具有几个显著的优势：能够制造所需的复杂架构；精确控制电极的形状和厚度；打印固态电解液，结构稳定性高，操作更安全；具有低成本、环保、易操作的潜力；通过电池和其他电子设备的直接集成，可以省去设备组装和封装的步骤。同时增材制造能够制造出具有更大表面积和更高面负载密度的新型结构电极，在离子传输过程中提供更短的扩散路径和更小的电阻，从而提高电池能量密度和功率密度。此外，增材制造可以大大减少材料浪费，并且由于制造过程不那么复杂，可以节省时间。

在结构功能集成设计方面，增材制造亦具有显著优势，现阶段已有相关案例。弗劳恩霍夫激光技术团队利用LPBF技术，以使用数字功能打印工艺和基于激光的热后处理来集成应变片；通过分段结构打印完成智能组件；通过结合结构和功能打印以及基于激光的后处理，可以完全增材制造带有集成传感器的组件。这不仅可以精确放置传感器以进行复杂的状态分析，还可以保护这些传感器免受机械环境的影响。

③ 数字化、智能化。

经过20多年的研究和开发，在众多商用合金中只有极少数能打印出无缺陷且结构合理的部件，所有增材制造产品的市场价值在制造业经济中的占比极低。造成这一现实的原因是增材制造零部件的结构和性能存在显著差异，且容易出现缺陷。目前结构和性能的优化及缺陷的减少是通过对不同打印技术的工艺变量矩阵进行试验和试错测试实现的。然而由于原材料和打印设备的价格很高，因此在对增材制造零件进行合格鉴定时试错法的成本很高。为解决这些难题，需用一种先进的工具取代试错法。

随着智能技术逐渐取代传统流程，智能系统通过传感器连接、通信技术、云计算、仿真和数据驱动建模在生产集成制造中变得越来越重要。研究表明，通过创建数字孪生系统可在打印的物理世界和虚拟世界之间架起一座桥梁，减少试验和错误测试次数，减少缺陷，缩短设计和生产之间的时间，并使更多金属产品的打印具有成本效益。尽管数字孪生驱动的增材制造仍处于起步阶段，但它已显示出巨大的潜力，其自主能力源于数字孪生中嵌入的人工智能，可改变增材制造行业。

④ 新材料、新工艺。

基于民机的应用特点，航空零部件必须由高性能材料制成，且在运营过程中需要保持可靠性和耐久性，以确保处于可接受的安全水平。钛合金具有良好的耐腐蚀性、低密度和高强度等机械性能广泛用于航空航天领域。随着未来飞机型号的发展，需开发出强度和韧性更高的钛合金以满足轻量化需求。铝合金一直是飞机结构部件的主要材料，但可用的铝合金材料有限，且大多数传统铝合金不适于增材制造工艺。

现有的金属增材制造主要用于制造单一材料的零件，随着金属增材制造技术的进一步发展，需加强材料研究和开发，提高材料性能的稳定性和可靠性，拓展金属增材制造的材料选择范围，并针对增材制造特点设计新材料。在设计新材料时不仅要考虑合金的可加工性与拉伸性能，更应依据具体服役要求，针对性地开展特定性能的合金成分设计。

随着时间、功能维度逐渐增加，4D打印逐渐被开发应用。4D打印技术不仅可以解决航空领域部分结构复杂、设计自由度低、制造难的问题，而且其成形的"性能、形状和功能可控变化"的特征在智能变体飞行器、柔性变形驱动器、新型热防护技术方面将展现出巨大的优势。其中最具代表性的是NASA提出的一种未来的智能变体飞机的设计构想。其利用4D打印技术成形的可变形机翼，在巡航、起飞、降落和盘旋的时候，自动响应环境的变化分别变形至最佳形状，以获得各种状态下最优异的性能。

目前针对连续纤维增强复合材料3D打印方面，采用最多的增材制造工艺为熔融沉积制造（Fused Deposition Modeling，FDM）工艺，其在航空领域有很多应用场景。例如在3D打印连续纤维增强复合材料的基础上，结合了材料结构设计的优势，提出了使用复合材料4D打印制成的波纹芯为无人机开发新的柔性机翼概念，经过试验验证，弯曲角度可达20°。

碳纤维复合材料作为一种高性能材料，在航空航天领域的应用越来越广泛，其中连续纤维增强热塑性复合材料（Continuous Fiber Reinforced Thermoplastic Composites，CFRTPCs）的3D打印技术为制备轻量化、高性能的多尺度结构提供了新的技术途径，可以同时实现微观纤维取向与宏观拓扑结构。西安交通大学的李涤尘、田小永团队开展的连续纤维增强PEEK基复合材料增材制造技术研究，如图1.29所示，实现了所获得的复合材料制件综合力学性能相较于纯PEEK材料制件提高50%以上，并提高了制件的耐磨性、耐热性和尺寸稳定性，能更好地适应天空的复杂气流与温度环境。该技术可以应用于航空航天器中承载结构件或耐热等功能结构件的制造，在满足需求的同时达到减重的目标，典型应用有飞机黑匣子外罩、气流管道和流体阀等。

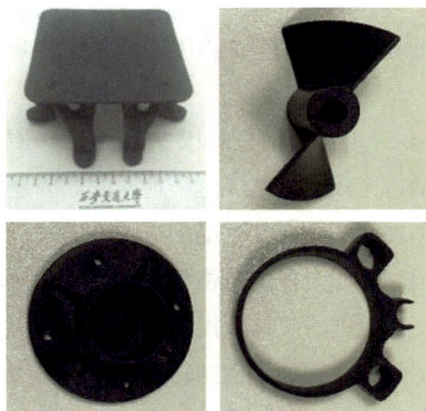

图1.29 增材制造的连续纤维增强PEEK基复合材料

⑤ 维护与维修。

通过增材制造技术对受损零件进行修复实现再制造符合国家发展循环经济的战略，可为高附加值的航空产业带来巨大价值。金属增材维修技术已在军机领域得到广泛应用，从发动机叶片损伤修复逐步发展到飞机框、梁、摇臂、支架等各类零件的损伤修复。借鉴军机领域机体结构腐蚀、磨损、疲劳裂纹等修复经验，结合民机维修维护设计要求，考虑飞机安全性和可靠性，未来民机增材制造维修可从风险性较小的非关键件着手，逐步考核验证，再以此为基础有序推进至关键件。

增材制造作为一种具有数字化、智能化特点的绿色新兴技术，在复杂结构一体化成形、缩短生产周期、提高材料利用率等方面具有显著优势，有助于商业飞机结构的快速设计迭代、减重、降本增效、航材快速支援及维修维护应用。现阶段增材制造在高性能零部件的成形质量一致性和性能稳定性控制、标准规范体系建立、材料和工艺的鉴定与认证、最终零件适航性验证等方面亟待解决的关键问题是制约其在商业飞机工程化应用的重要挑战。国内外在先进制造领域持续的政策和资金支持加快了增材制造产业化应用进程，专用材料供给能力、工艺装备及软件系统性能的逐步提升，产业链条的逐渐完善，给商业飞机的增材制造技术应用带来了重要的发展机遇。随着商业航空领域对增材制造材料、工艺和零部件的适航审查与认证的探索研究，增材制造与优化设计的深度融合发展，增材制造技术在飞机结构的大型整体化、构型拓扑化、梯度复合化和结构功能一体化应用等方面前景广阔。

1.3.3 轨道交通领域

轨道交通装备是建立在轮轨（钢轨-车轮）形式上的交通运输系统，是国家公共交通和大宗运输的主要载体，主要包括干线轨道交通、区域轨道交通和城市轨道交通的运载装备，涵盖了电力机车、内燃机车、动车组、铁道客车、铁道货车、城轨车辆、机车车辆、轨道工程机械设备等车辆装备。相比于汽车、飞机等交通工具，轨道交通装备在大运量、绿色低碳、快速准时、集约高效等方面有显著优势。

（1）轨道交通装备特点及发展趋势

在国家的大力扶持下，我国轨道交通行业飞速发展，特别是在高速铁路方面已实现了从"跟跑""并跑"到"领跑"，轨道交通也已成为我国经济发展和交通运输的核心命脉。随着人们对速度、安全和舒适需求的进一步提升，轨道交通装备产品也逐渐向智能化、轻量化、高效能、定制化发展。国内外轨道交通装备对新产品的需求，主要体现在低轴重要求、低运行阻力要求、高速度、模块化灵活编组、新材料新工艺引入、智能操控、节能降噪、低生命周期成本等方面，如图1.30所示。而随着列车速度、性能的不断提升，对车辆本身及各部分结构、材料的要求也在不断提高，车辆制造模式也更多地依赖于采用智能制造、绿色制造等先进制造方法及工艺提升效费比，使产品更具国际竞争力。

（2）增材制造技术在轨道交通装备领域的研究和应用现状

① 国外轨道交通装备增材制造技术研究和应用现状。

相对于航空航天等领域，目前金属增材制造技术在轨道交通装备领域的应用仍然处于前沿探索阶段，主要集中于轻量化结构零部件制造探索和损伤零部件增材修复研究两个方面。

金属增材制造类似于微区熔池下的精密焊接，其在高密度热源下的快速熔化-凝固特点，使产品微观晶粒细小均匀、溶质偏析倾向小，能够获得超过锻造件力学性能并接近锻造件疲劳性能的金属零部件。同时，其制造过程无须开模，能够成型高复杂度结构，因此国内外轨道交通企业开始认知到该技术的特殊优势并针对性地开展了零部件应用探索。

早在2015年，德国联邦铁路（Deutsche Bahn，DB）就将金属增材制造技术应用于轨道交通装备的运营维护中，他们与西门子、Concept Laser、Materialize、EOS等企业合作研究改进零部件的设计，成形了具有内部中空结构的列车轴承盖，很大程度上提高了该部件的抗振动性能和耐磨性能。2019年，DB批准了MGA公司在Hamburg地铁上使用第一个金属增材制造制动悬架连杆。

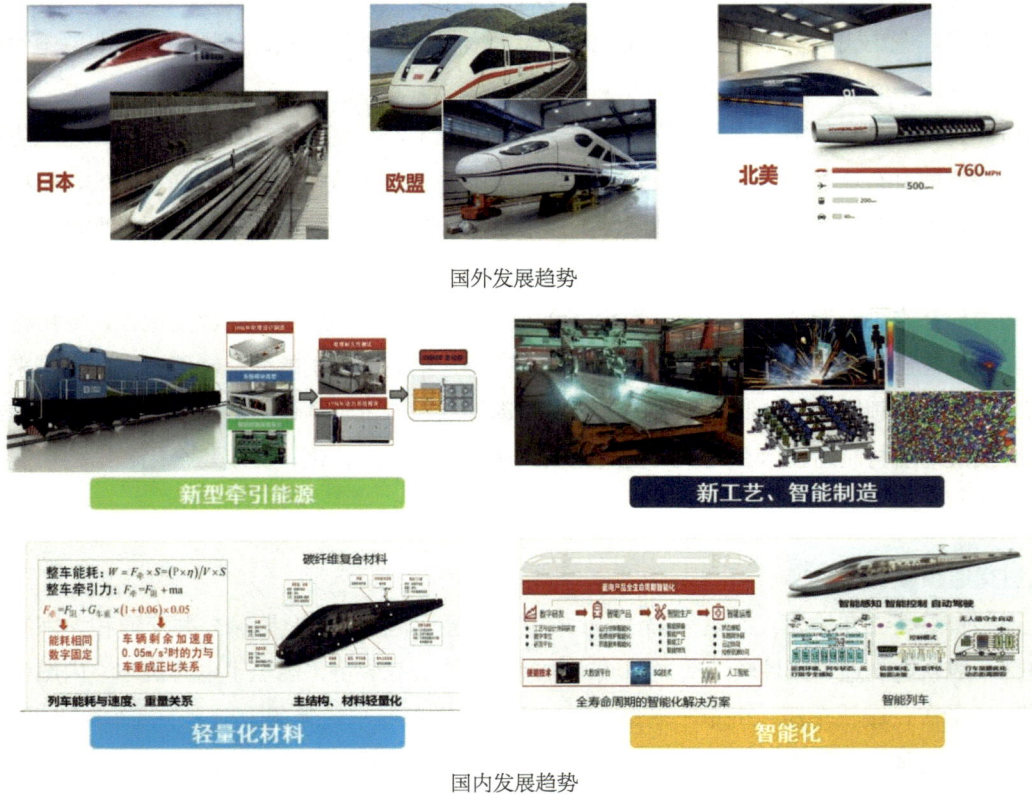

国外发展趋势

国内发展趋势

图1.30　轨道交通装备发展趋势

法国阿尔斯通也在其全新的METROPOLIS地铁列车平台上采用增材制造技术设计和制造了不锈钢轨道列车转向架抗侧滚扭杆安装座，在进行拓扑优化重构设计的基础上，获得了轻量化仿生结构的安装座，在保证结构性能的情况下，较原有铸造件减重了70%，如图1.31所示。

图1.31　阿尔斯通的增材制造应用案例

Webtac西屋制动作为轨道列车制动系统的最佳供应商，在下一代制动系统中也基于面向增材制造设计（Design for Additive Manufacturing，DFAM）的理念开展了制动阀板、管路系统的重新设计，通过设计和增材制造成形，将原先的32个零件集成为1个零件，制动器总量和体积均大幅减小，总量从7kg减小到2.3kg，制动效率有明显提升。

除了直接制造零件外，增材制造技术还被用于轨道交通装备零部件的修复中。车轴作为高速列车中重要的承载部件之一，疲劳破坏将直接危及运输安全，由车轴断裂导致的脱轨事故造成的后果是灾难性的。高速列车在行驶过程中，车轴往往承受复杂载荷的综合作用，表面会因工作环境腐蚀、疲劳载荷和随机载荷等作用造成疲劳失效。如果车轴在失效后报废，不仅增加了成本，还会造成资源浪费，与绿色循环经济不符合。世界各地的铁路运营商每年都要报废数以万计的铁路车轴，其主要原因是轴承尺寸达不到标准规定的公差范围，更换车轮时轴径上出现很深的划痕，或者是过载车轴磨损。基于此，2010年澳大利亚墨尔本 Hardchrome 工程有限公司提出采用激光熔覆技术修复货车车轴，分析了修复车轴的疲劳性能，并进行了试验。无独有偶，英国焊接研究所 TWI 与 Tata Steel（塔塔钢铁）、LASE（莱斯激光）和 Wall Colmonoy（合金粉末研发企业）也开展了激光增材修复车轴的技术研究，旨在提高车轴的使用寿命并降低车轴的报废率，他们共同开发了新的车轴修复用粉末材料和激光增材修复工艺，项目结果成功证明了激光增材修复技术应用于列车车轴上的可行性，验证了修复层的性能通过材料设计和工艺控制，增材修复后的车轴能够获得和原车轴具有同等的疲劳寿命；且修复车轴成本仅为新造的40%。除了车轴，国外对制动盘修复和车轮的修复均有所研究，但考虑到这两个零件对安全性的高要求，故并未实际应用。

② 国内轨道交通装备增材制造技术研究和应用现状。

增材制造在国内轨道交通的实际应用仍处于探索阶段，需要进一步加强新技术、新材料的融合应用。近年来，中车内部不少企业都对增材制造技术开展了应用探索。如国内中车株洲电力机车有限公司成功成型了机车高压接地开关传动件，如图1.32所示。这种传动件最早采用316L不锈钢材质的传动杆与传动盘经铆接或电阻焊连接制成，结合部位强度低，经常由于扭转应力作用在服役过程中脱落。采用SLM技术一体化成形后，传动杆与传动盘冶金结合强度大大提高，抗压性能较原件提高了25%～75%，力学性能也优于不锈钢锻件水平，并且零件各方向上的尺寸精度均小于0.1mm，满足使用要求。这说明增材制造技术在解决轨道交通异形件、复杂件以及连接件一体成型方面具有较大的应用潜力。

图1.32　SLM成型的机车高压接地开关传动件

装甲兵工程学院等单位也联合中车唐山公司对列车制动盘进行了重新设计和增减材一体式制造，与传统技术相比，采用SLM技术制造的制动盘试样具有更高的强度和韧性，提供了克服子弹盘强度−韧性权衡的潜在途径。

中车研究院对于增材制造工艺，通过拓扑设计及仿真优化得到了新的模型，打印了新型紧凑型转向架减振器安装座，该安装座属于功能结构件，垂向和纵向上的静载荷较小。传统制造工艺采用钢板拼焊，焊缝多、工序复杂，采用增材制造工艺设计优化打印完成后成功减重58%，实现了一体化制造，提升了质量和精度。新型紧凑型转向架减振器安装座成形过程如图1.33所示。

在铝合金零件修复应用方面，对内燃机车薄壁油封件进行了激光修复，严格控制修复用粉末质量，对待修复零件表面进行细致机械打磨，精选修复工艺参数，并严格执行层间清理流程，修复部位组织致密，性能优异，热影响区范围小，且无变形，无眼肉可见的孔洞，现已装车运行一年，如图1.34所示。同时对铸铝电机端盖轴承面超差和缺肉，以及锻造铝合金轴箱体腐蚀区也开展了激光修复，均获得了较好的修复效果，如图1.35和图1.36所示。

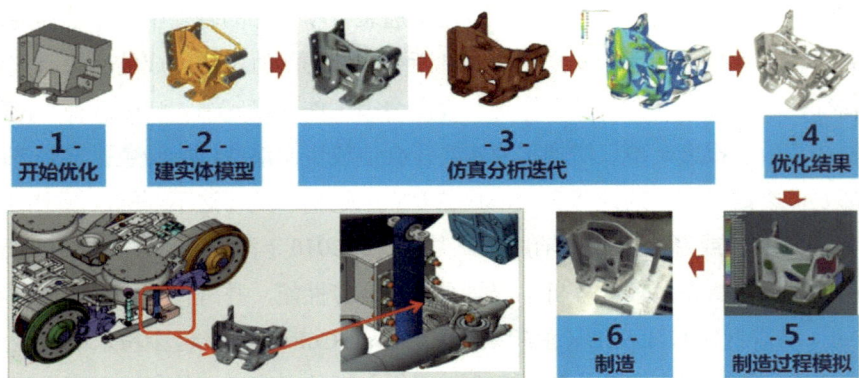

图1.33　新型紧凑型转向架减振器安装座成形过程

图1.34　内燃机车薄壁油封件激光修复案例

图1.35　铸铝电机端盖轴承面超差和缺肉激光修复案例

图1.36　铝合金轴箱体腐蚀区激光修复案例

（3）增材制造技术在轨道交通装备领域的发展前景

① 轨道交通装备增材制造应用及产业面临的问题和挑战。

虽然近年来增材制造的成本控制和效率得到明显提升，但目前来说，轨道交通装备增材制造应用所面临的主要问题仍然是成本和效率，目前，直接增材制造成形的技术仍然是整车制造工艺的一个很小的补充，在中大型传统材料零件制造和批量制造中没有优势。此外，由于增材制造的增材材料体系与传统材料体系不一致，专用材料数据库尚未建立，增材制造工艺和质量验收等标准也尚未建立，因此，关键零件设计过程中无数据可依，验收过程也充满了不确定性，无法对关键产品进行支撑。

② 轨道交通装备增材制造应用前景和发展趋势。

根据前述，国内外轨道交通装备制造企业结合金属增材制造的特点和各自的现实需求，已开展了应用研究探索，验证了该技术在零部件减重、质量提升以及高性能修复方面具有很大优势。在其主要的应用前景中可以从以下几个方面进行分析。

零部件的创新设计。利用增材制造技术，可以实现传统铸锻焊制造方法无法达到的轻量化、一体化的优点，能够在很大程度上满足未来轨道交通装备定制化制造模式以及产品轻量化、高性能的需求。

零部件的快速制造。增材制造技术辅助轨道交通零部件的快速开发，能大大缩短开发周期和降低成本，由于增材制造技术无须制造模具、刀具和夹具，省去了零件图形转换、模具设计与制造以及切屑、锻造和铸造等烦琐的加工工序，极大减少了人力和物力的投入，并显著缩短周期。与传统制造技术相比，增材制造技术可以实现复杂结构加工和无模具制造、个性化定制、多零部件和多材料的整合。

零部件的修复。增材制造在损伤零部件高性能修复中的应用能够很大程度地延长零部件使用寿命，降低企业维修成本。

零部件的快速维护。针对轨道交通装备中形态各异的零部件，增材制造的优势在于小部件加工精准、快速。利用增材制造技术来制造易磨损、加工工序复杂的零部件，能够实现即刻设计、即刻生产，同时如果利用增材制造技术对存在隐患的零部件进行修复、固化等处理，可以提高零件的维护效率，并降低其维护成本。若未来可以实现大规模地使用增材制造技术生产与维护零部件，将大大提高列车检修效率，同时延长零部件的使用寿命。例如，将3D打印的列车座椅扶手安装在老旧列车上，由于老旧列车上扶手为过时的零件，生产大约需要两个半月的时间，而且还需要进行开模制造，费用高，而利用3D打印技术只需一周就能完成，交货时间减少了94%，费用降低了99%。

尽管目前增材制造技术的深入研究尚在进行中，并且作为未全面推广的新兴制造技术，存在一定的成本和效率问题。但总体来看，增材制造技术发展迅速，具有巨大应用潜力。随着对技术优势更深入地了解，以及原材料种类、设计拓扑优化、检测认证以及标准化体系的进一步成熟，未来增材制造技术将会成为轨道交通装备设计、开发、制造过程中的主要载体之一，用于辅助突破传统铸锻焊制造技术的发展瓶颈，其在轨道交通装备领域的应用将更为广泛，成为实现轨道交通装备轻量化、绿色化、智能化的重要制造技术。

③ 轨道交通装备增材制造产业发展方向。

根据轨道交通装备的特点，轨道交通装备增材制造产业的发展主要可以从以下4个方向考虑。

快速研发中心。轨道交通产业发展迅速，为了适应国内外市场的需求，样车的试制任务成倍增加。样车的试制周期影响了整个项目的实施周期。增材制造技术非常适合用于产品的快速研发，能在最短的时间完成样车的试制和关键零件的设计迭代，同时节约了模具生产的时间和成本。建立基于增材制造的快速研发中心或联合国内增材制造企业建立快速研发网络，可以服务各主机厂的设计研发部门，使新车型的研发周期缩短，并降低研发成本。

零部件制造产业。增材制造作为颠覆性制造技术，在国家的大力发展下，未来5～10年内技术成熟度将会进一步提高，使用成本也会降低，随着标准的进一步建立，其在轨道交通零部件的制造中必然会获得越来越多的应用。一列高速列车有10万余个零部件，其中包括制动系统、牵引系统、走行系统等多个复杂系统。目前来说，大量基于传统方式制造的零部件已经很难再进一步轻量化，同时，多焊缝的焊接质量问题也时常发生。在一些高性能要求、高附加值的零部件制造中，利用增材制造技术突破设计局限，采用一体化及轻量化设计，可以提高复杂构件的性能；结合经济可行的批量化增材制造，可推广应用于量产车型，形成在传统制造外的新质生产力。

修复及再制造产业化。我国轨道交通目前高速列车装备保有量超过3500余列，其他机车、货车、客车保有量更是超过50000余辆。随着行业周期变化，大量车辆将达到报废年限。同时，在正常运行过程中车辆的维保也产生了大量的损伤报废零件。未来5～10年，作为实现绿色循环制造、降低成本的重要技术手段，基于增材制造技术的轨道交通装备修复及再制造意义将逐渐凸显。从短期来说，轨道交通装备的修复，主要包括机座止口、电机转轴、吊臂、曲轴等部件的缺陷修复。从长期来看，车轴、轮对、转向架等关键走形部位的修复甚至是整车的再制造评估将会形成另一个应用产业。

跨区域快速维保产业。随着我国轨道交通的快速发展，以及轨道交通国外业务的拓展，快速维保受到用户的广泛关注。中车目前已在亚非拉多地出口了大量机车车辆，但受当地产业情况，大量零部件无法做到实时维护，有些出口机车年代久远，部分零件也已不生产。采用增材制造方式，可实现基于数据库存的零部件快速制造和维保，如对客车座椅、扶手、挂钩等内饰件以及轴承端盖、门锁销等非关键零件进行快速增材制造及更换，这将显著提升用户体验，提高维保效率。

1.3.4　核能领域

核能技术创新研发一直以来面临着研发、验证周期长，投入高等典型问题，增材制造有望解决这些问题。增材制造快速制造原型和模具的特点为设计快速迭代提供了极佳的便利条件。通过增材制造实现原型、试验样件、模具、工具等的快速制造，可显著缩短研发周期，降低研发成本，实现设计、试验的快速迭代和优化，提高新产品开发能力，从而实现不断推出新的产品。

（1）增材制造技术在核能领域的研究与应用价值

① 创新设计引领核能装置性能跃升。

在新时代，核能的应用场景得到了极大的拓展，先进核能的应用需求对装置的经济性、可靠性、小型化、紧凑化提出了更高的指标。基于传统技术开展核能装置的设计优化已难实现大幅提升，而基于增材制造思维的设计则可能为核能装置的性能提高、重量和体积减小带来全新的解决方案。以核能换热设备为对象，核动力院利用增材制造技术已实现重量和体积80%以上的降低，增材制造技术在核能设备性能提升方面的价值已得到充分体现。后续基于增材制造思维的设计理念从部件向设备、系统等更高层级推进，从更高的视角全面审视增材制造技术的价值，有望带来核能装置设计的二次革命，实现核能装置性能的跨越式提升。

② 微区冶金破解核能材料难题。

核能传统制造中，材料通过熔炼、铸锭、锻造、热处理、机加工等流程制造，受传统制造物理机理限制，材料均匀性的控制难度大，且材料性能难以进一步提升。尤其是核能大型锻件，其厚度可能厚至1 m，材料芯部和表面的化学成分、组织性能差异将非常显著，造成其成品率难以提高。增材制造的材料性能形成则是一种全新的模式，将可控的能量集中投射到微小区域内，通过微区内材料的可控熔化及凝固过程，可获得高性能材料。增材制造技术天然具有更好的材料均匀性，微区冶金的原理使材料性能摆脱了部件厚度的限制，快速制造的特性可大幅缩短制造周期，更好的材料性能控制手段可以有效提高合格率，降低制造成本。增材制造微区冶金的特点、材料性能数字化调控的特性，可能为传统材料性能提升、新材料全新研发、高熵合金、梯度材料、超材料等的研发应用带来更好的解决方案，从而解决核能领域大量的材料难题。

③ 数字赋能创新核能装备制造范式。

核能装置的制造属于高端重型装备制造，传统制造技术工序复杂，且需要大量的工装模具，过程中会浪费大量材料，由此会导致制造周期的延长与生产成本的上升。增材制造可以实现净成形/近净成形，无须制造生产模具，工序极简，大幅节省原材料，节约制造过程中整体的能量消耗，从而将生产成本（尤其是小批量产品的生产成本）大幅度降低，这对核能制造从粗放型传统制造向绿色低碳可持续制造转型意义重大。

此外，核能装备性能要求高、批量小、监管严格、寿期（数十年）长，这使得核能装置的供应链安全一直备受关注。核能装置运行几十年后需进行维保时，原供方早已不存在的例子屡见不鲜。增材制造技术可以实现制造数字化，可以便捷地将模型、工艺等通过数据进行表达，基本摆脱对人员技术的依赖，制造流程由传统的冗长流程变为数字化的精减流程，可以便利地实现技术转移及存储，便于供应链的安全控制。

④ 解决核能装置运行维护问题。

修复/再制造技术是增材制造的关键技术之一，增材制造能量密度高，热影响区小，维修质量高。增材制造系统简单、布置灵活，无人操作，有望解决核能装置修复/再制造难题。增材制造的激光熔覆、冷喷涂等技术可以将耐磨、耐腐蚀的特种材料极薄涂层涂覆于基材表面，由于增材"微区冶金"机理，涂层致密且与基材结合紧密，不影响基材性能，从而可为驱动机构、泵、阀等运动部件的摩擦副耐磨问题，铅铋等特殊介质中材料的相容问题，设备内外表面在恶劣环境下的长期耐腐蚀问题提供更好的解决方案。

（2）增材制造技术在核能领域的研究和应用现状

① 国外核能领域增材制造技术研究和应用现状。

2017年，洛克希德-马丁公司受美国能源部委托发布了战略报告，美国开始系统推进增材制造在核能领域的研究应用。2017年，西屋公司打印了电站用燃料组件阻流塞，2020年5月4日，阻流塞在伊利诺伊州的Exelon Byron1号反应堆内安装，这是全球首个将3D打印燃料零部件安装到商业核反应堆的案例。2024年，西屋电气公司宣布完成了使用3D打印技术制造的第1000个燃料分流板。该燃料分流板安装于VVER-440燃料组件的底部，用于提高燃料组件的整体性能和坚固性。

美国通用电气-日立核能（General Electric-Hitachi，GEH）公司利用选区激光熔化打印技术进行原型设计，利用增材制造技术优势，改进了组件滤网设计，提高了其过滤异物的能力，显著降低了碎片接触燃料棒的概率，提高了组件可靠性，降低了运营成本。西门子公司将3D打印制造的核电站消防水泵用叶轮安装于斯洛文尼亚的亚克尔什科核电站。该核电站的叶轮零部件的生产企业已停业，通过3D打印技术来制造老旧叶轮替换件，被认为是解决核电站运营难题的有效方法。

2019年，美国橡树岭国家实验室开始推进"转型挑战反应堆"（Transformational Challenge Reactor，TCR）计划，该计划已完成了一个3D打印的核反应堆堆芯原型，TCR计划的最终目标是"用更少的部件，集成传感器和控制装置，制造出一个先进的、全尺寸的3D打印反应堆"。2021年初，美国橡树岭国家实验室与田纳西谷管理局联合制造的3D打印燃料组件通道紧固件安装到美国布朗斯弗里核电站。传统部件由铸件制成，需要精密加工，使用3D打印技术后不需要后续精加工，有助于降低成本，并保持核电站的安全性和可靠性。

2022年，由美国能源部（United States Department of Energy，DoE）组织推进了核能先进材料和制造技术（Advanced Materials and Manufacturing Technologies for Nuclear，AMMT）计划，并发布了路线图。此举标志着美国已完成核能领域国家层面增材制造研究布局，核能领域成为下阶段增材制造研究的重点推动领域之一。

俄罗斯国家原子能集团公司（Rosatom）也在增材制造技术上进行布局。2017年组建了俄罗斯博奇瓦尔无机材料研究所（VNIINM），致力于研究使用3D技术打印核燃料组件零部件：首端、柄部、支撑栅格板和碎片过滤器。该研究所认为，上管座、支撑板、过滤板等燃料零部件使用现有方法制造难度较大，而使用3D打印技术可以获得拥有独特设计的产品。2018年，俄罗斯原子能增材技术公司成立，专门负责3D技术研发，并制定核工业3D打印技术发展路线图和战略。2020年，俄罗斯原子能增材技术公司启动位于莫斯科的首个3D打印技术中心。这是俄首次使用国产设备建设的3D打印技术中心，将主要开展3D打印技术的测试和示范工作。

法国法马通公司于2015年开始布局和研究增材制造在核能领域的应用，包括为压水堆、沸水堆和VVER机组生产燃料组件，专注于不锈钢和镍基合金燃料组件的增材制造。2020年11月，法国法马通公司通过增材制造技术生产的燃料组件在瑞士戈斯根（Goesgen）核电厂完成首个辐照检测周期。

② 国内轨道交通装备增材制造技术研究和应用现状。

近年来，国内核能行业企业/研究机构针对增材制造技术积极开展了多项研究探索。

中核北方核燃料元件有限公司尝试了CAP1400型燃料组件的管座样品打印，中核建中核燃料元件有限公司尝试了CF3型燃料组件的下管座样品及镍基合金格架样品打印。2021年，基于核动力院提出了下管座创新设计，中核建中开展全尺寸燃料组件下管座增材制造，并安装于模拟燃料组件上。

中国科学院合肥物质科学研究院以中国抗中子辐照钢（China Low Activation Martensitic steel，CLAM钢）为原材料，通过3D打印技术开展聚变堆包层部件的试制，并对其组织和性能进行了研究分析。深圳大学与西南物理研究院合作，围绕核聚变堆第一壁CLF-1钢构件的LPBF及其组织性能调控开展了系统研究工作。

2016年，中广核利用增材制造技术开展了核电站复杂流道仪表阀阀体试制。2018年，中广核联合南方增材，为大亚湾核电站制造了压缩空气生产系统中的SAP制冷机端盖，解决了该系统制冷机端盖国外厂家设备改型、备件无法供货的难题。2020年，中广核使用增材制造技术制造了冷却剂滤网，并应用于红沿河核电站。

核能水泵研发中，利用增材制造技术支撑开展快速研发迭代，研发迭代速度提高80%以上，成本降低80%以上；在数字化仪控系统（Digital Control System，DCS）生产研发中，采用非金属3D打印开展光缆终端接线盒的研发验证，大幅缩短采购和加工周期，降低机械加工成本，提升研发效率，减少设计失误。在核电稳压器大流量喷雾头、蒸汽发生器汽水分离器、阀门等的研发中，也通过广泛采用增材技术，大幅加快了增材制造快速迭代研发。

中国核动力院依托工信部3D打印一条龙应用示范项目，完成了工业级增材换热器制造及传热性能试验验证，实现了产品全数字化供货。与完成相同功能的传统换热器相比，重量、体积、制造周期等指标的数值降低80%以上，制造成本也相应降低。目前增材换热设备已在多个项目中完成实际应用。此外，针对堆芯围筒、燃料定位格架、事故水箱热管换热单元、仪控插件盒等也开展了基于增材制造思维的设计研究，掌握了关键技术，实现了性能提升。

1.4 技术发展综述

（西安交通大学 连芩 李涤尘）

2022—2023年期间，世界各国在增材制造领域基础研究方面取得了显著进展，我国在增材制造领域的研究非常活跃，特别是在新材料、生物医学领域表现突出，并显示出多家研究机构合作研究的新形势。下面以影响力较大的研究成果，从金属类3D打印、聚合物类3D打印、无机矿物/陶瓷类3D打印、生物类3D打印及其应用几个方面进行详细介绍。

1.4.1 金属类

2023年，*Science*报道，美国弗吉尼亚大学Sun Tao团队发现Ti-6Al-4V激光粉末床熔融过程中存在两种匙孔振荡行为。多孔性缺陷是目前基于激光的金属增材制造所面临的主要挑战之一。一种常见的孔隙发生往往由于激光能量输入过多，在不稳定的蒸汽中形成凹陷区（即匙孔）。通过机器学习技术，该团队开发了一种实时监测随机匙孔孔隙率的方法。这种基于机器学习的激光粉末床熔融孔隙形成实时监测的方法，包括高速同步X射线成像、热成像和多物理场模拟。该方法具有亚毫秒级的时间分辨率和接近100%的预测率，通过机器学习辅助实时监测激光粉末床熔融工艺中的匙孔生成，可以在航空航天关键部件和其他金属部件中更好地拓展增材制造技术的应用，其便捷性和实用性将促进其在商业系统中的拓展应用。

2023年，*Acta Materialia*报道，浙江大学刘嘉斌联合湖南大学等单位采用激光熔覆沉积（Laser Cladding Deposition，LCD）技术制备了难熔高熵合金TiZrHfNbx（x= 0.6、0.8、1.0）。难熔高熵合金（Refractory High Entropy Alloys，RHEAs）具有高熔点、高强度、高硬度优势，但也造成其采用传统的冶金、铸造、机械加工等技术难以甚至无法成形复杂结构零件，因此提高RHEAs的延展性是解决其无法投入应用市场的关键。该研究提出增加Nb含量可以稳定BCC相，抑制ω相的形成的工程策略，将力学性能从脆性断裂转变为韧性断裂。研究发现利用LCD制备的TiZrHfNb合金的室温拉伸屈服强度为1034MPa，延展性为18.5%。固溶强化有助于提高拉伸屈服强度，局部化学成分波动促进位错相互作用，产生较大的延性。这一研究解决了LCD制备RHEAs延展性差的问题。

采用LCD成形延性RHEAs技术对于核工程、航空航天、武器装备等领域的耐高温核心构件的制造具有突出优势，并可为这些零件的制造带来颠覆性的创新思路。对该技术的材料和工艺开展基础研究具有重要科学意义和工程价值，为我国高端装备制造提供坚实保障和技术支撑。

2023年，*Acta Materialia*报道，天津大学马宗青团队在激光增材制造过程中，将锆（Zr）引入镍基超合金中形成连续的树枝状间液膜，通过液体回填以及偏析相网络减轻热应力，从而消除热裂纹。研究者发现，当含量达到1wt.%时，连续的金属间Ni11Zr9偏析相装饰了晶胞边界，并且在打印的Haynes 230镍基合金中完全消除了裂纹，如图1.37所示。研究发现虽然添加Zr会增加晶间液体的体积分数，相当于增加了微结构中脆弱区域的数量，但当这些区域的应力得到缓解时，热裂纹也会受到抑制。因此，可以合理地假设残余应力可以在晶间液体/相之间分担，从而减轻晶界处的残余应力集中。

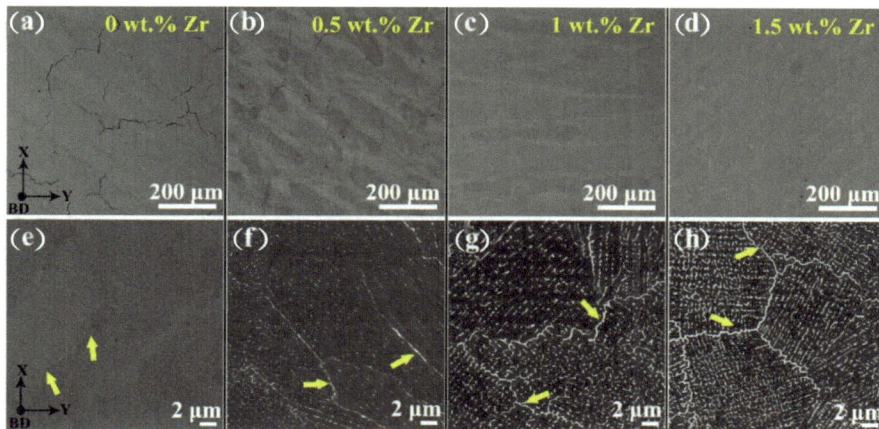

图1.37　不同Zr含量Haynes 230样品（箭头所指为细胞晶界）

合金中观察到的强度大幅提高归功于金属间Ni11Zr9的连续网络，这种网络可以作为"骨架"，在塑性变形过程中起到阻挡位错运动的作用，显著提高了打印样品的屈服强度50%以上。经过适当的热处理后，Zr 改性 Haynes 230 合金显示出非凡的强度和塑性组合，优于之前报道的 Haynes 230 合金。该研究为激光增材制造具有优异机械性能的无裂纹合金提供了一条新的合金设计路线。

1.4.2 聚合物类

2023 年，*Nature* 报道，哈佛大学珍妮弗·刘易斯团队开发了一种旋转多材料异质螺旋结构3D打印方法。螺旋结构在自然界中普遍存在，并具备独特的机械性能和多功能性。例如，肌动蛋白和原肌凝蛋白在骨骼肌细丝中的螺旋状组装实现了骨骼肌的高收缩力和特异性工作能力，植物的嗅觉运动源于植物细胞壁内螺旋排列的刚性纤维素纤维。目前制造螺旋结构的方式有缠绕、扭曲和编织单个细丝、微流体，自成形，以及打印等方法，然而，这些方法无法实现局部可编程的多材料螺旋结构的制造。

哈佛大学珍妮弗·刘易斯团队开发了一个旋转多材料3D打印（Rotating Multi-material 3D Printing，RM-3DP）平台，通过控制多材料喷嘴旋转的角速度与平动速度的比值，创建了具有可编程螺旋角、层厚度和多材料界面面积的螺旋细丝。研究者通过将打印喷嘴与电机耦合实现了喷嘴以角速度 ω 的自由旋转。打印喷嘴具有"壳-扇-芯"几何结构，其中"扇"层设计了异质结构。在打印螺旋结构的细丝时，喷嘴旋转的角速度与平动速度之比 ω/v 决定了螺旋结构的理论螺旋角 $\phi(r) = \tan^{-1}(r\omega/v)$，其中 r 代表径向位置（$r = 0$ 表示喷头中心）。改变打印头和平动方向的夹角可进行原型打印、倾斜打印和垂直打印 3 种构型的打印。为了使垂直打印的细丝具有机械稳定性，打印头配备了紫外线灯，以便在材料挤出过程中将其固化。

研究者以黏弹性聚二甲基硅氧烷（Polydimethylsiloxane，PDMS）墨水为例，研究了打印构型、喷头角速度 ω、接收距离 h 和材料挤出流量 Q 对打印的细丝和其中的亚体素几何形状的影响。在原型打印时，h 和 ω 的高值导致细丝变成非圆柱形或偏离打印路径；在亚体素水平上，高 ω 和低 h 时亚体素显示出翘曲的螺旋结构，这种翘曲效应在倾斜打印时显著减少；倾斜打印的 $h* = 1$ 时观察到最佳的长丝和亚体素几何形状。为了进一步证明对亚体素化细丝的方向进行局部编程的能力，研究者打印了具有 ω 梯度、ω 开关和交替手性的细丝，并使用螺旋打印路径分别进行了无螺旋结构、分层螺旋结构和外部保持蓝色材料痕迹的结构。研究者通过RM-3DP 平台实现了任意一维、二维和三维图案的合成多材料螺旋细丝的可编程制造，并在后续制造了由高保真度的螺旋介电弹性体驱动器和嵌入介电弹性体基质中的可单独寻址的导电螺旋通道组成的功能性人造肌肉，为制造多功能材料的复杂仿生结构开辟了新的途径。

2023 年，*International Journal of Extreme Manufacturing* 报道，华中科技大学曾晓雁团队提出将熔融沉积成型和激光活化金属技术结合，在3D打印的PEEK零件上创建三维共形金属图案的复合增材制造。熔融沉积成型PEEK基板不可避免地存在缺陷，如印刷边框和孔隙，具有较低表面质量，导致沉积铜（Cu）图案精度较低。研究发现熔融成型PEEK基板的打印纹理和孔隙会导致导电镀层精度下降，为了克服上述问题，引入一种可去除的疏水涂层，如图1.38所示。在激光活化金属之前对熔融沉积成型PEEK基板进行疏水处理，以改变其表面性能，最终将沉积的铜线分辨率提升至60μm，进而获得了高精度的三维共形电路。这为三维电子器件的一体化制造提供了一种可行性方法，该复合增材制造技术在多层异质材料叠层制造、孔内金属化以及高密度多层互联领域具有广阔应用前景。

2023 年，*Composite Structures* 报道，华中科技大学汪涛团队采用3D打印和丝网打印技术制备了一种集成的轻量化梯度蜂窝元结构（Gradient Harmonized Mechanism，GHM），并开展了拓宽传统微波吸收器带宽的研究。材料是拓宽传统微波吸收器带宽的一种有效手段。电路图案的添加可以进一步调节电磁性能可调，现有研究通常使用电阻墨水或铟锡氧化物（Indium Tin Oxide，ITO）薄膜作为超材料单元的电路成型材料。但大多数超材料吸波器的设计仍然难以在实践中应用。该研究利用等效电路法分析了分隔开的蜂窝元结构与互相连接的蜂窝结构（Honeycomb Structure，HS）的区别，证明了蜂窝元结构通过单胞之间的间隔提升了等效电容，降低了谐振频点，从而实现工作频带的低频移动。但是冠层高度模型（Canopy Height Model，CHM）的各个单元之间没有连接，这导致CHM的力学性能要弱于纳米压痕硬度测试（Nanoindentation Hardness Measurement，NHM）。为了同时获得优异的吸收性能和力学性能，设计了一种新型的梯度蜂窝元结构，并采用FDM技术制备蜂窝基板，通过丝网印刷技术将频率选择表面（Frequency Selective Surface，FSS）印刷在蜂窝基板的顶部。

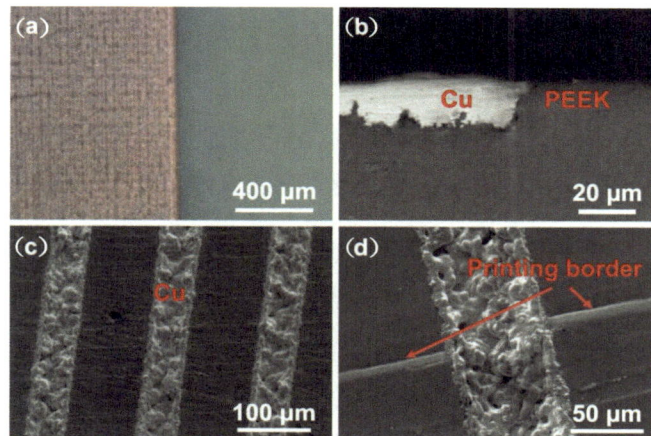

图1.38 疏水涂层辅助激光活化金属化铜层

测试结果表明在5.5～17.5GHz范围内，该元结构的反射率低于10dB，电磁共振吸收带宽达到105%。实测结果与仿真结果吻合较好。压缩实验表明该元结构的屈服极限达到13.04MPa，说明该元结构适用于大多数压力环境。综上所述，所提出的元结构具有薄、轻、优异的力学性能和宽带吸收性能。

2022年，*Acs Applied Materials & Interfaces* 报道，北京科技大学白洋团队开发了基于手性和反手性结构的可编程机械超材料，该结构由弯曲的双材料肋单元构成，表现出了可控的负泊松比（Negative Poisson's Ratio，NPR）及热膨胀变形。随着技术的发展，包括精密制造和复杂机械系统在内的高精度设备需要更好的稳定性来抵抗热和机械扰动。机械超材料的出现提供了一种解决该问题的方案，通过设计一些特殊微结构可以使材料实现许多反直觉变形，例如NPR及负热膨胀（Negative Thermal Expansion，NTE）。其中，NPR材料具有良好的抗压强度和高冲击能量吸收特性，而NTE材料可通过与正热膨胀（Positive Thermal Expansion，PTE）材料结合来消除热应力。许多工作已经证明了NPR或NTE的各种设计，如手性结构和蜂窝结构被提出可同时拥有NPR和NTE。然而，这些关于双重反直觉变形的开创性工作大多基于理论分析和仿真，相应的实验研究还很少。该研究中的超材料热膨胀取决于其内所包含的双材料肋的材料种类、肋的几何参数，超材料NPR主要由肋的弧度决定。通过多材料3D打印制造了所设计的机械超材料，其表现出了与有限元分析结果一致的反直觉变形行为。

基于像素化和代码设计实现了具有定制参数的任意各向异性热变形，以适应任何形式的热应变并消除热应力。所设计的可编程NPR和多模热变形的二维机械超材料不仅具有可调值的NPR，还可以表现出CTE在负值、接近零值和正值范围内的各向同性热变形，以及结合均匀、剪切和梯度形式的各向异性热变形，可用于特定的工程应用，包括消除热应力、形状变形和智能制动器等。

2022年，*Chemical Engineering Journal* 报道，中国科学院吴立新团队提出了一种通过牺牲3D打印模具工艺制备3D智能复合结构的新方法。在牺牲模具后，获得了环氧树脂/碳纳米管复合材料（Epoxy Resin，EP/

Carbon Nanotube Composites，CNTs）的精细三维智能结构。光固化3D打印智能结构为智能器件的生产提供了新的解决方案，通过将单层光敏树脂材料固化并累积起来的方式可以制造结构更加复杂的材料，但材料的类别局限于光敏树脂；纳米颗粒可以赋予材料功能，但是具有高紫外线吸收率的纳米颗粒与光固化3D打印不兼容，不能作为打印材料。为了结合光固化3D打印工艺与纳米颗粒材料的特性，研究人员首先将具有可水解的缩醛基团双官能丙烯酸酯单体TBMMA与交联剂4-丙烯酰吗啉（4-Acryloylmorpholine，ACMO）混合，打印构建牺牲热固性模具，然后制备出具有动态二硫键的环氧树脂/碳纳米管复合材料，将复合材料倒入模具中并加热，此时复合材料固化，而模具由于热固性不会熔化；随后将结构浸泡在乙酸溶液中，模具逐渐水解，得到内部的复合材料模型。

通过牺牲模具制造的环氧树脂/碳纳米管复合材料实现了形状记忆功能和自愈合特性，为3D打印制造智能材料提供了新思路，丰富了材料选择，这将极大地扩展3D打印智能结构在尖端领域的应用。未来有望通过不同的材料组合实现更复杂的功能，使得材料变得越来越"智能"。

1.4.3 无机矿物/陶瓷类

2023年，*Science*报道，加州大学J.Bauer团队提出了3D打印纳米级透明玻璃的低温无烧结工艺。硅玻璃的光学透明度和机械性能十分优异，在微光学、微机电（Micro-Electro-Mechanical，MEM）系统、微流控和生物医学等领域应用广泛。该团队主要采用多面体低聚硅氧烷（Polyhedral Oligomeric Silsesquioxane，POSS）树脂进行自由形态熔融二氧化硅纳米结构的无烧结、双光子聚合。与牺牲性粘结剂相比，POSS树脂本身构成了一个连续的硅氧分子网络，在650℃下就能形成透明的熔融二氧化硅，这一温度比将离散的二氧化硅颗粒熔融成连续体的烧结温度低500℃。

该技术使用了商业TPP打印系统进行打印。当树脂被滴在熔融石英或硅基材上时，物镜将超快脉冲激光束聚焦到树脂中。在聚焦范围内，光引发剂分子同时吸收两个光子，使其同质裂解并形成两个自由基，进而引发单体丙烯酸酯基团的交联，将树脂转换为固体网络。通过振镜对聚焦激光束的面内扫描和压电样品台的三轴运动打印出三维结构。打印完成后，用异丙醇处理剩余的未固化树脂。风干后在空气中经650℃热处理去除有机化合物。

综合热重分析（Thermogravimetric Analysis，TGA）、差示扫描量热法（Differential Scanning Calorimetry，DSC）和质谱分析以及显微拉曼光谱法和透射电子显微镜（Transmission Electron Microscope，TEM）的结果证实了在空气中仅650℃的适度热处理就能将POSS树脂转化为纯熔融石英。在415℃、480℃和595℃有3个质量衍生峰，与热流数据中的3个放热峰相关。这些峰分别对应3个连续的反应阶段，这是高交联丙烯酸聚合物热氧化降解的特征。在650℃以上，TGA和DSC没有任何明显的变化，表明所有有机成分完全挥发，留下了无机物。此外，研究人员还利用该材料制造出了具有优异光学性能的石英玻璃微光学元件，用于成像和光束整形的透镜系统。这种无须烧结、低温实现3D打印硅玻璃的技术，是基于POSS树脂的TPP打印技术，有助于重新定义石英玻璃的制造模式，并突破了主导该领域的基于颗粒熔融方法的基本限制。

2022年，*Science*报道，美国加州大学郑小雨团队以增材制造技术为核心的制造路线，完成了一种本体感受性三维结构机器人超材料。这是一类能够以多个自由度运动，在规定方向的应变放大，从而实现具有自我感知和反馈控制的编程运动。

机器人技术如今已成为机械工程、计算机和自动控制等多个领域的热门研究方向，而传统的电力驱动、热力驱动和液压控制等技术在很多应用场景下具有不可避免的局限性。然而目前压电驱动器由于自然环境下晶体结构的限制，在各个方向上电场响应的应变不同，难以实现多自由度的变形和运动，从而在应用上增加了难度。

该团队引入了一种策略来在三维空间中构建压电、导电和结构相。通过多材料的增材制造技术将压电相、结构相和导电相组装成复杂的三维微结构：首先将带负电荷的树脂和高负载的纳米粒子胶体选择性地沉积到平台上，然后将导电相选择性地沉积到树脂上，形成带有立体微结构的电极；接着在高温下通过强电场通过沉积的金属使结构的压电陶瓷极化，极化后，未被电极覆盖的区域保持未极化的状态，并被用作结构相。而其他陶瓷（如碳化硅）也可以作为结构相，以提高超材料的刚度。这种制造方式实现了精确、低孔隙率和微尺度结构的装饰有导电金属并具有压电特性的3D陶瓷晶格。通过嵌入电极的微结构实现了应变放大、应变复合和应变加减。机器人可通过逆压电效应实现运动，通过压电效应实现自身感受并通过外部监测信号实现反馈控制。

基于这种压电驱动器特性将压电驱动器模块组装后形成的运动结构可以实现自主移动，感知周围环境变化并做出适当反应，该结构表现出优于传统压电材料的压电特性。在集成了超声波模块之后，微型机器人能够自主地检测障碍并且实施避障操作，从而实现自主决策。该研究有望在智能传感、自主探测和机器人智能控制等方面有所突破。

2023年，*Nature Communications*报道，江南大学刘仁团队提出了一种新的陶瓷增材制造技术，将直接墨水书写与近红外光诱导转换粒子辅助光聚合相结合，实现了无支撑、多尺度、大跨度陶瓷的NIR-DIW 3D打印技术。陶瓷由于具有高强度等优势，在航空航天、生物医学工程和其他领域得到了广泛应用。然而，受限于陶瓷材料固有的硬脆性，传统的工艺难以实现复杂零部件的精密快速制造。增材制造技术提高了陶瓷的设计自由度，为高性能陶瓷材料的制造提供了革命性的动力。尽管立体光刻、数字光处理等成熟的工艺可以制造出分辨率和生产率更高的陶瓷零部件，但仍存在一些挑战。比如由于重力的作用，如果不使用额外的支撑结构，很难通过增材制造技术直接生产具有大跨度或异形结构的陶瓷零部件。

研究人员发现浆料对紫外光的衰减明显大于对近红外光的衰减，在相同参数条件下近红外光打印效果更好，结构的中心位置实现了完全固化。利用不同的近红外光强度在3s照射下测试了浆料的固化厚度，可以看出这种由光固化聚合物和陶瓷粉末组成的浆料可以在近红外光下快速聚合，从而使挤出的细丝在原位固化。进而，研究人员制作了图1.39所示的具有挑战性的独立物体。该研究表明在没有任何支撑材料的情况下独立结构打印出来，使用NIR-DIW快速打印具有大规模线条特征和多尺度调节灵活性的陶瓷结构是可行的。

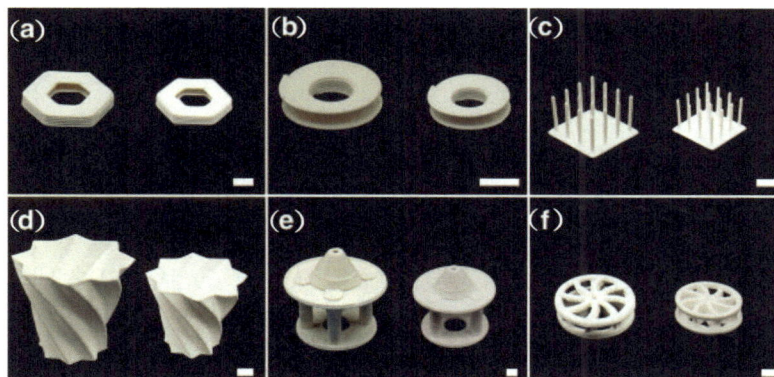

图1.39 使用NIR-DIW技术打印的物体

2023年，*Composites Part A*报道，西安交通大学李涤尘、鲁中良团队开发了一种基于热辅助挤压的连续碳纤维增强SiC复合材料3D打印技术。碳纤维增强碳化硅（SiC）陶瓷复合材料被广泛应用于航空航天、地面运输和核工业。然而现有工艺往往需要使用复杂的模具、进行二次加工和密集的劳动；同时日益复杂的复杂结构成型需求急需高设计自由度、高成本效益的自动化制造工艺。该研究开发了一种基于热辅助挤压的3D打印系统和热塑性SiC墨水。热塑性SiC油墨可通过改变SiC晶须的含量来改变其黏度、触变性和打印适性。在熔融状态（75～85℃）表现出剪切减薄的特性，黏度和存储模量随SCW含量的增加而增加。在室温下，熔融油墨与玻璃基板之间的接触角达到120°。此外，建立了油墨成分、喷嘴结构和可打印性之间的相关性，表明通过选择适当的晶须含量和同轴喷嘴可以最大限度地减少纤维在细丝中的偏差。通过优化油墨成分和喷嘴结构，实现了打印材料尺寸精度和机械性能之间的平衡。结合聚合物浸渍裂解（Polymer Infiltration and Pyrolysis，PIP）工艺复合致密化的试样，其最大抗弯强度为149.1±8MPa，断裂韧性为5.32±0.4MPa·m$^{1/2}$。

2023年，*Additive Manufacturing*报道，南方科技大学葛锜团队基于三周期极小曲面（Triply Periodic Minimal Surfaces，TMPS）结构理论和光固化3D打印技术设计和制造了超强、耐损伤陶瓷。该研究通过有限元分析（Finite Element Analysis，FEA）计算了Schwarz P、Gyroid、I-WP、具有不同相对密度的八边形桁架等4种类型的单胞力学性质。发现在4种结构中，Schwarz P结构表现出最好的机械性能。随后使用光固化3D打印技术和ZrO$_2$陶瓷浆料获得陶瓷素坯，经烧制后获得陶瓷样品。

Schwarz P结构的陶瓷单轴压缩试验显示，当沿纵向施加载荷时，相对密度57.58%的结构抗压强度达到418MPa。当沿横向施加载荷时，该结构表现出超高的机械性能，相对密度57.58%的结构抗压强度高达710MPa。利用显微CT成像和原位压缩试验，揭示了Schwarz P结构超强性能的来源于3D打印逐层堆叠的台阶效应。这些台阶导致裂纹产生并沿着打印层的方向扩展。该研究通过在横向加载方向上对陶瓷结构的循环单轴压缩试验表明，这些结构具有良好的损伤容限，当28%的结构已经损坏时，它们可以承受重复荷载20次，即使损伤高达44%也能承受载荷而不失效。陶瓷对裂纹敏感，对于复杂多孔陶瓷中存在的微小缺陷，可能导致其机械性能的严重恶化，突然断裂和灾难性故障会带来巨大的安全隐患，难以应用于可靠性高的领域。该研究提出的超强、耐损伤陶瓷结构可以降低灾难性断裂的风险，在工程应用中具有巨大的潜力。

2022年，*Additive Manufacturing*报道，深圳大学曹继伟、陈张伟等开发了一种将粉体表面预氧化与光固化3D打印技术结合制备碳化硅材料的方法。目前氧化物陶瓷（如氧化铝、氧化锆、氧化硅）等材料的光固化3D打印技术较为成熟，而碳化硅陶瓷材料相比氧化物陶瓷具有更高的紫外线吸收率，从而导致光固化成形过程中紫外光无法穿透较厚的液态陶瓷浆料，造成固化单层厚度不足，难以打印大型复杂零件，并且影响层间结合强度，成形件性能较差。该研究将碳化硅粉体在1200℃下预氧化4小时，形成了由二氧化硅壳层包裹的碳化硅粉体。随后将该粉体与光敏树脂混合制成陶瓷浆料。这种陶瓷浆料对405nm紫外光的吸收率从0.36下降到了0.28，从而使紫外线对陶瓷浆料的投射深度从6.32μm上升到了12.82μm，大幅增加了打印的单层厚度。随后，通过两步法烧结转化为碳化硅零件，其氧含量为2.08%，证明了该方法成形高纯度碳化硅材料的能力。该团队使用上述方法成功打印了多种碳化硅陶瓷构件，证明了这种工艺具备稳定成形复杂零件的能力，对未来发展高精度、大尺寸的碳化硅陶瓷光固化打印技术具有重要的推动作用。

2022年，*Additive Manufacturing*报道，天津大学郭安然团队开展了光固化3D打印复杂结构莫来石纤维多孔陶瓷技术。莫来石纤维基多孔陶瓷通常由随机分布的莫来石纤维和高温粘结剂混合烧结制备而成，目前主要通过模具成型法制备，难以实现结构复杂的高性能绝热保温陶瓷零件的制备。该团队将羟基硅氧烷HPMS-KH570与莫来石纤维混合制成液态浆料，然后利用光固化3D打印技术成型多孔陶瓷素坯，最后通过脱脂和烧结工艺制备具有宏微观一体结构的多孔莫来石纤维陶瓷样件。

不同工艺步骤下的莫来石纤维多孔陶瓷样件宏微观结构如图1.40所示。研究发现纤维长径比和固相含量是影响浆料特性的主要因素。当纤维的长径比在15～75时浆料的黏度和稳定性比较理想，当固相含量超过8.3%时浆料的黏度呈指数级增长。利用纤维长径比为45、固相含量为6.67%的浆料制造的莫来石纤维多孔结构的压缩强度和弹性模量分别达到0.47MPa和16.53MPa，密度为0.47g/cm^{3}时，室温热导率仅为0.11 W/（m·K），展现了优异的绝热性能，有望为新一代宏微观一体化绝热陶瓷零件的制备提供新的思路，并将为基于纤维浆料的光固化3D打印技术发展提供借鉴。

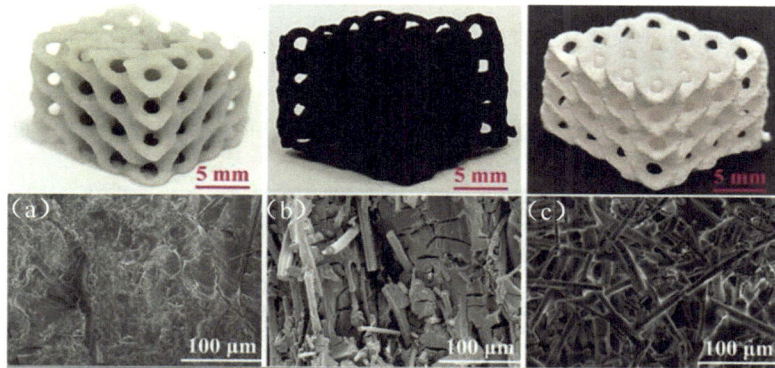

图1.40　不同工艺步骤下的莫来石纤维多孔陶瓷样件宏微观结构

2022年，*Additive Manufacturing*报道，清华大学吕志刚、胡可辉团队提出了一种基于DLP的高精度陶瓷多材料增材制造技术。考虑到陶瓷浆料的高黏度特性和材料易交叉污染的问题，通过引入一种柔性周期性循环制造工艺来实现陶瓷多材料增材制造：浆料涂覆-曝光-清洗-烘干。可以实现3种不同材料的集成打印，具体工艺流程为：首先根据多材料区域划分和切片处理结果选择目标材料，并将平台和投影屏移动到对应的材料工位进行单层曝光固化；然后抬升平台并判断是否需要切换材料，如果不需要切换材料则继续进行下一层曝光固化，如果需要切换材料则将平台依次移动到清洗、烘干和下一层材料对应的工位，如此循环往复得到多材料打印制件。利用该方法完成了高精度复杂结构多材料陶瓷样件（见图1.41）、功能性陶瓷-金属复合结构样件（见图1.42）的制备。所制备的多材料样件不仅展示了清晰的材料界面和精确的几何特征，而且在一定程度上拓展了材料的应用范围，有望在面向复杂功能的多材料集成零件制造领域发挥潜在优势。

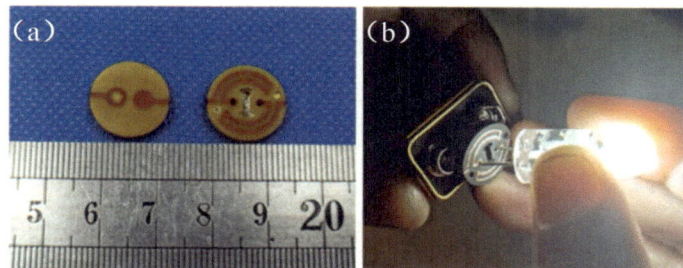

图1.41　复杂结构多材料陶瓷样件

图1.42　功能性陶瓷-金属复合结构样件

2022年，*Additive Manufacturing*报道，华中科技大学史玉升团队利用激光粉末床熔融（LPBF）方法制备了具有整体芯壳的氧化铝基陶瓷模具（Alumina-based Ceramic Mould，ACM）。研究了复合粉体中组分含量对流动性和堆积密度的影响，将复合粉体的优化配方确定为88wt%混合球形氧化铝（粗：细＝9：1）、12wt%环氧树脂E12和0.1wt%气相二氧化硅。通过真空渗透工艺改善了氧化铝陶瓷烧结后的力学性能和陶瓷浆料的固相含量。

经LPBF和后处理制备的氧化铝基陶瓷具有低烧结收缩率（1.51%～2.03%）、足够的表观孔隙率（30.82%±0.01%）和室温强度（未黏结试样为13.03±2.90MPa，黏结试样为9.72±1.34MPa）。进而利用优质的氧化铝基经铸造实验获得了高温合金涡轮叶片，如图1.43所示，验证了其可行性。该研究提供了一种利用LPBF技术制备高温合金涡轮叶片整体陶瓷模具的方法，是制备涡轮叶片大型复杂陶瓷模具的一种有前景的方法。

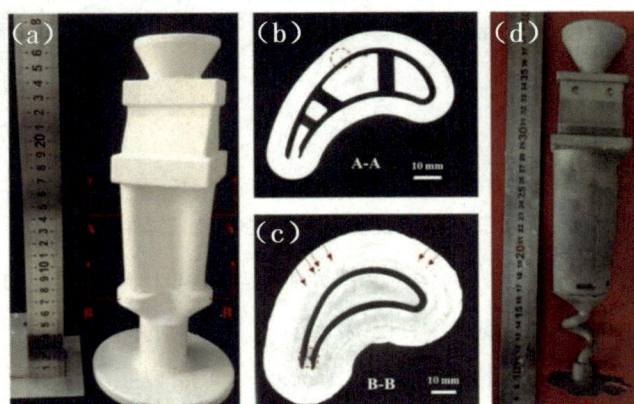

图1.43　利用LPBF技术制造的氧化铝基整体陶瓷模具与镍基高温合金涡轮叶片

1.4.4　生物类

2023年，*Science*报道，美国斯坦福大学鲍哲南团队提出了具有仿生感官反馈功能的全柔性电子皮肤系统。这是一种低电压驱动、可监测压力与温度并且能输出序列脉冲信号的可拉伸柔性电子皮肤系统。该电子皮肤系统没有任何刚性电子元件，可以模拟生物皮肤的感官反馈功能，包括多模态接收、神经样脉冲序列信号调理和闭环致动。

在机器人与医疗设备领域中，同时模仿天然皮肤的感官反馈和机械特性的人造皮肤具有很大前景。然而，电子元件通常由刚性半导体制成，并且它们只能在高电压下工作，这对可穿戴设备来说在便捷性和安全性上存在很大的不足。理想的柔性电子皮肤中的电子元件需要较低的工作电压和复杂的信号调理电路。降低驱动电压需要增加栅极电容，这需要具有高介电常数的薄介电层。作为介电弹性体的丁腈橡胶中的丁腈基团极化使其有较高的介电常数，但其磁滞大、迁移率低，对实现低驱动电压和高载流子迁移率形成了挑战。

研究人员提出的三层电介质通过超薄的非极性聚（苯乙烯-乙烯-丁烯-苯乙烯，Styrene Ethylene Butylene Styrene，SEBS）弹性体涂层钝化高介电常数丁腈橡胶，然后进行疏水性十八烷基三甲氧基硅烷（Octadecyltri-methoxysilane，OTS）分子修饰。相比于普通单层结构，该电介质载流子迁移率提高了约50倍，进而完成了可拉伸有机晶体管阵列，并进一步用于制造全柔性的集成化电子皮肤系统。该系统具有仿生感官反馈的功能和低驱动电压、高电路复杂性的特点，有助于皮肤义体、人机交互和神经机器人技术未来的发展。

2023年，*Nature Communications*报道，浙江大学顾臻、张宇琪等提出了一种具有编程功能的核壳结构微针阵列贴片（Programmed Function Microneedles，PF-MNs），可根据伤口的不同愈合阶段动态调节伤口免疫微环境，早期在活性氧的照射下产生活性氧（Reactive Oxygen Species，ROS），破坏细菌膜，随后对ROS敏感的MN壳降解暴露出核心部分，用以中和炎症因子、减轻炎症反应，同时释放维替泊芬，通过阻断成纤维细胞中Engrailed-1（En1）的激活来抑制瘢痕的形成。

研究人员利用小鼠和兔开展了PF-MNs对糖尿病等皮肤创面的修复研究。PF-MNs处理后的材料光照后对伤口愈合更友好，从定量的角度来看，PF-MN＋L组在治疗后的第3天和第7天创面闭合率分别为36.58%和76.46%，显著高于PBS处理的创面（分别为4.89%和56.95%）。PF-MNs激光照射处理的创面菌落数最少，细菌存活率为18.60%，表明其对细菌生物膜有效的抑制作用。对恢复的样本（35天后）进行切片染色分析发现，PF-MNs组抑制瘢痕增生效果最佳。该研究表明PF-MNs通过抑制促炎途径和促进皮肤重建途径来加速慢性伤口的愈合。这种核壳结构的贴片可以促进MRSA感染的糖尿病小鼠的慢性伤口愈合，也可以减轻兔耳瘢痕。

2023年，*Biofabrication*报道，上海交通大学医学院赵金忠团队与青岛大学等合作研制了一种高强度纳米微纤维编织支架，该支架具有天然的各向异性结构和免疫调节功能，可用于肌腱组织工程应用。肌腱是肌肉骨骼系统中提供正常关节功能的重要结缔组织，全球每年进行3000多万次肌腱相关手术，相关医疗支出超1400亿欧元。虽然由静电纺丝组织工程肌腱支架的设计和开发能够更好地仿生自然肌腱组织的大小、结构，诱导和加速受损肌腱组织再生。然而，其仍存在物理结构不可控、生化成分不合适和机械性能较差等问题，限制了静电纺丝的实际应用。为了解决以上问题，研究人员用纯聚L-乳酸［Poly（L-lactide Acid），PLLA］或丝素蛋白（Silk Fibroin，SF）/PLLA共混物制备了静电纺丝纳米纤维纱线，然后使用PLLA或SF/PLLA纳米纤维纱线作为纬纱，与商业PLLA微纤维纱线（作为经纱）交织，以产生两种新型的具有平面编织结构的纳米纤维支架（nmPLLA和nmSF/PLLA）。

体外试验表明，与mmPLLA和nmPLLA编织支架相比，具有排列纤维形貌的nmSF/PLLA编织支架显著促进肌腱细胞的黏附、伸长、增殖和表型维持，并且表现出最强的免疫调节功能，能够有效地调节巨噬细胞向M2表型发展。体内试验显示，与其他两组相比，nmSF/PLLA编织支架显著促进了跟腱再生，并且nmSF\PLLA组再生组织具有与天然肌腱相当的优异生物力学性能。总体而言，此研究提供了一种具有即用型特征的无生物策略，为受损肌腱修复的临床转化提供了巨大的信心。

2022年，*Acs Nano*报道，中山大学彭飞等人使用磁驱动生物混合微型游泳器结合近红外激光辐射实现了对肌肉的无线、精确激活。首先，将纳米颗粒涂覆在氯藻吡喃表面（Chlorella Pyrenoidosa，C.pyrenoidosa），赋予微型游泳器磁驱动和光热能力。然后，在弱旋转磁场的驱动下，生物杂交微型游泳器可以在体外导航并遵循复杂的轨迹。同时，微型游泳器可以通过远程操作准确地接近靶向C2C12衍生的肌管，然后在近红外刺激下有效地诱导肌管收缩，且局部温度升高约5℃。研究者利用该微型游泳器进行了小白鼠体外实验，在鼠腿内微型游泳器在150s内移动到所需的位置并开始刺激肌肉纤维收缩。

该技术可以应用于无线、精确、无创和生物相容的肌肉激活，为组织工程、仿生学以及各种医疗应用提供了一个智能平台。此外，这种多功能生物混合微型游泳器还可以作为活跃且精确的"贴片"，用于对细胞和组织进行局部刺激，特别适用于那些需要无接触、无创伤和精确刺激的情况。

2022年，*Acta Biomaterialia*报道，南方医科大学苗勇、胡志奇等开展的3D打印多层组织工程支架构建毛囊重建研究，不仅实现了体外毛囊结构的重建，并且通过动物实验实现了毛囊的再生和毛发的定向生长。首先挤出打印包含人脐静脉内皮细胞（Human Umbilical Vein Endothelial Cells，HUVECs）和成纤维细胞（Fibroblasts，FBs）的明胶/海藻酸钠水凝胶作为真皮层；然后在上方用同样的生物墨水挤出打印网格结构；之后在网格中先以液滴形式打印包含真皮乳头细胞（Dermal Papilla Cells，DPCs）的明胶/海藻酸钠水凝胶，构建毛囊附属器；再在毛囊附属器上面以液滴的形式打印包含表皮细胞（Epidermal Cells，EPCs）的明胶/海藻酸钠水凝胶，构建表皮层。打印后使用3%（w/v）的氯化钙溶液浸泡交联5分钟，之后对打印的皮肤进行2周的体外培养。

人们的脱发问题日益严重，而目前的毛发移植没有实质上解决毛发再生的问题。再生医学为组织工程再生毛囊提供了基础，多项研究已经证明构建毛囊的可行性。然而，目前关于皮肤毛囊重建的研究仍处于基础阶段，重建的毛囊在结构和功能上仍无法满足临床治疗的需求。该研究发现形成真皮乳头细胞聚集生长的特征，动物实验证明了打印的皮肤可以促进缺损皮肤的毛发的再生，具有重要的应用价值。

2022年，*Materials Today Bio*报道，西京医院胡大海团队与西安交通大学李涤尘、连芩团队合作，将富血小板血浆（Platelet-Rich Plasma，PRP）引入明胶/海藻酸钠生物打印墨水，并经原位生物3D打印技术开展皮肤缺损修复。原位生物3D打印可以快速、精准地识别组织缺损的特征，并转换成打印路径，利用打印机对缺损区域进行快速组织识别和缺损封闭与修复。但是原位3D打印技术对生物墨水提出了较高的要求，不仅要求生物墨水具备生物活性，以促进细胞增殖、分化和功能表达，还要求尽可能避免打印后的免疫排斥反应。研究人员首先对含有不同浓度（0、2%、5%、10%）的PRP明胶/海藻酸钠生物墨水的性能进行分析。结果表明随着PRP浓度的增加，生物墨水强度增加、降解变慢、成胶变慢，且PRP引入对墨水的打印性能无显著影响。通过评价打印水凝胶中细胞的表现，表明PRP浓度为5%的复合墨水中皮肤细胞表现出最高的增殖率、迁移率，且在促进细胞黏附、纤连蛋白和波形蛋白的表达方面有最优异的表现。

在大鼠直径15mm的皮肤缺损实验中，通过对创伤愈合伤口的观察、组织学和免疫荧光分析，评价了PRP对创伤修复和调节免疫排斥作用。发现使用含有PRP墨水修复的伤口表现出最高的愈合速率、再上皮化率和胶原合成含量，并且在促进血管重建、调节免疫排斥和伤口的炎症反应方面有显著效果。该研究揭示了在临床应用中易于获得的PRP在多组分生物墨水开发中作为初始信号提供者的再生潜力，结合原位3D打印技术有望加速个体化伤口快速修复的临床转化。

2022年，*Bioactive Materials*报道，中国科学院遗传与发育生物学研究所的王秀杰团队与英国曼彻斯特大学王昌凌团队、清华大学刘永进团队合作，开发了六轴机器人生物3D打印机，实现了全方位任意角度细胞打印。利用自开发的油浴细胞打印体系和自行设计的生物反应器及其培养策略，能够生产血管化的、可收缩的、长期存活的心脏组织，为复杂器官的体外制造提供了一个有前途的解决方案。

近年来人工组织和器官工程方面取得了一些进展，但制造大尺寸的、可行的和功能复杂的器官仍然是再生医学面临的一个重大挑战。生物3D打印技术是最有希望实现体外制造人类器官的新兴技术之一，但在复杂器官生产中，其在血管生成和细胞功能保存方面仍面临困难。研究人员应用该技术解决了目前生物3D打印过程中只能在水平和竖直方向上逐层打印细胞的限制，并且利用油性打印环境与水性生物油墨之间的疏水性，保证打印细胞附着在支架上，这种油浴细胞打印系统最大限度地保持了细胞活性（细胞存活率高于98%）。利用该技术完成的血管化心脏组织，验证了在体外生成大规模和功能性人工组织/器官的可行性。

本综述主要总结了2022—2023年期间的我国增材制造领域的高影响力研究，同时介绍了哈佛大学、弗吉尼亚大学、加州大学、斯坦福大学等在*Nature*、*Science*的研究工作。我国研究工作主要集中在理工科较强的高校和中国科学院，特别在金属3D打印、聚合物3D打印、陶瓷3D打印、生物3D打印领域表现突出。除了中国科学院、清华大学、浙江大学、华中科技大学、上海交通大学、西安交通大学等单位，江南大学、南方科技大学、天津大学、北京科技大学、深圳大学、中山大学、南方医科大学等在超材料、生物医学、智能领域也有突出表现，并显示出多家研究机构合作研究的新形势。

1.5 标准综述

（全国增材制造标准化技术委员会 薛莲，中国航空综合技术研究所 栗晓飞）

1.5.1 国内标准现状

全国增材制造标准化技术委员会（SAC/TC562）自成立以来，截至2023年12月，共组织提出了52项国家标准、12项行业标准，另有29项国家标准、11项行业标准是由SAC/TC562与全国有色金属标准化技术委员会、全国特种加工机床标准化技术委员会、全国钢标准化技术委员会、全国工业陶瓷标准化技术委员会等联合归口管理和组织制定的（见附录一），最大限度地吸收材料、装备等领域的专家参与研制，有效满足了增材制造交叉融合发展需求、保证标准质量。同时，SAC/TC562推动一批创新性、先导性技术和产品通过团体标准实现规范和推广，《增材制造 钛及钛合金激光定向能量沉积工艺规范》（标准号：T/CAMMT 49—2023）、《增材制造 测试件 增材制造系统几何性能评估》（标准号：T/CAMMT 47—2023）等团体标准更通过先试先行上升为国家标准，初步奠定了我国增材制造标准化工作的基础，由政府主导制定标准和市场自主制定标准协同推进的新型标准体系基本形成（标准体系框架见图1.44）。

图1.44 增材制造标准体系框架

1.5.2 国际标准化情况

SAC/TC562对口的国际标准化组织是ISO/TC 261，该组织成立于2011年，秘书处设在德国，下设术语，工艺、系统和材料，测试方法和质量规范，数据和设计，环境、健康和安全5个工作组，以及与ISO/TC 44/SC 14合作的JWG 11航空航天应用工作组和与ISO/TC 61/SC 9合作的JWG 11高分子材料工作组。目前，有27个P成员国和8个O成员国，发布相关标准40项，在研标准26项（见附录一）。

SAC/TC562积极履行国内技术对口单位职责义务，按时投票，并组织我国专家参加ISO/TC 261第22次韩国国际会议，在会上汇报了2项超高速激光熔覆和残余应力声束控制方面新的国际标准提案，引起与会专家的强烈反响。同时，推动在研国家标准《增材制造 云服务平台产品数据保护技术要求》（计划号：20220074-T-604）同步制定为国际标准，已于2024年1月通过了ISO/IEC JTC 1投票，正式立项（计划号：ISO/IEC AWI 23955）。

增材制造作为新兴领域快速发展，已成为世界各国关注的焦点，受到世界各国政府、研究机构、企业和媒体的广泛关注。增材制造的应用场景越来越丰富、工程化应用的潜力越来越凸显，世界各国都在积极用好标准"先手棋"，努力通过加强标准化工作引领增材制造产业发展。

增材制造作为战略性新兴产业的重要组成部分，受到了世界各国的高度重视，已经成为各国的竞争重点，亟须标准引领增材制造产业发展。当前，国际标准化组织加快增材制造标准制定，从2016年以来，标准制定平均增长率为118%，标准数量增长速度越来越快。另外，ISO/TC 261在成立之初就与ASTM F42建立了紧密的合作关系，双方通过PSDO模式共同推进国际标准化工作，已发布的40项国际标准中，37项采用了ISO/ASTM双编号形式。

与发达国家相比，我国增材制造标准化工作起步不晚，目前累计制定增材制造标准257项，其中国家和行业标准107项（已发布标准88项、在研标准19项）、团体标准150项，并发布1项国际标准、立项1项国际标准。

但是，目前我国增材制造仍处于产业化初期阶段，从业人员资质认定标准尚不完善，同时对国际、国内标准存在理解不到位，不知如何贯标等问题。

1.5.3 标准与产业发展的结合情况

近年来，我国初步建立了涵盖3D打印材料、工艺、装备技术到重大工程应用的全链条增材制造技术创新体系，增材制造技术在航空、航天、动力、能源领域的高端装备制造方面获得了广泛认可，标准起到了重要作用。科研院所、装备制造企业与下游用户组成"产学研"联合体，协同开展大尺寸金属增材制件的成形工艺与装备、检测技术、标准的研制。

技术发展得越快对标准的需求越强烈，这一特点在增材制造领域表现得尤为突出。比如激光定向能量沉积飞机发动机承力框、起落架的制造过程中，《增材制造 金属材料定向能量沉积工艺规范》《增材制造 金属制件热处理工艺规范》等国家标准的制定和发布，有效保证了该技术的工艺稳定性；《增材制造 定向能量沉积-铣削复合增材制造工艺规范》国家标准为高强铝合金运载火箭连接环样件的制造提供了指导和规范。再比如激光粉末床熔融技术制造钛合金制件、航空发动机新型空心涡轮叶片的过程中，《增材制造 金属粉末性能表征方法》《增材制造 金属制件机械性能评价通则》等国家标准的制定和发布，从原材料和制件性能评价方面，有效保证了产品质量。

SAC/TC562加快实施已发布增材制造标准，比如《增材制造 结构轻量化设计要求》《增材制造 设计 金属材料激光粉末床熔融》等国家标准为航天领域火箭典型承力件、飞行器舵面等结构设计提供了指导，对典型件内部栅格尺寸、栅格成形方向、栅格壁厚等方面进行了约束，减重50%以上，强度仅下降不到5%，在保证强度的情况下，节省了一半成本，极大地节省了材料成本，同时提高了生产效率；我国牵头制定的首项增材制造国际标准ISO/IEC 23510:2021《信息技术 3D 打印和扫描 增材制造服务平台（AMSP）架构》助推全球现有增材制造服务提供商改造升级，引领标准中的几种典型服务平台的运作模式成为实现增材制造产品定制化的有效手段，进一步规范和促进全球增材制造平台化、服务化、智能化发展；《增材制造 金属铸件用砂型性能检测方法》《铸造砂型3D打印设备 通用技术条件》标准在典型企业基于"3D打印+工业机器人"的铸造智能工厂解决方案中进行推广，形成"标准+示范"的带动模式，应用于建设完成的5个智能工厂及其包含的多个生产单元、智能装备和场景当中，实施效果显著。已累计设计、建设10个绿色智能铸造数字化车间/智能单元，在推进过程中，坚持科技创新和标准化协同发展，以科技创新研制高质量的标准，同时通过标准的推广应用促进科技创新成果产业化应用和提升。

增材制造作为快速发展的新兴产业，传统先产品化、再标准化、再产业化的模式已经不能满足需求，全球呈现出了通过标准布局引领发展的局面。因此，要加快标准制定，针对国际形势、面向产业发展需求，优先围绕数据和设计、工艺和设备、测试方法、培训和服务、特色领域应用等层面制定一批领航标准，推动标准体系动态优化调整，保证标准紧跟技术创新、满足产业化急需，增加标准有效供给。

1.6 进出口综述

（中国增材制造产业联盟 姜兵）

近年来，我国增材制造企业国际化步伐加快，在巩固欧美等已有贸易市场基础上，不断开拓亚洲、南美洲等新市场，已经成为增材制造装备制造大国和出口强国。海关总署数据显示，我国增材制造产品已出口至全球160多个国家和地区，欧洲、北美洲是重点出口区域，南美洲、大洋洲、亚洲等是我国增材制造企业瞄准的新市场。

2023年我国增材制造装备对外贸易额75.5亿元，同比增长62.25%。其中，进口额约6.18亿元，同比增长21.24%；出口额约69.25亿元，同比增长67.73%。从产品类型来看，"用塑料或橡胶材料的增材制造设备"贸易额最高，占比为77.06%。增材制造实现连续4年贸易顺差，贸易顺差持续扩大，2023年贸易顺差63.17亿元，同比增长73.58%。

1.6.1 进口额保持稳步增长

2023年我国增材制造进口额约6.18亿元，同比增长21.24%。其中增材制造零件出口额1.54亿元，同比增长1.92%；增材制造装备进口额4.63亿元，同比增长29.39%，占比为75.01%。从增材制造进口装备来看，"用塑料或橡胶材料的增材制造设备"进口额2.16亿元，占比为46.67%，同比下降2.14%；"其他增材制造设备"出口额1.34亿元，占比为28.95%，同比增长173.38%，进口额增幅明显；"用金属材料的增材制造设备"进口额0.87亿元，占比为18.82%，同比增长4.93%。2023年我国增材制造装备进口情况如图1.45所示。

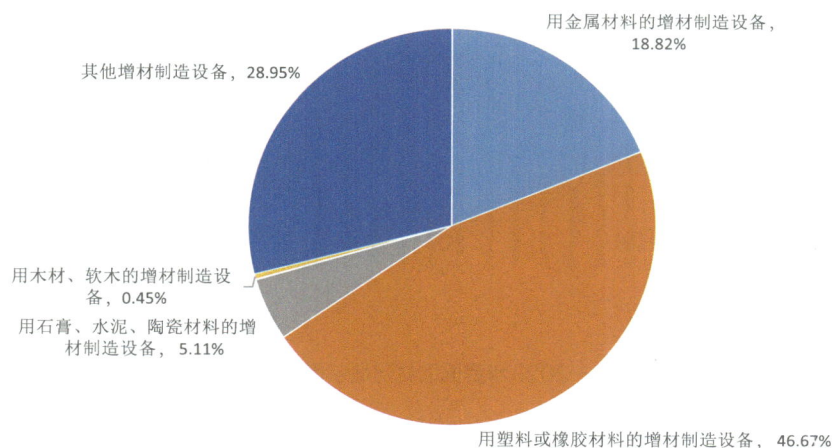

用金属材料的增材制造设备，18.82%

其他增材制造设备，28.95%

用木材、软木的增材制造设备，0.45%

用石膏、水泥、陶瓷材料的增材制造设备，5.11%

用塑料或橡胶材料的增材制造设备，46.67%

图1.45 2023年我国增材制造装备进口情况

2023年我国增材制造装备进口区域分布如图1.46所示，德国、美国、以色列为我国增材制造装备主要进口区域。自德国、以色列进口额增幅较大，同比上升40.07%、32.27%；自美国进口额降幅较大，同比下降43.07%。2023年我国增材制造零件进口区域分布如图1.47所示，美国、中国台湾、以色列、新加坡为我国增材制造零件主要进口区域。自德国、新加坡进口额增幅较大，同比上升73.97%、61.05%；自中国台湾进口额同比上升18.46%；自美国、以色列进口额降幅较大，同比下降45.14%、19.1%。

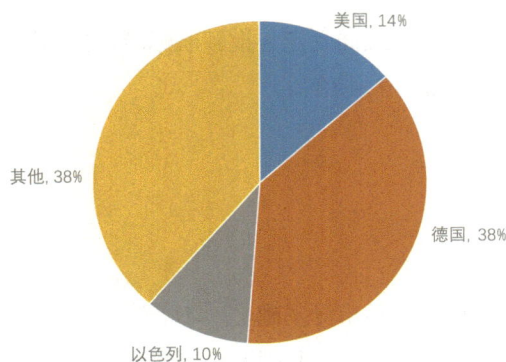

图1.46　2023年我国增材制造装备进口区域分布

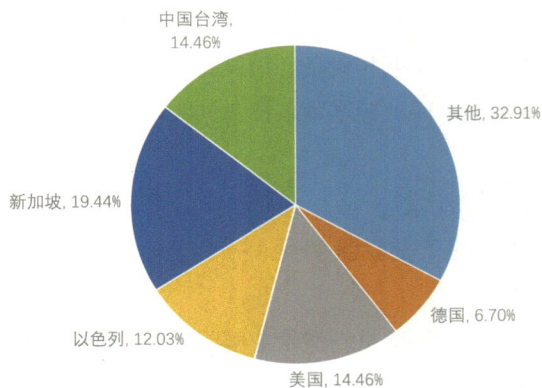

图1.47　2023年我国增材制造零件进口区域分布

1.6.2　出口增势彰显我国制造能力

近年来，我国增材制造企业在生产工艺、核心部件、关键技术、质量标准、应用示范等方面持续投入，批量化供应能力和成本竞争优势显著，国际竞争力显著提高，推动了我国增材制造装备出口规模增加。2023年我国出口增材制造装备和零件等总额 69.25 亿元，同比增长 67.73%。其中，增材制造装备出口额为 61.58 亿元，同比增长 68.09%，占比 88.92%。同时，增材制造装备出口具有季度性，从图1.48可看出，我国增材制造装备出口规模最高常出现在下半年。这可能是因为许多企业在年底会面临年终订单和交货压力，为了确保按时完成订单，一般会选择在第四季度增加采购量，以满足生产和交货需求。

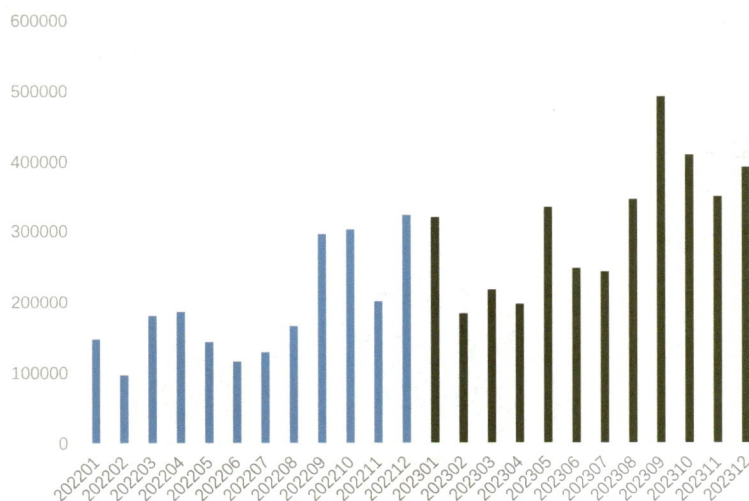

图1.48　2022—2023年我国增材制造装备出口数量月度变化图

从细分领域上看，"用金属材料的增材制造设备"出口额为 3.95 亿元，同比增长 147.1%，占比 6.41%；"用塑料或橡胶材料的增材制造设备"出口额为 56.02 亿元，同比增长 64.5%，占比为 90.96%，是出口规模最大的增材制造装备类型；"其他增材制造设备"出口额约 1.41 亿元，同比增长 45.1%，占比为 2.29%，如图1.49所示。

北美洲、欧洲和亚洲是我国增材制造装备重点出口区域。其中北美洲是我国增材制造装备出口规模最大的区域，2023年对北美洲出口额约 24.95 亿元，占比为 40.55%，其中对美国出口额约 22.52 亿元，占我国增材制造装备出口量的 36.61%；欧洲是第二大出口区域，出口额约 23.11 亿元，占比 37.55%，其中对德国出口额约10.43 亿元，占我国增材制造装备出口量的 16.95%；其次是亚洲，出口额约 9.39 亿元，占比 15.26%。

对欧洲、北美洲、南美洲、大洋洲的出口规模增长较快，同比增长率分别为72.30%、43.66%、37.88%和35.56%，如图1.50所示。

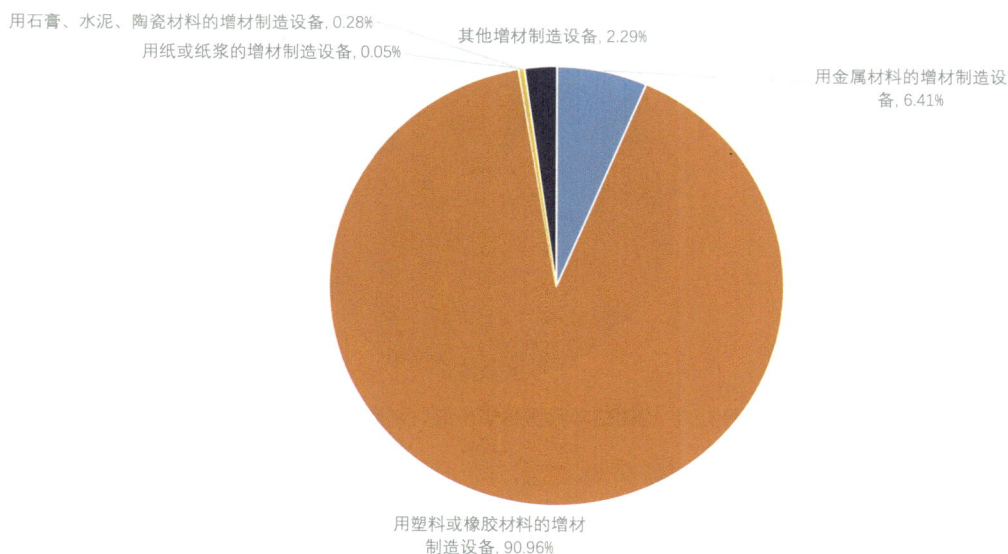

图1.49　2022—2023年我国不同增材制造装备出口占比情况

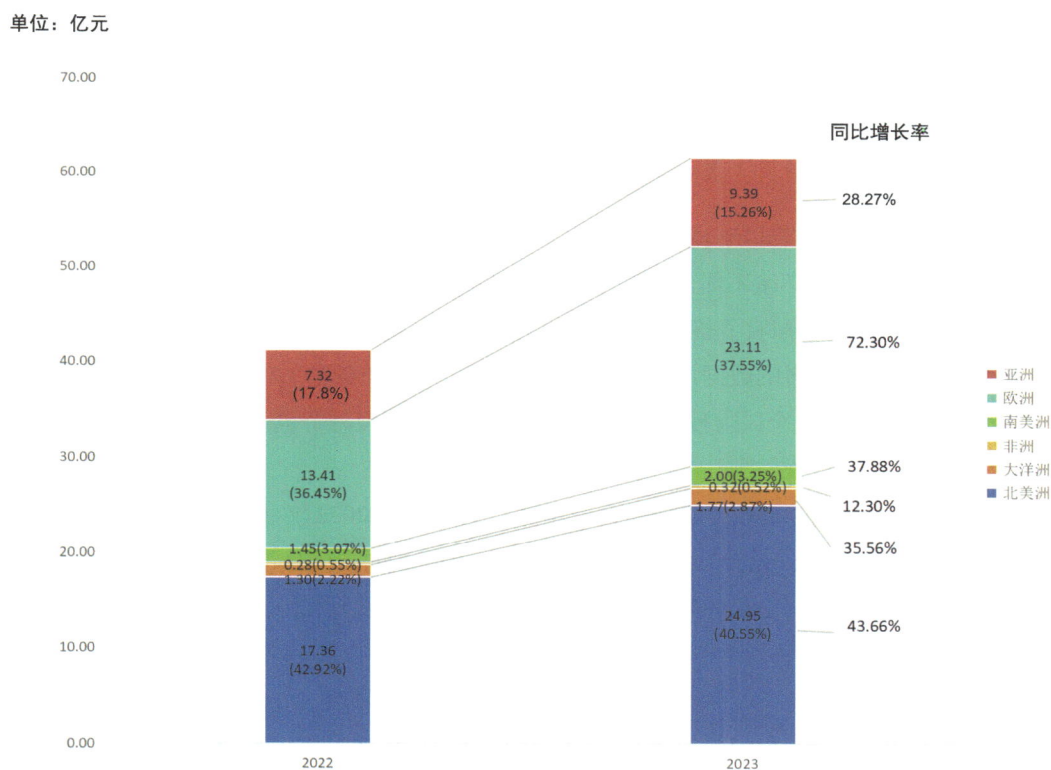

图1.50　2022—2023年我国增材制造装备出口区域变化图

从国内各省市出口情况来看，2023年我国各省市增材制造出口情况如图1-51所示，广东省、浙江省、上海市、江苏省和湖南省增材制造出口额排在前5位，共占全国总出口额的94.45%。其中，广东省出口额排在首位，占比高达77.42%。广东省、江苏省出口额增幅较大，同比上升98.92%、137.41%；上海市和浙江省出口额出现下降，同比下降13.95%和14.12%。

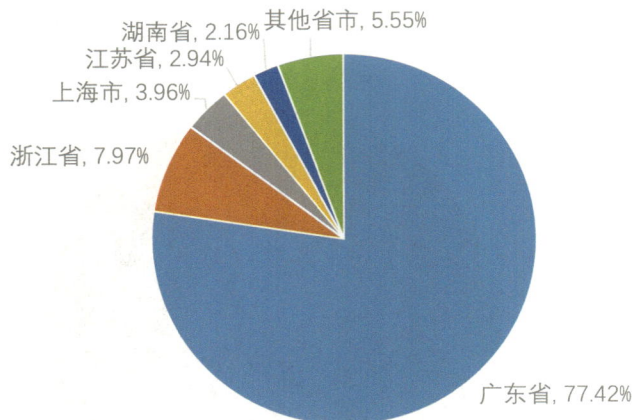

图1.51 2023年我国各省市增材制造出口情况

2023年，我国增材制造一般贸易出口额56.78亿元，同比增长63.36%，占比为92.29%。

1.7 投融资综述

（北京南极熊科技有限公司 黎海熊 潘学松）

北京南极熊科技有限公司（以下简称"南极熊"）统计了2023年的全球3D打印投融资案例95个，其中国内融资案例38个，国外融资案例57个。

行业投融资分析

2023年3D打印行业的投融资有以下特点。

（1）2023年虽然整体投融资环境不佳，但3D打印仍受资本重点关注

2023年，国内股市不景气，影响了整个二级市场和一级市场的投资。2021年以来，我国股权投资市场新增募资和投资明显下降，根据清科的数据，2023年前3个季度，募资总额超1.35万亿，投资总额超5000亿，分别同比下降20.2%和31.8%。在这个风险投资背景下，3D打印行业的投融资也受到了一定的影响，但总的来看，3D打印依然是资本重点关注的方向之一。

2023年，南极熊统计到的国内3D打印项目融资案例有38个，与2022年基本持平。但38个项目的融资总额超过了73.3亿元，相较于2022年的57.4亿元增长了28%，国内3D打印公司的融资金额再创新高，国内3D打印公司融资总额如图1.52所示。2023年国内3D打印公司融资金额占比如图1-53所示。（特别说明：2022年原统计融资64亿元，包括华曙高科当时拟募资的6.64亿元，华曙高科在2023年IPO实际募资11.05亿元，因此经调整计入了2023年。）

另外，2023年的投融资有一个特点，就是第一梯队的铂力特和华曙高科融资额超大，遥遥领先于行业，铂力特完成了一笔超30亿元的定向增发，华曙高科在科创板成功IPO融资11.05亿元，这两笔融资的总额达到了整个行业融资总额的56%。

而第二梯队的公司整体融资表现不如2022年，2022年超2亿元的融资案例有11个，而2023年超2亿元的融资案例仅有5个，多个头部项目2022年获得超亿元的融资，但2023年并未融资或者只是拿了一笔小的补充融资。这在一定程度上也能反映出2023年整个资本市场的不景气。

国内3D打印公司融资总额（单位：亿元）

图1.52　国内3D打印公司融资总额

2023年国内3D打印公司融资金额占比

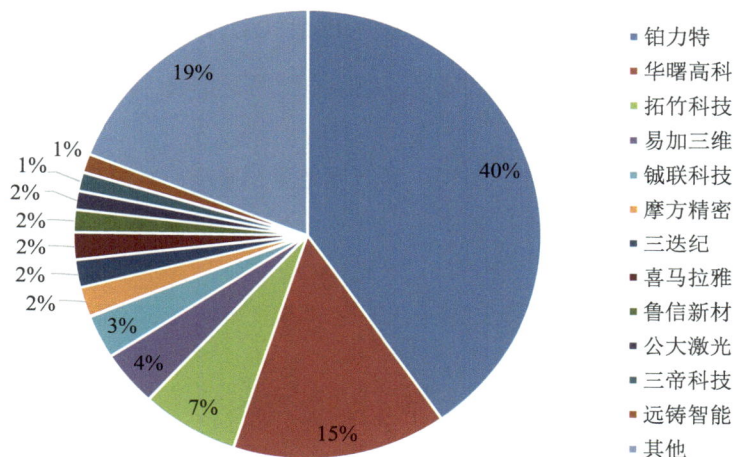

图例：铂力特、华曙高科、拓竹科技、易加三维、铖联科技、摩方精密、三迭纪、喜马拉雅、鲁信新材、公大激光、三帝科技、远铸智能、其他

图1.53　2023年国内3D打印公司融资金额占比

（2）融资依然以设备和应用厂商为主，核心零部件受重视

根据南极熊的统计，有9家3D打印公司在2022年获得投资之后，在2023年再次获得新一轮的投资。获得投资的企业中，仍然是3D打印设备和应用厂商占大头，但核心零部件厂商逐渐受到资本市场的重视。

按照主营业务划分，2023年国内各类型获得投资的3D打印公司的占比情况如图1.54所示。

3D打印设备公司：武汉易制、金石三维（2笔）、铼赛智能、华曙高科、易加三维、远铸智能、知象光电（2笔）、胜马优创、摩方精密、英尼格玛、三帝科技、苏州倍丰、融速科技、拓竹、铂力特、喜马拉雅。

3D打印材料公司：谷风（东莞）三维、威拉里、中体新材、长江生物、鲁信新材、航科新材。

3D打印应用公司：铖联科技、美迈科技、绿展科技、宁波匠心、大鲸三维、MOODLES魔斗仕、昇印光电、瑞通生物、三迭纪、聚高增材。

3D打印零部件公司：菲镭泰克、数字光芯、赛诺动力、公大激光。

同时，随着国内3D打印公司的不断壮大，对外收购也陆续展开。比如金石三维今年又收购了谷风（东莞）三维和大鲸三维两家公司，光华伟业成功收购了长江生物，超卓航科计划以1.25亿元收购鹏华科技（暂未计入

2023年的融资案例）。

2023年国内各类型获得投资的3D打印公司的占比情况

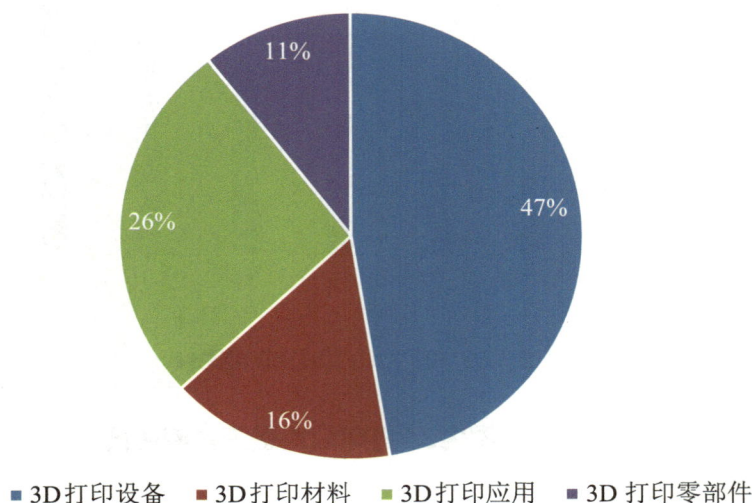

47%

26%

16%

11%

■ 3D打印设备　■ 3D打印材料　■ 3D打印应用　■ 3D 打印零部件

图1.54　2023年国内各类型获得投资的3D打印公司的占比情况

在金属领域，投资机构从大面积押注SLM项目拓展到电弧增材金属厂商（英尼格玛、融速科技）和粘结剂喷射金属厂商（武汉易制、三帝科技）。

此外，国产3D打印核心零部件厂商得到重视，国产激光器、振镜、光机等成为关注点，这也是投资机构向3D打印产业链上游延伸的一种表现。

（3）行业头部企业估值继续攀升，普遍来到二三十亿

2023年，3D打印行业的头部企业估值继续攀升，普遍来到了20亿～30亿元的估值区间，个别公司估值达到60亿，甚至有未上市企业估值超过了100亿元。

截至2023年底，在全球3D打印上市公司中，铂力特和华曙高科的市值持续稳定在100亿元以上，继续引领全球3D打印行业，分别位居第一和第二。以色列Stratasys以9.1亿美元的市值位居第三，美国3D Systems以8.3亿美元的市值位居第四，先临三维以52亿元人民币的市值位居第五。创想三维、拓竹、摩方精密等多家未上市的国内3D打印公司，估值也都超过了30亿元，能够排进全球前10。

（4）国内3D打印项目融资以中后期为主

在融资轮次方面，2023年国内3D打印公司A轮融资占比最高，达到了15个项目，天使轮的项目仅为3个，B轮和C轮的项目均为5个。这在一定程度上反映了2023年国内3D打印行业的创业环境，以及风险投资机构的风险偏好。从零起步的3D打印项目天使轮融资不易，而拥有一定基础和投资机构背书的创业项目更容易得到投资机构的认可。

另外，2023年下半年国内证监会对创业公司IPO进行了收紧，除华曙高科今年上半年成功上市，未出现其他新上市3D打印公司。思看科技在2023年6月申报了IPO（未计入2023年的融资统计），拟融资8.51亿元，12月思看科技科创板IPO审核状态更新为"已问询"。2023年国内3D打印公司融资轮次如图1.55所示。

（5）国外融资3D打印项目更加多元化和前沿

2023年，南极熊统计到国外的3D打印融资案例57个，比2022年的86个有一定程度的下降，国外的情况不容乐观。

与国内的融资项目相比，国外获得投资的3D打印项目要更加多元化、更加前沿，具体表现在多材料打印、体积打印、人工智能软件、3D打印超跑、区域3D打印、3D打印火箭发动机等方面，国内在这些方面比较缺乏。

同时，收购较多一直是国外3D打印行业的一个特点，前两年纳斯达克通过合并借壳上市的案例比较多，2023年已经明显减少。而且，通过这种方式上市的Desktop Metal、Markforged等公司在股市上的表现不佳。另外，3D打印行业的大型并购案 Nano Dimension 与 3D Systems 争夺收购 Stratasys 的大戏，从2023年中一直延续到2023年末，闹得沸沸扬扬，但目前未能落地，因此国外3D打印行业格局未发生巨大的变化。

2023年国内3D打印公司融资轮次

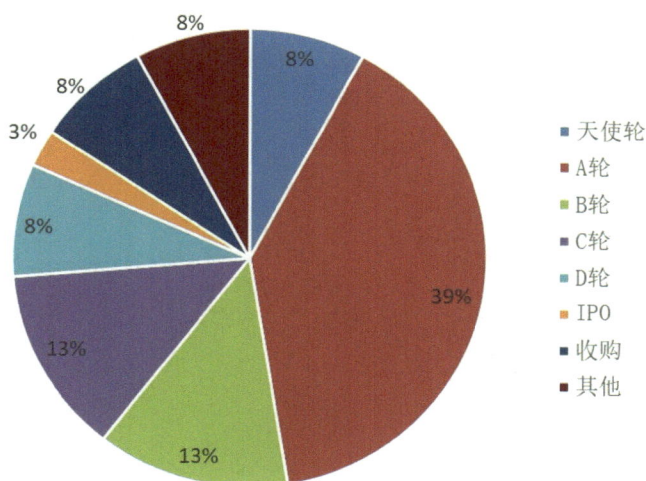

图1.55 2023年国内3D打印公司融资轮次

总的来讲，2023年3D打印行业持续快速发展，虽然受到大的投资环境的影响，但是作为先进制造领域的重点方向，资本市场还是给予了3D打印足够的关注度，尤其对头部企业的认可度非常高。增材制造技术的发展潜力和广泛应用前景充满希望。

Policy

第 2 章

政策篇

国内增材制造相关政策
国外增材制造相关政策

2.1 国内增材制造相关政策

（中国增材制造产业联盟 任珈瑶、王中靖）

国家统计局发布的公开信息显示，2023年3D打印设备产量278.9万台，较2022年增长36.2%。作为新质生产力代表，我国增材制造在政策支持、产业规模、市场增长等方面均有积极表现，显示出了其在推动制造业转型升级和高质量发展方面的强大助力。表2.1是我国近年来增材制造产业相关重点政策汇总，供大家参考。

表2.1　我国近年来增材制造产业相关重点政策汇总

发文部门	时间	政策名称
工业和信息化部	2021年2月	《医疗装备产业发展规划（2021-2025年）》（征求意见稿）
科学技术部	2021年2月	《"工程科学与综合交叉重点专项"2021年度项目申报指南》
科学技术部	2021年2月	《"高端功能与智能材料"重点专项2021年度项目申报指南》
科学技术部	2021年2月	《"先进结构与复合材料"重点专项，2021年度项目申报指南》
工业和信息化部	2021年5月	《国家支持发展的重大技术装备和产品目录（2021年修订）公示稿》
工业和信息化部	2021年5月	《进口不予免税的重大技术装备和产品目录（2021年修订）公示稿》
工业和信息化部	2021年5月	《重大技术装备和产品进口关键零部件、原材料商品目录（2021年修订）公示稿》
市场监督管理局	2021年6月	《2021年度实施企业标准"领跑者"重点领域》
工业和信息化部、国家发展和改革委员会、教育部、科学技术部、财政部、人力资源和社会保障部、市场监督管理总局、国有资产监督管理委员会	2021年12月	《"十四五"智能制造发展规划》
工业和信息化部	2021年12月	《国家智能制造标准体系建设指南（2021版）》
国家药品监督管理局	2022年2月	《增材制造聚醚醚酮植入物注册审查指导原则》《增材制造金属植入物理化性能均一性研究指导原则》《增材制造口腔修复用激光选区熔化金属材料注册审查指导原则》
教育部	2022年2月	《2021年度普通高等学校本科专业备案和审批结果》
科学技术部	2022年3月	《关于征求"十四五"国家重点研发计划"煤炭清洁高效利用技术"等24个重点专项2022年度项目申报指南意见的通知
科学技术部	2022年4月	《国家重点研发计划"增材制造与激光制造"等重点专项2022年度项目申报指南
中国机械工业联合会	2022年6月	《重大技术装备推广应用导向目录—机械工业领域（2022年版）》
人力资源和社会保障部	2022年6月	《关于对拟发布机器人工程技术人员等职业信息进行公示的公告》
工业和信息化部	2022年8月	《关于首批增材制造典型应用场景名单的公示》
工业和信息化部 国家发展和改革委员会 生态环境部	2022年8月	《工业领域碳达峰实施方案》

发文部门	时间	政策名称
国家药监局	2022年11月	《关于实施中国药品监管科学行动计划第二批重点项目的通知》
国家发展和改革委员会	2023年1月	《鼓励外商投资产业目录（2022年版）》
工业和信息化部、国有资产监督管理委员会	2023年1月	《关于印发2022年度重点产品、工艺"一条龙"应用示范方向和推进机构名单的通知》
人力资源和社会保障部	2023年3月	《增材制造工程技术人员国家职业标准（2023年版）》
国家发展和改革委员会、工业和信息化部、财政部、住房城乡建设部、商务部、人民银行、国有资产监督管理委员会、市场监督管理总局、国家能源局	2023年3月	《关于统筹节能降碳和回收利用 加快重点领域产品设备更新改造的指导意见》
工业和信息化部 国家发展和改革委员会 生态环境部	2023年4月	《关于推动铸造和锻压行业高质量发展的指导意见》
教育部	2023年4月	《2022年度普通高等学校本科专业备案和审批结果》
国有资产监督管理委员会	2023年5月	《中央企业科技创新成果推荐目录（2022年版）》
科学技术部	2023年6月	《"增材制造与激光制造"重点专项2023年度项目申报指南》
工业和信息化部 教育部 科学技术部 财政部 市场监督管理总局	2023年6月	《制造业可靠性提升实施意见》
国家药品监督管理局	2023年7月	《椎间融合器同品种临床评价注册审查指导原则》
工业和信息化部	2023年8月	《新产业标准化领航工程实施方案（2023—2035年）》
工业和信息化部	2023年10月	《关于征集增材制造典型应用场景的通知》
工业和信息化部	2023年12月	《关于公布2023年度增材制造典型应用场景名单的通知》
商务部 科学技术部	2023年12月	《中国禁止出口限制出口技术目录》
国家发展和改革委员会	2024年2月	《产业结构调整指导目录（2024年本）》
国家标准委	2024年2月	《2024年全国标准化工作要点》
工业和信息化部 国家发展和改革委员会 财政部 生态环境部 中国人民银行 国有资产监督管理委员会 市场监督管理总局	2024年3月	《关于加快推动制造业绿色化发展指导意见》
国务院	2024年3月	《推动大规模设备更新和消费品以旧换新行动方案》
教育部	2024年3月	《关于公布2023年度普通高等学校本科专业备案和审批结果的通知》

发文部门	时间	政策名称
工业和信息化部 国家发展和改革委员会 财政部 中国人民银行 税务总局 国家市场监督管理总局 金融监管总局	2024年3月	《推动工业领域设备更新实施方案》
国家市场监督管理总局 中央网信办 国家发展和改革委员会 科技部 工业和信息化部 公安部 民政部 自然资源部 住房城乡建设部 交通运输部 水利部 农业农村部 商务部 国家卫生健康委 应急管理部 中国人民银行 国务院国有资产管理委员会 全国工商联	2024年3月	《贯彻实施〈国家标准化发展纲要〉行动计划（2024—2025年）》

地方政府增材制造产业重点政策汇总如表2.2所示。

表2.2　地方政府增材制造产业重点政策汇总

发文主体	时间	政策名称
广东省	2021年8月	《广东省制造业高质量发展"十四五规划"》
广东省	2021年3月	《广东省加快先进制造业项目投资建设若干政策措施》
广东省	2021年7月	《广东省制造业数字化转型实施方案（2021—2025年）》
江苏省	2021年8月	《江苏省"十四五"制造业高质量发展规划》
浙江省	2021年5月	《浙江省新材料产业发展"十四五"规划》
浙江省	2021年6月	《浙江省高端装备制造业发展"十四五"规划》
上海市	2021年12月	《2021年度上海市创新产品推荐目录》
上海市	2021年6月	《上海市战略性新兴产业和先导产业发展"十四五"规划》
上海市	2021年12月	《上海市高端装备产业发展"十四五"规划》
山东省	2021年3月	《2021年全省智能制造工作要点》

发文主体	时间	政策名称
山东省	2021 年 12 月	《山东省建材工业"十四五"发展规划》
重庆市	2021 年 11 月	《重庆市装备制造业高质量发展行动计划（2021—2025 年)》
陕西省	2021 年 6 月	《陕西省人民政府办公厅关于进一步提升产业链发展水平的实施意见》
西安市	2022 年 1 月	《西安市"十四五"科技创新发展规划》
广东省	2022 年 1 月	《广东省组织申报 2022 年度广东省重点领域研发计划"激光与增材制造"重点专项项目》
江苏省	2022 年 1 月	《《2022 年度省科技计划专项资金（重点研发计划社会发展）项目指南》》
陕西省	2022 年 3 月	产业链发展专项资金拟支持项目（第二批）名单公示
江苏省	2022 年 3 月	《江苏省信息消费重点领域创新产品（平台）推广目录》
陕西省	2022 年 4 月	《陕西省工业和信息化厅和陕西省财政厅关于组织申报第十八批省级企业技术中心的通知》
天津市	2022 年 5 月	《2022 年第一批天津市智能制造专项支持机器人产业发展壮大项目申报指南》
深圳市	2022 年 6 月	《关于发展壮大战略性新兴产业集群和培育发展未来产业的意见》
天津市	2022 年 7 月	《关于组织开展天津市首台（套）重大技术装备目录修订工作的通知》
陕西省	2022 年 7 月	《关于征集 2023 年度首台（套）重大技术装备产品项目的通知》
江西省	2022 年 7 月	《江西省首台（套）重大技术装备推广应用指导目录（2022 版)》
北京市	2022 年 7 月	《关于受理北京市首台（套）重大技术装备保险费补贴项目申请的通知》
上海市	2022 年 7 月	《2022 年度上海市创新产品推荐目录（新冠疫情防控专项)》
福建省	2022 年 8 月	《福建省首台（套）重大技术装备推广应用指导目录（2022 年版)》
山东省	2022 年 8 月	《关于公布 2022 年度山东首台（套）技术装备及关键核心零部件生产企业及产品名单的通知》
浙江省	2022 年 8 月	《2022 年浙江省度制造业首台（套）产品工程化攻关项目公示》
上海市	2022 年 9 月	《上海市人民政府关于加快本市康复辅助器具产业发展的实施意见》
江苏省	2022 年 9 月	《关于制造业智能化改造数字化转型服务商申报的通知》
江苏省	2022 年 11 月	《关于江苏省 2022 年度专精特新中小企业和 2019 年度专精特新企业复核通过企业名单的公示（第一批)》
上海市	2023 年 2 月	《上海市推动四大工艺行业高质量提升发展实施意见（2023—2025)》
广东省	2023 年 3 月	《关于组织 2023 年广东省智能制造生态合作伙伴的通知》
安徽省	2023 年 3 月	《关于首批安徽省联合共建学科重点实验室拟认定和培育名单公示》
上海市	2023 年 5 月	《上海市创新产品推荐目录》
山东省	2023 年 5 月	《山东省制造业创新能力提升三年行动计划（2023—2025 年)》
北京市	2023 年 8 月	《北京市增材制造定制式义齿生产质量管理规范检查指南（2023 版）（征求意见稿)》
陕西省	2023 年 8 月	《关于征集重点产业链"卡脖子"补短板关键核心技术产业化项目需求清单的通知》
东莞市	2024 年 3 月	《东莞市加快推动模具产业高质量发展的若干措施》
陕西省	2024 年 3 月	《陕西省培育千亿级增材制造产业创新集群行动计划》

2.2　国外增材制造相关政策

（3D打印资源库 谭文杰，中国增材制造产业联盟　任珈瑶）

随着新兴技术的不断发展，全球经济正经历一场前所未有的转型，尤其是在制造业领域。物联网、大数据和人工智能等技术的应用，不仅推动了生产力和自动化的飞跃，也促使制造过程变得更加高效和灵活。在这一背景下，增材制造（Additive Manufacturing，AM），以其独特的生产方式，正在重塑制造业的未来。

发展增材制造技术（俗称3D打印）及产业已经成为世界较先进国家和地区抢抓新一轮科技革命与产业变革的机遇，抢占先进制造业发展制高点的竞争焦点之一。世界上较先进的国家和地区较早布局增材制造，并持续将其作为制造业发展的重点领域。

Wohlers Associates之前预测，2023年全球增材制造市场的价值将达到216亿美元，这展示了这一市场的巨大潜力。在新一轮科技革命和产业变革的浪潮中，美国、俄罗斯、印度等国已经推出了一系列战略规划和政策措施。

2.2.1　美国

（1）2021年1月，美国发布《增材制造发展战略报告》。

《增材制造发展战略报告》作为美国首个综合性增材制造战略报告，简要分析了制定增材制造战略的目的，明确了增材制造的未来发展愿景、战略目标及发展重点。重点提出五大战略目标及其关键发展领域。

战略目标1：将增材制造集成到国防部和国防工业基础中。

美国国防部将通过政策、指导方针和实施计划，整合和促进增材制造在整个国防部运营和工业供应链（从工程、采购到维护）中的应用，推动武器系统现代化，提高装备战备水平，增强作战能力。

关键发展领域：①制定政策和指导方针，以在最大范围内切实可行地使用增材制造；②修订国防部增材制造实施计划；③制定成功的指标和度量标准；④在国防部合同管理和武器系统采办管理中开发并共享增材制造业务模型；⑤采用合理的风险管理措施。

战略目标2：协调国防部和外部合作伙伴的增材制造活动。

美国国防部将通过与其他政府合作伙伴、工业界、学术界合作，调整增材制造相关领导机构、资源、指南和工作流程，以减少采用增材制造的障碍，改善整个武器系统的可维护能力。

关键发展领域：①合作活动的支持以及跨军种资源的共享协作，②修订联合路线图并调整资源，③与联邦政府及外部利益相关者合作。

战略目标3：推动和促进增材制造的敏捷应用。

美国国防部将在整个技术和业务流程中修改增材制造相关政策，增强对增材制造的科学理解、创新设计，推动增材制造设备、材料和技术的融合发展，扩大增材制造在国防部各军种以及工业基础中的采用率，提高增材制造应对战争需求的敏捷性。

关键发展领域：①开发并共享新的增材制造资格认证和鉴定方法，②利用先进技术指导设计，③利用数字线索/数字孪生支持增材制造的现场部署和应用。

战略目标4：通过学习、实践和分享知识提高增材制造应用熟练程度，国防部各军种将教育和培训从事增材制造的技术人员和业务人员，以保障国防工业基础中有足够的增材制造劳动力。

关键发展领域：①学习流程和最佳实践，②进行零件制造实践，③分享知识。

战略目标5：确保增材制造工作流程的安全。

美国国防部将通过构建数字线索、整合增材制造工作流程、控制权威增材制造数字数据的访问权限等途径，保障整个增材制造工作流程的网络安全。

关键发展领域：①保护、控制和管理数据传输和访问，②将增材制造机器直接与安全网络连接，③利用质量保证流程验证零件质量。

（2）2021年6月，美国国防部发布5000.93指示《增材制造在国防部的使用》。

5000.93指示是对国防部2021年1月发布的《国防部增材制造战略》的进一步落实，将有力推进增材制造在装备研制、保障、战备中的高质量协同发展、安全应用和稳定供应，支撑应急能力采办和中间层采办等程序的快速应用与部署需求，以及实现以数据、模型为驱动的数字工程转型目标。

通过5000.93指示，美国国防部旨在完成以下目标：推进增材制造的应用，支持联合部队司令官和作战指挥官的战区需求、变革维修模式和供应链、增强后勤弹性、提升各军种的自主保障和战备能力；应用增材制造提升国防工业基础，提高武器系统的作战及持续保障能力；确保增材制造计划、项目和需求具备充分的资源；开展教育、培训及认证国防部增材制造人才队伍；确保国防部网络－物理基础设施和流程的安全性，支持增材制造在武器系统生命周期中的使用；开发并使用有益于武器系统作战或保障能力的增材制造技术；通过增材制造社区开展合作并分享最佳实践；保护国防部在增材制造技术开发方面的投资，避免技术外泄。

增材制造作为能够颠覆研制、生产和保障模式的前沿技术，受到了美国国防部的长期重视。5000.93指示的发布标志着美国国防部对增材制造的规划布局已经从技术与标准探索阶段、形成战略共识阶段进入政策落实与执行阶段。

（3）为了降低家庭消费成本和减少联邦赤字以对抗通货膨胀，美国政府希望通过加强美国的制造业和提高供应链弹性来解决这些棘手的问题。在这一背景下，2022年5月，美国总统宣布推出"增材制造推进"（Additive Manufacturing Forward，AM Forward）计划，旨在提升美国中小型制造商的竞争力，并通过增材制造强化制造业劳动力和美国本土供应链。该计划将促进大型制造商与美国供应商的配对，帮助他们更广泛地应用3D打印技术。

AM Forward的关键目标包括：

① 通过投资中小企业提升供应链的弹性和创新性；

② 发展未来行业，解决采纳增材制造等新技术的协调挑战；

③ 通过投资区域制造业生态系统，促进更多产品在美国的发明和制造。

白宫发布的情况说明书显示，首批参与AM Forward计划的美国制造商包括通用电气航空、霍尼韦尔、洛克希德·马丁、雷神和西门子能源。这些极具代表性的公司做出了明确的公开承诺，包括从较小的美国本土供应商那里购买增材生产的零件；为其供应商的工人提供新的增材制造技术培训；提供详细的技术支持，帮助其供应商掌握新技能；参与增材制造产品的共同标准的制定和认证。

同时各家公司具体承诺如下。

通用电气航空将在使用增材制造或相关技术生产的产品上，对中小企业供应商开发竞争报价请求的50%；并将其从美国本土中小企业供应商外部采购的增材制造零件目标额定为总额的30%。

雷神公司将在使用增材技术生产的产品上，寻求中小企业制造商参与其报价请求的50%以上；公司还将寻求简化和加速增材制造零件的采购流程。

西门子能源将从美国供应商和合作伙伴那里购买20% ～ 40%的外部采购增材制造零件和服务。公司将与10 ～ 20家美国中小企业供应商合作，以帮助他们提高增材制造能力。此外，还将对10 ～ 20家中小企业供应商进行检验和后处理最佳实践方面的培训。

洛克希德·马丁将与其中小企业供应商合作进行研究，以提高增材制造技术的性能，特别是关于使用3D打印作为铸件和锻件替代品；并将进一步参与大学和技术学院的增材制造人才培养计划，包括课程和学徒制。

霍尼韦尔将针对美国本土中小企业供应商竞争使用增材制造或相关技术生产的产品、机械、制造工具和/或制造工艺开发提供机会。公司还将向其中小企业供应商提供零件设计、数据生成、机器操作、后处理、零件检查/质量管理方面的技术支持。

AM Forward是一个完全自愿的紧密合作项目，任何愿意做出公开承诺以支持其供应商采用增材制造能力的原始设备制造商都可以参与。参与者将得到应用科学与技术研究组织（Advanced Scientific & Theoretical Research Organization，ASTRO）的支持，这是一个非营利组织。

为支持AM Forward，美国政府已确定了一系列联邦计划，美国中小企业制造商可以利用这些计划支持他们采用增材制造的能力并提升其竞争力。美国政府的行动集中在帮助克服阻碍增材制造技术部署的常见挑战上，特别是在较小的制造商中。

美国政府还确定了一系列政府扶持计划，这些计划具体如下。

为中小企业制造商提供融资渠道。通过降低增材制造设备的成本来支持其安装。美国农业部将向农业制造商提供其商业和工业计划，以支持他们购买新的增材制造设备以及加强劳动力技能培训。银行将推出新的国内贷款计划，帮助中小企业制造商升级其现有的生产设备。小企业管理局将与AM Forward的参与者合作，研究其504贷款计划和小企业投资公司（Small Business Investment Company，SBIC）计划能够在全国范围内采用增材制造。

向中小企业制造商提供来自联邦政府和原始设备制造商（Original Equipment Manufacturer, OEM）的技术援助。中小企业制造商已经指出，他们需要技术援助以充分利用新的生产技术（如3D打印）。为了支持AM Forward，美国能源部将其在橡树岭国家实验室的制造示范设施对中小企业制造商开放，以测试新的增材技术。制造业延伸合作伙伴计划将提供加强的技术支持；美国国防部将使用导师-学徒计划，报销大型OEM参与者为其小型、由社会和经济弱势群体拥有和控制的美国本土供应商提供技术援助的费用。美国国防部的制造技术项目办公室将与美国制造（America Makes）以及AM Forward参与者合作开展试点标准化项目。

投资增材制造人才培养。为了充分利用增材能力，中小企业制造商必须以不同的方式培训其劳动力以成功部署增材能力，包括提升工人技能水平。因此，美国制造将与AM Forward参与者一起开发劳动力培训课程；并且将与美国劳工部一起，协助制造商启动增材制造的学徒计划。

制定行业标准。最后，由于3D打印需要不同的标准和工艺认证，美国商务部将通过美国国家标准与技术研究院（National Institute of Standards and Technology，NIST）进行计量科学研究，以克服广泛使用金属基材料增材制造的关键障碍。为新的高优先级标准开发技术基础，并计划通过美国材料与试验协会（American Society for Testing and Materials，ASTM）、国际标准化组织（International Organization for Standardization，ISO）、美国机械工程师协会（American Society of Mechanical Engineers，ASME）和其他标准组织进行标准制定，并将这些结果分享给AM Forward参与者。

以上目标也通过美国《两党创新法案》得到了推进，该法案在美国商务部设立了一个供应链办公室，支持增材制造等基础技术，并投资于区域技术中心，同时增加了对制造业美国研究所和制造业延伸合作伙伴计划的资金。

2.2.2 俄罗斯

2021年7月，俄罗斯政府发布了《俄罗斯联邦至2030年增材制造发展战略》，旨在提升俄罗斯在增材制造市场的竞争力，推动一批关键技术的发展，特别是生物组织、航空航天和核工业高精度产品以及住宅元素的增材制造技术。此外，该战略还计划将俄罗斯增材制造市场规模扩大3倍以上，并为俄罗斯经济创新发展提供新动力。为此，该战略明确了俄罗斯增材制造产业的发展目标、优先方向及预期指标，实施阶段以及主要措施。

该战略首先对俄罗斯的市场现状进行了分析。在俄罗斯，增材制造产业的市场规模仍相对较小，但随着国家的政策扶持和产业链的不断完善，该领域的发展潜力巨大。2020年，俄罗斯增材制造市场规模为35.6亿卢布，从业人员数量为1456人，其中中小企业人员为496人。目前，该领域的发展主要集中在航空航天、医疗器械、汽车和工程制造等领域。

其次，确立了发展目标。俄罗斯增材制造发展战略的主要目标是到2030年，俄罗斯增材制造市场增长，包括增材制造设备和组件，增材制造相关材料、服务和软件，使俄罗斯增材制造市场规模扩大3倍以上，并为俄罗斯经济创新发展提供新动力。

然后，根据俄罗斯未来经济社会发展可能出现的3种不同情景，即保守型、目标型和创新型，分别对增材制造的发展前景进行了分析预测，为俄罗斯的增材制造发展制定目标指标提供参考。在保守型情景中，俄罗斯经济呈现长期适度增长，年增长率为2.8%～3%。在这一情景之下，预计到2030年，俄罗斯增材制造市场规模将达到118.8亿卢布，从业人员将达到1775人，其中中小企业人员将达到605人。在目标型情景中，俄罗斯国内市场形势稳定，经济年增长率约3.1%～3.2%。在这一情景之下，预计到2030年，俄罗斯增材制造的市场规模将达到132亿卢布，从业人员将达到1957人，其中中小企业人员将达到667人。在创新型情景中，俄罗斯经济将在3.4%～3.6%强劲增长，技术竞争力也将得以提升。在这一情景之下，预计到2030年，俄罗斯增材制造市场规模将达到582.4亿卢布，从业人员将达到11438人，其中中小企业人员将达到3898人。

从实施路径来看，俄罗斯增材制造发展战略共分为3个实施阶段。第一阶段：2021—2022年，重点关注提升国产增材制造设备、服务和材料在国内市场的份额；制定认证和标准化监管框架，在生产过程中引入增材制造技术；为增材制造产品和材料的应用、质量控制和验收构建监管框架；为将俄罗斯增材制造推向国际市场做好准备。第二阶段：2023—2025年，在现有市场推广俄罗斯增材制造产品和服务，并积极开拓国际市场。第三阶段：2026—2030年，确保增材制造产业的持续增长，在有前景的市场中保持领先地位；确保全球技术领先，并关注优先领域的发展。

为了实现以上发展目标及预期指标，俄罗斯政府从科技发展、生产制造、行业标准、人力资源、合作、经济效率六大方面确定了主要任务和措施。

一是在科技发展方面。主要任务：开发增材制造关键技术，推动增材制造设备及材料行业的发展，摆脱进口依赖。主要措施：通过选择性激光熔化、微波辐射、电子束熔化、多能源直接成型、等离子体成型和电弧方法打印产品；生产用于复杂几何形状产品增材制造的通用材料；医疗产品的打印及其后续加工；航空航天、核工业和无线电电子工业等领域重要产品的打印，并保证性能水平；复杂几何形状产品的合成及其后续加工，并保证性能水平；用各种原材料制造直径超过1m的大尺寸金属制品；生产各种形状的增材制造材料；增材制造产品合成过程的预测、监控和仿真系统；生物打印；增材制造产品的后期处理；实施在太空自主生产的构想；利用增材制造自动修复产品；自动修建房屋等建筑设施。以年度行业技术预测的形式，不断更新有发展前景的增材制造技术清单。

二是在生产制造方面。主要任务：为增材制造设备和材料开发、生产制造与维护的关键过程提供必要的物质和技术基础。主要措施：对增材制造相关设备、仪器、材料进行批量本土化生产，包括增材制造设备部件

（如光学扫描仪、激光、控制系统），增材制造所需材料，打印增材制造产品的设备，用于增材制造产品后处理的设备，利用增材制造批量生产产品修复设备，对增材制造中出现的金属粉末进行加工、循环、回收、处理的设备，对增材制造产品进行无损检测的设备，用于建筑物3D打印的增材制造设备等。

三是在行业标准方面。主要任务：通过技术和行业监管工具确保增材制造产业的竞争力。主要措施：根据现有和未来对增材制造设备、增材制造技术和组织流程的国际要求，更新行业标准和计量体系；根据有发展前景的增材制造设备类型制定国家标准，并与国际标准接轨。

四是在人才资源方面。主要任务：消除阻碍增材制造产业发展的人力资本问题。主要措施：提高行业对专业人才、青年人才和高校毕业生的吸引力；实施中长期规划，每年监测增材制造产业人员需求；促进增材制造产业的职业和教育标准体系的更新、制定和发展；促进增材制造领域专家培养体系的人才潜力开发。

五是在合作方面。主要任务：通过分工和统筹规划，确保增材制造产业的技术流程效率。主要措施：与行业组织及外国企业加强合作，充分利用生产制造、科学和工程资源；利用数字平台等提高现有有关增材制造合作、生产制造和工程项目的信息公开度；消除阻碍合作发展的监管障碍和组织障碍。

六是在经济效率方面。主要任务：为决策提供信息支持，创造并推出有需求、有竞争力的增材制造设备、服务和材料。主要措施：确保该行业广泛参与并实施相关国家项目和计划；定期对增材制造技术市场的发展进行分析和预测，加强系统规划；扩大对国产增材制造设备的需求；为优先项目提供国家支持，组建生产联合体；将俄罗斯增材制造设备引入全球市场，支持出口；在最具前景的领域使用增材制造技术；在增材制造产业引入最先进的商业模式；构建并发展行业数据库，涵盖增材制造生产商、出口商、技术解决方案、增材制造产品测试结果、增材制造材料特性及其产品等信息。

2.2.3　印度

为了跟上全球制造业的快速发展，印度需要采取一种集成方法在所有领域采用增材制造，包括国防和公共部门，特别是在国家的小型、中型和大型工业内。2022年2月，印度发布了《增材制造国家战略》，旨在通过集成技术和资源，推动国内制造业的转型升级。该战略不仅关注技术和经济层面的发展，也强调了可持续生产和供应链的重要性。通过全面发展机器、材料、软件和设计等子领域，印度旨在促进未开发商业机会的加速采用，并加强其作为全球制造中心的定位。以下是该国家战略的详细阐述。

（1）愿景、使命与目标

① 愿景。

印度国家增材制造战略旨在阐述"印度制造"和"自力更生"运动的原则，这些原则通过生产范式的技术转变提倡自力更生。它旨在从未来增长机会中获得最大经济利益，同时最小化风险并减少相关挑战。

② 使命。

确保为增材制造产业创造一个可持续的生态系统，以在全球范围内竞争。

鼓励增材制造转型并在国家内部推动发展核心能力。

将印度定位为增材制造的全球创新和研究中心。

确保为国内外市场生产增材制造的最终用户功能组件。

促进印度知识产权的创造。

确保采取充分的措施保护增材制造技术。

③ 目标。

鼓励国内制造业在价值链中增加国产化，以促进"印度制造"和"自力更生"计划。

提高核心和辅助部件、机器、材料和软件的国内附加值。

通过开发本地技能、技术规模等减小国内市场的进口依赖。

鼓励全球市场领导者在印度建立增材制造零部件和子组件的全球制造基地，进一步加强印度国内的制造生态系统。

培育国内增材制造产业。

建立"国家增材制造中心"，通过不断吸引所有关键利益相关者的参与，推动增材制造转型和发展。

促进创新和研究基础设施，以商业化面向最终用户应用的工业增材制造产品，适用于国内和全球市场。

加强印度与全球增材制造组织和创新研究中心的合作。

创建并更新增材制造技术的创新路线图。

通过引入政策干预来促进印度的增材制造采用，提高制造能力，并鼓励在印度使用外国技术进行制造。

鼓励并进一步激励使用本土技术的制造商，促进可持续的增材制造生态系统的发展，无论是在国内还是在全球范围内。

鼓励机器、材料、增材制造生产的商品和服务的出口和再出口。

减少国内增材制造市场的进口。

（2）原则、成果与挑战

① 原则。

专注于高等级工业增材制造技术的机会及相应挑战。

国内增材制造公司在战略领域和国家安全领域的长期经济可行性和市场主导地位。

通过预防在颠覆性增材制造技术中的威胁，实现长期技术领导。

通过增材制造软件的实用性、可靠性和易用性获得用户的信任和信心。

② 成果。

印度国家增材制造战略旨在到2025年将印度的增材制造市场份额提高到全球市场的5%，目标是为GDP增加近10亿美元。这一增长将旨在实现以下具体目标。

为材料、机器、过程和软件设计50种技术，使印度成为3D打印设计和制造中心。

创立100家新初创企业。

开发500种产品。

建立10个新的和现有的制造部门。

培训10万名新技能人才。

提高对增材制造产品使用的认识。

③ 挑战。

尽管印度增材制造政策展现出巨大的潜力和机会，但实现这些目标也面临着若干挑战，包括设备和材料依赖进口、成本高、缺乏行业标准、专业人才短缺以及监管和法律框架不稳定等。此外，该战略将解决以下关键技术挑战，以使3D打印在经济上对中小企业可行。

材料的属性。

适用于增材制造的材料类型。

工艺技术与性能。

有限的过程中和现场监测机制。

增材制造工艺和零件的鉴定和认证。

零件精度。

轮廓表面的表面光洁度。

制作速度。

建造体积、部件大小。

数据格式。

增材制造标准。

（3）实施举措

印度的增材制造国家战略旨在通过实施一系列政策和举措，将印度打造成全球增材制造中心。该政策包括与增材制造中心的建立、人才发展、知识产权创造和融资、伙伴关系、激励措施、创新集群等相关的一系列建议，总结如下。

① 国家增材制造中心（National Additive Manufacturing Center，NAMC）。

该战略建议建立一个专门机构，通过公私合作（Public-Private-Partnership，PPP）模式促进增材制造技术的采用。主题专家和行业领导者应成为该机构的成员，并且可以与所有成员协商采取举措，还可以开展国际合作。该战略还建议进行详细研究来分析制造业并评估其采用潜力。国家增材制造中心还可以通过制定质量控制、安全等标准等举措来支持采用；重点发展先进材料；开发设计工具；加强网络法律并建立法律框架。

② 加强技术领先地位。

该战略建议解决对熟练劳动力的需求。这可以通过更新不同班级学生的课程（从学校学位到工程学位和文凭）来实现。该战略还建议建立设施和会议以提高劳动力技能。这可以在 PPP 模式上开发，并以"创客村"为模型，这是 MeitY、IITM-K、喀拉拉邦政府和喀拉拉邦初创企业代表团之间的合作项目。

③ 研究和知识产权创造。

该战略的重点是促进增材制造的研发、鼓励竞争和培养下一代劳动力。研究工作可以以赠款和援助的形式获得资助。此外，资助机构可以为增材制造制定专门的预算。政府还可能提供税收优惠和其他福利。成立增材制造促进中心（Center for Promoting Additive Manufacturing，CPAM），开发自主增材制造技术，并发挥端到端创新中心的作用。这也将有助于电子政务的实施。此外，该战略还建议建立国际研发合作伙伴关系。

④ 供应链发展。

该战略建议采购政策包括增材制造机器。此外，政府可以根据增材制造技术进步计划向小型企业提供激励措施，并将增材制造纳入各种计划和激励措施中。例如电价优惠、补助金、单一窗口系统、即插即用设施、长期税收优惠等。

印度政府制定了全面的 3D 打印政策。总体而言，该政策以非常具体的目标为中心。该政策还指出，它将定期升级以跟上不断发展的技术。《增材制造国家战略》的发布，标志着印度政府对该领域的发展寄予了厚望。

这 3 个国家的政策和战略规划，展示了他们各自在推动增材制造技术发展方面的不同侧重点和措施，反映出全球范围内对增材制造技术的认可和重视。

Technological Innovation

第 3 章

技术创新篇

专用材料
软件系统
质量可靠性创新
创新设计
解决方案创新

3.1 专用材料

（中国航发北京航空材料研究院　张学军、潘宇、陈冰清）

　　材料是增材制造技术发展的核心和关键，它既决定了增材制造技术的应用趋势，也决定了增材制造技术的发展方向。由于增材制造技术的特殊性，其对材料行业依赖性较高，原材料制备技术、成形工艺、增材制造设备构造以及增材制造产品的性能等都和材料密切相关。但增材制造材料行业仍处在成长初期阶段，可使用的材料成熟度跟不上增材制造市场的发展，材料仍然是制约增材制造技术发展的重要因素之一。

3.1.1　金属材料

　　目前增材制造技术应用较多的金属类材料主要包括钛合金、铝合金、高温合金、铁基合金以及其他合金材料。金属材料的增材制造主要应用于航空、航天、医学等领域。例如，钛合金耐腐蚀、耐热，在制备飞机发动机、火箭和导弹的各种结构件等方面应用较多；铝合金由于质轻高强，在轻量化制造业的生产中需求量较大；高温合金强度高、化学性质稳定，广泛应用在航空工业领域。

　　（1）钛及钛合金

　　钛及钛合金在航空航天、生物医疗 、汽车制造、国防等领域具有广阔的应用前景，它们具有密度小、耐高温、良好的生物相容性、良好的耐腐蚀性和低弹性模量等优异的物理性能及化学性能。钛合金已广泛应用于多种工业领域，常见的牌号有 TA1、TA15、Ti6Al4V、Ti48Al2Cr2Nb、NiTi、TC18、Ti60 等。目前 Ti6Al4V 是增材制造钛合金中应用最为成熟的材料，TA1、TA15 也是该工艺常用的材料牌号。此外钛铝（TiAl）合金在航空航天和汽车等需要轻质和高强的结构系统中获得广泛应用。NiTi 合金具有形状记忆效应、超弹性、阻尼特性和良好的生物相容性，在生物医疗和航空航天领域受到广泛关注。

　　钛中常加入合金元素以改善加工性能和力学性能，添加的合金元素有 Al、V、Mn、Cr、Mo 等。按照成分和在室温时的组织不同，钛可以分为 α 钛、β 钛和 α+β 钛。常见的增材制造钛合金有近 α 钛合金（TA7、TA15、TA19）、综合性能优异的 α+β 钛合金（TC4 、TC11、TC21）、高强韧的近 β 钛合金（TC17、Ti5553）、低模量的生物医用钛合金等。钛合金相较于铁，其形核率低两个数量级，而晶体生长速度高一个数量级，这使得增材制造钛合金在定向热流下特别容易形成外延生长的粗大柱状 β 晶粒组织。而增材制造钛合金晶内的相组织因不同制造增材技术对应的冷却速率差异而呈明显变化。激光成形钛合金的沉积态组织主要为柱状的初生 β 晶粒，晶内为细小针状的马氏体 α′ 相，最终零件的显微组织高度依赖于沉积过程的热循环和随后的热处理，通过控制固溶和时效温度、冷却速度等，并结合适当的热变形加工（如超声波振动）可以获得传统钛合金的等轴、双态、魏氏或网篮等典型显微组织。尽管通过后续的热处理，可以对增材制造钛合金的相组织结构进行调控，但仍无法改变 β 晶粒组织结构。增材制造钛合金热处理后的力学性能基本都能达到锻件标准，只有低周疲劳性能相比锻件稍有降低。钛合金具有很好的增材制造适应性，改善其力学性能是增材制造专用钛合金设计的出发点。因此，获得等轴细小的 β 晶粒组织是当前增材制造钛合金所追求的目标。研究者们通过增加成分过冷元素和异质形核核心促进增材制造钛合金 β 晶粒组织从柱状晶转变为等轴晶。早期通过在传统牌号中添加微量元素来调控组织，如增材制造过程中的热循环会促使 β 晶粒显著粗化。因此为了获得细小晶粒组织，添加了 B、Si 元素增加成分过冷以及 Re_2O_3 作为异质核心。这些元素的添加确实使传统钛合金的组织一定程度地趋向等轴细化，但由于是微量添加，组织改性程度仍是有限的。为此，之后相继出现了针对增材制造的全新钛合金成分体系。例如，选用大成分过冷元素作为合金元素的 Ti-Cu、Ti-Ni 和 Ti-Fe 系，这些合金的增材制造组织均呈等轴化，其拉伸强度与应用最广泛的 Ti6Al4V 合金相当，只是塑性还有一定差距。

增材制造钛合金已经在航空航天、生物医疗等领域获得了很多应用。例如，西北工业大学针对激光增材制造大型钛合金构件一体成形成功建立了材料、成形工艺、成套装备和应用技术的完整技术体系，服务于中国商飞 C919 客机和空客大型客机的研制，成形钛合金构件最大尺寸超过 3m。北京航空航天大学在军用飞机钛合金大型整体主承力复杂构件激光增材制造工艺研究、成形构件一体化检测、工程化装备研发与装机应用等关键技术的攻关方面取得了突破性进展。中国航发商发公司在商用航空发动机短舱安装节平台等大型钛合金构件送粉增材制造工艺开发、质量过程控制、考核评价等方面也取得了显著成果。

（2）铝合金

铝合金具有密度低，比强度、比刚度高，塑性好，优良的导电性、导热性和抗腐蚀性等特点，是实现结构轻量化的首选材料，在航空航天、交通运输、船舶舰艇等领域具有广泛的应用前景和研究价值。由于铝合金具有高激光反射率、高热导率及易氧化性，因此其是典型的激光增材难制造的材料。按照加工工艺，可将铝合金分为铸造铝合金、变形铝合金两种。

通常铸造铝合金中合金化元素硅的最大含量高于变形合金中的硅含量。大多数铸造铝合金往往具有良好的可打印性，且开裂风险小，在汽车行业得到广泛应用。常见的铸造铝合金有 Al-Si 系、Al-Cu 系、Al-Zn 系和 Al-Mg 系。Al-Si 系合金由于流动性好、收缩小、铸件致密、不易产生铸造裂纹以及具有良好的焊接性能，是铸造铝合金中品种最多、用途最广的合金系，铸造铝合金大多能达到 < 300MPa 的中低屈服强度，并且具有优异的可打印性，热膨胀系数小。常用的有 $AlSi_{12}$、$AlSi_7Mg$、$AlSi_{10}Mg$ 等，它们具有良好的导热性能，可应用于航空航天薄壁零件（如换热器）或其他汽车零部件。Al-Si 系铸造铝合金（如 AlSi12、AlSi10Mg）具有良好的铸造和焊接性能，可以实现激光增材制造。激光增材制造 Al-Si 系合金的微观组织因具有高冷却速率而被显著细化，一次枝晶间距大大降低，共晶 Si 相的形态由铸态下的针状转变为纤维状或珊瑚状，分布更加弥散。甚至在快速凝固后的冷却过程中，Si 由过饱和的 α-Al 相中析出，形成纳米 Si 相，这使其强度和塑性一般均优于传统铸件。此外，通过外加纳米陶瓷增强相或原位陶瓷增强相，可进一步提升激光增材制造 Al-Si 系合金的强度。例如，上海交通大学研制的原位生成纳米 TiB_2 强化 $AlSi_{10}Mg$ 铝合金，其 SLM 沉积态的抗拉强度 > 520MPa。

变形铝合金在力学性能上比铸造铝合金的强度、延展性高，主要的牌号为 2××× 系（Al-Cu）合金、3××× 系（Al-Mn）合金、5×××（Al-Mg 合金）、6××× 系（Al-Mg-Si 合金）、7××× 系（Al-Zn-Mg-Cu）合金、8××× 系（Al-Li）合金，其中 2××× 系和 7××× 系高强铝合金最受关注，在航空航天领域应用广泛。而传统的 2××× 系和 7××× 系高强变形铝合金，在激光增材制造中都面临易产生热裂的共性问题。原因主要有两个方面：一方面，激光增材制造的逐点成形过程中，局部的急冷急热导致材料内部存在极大的内应力；另一方面，这些合金的凝固温度区间一般较大，且在增材制造定向热流条件下呈定向外延枝晶生长，从而在枝晶间形成很长的液膜，导致在内应力作用下被拉开，形成裂纹。2××× 系（Al-Cu）合金中 Cu 的质量分数在 4.5% ～ 11%，Cu 作为主要合金元素，可提高合金的强度和热稳定性，改善其切削加工性能。与 Al-Si 系相比，Al-Cu 系合金的气密性、耐蚀性和制造性能均较低，线膨胀系数大，特别是热裂倾向较大（Cu 的质量分数为 4% ～ 5% 时，热裂倾向达到最大）。这些特性给零件生产带来了较大的工艺难度，通常只用于形状简单的构件，例如板、管、棒、型材、飞机骨架、螺旋桨叶片、建筑业的结构件和配件等。7××× 系（Al-Zn-Mg-Cu）合金中 Zn 的质量分数在 7.6% ～ 9.8%，且 Zn+Mg+Cu 的质量分数在 9.7% ～ 12.1%，具有高合金化特征。其合金屈服强度可在 500MPa 以上，具有良好的力学性能、热加工性能以及可焊性，因此常用于制造机翼蒙皮、飞机框架、舱壁等高强度构件。

目前，激光选区熔化铝合金件在航空航天等领域的轻量化结构及复杂结构中获得了许多应用。例如，NASA 和其他航空航天企业大规模地生产和使用增材制造铝合金零部件，包括压力容器、歧管、托架、热交换器和其他机身零件等；国内增材制造铝合金的 C919 登机门铰链臂已成功装机试飞，火星探测器连接角盒作为重要承力结构件，已搭载于我国首个火星探测器"天问一号"。同样，电弧增材制造铝合金因在材料利用率、制造成本、生产周期等方面的优势也在走向应用。例如，西安交通大学电弧增材制造了世界上首件10m级高强铝合金重型运载火箭连接环样件，重约1t；首都航天机械有限公司和北京航星机械制造公司采用Al-Cu、Al-Si、Al-Mg铝合金材质，成功通过电弧增材制造了管路支架、壳体、框梁等航空、航天领域的关键构件单元。

（3）高温合金

高温合金是指以铁、镍、钴为基体，能在600℃以上的高温及一定应力作用下长期工作的一类金属材料，并具有较高的高温强度，良好的抗氧化和抗腐蚀性能，良好的疲劳性能、断裂韧性等综合性能。按基体元素分类，高温合金有铁基合金、钴基合金和镍基合金。铁基高温合金的使用温度只能达到750～780℃，限制了其在耐热零件中的进一步应用。钴基高温合金在730～1100℃的温度下仍能保持良好的性能，通常应用于叶片、燃烧室部分和飞机涡轮机等。目前，大多数先进工程应用都使用镍基高温合金，镍基高温合金工作温度范围通常在600℃到1100℃之间。其具有优异的耐腐蚀性、强度和韧性，以及良好的冶金稳定性、可加工性和可焊性，广泛用于需要耐化学性和高温强度的部件，如涡轮机、火箭、热交换器等。

镍基高温合金以Ni-Cr二元系作为基体，并加入固溶强化、沉淀强化和晶界强化元素来进行强化。强化机理可分为固溶强化和沉淀强化两类，两者最明显的差别体现在成分上——Al、Ti总含量的差别。在增材制造过程中被广泛研究的镍基高温合金包含IN625、IN718、Hastelloy X、CM247LC和IN738LC等。其中Hastelloy X和IN625为固溶强化镍基高温合金。Hastelloy X仅含有少量的Al元素，不会形成γ′因此，常形成富含Mo和Cr的M6C和M23C6碳化物。IN625合金具有良好的耐腐蚀性、拉伸性能和高温下的疲劳强度等，被广泛应用于航空航天、压力容器、化工和核应用中。此外，它还可作为热交换器的涂层材料。该合金中含有少量Nb元素，该元素为γ″相和Laves相形成元素，合金中的常见相包含初级碳化物（MC）、次级碳化物（M6C和M23C6）、γ″、δ和金属间相。在热处理过程中，也会析出少量沉淀物，如Laves相、富Si颗粒、α-Cr颗粒、TCP相等。IN718是使用最为广泛的一种沉淀强化镍基高温合金，占所有高温合金产量的35%以上，被广泛用于制造燃气轮机、涡轮叶片、航空发动机燃烧室等。作为一种沉淀强化高温合金，IN718合金中Al、Ti总含量仍较低，表现出良好的可焊性和可打印性，含有少量的γ″相和Laves相形成元素Nb，常见的析出相包括γ′和γ″、δ相、MX碳化物相和Laves相。CM247LC和IN738LC合金中铝钛含量超过了5%（质量分数），通常被称为难焊镍基高温合金，较高的铝钛含量使合金中容易形成高体积分数的γ′强化相，可以在更高的温度下工作，适用于航空航天装备的高性能构件。IN738LC是最常用的叶片材料之一，已广泛用于航空燃气涡轮发动机。CM247LC是一种专为定向凝固涡轮叶片设计的高铝钛难焊镍基高温合金，其高温力学性能、抗氧化和耐腐蚀性能是传统铸造合金所能达到的最佳性能，广泛应用于航空和能源工业。这些高铝钛的难焊高温合金在增材制造时工艺窗口较小，容易出现裂纹等缺陷。且CM247LC合金中Hf、Zr等元素的存在增大了合金的凝固温度区间，促进了共晶相的形成，增加了增材制造过程中的低熔点相，在增材制造过程中容易出现裂纹。

目前，尽管高温合金的增材制造仍存在诸多尚未解决的问题，但是迫切的需求在不断推动其应用。美国GE公司的GE9X发动机中应用了304个增材制造零件，其中大多为Co-Cr高温合金零件，如燃油喷嘴、导流器、燃烧室混合器等。罗罗公司利用增材制造技术制备了直径达1.5m、厚0.5m、含有48个翼面的镍基高温合金前轴承座，并应用于Trent XWB-97型航空发动机上。德国西门子公司利用增材制造技术制造了13兆瓦SGT-400型工业燃气轮机用耐高温多晶镍基高温合金燃气涡轮叶片，并通过了满负荷运行测试。中国航发商发公司设计制造的激光选区熔化成形高温合金燃油喷嘴、预旋喷嘴等已经实现了装机应用。

（4）铁基合金

钢铁材料的性能优异、体系丰富、成本低，是应用最为广泛的金属材料，也是增材制造研究的重点材料体系。钢铁材料的增材制造适应性与钛合金相似，同样比较优良，几乎能适应所有主流的增材制造技术。铁基合金主要包括不锈钢和模具钢，典型的增材制造钢铁材料有奥氏体不锈钢316L和304L，析出硬化不锈钢17-4PH和15-5PH，马氏体不锈钢431、420和410，马氏体时效钢18Ni300，工具钢H13和M2，以及超高强钢300M和AerMet100（A-100）等。不锈钢是一种具有优异的耐腐蚀性和抗氧化性的钢，在增材制造领域最受关注。其中奥氏体不锈钢综合性能良好，更适用于增材制造。304和316L不锈钢是两种最常见的奥氏体不锈钢，316不锈钢通过添加Mo，具有更好的耐腐蚀性和高温强度，可在$-269 \sim 700℃$正常使用，应用于航空航天、石化、食品加工和医疗等领域。另一种含有Cu和Nb的马氏体时效（沉淀硬化）不锈钢17-4PH也在增材制造领域具有广泛应用。与一般马氏体不锈钢相比，17-4PH具有更好的强度和优异的耐腐蚀性，可在某些恶劣条件下使用。15-5PH和17-4PH同为马氏体时效不锈钢，具有很高的强度，良好的塑性、耐腐蚀性，主要应用在300℃以下要求具有高强度、良好的韧性与耐蚀性的服役环境，如高强度锻件、高压系统阀门部件、飞机发动机零部件和紧固件等。一些工具钢（如H13，是一种C-Cr-Mo-Si-V热作模具钢），也在工业中得到广泛应用。新型超高强度马氏体时效钢18Ni300具有出色的强韧性、焊接性能，广泛应用于航空、航天、机械制造等领域。超高强度钢A-100属于Co-Ni强化的马氏体合金钢，其锻件具有超高强度（抗拉强度约1970MPa）、优良的断裂韧度（约110MPa·m^0.5），是飞机起落架等重要承力构件最具竞争力的候选材料，而DED制备A100经同样的热处理制度后（固溶+深冷+时效）的综合力学性能与锻件还稍有差距，还未获得大规模装机应用。

目前，钢铁材料的增材制造主要基于增材制造技术的专用合金设计、超纯净冶炼控制技术等相关领域开展研究。通过近几年的深入研究，钢铁材料设计、原料粉末制备、打印工艺探索、打印件后处理、打印件性能提升等增材制造钢铁材料的每一个环节都取得了突破性进展，增材制造在钢铁材料领域已成为一项十分成熟的成形技术。在钢铁材料设计研制方面，针对航天发动机超低温服役环境，中国钢研集团钢铁研究总院研发的超低温3D打印用高强不锈粉末GY130，解决了低温服役环境下高品质特钢粉末耗材的选材瓶颈问题。基于GY130粉末所制备的3D打印标准件具有极为优异的室温、低温综合力学性能，其室温抗拉强度超过1300MPa，屈服强度超过1250MPa，伸长率达到17%，断面收缩率达到70%，室温U型冲击功超过160J，$-196℃$低温下U型冲击功仍保持在80J以上，已经在航天发动机领域率先推广应用。

增材制造钢的零部件已在航空航天、汽车、复杂模具、建筑、能源等领域获得了应用。例如，增材制造的用于注塑行业的CX不锈钢模具，具有复杂形状的随型冷却流道，冷却效果好，冷却均匀，可显著延长模具使用寿命，提高注塑效率和产品质量。模具增材制造上用得比较多的不锈钢主要有18Ni300、CX和420。增材制造的不锈钢换热器具有紧凑、高效的换热性能，被应用于液化天然气的运输。增材制造高强钢Custome 465具有极高的强度、优异的韧性和耐腐蚀等综合性能，可用于航空、医疗器械等领域。

（5）铜合金

铜合金具有优良的导热性、导电性、延展性、耐腐蚀性，在航空航天、武器装备某些应用场合是必选材料。由于铜对激光的高反射性和高热导率，易产生翘曲、分层等缺陷，目前增材制造设备厂商推出铜合金适用的绿光激光，很好地解决了该问题。增材制造铜材料包括纯Cu、CuCrZr、CuNiSi、CuSn10、CuNi等，主要集中在SLM技术上，目前增材制造铜合金应用呈上升趋势。铜粉末对激光的反射率在60%以上，在熔化过程中激光能量在材料中沉积较低，激光难以持续熔化铜金属粉末，从而会出现孔洞、低相对密度等缺陷，进一步产生成形效率低、冶金质量难以控制等问题。此外，由于SLM技术的快速加热和快速冷却，很容易在零件内部产生较大的内应力，尽管可以通过预热基板和后处理来降低内应力，但这也增加了工艺的复杂性。目前，主要的解决方法是使用更高功率的激光源，以增加铜粉末的能量吸收。另一种方法是对铜金属粉末进行表面改性或合金化来提高其对激光的吸收率。德国弗劳恩霍夫激光技术研究所推出了"绿色SLM"解决方案，采用波长为

515nm的绿色激光，增大铜合金粉末的激光吸收率，提高致密度；日本岛津公司应用其研发的450nm蓝色二极管激光器进行铜合金增材制造；德国通快公司针对铜合金推出TruPrint 1000绿光版增材制造系统。

（6）镁合金

镁合金在现代轻量化技术中仍然发挥着重要作用，镁合金是最轻的金属结构材料，有较高的比强度和比刚度，具有优良的铸造性能、切削加工性、阻尼性、热稳定性、抗电磁辐射性能以及优越的生物相容性，广泛应用于汽车、航空航天、骨科材料等领域。同时，优秀的生物相容性、可降解性以及接近人体骨骼的弹性模量，使其在骨科材料应用方面潜力巨大。增材制造镁合金起步较晚，主要研究的牌号有WE43、WE54、AZ91D和ZK60等。增材制造镁合金在快速或近快速凝固条件下，具有更细小的晶粒组织和更高的溶质元素固溶度，提升了细晶强化和固溶强化效果，因而获得的强度要高于传统铸态。镁和镁合金具有熔沸点低、热导率高、氧化性强等特点，使用激光或电子束作为镁合金增材制造的热源时，能量密度高，会导致镁合金蒸发速率增加，氧化性增强，造成构件成型质量差、难以成型和容易产生气孔等问题，影响构件成型质量和性能。目前对激光增材制造成形镁合金工艺、组织性能作用机理有了一定的认知，但相比于较为成熟的铁、钛、镍、铝合金，镁合金增材制造的发展还相差甚远。镁基材料的研究在近几年得到了广泛关注，但需要大量的前期研究才能将其广泛应用于生产制造领域。

（7）贵金属

贵金属在珠宝和手表行业有着广泛的应用，激光增材制造金银材料可用于艺术品、首饰、手表等的定制化制造。随着经济的发展，个性化定制成为珠宝领域不可阻挡的发展趋势。传统失蜡浇铸工艺复杂、耗费时间长，且对首饰形状结构有一定限制，而激光增材制造为定制化珠宝的制造提供了十分便利的条件，只要获得珠宝首饰或艺术品的三维模型，激光打印机就可以在极短的时间内打印出结构复杂的首饰或艺术品，打印材料亦可依个人喜好选择金、银等。目前已有一些公司利用贵金属的激光3D打印技术制造了精美的艺术品、首饰、手表表壳，英国的Cooksongold就是其中著名的一家。金的增材制造亦可用于牙科，主要是定制牙冠。银具有较好的耐腐蚀性，作为一种导电性、导热性优异的材料，其增材制造在化学、医学和电子电器等行业有较大的应用潜力。目前已知的增材制造用贵金属18K金、纯银、Agcu7.5、AgCu28等材料被用于艺术品、首饰、手表等的定制化制造，为珠宝及艺术品设计等行业提供了更高的设计自由度及设计的灵活性。但由于目前贵金属粉末成本较高，且金、银等贵金属材料对激光的吸收率很低。因此该领域的应用还基本处于研究阶段，研究人员更关注打印工艺以及粉末特性对成型的影响。

（8）难熔金属

难熔金属是指熔点为2000℃及以上的金属单质、金属氧化物以及金属碳化物，包括钨、钼、钽、铌、锆、铪及其合金，其中纯钽和纯铌材料的增材制造技术相对成熟。钨的熔点高达3420℃，钨及钨合金不仅具有硬度高、耐摩擦的优点，而且具有优良的耐腐蚀性和抗辐照性能。金属钨的高硬度和本征脆性使其难以使用铸造、车削、锻压等传统工艺加工成形。增材制造技术为钨及钨基合金的成形提供了新的途径。SLM制造的纯钨光栅已被用于医疗CT器械中的防散射栅格构件中。金属钽的熔点为2996℃，是具有极低的韧-脆转变温度的浅灰色难熔金属材料。钽高温力学性能好，有良好的塑性加工成形能力，而且钽的生物相容性也比较好，常作为医用植入材料。增材制造技术能够制备结构复杂的产品，使用增材制造技术制备多孔钽已经成为增材制造和骨科临床领域的研究热点，增材制造个性化定制多孔钽植入体已经开始临床应用。铌是一种具有高熔点（2468℃）、低密度（8.57g/cm³）的金属，有着优异的冷热加工性能、导热性能，而且韧脆转变温度低、高温强度高，是航天构件的重要材料。采用电子束选区熔化（Selective Electron Beam Melting，SEBM）技术制备的高致密度纯铌材料的性能与锻造态铌相当，在新一代超导射频腔体的制造上显示出了很大潜力。

（9）高熵合金

高熵合金是由5种及以上金属元素，以等原子比或近等原子比的成分组成的，每个组元的原子分数在5%～35%。其设计理念打破了传统单一合金主元设计框架的束缚，是近些年来创新合金设计提出的新的合金体系。由于热力学上的高熵效应、动力学上的迟滞扩散效应、强烈的晶格畸变效应、鸡尾酒效应等，高熵合金具有高硬度、高强度、高温条件下组织和性能稳定、抗氧化、耐磨损及耐腐蚀等优异性能。目前研究主要集中在CoCrFeNiMn系列合金、Al$_x$CoCrFeNi系列合金、难熔高熵合金、FeMnCoCr系亚稳态高熵合金等。增材制造CoCrFeNi系高熵合金的研究最早且最为广泛，通过添加Mn、Al、Ti、Mo、Zr等元素以及C、N、Si等非金属元素，可以改变其晶体结构，从而改善其各项性能，衍生出其他高熵合金体系。CoCrFeNiMn高熵合金是目前研究最为广泛的一种高熵合金，其增材制造工艺窗口较窄，并且微观组织、元素分布、裂纹和孔隙等对工艺参数和扫描策略比较敏感，后续的热处理和热等静压处理可以改善合金的性能。相对于等摩尔CoCrFeNiMn系高熵合金，Al$_x$CoCrFeNi系高熵合金具有更多的非等原子比成分设计，这使得该系高熵合金的微观组织更加复杂。由于Al元素是一种BCC相稳定元素，多数研究人员通过调整Al元素在FCC体系中的含量来控制合金的微观结构。高熵合金作为一种新型材料，打破了基于一种元素为主元的传统合金设计方式，其凭借优异的强韧性能、耐高温与耐腐蚀性能等有望成为钛基、镍基等贵金属合金之后的新一代金属材料。增材制造技术作为一种新兴技术，给复杂零件设计、加工制造等带来了无限新的可能。

3.1.2 典型有机高分子材料

（1）聚乳酸

聚乳酸（Polylactic Acid，PLA）是一种环保型聚合物材料，其原料为乳酸，主要由玉米淀粉等生物质资源合成，是生物基生物降解塑料的代表之一。PLA熔融和玻璃化转变温度分别为174℃和57℃，具有相容性、可降解性等优异性能。PLA有两种不同的立体异构体，即PLLA和聚D-丙交酯（D-Polylactide，PLDA）。PLLA在人体中的降解速度比PLDA慢得多，因此PLLA通常被用于整形外科植入物材料。PLA已被美国食品和药物管理局（Food and Drug Administration，FDA）批准用作人类生物医学材料，并且其良好的生物相容性和较低的毒性使之在骨科和牙科领域的固定装置（如螺钉、大头针、缝合线）上的应用前景广阔。然而，它也有与PCL类似的问题，即缺乏机械强度和功能性，这限制了它的进一步应用。

PLA的合成主要有3种途径：一是乳酸直接缩合；二是将乳酸合成为丙交酯，再催化开环聚合；三是固相聚合。国内大多采用第二种途径合成PLA。全球PLA产能约280kt/年，表观消费量约160kt/年。国外PLA产能约230kt/年，消费量约130kt/年，主要生产企业为美国Nature Works公司（原Gargill Dow公司）和荷兰Total Corbion公司。美国Nature Works公司以发酵玉米中葡萄糖的工艺技术生产PLA，产能已达150kt/年。荷兰Total Corbion公司是全球最大的乳酸及其衍生物供应商，并已在泰国建成年产75kt的PLA生产线。国内主要生产PLA的企业有浙江海正集团、江苏九鼎生物工程有限公司、上海同杰良公司、河南飘安集团、海正集团，其PLA产品性能的各项指标均与国外产品相近。

（2）聚醚醚酮

聚醚醚酮（Polyether Ether Ketone，PEEK）是一种具有良好机械性能的热塑性生物材料，PEEK聚合物可用于材料挤出的增材制造成形，但是目前主要用于粉末床熔融。德国EOS公司提供经过认证的PEEK材料，EOS也是唯一一家提供通过认证的针对自家技术开发先进热塑性粉末的供应商。PEEK聚合物一般用于高成本的行业，比如用来制作一些拥有高强度、轻质以及高级几何形状等特性的增材制造高性能元件，目前主要用于航天航空、医疗、能源等领域。

PEEK的杨氏模量和拉伸强度分别为3.3GPa和110MPa，与胶原蛋白的相应值3.75GPa和100MPa十分接近。由于与天然胶原蛋白的机械性能接近，因此PEEK是替代人造骨骼植入物中胶原蛋白的合适候选物。在植入领域，钛合金占据主流地位近十年，钛粉成本居高不下。PEEK已获得FDA的批准，可用于人造骨骼植入物，尤其是位于人体承重部位的植入物。PEEK的玻璃化转变温度和熔融温度分别为143℃和343℃，所以可加工性是PEEK面临的一个重大挑战。

（3）聚己内酯

聚己内酯（Polycaprolactone，PCL）具有良好的生物相容性和缓慢的生物降解性能，已经获得FDA的批准，是一种常被用作增材制造骨骼支架的热塑性聚合物。它具备较低的熔点温度（60℃），即使是台式FDM也可以制备支架。Zamani等通过FDM技术制备了具有梯度机械性能的PCL支架，并且发现其可潜在应用于下颌骨植入物。但是，PCL材料缺乏骨诱导性，因此必须在基质中加入功能化的矿物添加剂，包括磷酸三钙（Tricalcium Phosphate，TCP）、HAp晶体、脱细胞骨基质（Decellularized Bone Matrix，DCB）和人体内的微量元素，如锶（Sr）、镁（Mg）、锌（Zn）、银（Ag）和硅（Si）。PCL支架也可以用于隆鼻手术的临床应用。

除上述聚合物外，聚甲基丙烯酸甲酯（Polymethyl Methacrylate，PMMA）、PVA和聚乳酸-羟基乙酸共聚物［Poly (Lactic-Co-Glycolic Acid), PLGA］被广泛用于增材制造的植入物。PMMA在颅骨成形术中的使用可以追溯到20世纪40年代。彼得斯曼（Petersmann）等通过FDM技术使用PMMA制备了颅骨植入物。PVA也显示出极好的软骨修复潜力。

3.1.3　无机非金属材料

无机非金属材料增材制造以陶瓷最为常见。陶瓷在宽温域内具有优异的隔热能力和机械性能。此外，陶瓷材料具有较低的热膨胀系数，因此随着温度的变化它们的膨胀可以忽略不计，具有良好的形状一致性。在航空航天、汽车和机床等许多工业应用中，陶瓷因其优异的机械性能以及高耐腐蚀性、高温强度、高耐磨性、高硬度和良好的摩擦学特性，受到了广泛关注。增材制造被认为是打印生物材料和骨组织工程先进陶瓷（例如骨骼和牙齿支架）的重要方法。与铸造、烧结等传统方法相比，增材制造陶瓷支架在组织工程中的应用更加方便、快捷。多孔陶瓷或晶格结构的增材制造为开发各种应用中的先进轻质材料提供了多种优势。但陶瓷的熔化温度高、光学/热特性多样以及耐热冲击性低，通过直接逐层增材制造技术加工此类材料非常具有挑战性。

常见的增材制造陶瓷材料有氧化锆、氧化铝、碳化硅、氮化硅、生物相容性材料（即生物玻璃、羟基磷灰石）和聚合物衍生陶瓷。氧化锆在低温和高温下都具有出色的机械性能。由于在室温下导热率相对较低，这种材料在暴露于极端条件下时表现出卓越的品质。在超过1000℃的温度下，氧化锆成为优异的电导体。其高硬度、耐磨性、化学惰性和抵抗金属侵蚀的能力使成为珠宝、生物医学设备、生物医学植入物（特别是牙科植入物）和电子设备等的首选材料。氧化铝由于硬度高、成本低和耐热而被广泛用作结构陶瓷，是与增材制造技术兼容的陶瓷材料。氧化铝熔化温度高于2000℃，具有很强的耐高温、硬度和热冲击能力，此外它兼具耐腐蚀、耐高温、电绝缘、导热和生物相容性等特性，主要用于电子、生物医学假肢、切削工具和航空航天等领域。由于制造具有优异机械特性的致密产品的要求，碳化硅和氮化硅作为高硬度材料而受到越来越多的关注，特别是在航空航天工业中。此外，增材制造技术还被用于生产生物玻璃和羟基磷灰石等生物相容性陶瓷材料的医疗植入物。

3.2　软件系统

（中国科学院热物理工程所 杜宝瑞、上海文颢智能科技有限公司 孙钊）

随着增材制造技术的快速发展，专用软件在此领域中的作用日益凸显。本节介绍当前增材制造软件的发展现状，包括设计软件、切片软件、打印管理软件以及后处理软件。设计软件现已能够支持复杂结构的直接建模，切片软件在优化打印路径和参数设置方面取得了显著进展，打印管理软件提高了打印过程的自动化和智能化水平，后处理软件则在提高打印件表面质量和性能方面发挥关键作用。此外，还分析了人工智能、云计算、大数据和机器学习等先进技术对增材制造软件的影响，指出了软件集成、用户体验和智能优化是未来发展的重点方向。最后，强调了软件在推动增材制造技术创新、实现复杂产品制造和提高生产效率方面的重要性，预测了其在未来工业4.0背景下的关键角色。

3.2.1　软件在增材制造中的关键作用

随着人工智能和机器学习技术的融入，增材制造软件正变得更加智能。这些技术的应用不仅提高了设计的自动化程度，还能够根据打印过程中实时监测到的数据，对打印策略进行调整，以提高产品质量和制造效率。同时，云计算的运用使得大型数据处理和远程协作成为可能，为分布式制造和全球化生产模式奠定了基础。未来，随着数字化转型对各行各业的影响越来越深刻，增材制造软件将继续朝着集成化、智能化和网络化的方向发展。这不仅将提升个体用户的体验，更将推动整个制造业的转型升级，使得增材制造成为支持可持续发展、个性化定制和创新设计的有力工具。

增材制造领域的软件是实现从数字模型到实体对象转换的关键环节，其作用不局限于模型设计和构建指导，更深入整个制造过程的各个方面，包括但不限于数据准备、打印路径规划、打印过程监控、后处理工作流程以及质量控制等。软件的发展在很大程度上决定了增材制造技术的适用性、效率和创新能力。软件使得复杂设计的实现成为可能，通过高级建模工具和算法，设计师可以创造出用传统制造方法难以或无法制造的几何结构，如拓扑优化后的轻量化结构和复杂的内部通道。软件在数据准备阶段发挥着至关重要的作用，它需要将设计文件转换为打印机能够识别的指令集，这包括模型的切片、支撑结构的生成和路径规划等，这一过程对打印质量和速度有直接影响。随着技术的进步，增材制造软件正向着更加智能化和自动化的方向发展，集成了机器学习和人工智能算法的软件能够在打印前预测可能的问题，并提供解决方案。例如，智能软件可以通过模拟预测材料在打印过程中的行为，从而优化支撑结构，并减少材料使用。此外，软件在打印过程中的监控功能也至关重要，它能够实时捕捉打印状态，通过传感器收集的数据调整打印参数，以确保产品质量和提高材料利用率。在打印完成后，软件还可以协助进行后处理工作，如去除支撑、表面处理和后期热处理等，确保最终产品能够满足设计要求。

除了技术层面的作用，增材制造软件还对推广和教育有着不可忽视的影响。用户友好的界面和直观的操作流程降低了技术门槛，使得更多非专业人士能够接触和使用3D打印技术。这种普及化不仅加速了增材制造技术的创新和应用，也加快了相关教育和人才培养的进程。增材制造软件的发展正面临诸多挑战和机遇。例如，对于标准化和兼容性的需求不断增长，软件必须适应各种不同的打印技术和材料，同时还要与其他工业软件系统兼容，以便在更广泛的生产环境中实现无缝集成。云计算和物联网的应用也为软件带来了新的发展方向，它们使得远程控制和分布式制造成为现实，这对软件的网络安全和数据处理能力提出了更高要求。增材制造领域的软件是推动这一技术革新和实用化的引擎，它的发展现状和未来发展趋势将在很大程度上决定增材制造的路径和边界。随着软件功能的不断完善和智能化程度的不断提高，可以预见，增材制造将更加深入人们的生活，并在各个领域展现出更大的应用潜力和价值。

3.2.2　增材制造领域软件概述

（1）工艺设计软件

增材制造领域的工艺设计软件是专门用于创建、优化和准备3D打印模型的先进工具。这些软件包括从简单的模型设计程序到复杂的工程模拟平台，允许用户在打印之前详尽地规划和测试其设计。工艺设计软件通过提供精确的模型建造、结构分析和打印路径优化等功能，使从概念到产品的转变变得更加迅速和高效。如软件可以帮助工程师执行拓扑优化，这是一种算法驱动的设计过程，通过移除不必要的材料来制造出强度高而重量轻的部件。另一方面，这些软件还能进行模拟和分析，预测3D打印过程中可能出现的变形、应力集中或层间问题，并据此调整设计参数。这不仅提高了材料的利用效率，还确保了打印出的部件具有高度的精确度和性能一致性。

工艺设计软件的发展现状显示出其对复杂性和可访问性的双重关注。软件供应商正在不断增加工具的功能，从而支持不断发展的材料类型和打印技术。功能的增加包括但不限于更精细的网格划分、更智能的支撑结构生成和更高级的切片算法。同时，为了满足不同用户的需求，工艺设计软件将对用户更加友好，提供了直观的图形用户界面、拖放功能和预设参数，这样即便是没有深厚专业背景的用户也能相对容易地进行设计和打印准备。

随着行业标准的制定和实施，工艺设计软件也在逐步标准化，以保证不同软件、打印机和材料之间的兼容性和互操作性。此外，软件正在变得更加集成，可以与传统的CAD软件和PLM系统无缝衔接，从而使得增材制造成为整个生产生命周期管理的一部分。在使工艺设计软件更智能化的同时，工程师和设计师也在探索如何使用机器学习算法来进一步自动化设计优化过程，例如通过自动化迭代设计来找到最佳的结构形态和打印方案。随着云技术和分布式计算的兴起，工艺设计软件的发展也趋向于远程协作和计算资源共享。借助云平台，用户可以在不同地点共同协作设计，同时利用强大的云计算资源来进行大规模的模拟计算，这极大提高了设计和验证的效率。云基础设施的应用也为大数据分析和实时更新提供了可能性，使得工艺设计软件可以实时收集并分析打印过程数据，以优化打印参数和提升产品质量。

增材制造领域的工艺设计软件正在成为3D打印技术不可或缺的一环，其不断完善的功能和日益增强的易用性，正在推动这一技术向着更广阔的应用领域发展，同时也为用户提供了更高的设计自由度和生产效率。随着智能化和网络化的不断深入，未来的工艺设计软件将更加强大和智能，能够更好地服务于复杂的生产任务和多样化的用户需求。

增材制造技术的迅猛发展极大地受益于专门针对此领域开发的软件工具的进步。这些软件涵盖了从设计构思、模型准备、打印过程控制到后处理分析的各个环节，其功能和作用正变得日益关键。当前，增材制造软件不仅能够处理复杂的几何设计，还能优化打印材料的使用，提高生产效率，并确保最终产品的质量和性能。

设计和建模软件是工程师和设计师创造3D打印模型的起点。这些软件通常具备强大的几何建模能力，能够处理从简单的固体形状到复杂的曲面和拓扑结构。高级的软件还集成了拓扑优化和格栅结构（lattice structure）生成等模块，这些功能可以在保持结构性能的同时减轻部件重量，从而为航空航天、汽车等行业提供关键的设计解决方案。切片软件是将三维模型转化为可打印路径的关键步骤。它按照特定的层高将模型分层，并生成相应的G代码，这是控制打印机具体动作的指令集。现代切片软件能够自动优化支撑结构，平衡打印速度和质量，甚至可以对不同区域的填充密度和打印方向进行局部调整，以适应复杂的打印需求。提高打印过程的稳定性和预测性是增材制造软件的另一个重要功能。通过过程模拟软件，用户能够在实际打印之前预测和评估潜在的问题，如部件变形、裂纹形成和层间黏合不良。这些软件通常采用有限元分析（Finite Element Analysis，FEA）等高级技术来模拟物理过程，从而指导工程师对设计进行必要的调整。质量控制和后处理软件则用于提升和确保打印产品的质量。这类软件可以分析打印过程中收集到的数据，监控关键参数（如温度、速度和层厚度）。一些高级系统甚至能够在打印过程中实时调整参数，以修正潜在的偏差。后处理软件还能够指导后续的热处理、表面精加工或其他必要的后处理步骤。集成软件平台的出现进一步推动了增材制造软件的发展。这些平台能够将上述所有功能整合到一个用户友好的界面中，实现从设计到打印的无缝连接。它们通常提供云服务和团队协作功能，方便用户远程访问、共享设计文件和协作项目管理。这大大提高了供应链的灵活性，为分散的生产模式提供了技术支持。

增材制造软件不仅是3D打印技术不断创新和优化的催化剂，也是确保设计理念高效转化为实物的桥梁。随着人工智能和机器学习技术的融入，软件的自动化程度和智能化水平正在不断提高，预示着未来增材制造软件将进一步扩展其功能和作用，为实现更加复杂、个性化和智能化的制造提供强大的支持。

（2）生产管理系统

生产管理系统（Manufacturing Execution System，MES）在增材制造领域的应用是实现工业生产规模化和效率化的关键。随着3D打印技术的日益成熟，MES在增材制造中的作用日益凸显，它不仅能够实时监控生产流程，还能够提供数据分析支持，以优化生产计划和资源配置，最终提升整体的运营效率。在增材制造环境中，MES的核心功能包括但不限于订单管理、进度跟踪、资源分配、质量控制、数据收集与分析、设备维护和工艺优化。它通过与设计软件、材料数据库、打印机硬件等其他系统集成，形成一个闭环的制造系统，确保了从订单接收到成品交付的每一个环节都能被有效管理。

在全球范围内，增材制造MES正处于快速发展阶段，多家软件开发商竞相推出针对3D打印行业的MES解决方案。例如，3D Systems的3DXpert、Stratasys的GrabCAD Print和Siemens的Opcenter等，这些MES不仅支持多种3D打印技术，还能够与企业现有的企业资源计划（Enterprise Resource Planning，ERP）系统无缝对接，实现数据的互通与共享。在智能化方面，增材制造MES开始利用机器学习和人工智能算法来预测设备故障、优化打印参数和减少材料浪费。通过对生产过程中产生的大量数据进行分析，MES能够实现自我学习和不断改进，使得生产过程更加精细化和个性化。这种智能化不仅提升了生产效率，还提高了成品的质量和一致性。

随着增材制造技术的不断进步，MES也需要适应各种新材料、新工艺和新标准。因此，软件的灵活性和可扩展性成为开发商关注的焦点。此外，随着增材制造技术在航空航天、汽车、医疗等行业的深入应用，MES也需要遵循更严格的法规和行业标准，如FAA的航空安全认证、FDA的医疗器械认证等。尽管MES在增材制造领域具有巨大的潜力，但其实施和应用仍然面临诸多挑战。高昂的软件成本、复杂的系统集成、对操作人员技能要求高等问题，都限制了MES在中小型企业中的普及。针对这些问题，软件开发商正在努力简化软件的操作界面，降低入门门槛，并提供更多的定制化服务以满足不同企业的需求。MES在增材制造领域的应用正逐步成为提升生产效率、保障产品质量和加快产品上市速度的重要工具。随着软件技术的不断进步和行业应用需求的日益增长，未来MES将在智能化、集成化和个性化方面迎来更多创新，为增材制造产业的发展提供有力支撑。

在生产过程管理方面，MES等软件系统能够有效整合资源、监控生产状态、追踪零件质量，并通过数据分析为生产过程提供决策支持。通过这些智能化的管理工具，企业能够实现生产过程的可视化和优化，从而提高响应市场变化的能力。在航空航天、医疗等高标准行业中，软件需要确保产品符合严格的质量要求和安全标准。这不仅涉及设计的精确性，还包括打印过程的可追溯性和重复性，这些都需要软件进行严格的控制和记录。

此外，随着工业4.0的推进，增材制造软件开始融入物联网、大数据和人工智能等技术，这将进一步扩展其在生产链中的影响力。例如，通过物联网技术，打印设备可以实现远程监控和维护；通过大数据分析，可以对生产过程中的数据进行深入挖掘，优化生产参数；而人工智能技术则能够实现生产过程中的自动化决策和预测性维护。增材制造软件的作用和重要性体现在它能够将设计快速转化为实体、优化生产流程、保障产品质量，以及推动生产过程自动化和智能化。随着技术的不断发展和市场需求的不断变化，增材制造软件将持续演进，其功能将更加强大，应用范围将更加广泛，对增材制造产业的推动作用也将日益显著。

探讨我国境内增材制造软件的应用情况尤为重要，因为这直接关系到国内3D打印行业的技术进步和市场竞争力。我国在增材制造领域的软件应用经历了从初步探索到快速发展，再到逐步成熟的过程。国内企业和研究机构通过不断研发和引进先进技术，已经能够开发出一系列具有自主知识产权的3D打印MES。

我国的增材制造软件应用具有以下几个特点：在政策驱动和市场需求的双重作用下，国内3D打印软件的研发投入增加，自主创新能力增强，相关专利和技术标准不断增多。国内软件企业在面对全球竞争时，开始更加重视软件与打印设备的配套性和整体解决方案的提供，以满足不同行业用户的特定需求。此外，随着大数据和云计算等技术的应用，部分软件开始支持云端服务，使用户可以实现在线设计、打印监控和数据分析，这在提高协作效率和降低成本方面发挥了重要作用。

（3）数据采集软件

数据采集软件的作用不可小觑，它是确保打印过程精准、有效的关键。数据采集软件负责从多维度捕获与打印过程相关的数据，如设备状态、环境条件、原材料特性以及产品质量等信息。通过实时监控这些数据，软件能够提供预测性维护信息、优化打印参数，以及保证打印质量的一致性和可重复性。数据采集对于后续的数据分析、过程控制和质量保证至关重要，因为它们共同构成了自动化和智能化增材制造过程的基础。此外，收集到的数据还可用于机器学习模型的训练，进而提高算法的预测精度和决策质量。在定制化生产和复杂零件制造方面，高质量的数据采集与处理能力直接影响到最终产品的性能和应用价值。

3.2.3 国内外增材制造软件发展现状

（1）国外增材制造软件发展现状

国外的增材制造软件在航空航天、汽车制造、医疗、教育和建筑等领域的应用尤为突出。例如，在航空航天领域，软件被用于优化飞机部件设计，减轻重量的同时提高了强度和耐用性；在汽车行业，软件能够帮助制造出更加复杂、性能更好的零部件；在医疗领域，个性化的植入件和外科手术规划软件为患者提供了量身定制的治疗方案；在建筑领域，软件则能够设计出结构合理且具有艺术感的建筑组件。这些应用不仅极大地提高了产品的性能，还缩短了从设计到生产的周期，降低了制造成本。

人工智能和机器学习技术的融入为增材制造软件带来了新的突破。通过智能化算法，软件能够预测打印过程中的潜在问题，并自动调整参数以优化打印质量。此外，云计算和物联网技术的应用让远程设计、协作和监控成为可能，极大地增强了软件的灵活性，提升了用户体验。国外增材制造软件的发展也遇到了知识产权保护、软件与硬件间的兼容性问题以及不同地区间的法规标准差异等挑战。这些问题需要软件开发商、制造商和政策制定者共同努力，通过标准化、国际合作和技术创新来解决。

增材制造领域的软件发展现状体现了该技术的全球性和日益成熟的趋势。美国、德国、日本等国家的增材制造软件的发展呈现出高度的技术创新性和市场导向性。美国作为3D打印技术的先驱，拥有一系列成熟的增材制造软件企业，如Autodesk、SolidWorks等，这些企业的软件产品在设计优化、数据处理、机器控制等方面成为行业标杆。德国凭借其传统制造业的深厚底蕴，发展出了适用于金属3D打印的高性能软件解决方案，其代表企业EOS和SLM Solutions等在精密制造领域有着广泛的影响力。日本则侧重于细分市场和特定材料的3D打印应用，其软件发展紧密结合本国电子和自动化技术的领先优势。此外，英国、荷兰等国家在自定义和消费级3D打印软件方面亦有所突破，推动了个性化生产和创意设计的发展。整体而言，海外各主要国家的增材制造软件在功能性、集成性和用户体验上不断突破，推动着整个行业前进。

跨国公司在增材制造软件领域的布局反映了这一行业的全球化和竞争格局。例如，GE通过收购Arcam和Concept Laser等公司，不仅强化了其在金属3D打印机领域的布局，同时也获得了相应的软件技术，进一步整合了上下游产业链。HP和Siemens等企业则通过内部研发和外部合作，推出了一系列软件解决方案，旨在优化增材制造过程并提高生产效率。这些跨国公司通常在全球不同地区设立研发中心，利用不同地区的技术资源和人才优势，强化软件的研发和服务。同时，跨国企业也通过战略合作与技术共享，与其他公司共同推动行业标准的制定和新技术的应用。这样的全球布局不仅加速了技术的跨国传播，也为用户提供了更为丰富和专业的软件选择，促进了增材制造技术的普及和应用。

国际上，增材制造软件的发展离不开各种软件标准和国际合作。ASTM 和 ISO 等标准化组织制定了一系列与增材制造相关的国际标准，涵盖了从设计、数据格式到软件操作界面的各个方面。这些标准的制定和实施，为软件开发和用户操作提供了通用的框架和参考，减少了技术壁垒，同时保证了不同软件和硬件之间的兼容性和互操作性。此外，跨国合作也在不断加深，例如欧洲的 Horizon 2020 计划、美国的 America Makes 倡议等都涉及了国际合作项目，旨在通过共享资源、共同研发来推进增材制造技术的进步。这些合作不仅促进了技术的交流和人才的培养，还加速了新技术的市场化进程。国际合作和标准化工作的深入进行，对推动全球增材制造软件的发展具有重要意义。

欧美等地的软件开发商不仅提供成熟的数据采集解决方案，还不断创新，将物联网、云计算和人工智能等前沿技术与数据采集软件相结合。这些软件通常具有更强大的数据处理能力和更精细的控制算法，能够在复杂的生产环境中保障数据的精确性和时效性。海外软件的一个显著特点是强调模块化设计，这使得数据采集软件可以轻松集成到现有的企业级软件系统中。这不仅极大地提高了操作的便捷性，也为跨国公司在全球范围内的标准化生产提供了技术支持。此外，海外软件通常更注重用户数据的安全性和隐私保护，这对涉及敏感信息的医疗、军工等领域来说尤为重要。

（2）国内增材制造软件发展现状

国内增材制造软件也在蓬勃发展，彰显出我国在 3D 打印技术领域的活力与潜力。近年来，众多国内软件企业积极投身于增材制造软件的研发与创新，涌现出一批具有自主知识产权的软件产品。这些企业不断通过技术迭代来提升软件的功能性、用户友好性以及系统稳定性，使之能够满足复杂零件设计、打印过程模拟、后处理分析等多方面的需求。我国的增材制造软件企业正逐步形成完整的产业链，包括设计软件、数据处理软件、打印控制软件以及后期数据分析软件等。在市场竞争机制的推动下，国内软件企业正逐渐减少对国外先进软件的依赖，同时，也在国际市场上占据了一席之地。然而，企业仍面临人才短缺、研发经费有限以及与国际先进技术的差距等挑战。为了应对这些问题，企业不断加大研发投入，积极招聘高端人才，与高等院校和科研机构建立合作关系，加快技术成果的转化应用。

在实际应用中，我国的航空航天和医疗器械行业是增材制造软件应用的先行者。例如，在航空航天领域，为满足复杂零件和高性能结构件的生产需求，相关企业开发了具有高效数据处理和精确打印控制能力的软件，有效提高了关键零件的制造精度和性能。在医疗领域，通过定制化的 3D 打印软件，可以实现患者特定的植入物设计和制造，极大地提升了医疗产品的个性化水平和手术的成功率。国内增材制造软件的发展仍面临一些挑战。例如，国内软件在算法优化、用户体验、智能化程度等方面与国际先进水平还存在一定差距；一些高端应用场景的软件还依赖进口，缺乏核心竞争力；此外，标准体系不完善、人才短缺等问题也制约着软件的应用推广。对国外增材制造软件的应用情况进行概述是至关重要的，因为这为我们提供了一个与国内软件发展现状进行对比的视角。在全球范围内，增材制造软件正处于快速进步和创新的黄金时期，特别是在北美、欧洲和日本等技术先进地区，这些地区的软件开发商凭借其强大的研发能力和资金支持，已经推出了多种高性能的增材制造软件解决方案。

政府对国内增材制造软件的支持和政策影响是显著的。我国政府高度重视高新技术产业的发展，将增材制造作为战略性新兴产业并提供了大力扶持。政府出台了一系列政策与措施，旨在营造有利于技术创新和产业发展的环境。这些政策包括财政资助、税收优惠、政府购买服务等，旨在降低企业的研发成本、鼓励技术创新和推动产业升级。此外，政府还建立了多级科技创新平台，如国家级增材制造创新中心，以促进产学研用的深度融合，为软件企业提供技术支持和人才培养。政府的这些措施极大地提升了国内软件企业的研发能力和市场竞争力，加速了国内增材制造软件技术的成熟和产业化进程。然而，政策执行过程中仍需注意避免潜在的行政垄断、确保市场的公平竞争，以及避免因政策支持而产生的依赖心理，确保企业的创新动力。

国内增材制造软件的应用越来越广泛，涵盖航空航天、汽车、生物医疗、教育等多个领域。在航空航天领域，某国有大型企业利用国产增材制造软件成功设计并打印了复杂的航空发动机部件，不仅显著缩短了产品研发周期，而且减轻了部件重量，提升了发动机的性能。在汽车行业，一家知名汽车制造商通过使用国内自主研发的软件，实现了汽车零部件的快速打样和小批量生产，显著降低了制造成本，并缩短了产品上市时间。在医疗领域，利用增材制造软件定制患者特定的植入物和外科手术导板，不仅使手术操作更为精准，还提高了患者的康复效率。这些案例表明，国内增材制造软件正逐渐成熟并成功应用于实际生产过程中，展现出良好的市场应用前景和深远的社会经济影响。然而，行业应用的深度和广度仍有待进一步拓展，特别是在标准化、自动化和智能化等方面还需不断探索和提高。

国内软件开发正致力于整合数据采集与处理能力，以适应国内外对于高效、智能化3D打印技术的需求。我国许多企业和研究机构正在开发具有自主知识产权的数据采集软件，力图通过算法优化和界面友好化提升用户体验。这些软件不仅支持中文界面，而且在处理复杂的几何形状和大型数据集方面展现出良好性能，同时也越来越注重与国际标准的兼容性。国内市场对3D打印技术的广泛接受，促进了相关软件工具的快速发展，同时也激发了对高端软件人才的需求。

3.2.4 未来展望

随着人工智能和机器学习技术的渗透，软件将更加智能地优化打印工艺，自动调整参数以适应复杂几何结构的打印需求，并预测潜在的打印失败，实现更高的成功率和材料利用率。集成化将体现在增材制造软件与企业现有的CAD/CAE/CAM系统之间的无缝对接，以及与供应链、库存管理等其他ERP系统的整合方面，从而形成闭环的制造生态。用户友好的趋势将通过更直观的图形用户界面、更简化的操作流程和更全面的在线教育资源来体现，降低技术门槛，吸引更多非专业用户参与到3D打印创新中来。

在创新方向上，未来增材制造软件将在多个层面进行突破。一方面，将开发出更为高级的拓扑优化工具，使设计师能够设计出更轻质、材料效率更高的结构；另一方面，软件将支持多材料和多过程的打印管理，适应日益复杂的打印需求。随着数字孪生技术的发展，软件将能模拟整个打印过程并实时监控，提供与物理过程完全同步的数字反馈，为后续的产品验证和生产优化提供强力支持。软件的创新也将在增强现实（Augmented Reality，AR）和虚拟现实（Virtual Reality，VR）技术的应用上有所体现，通过这些技术提供更为直观和沉浸式的设计与打印体验。

国际合作与交流在增材制造软件的件未来发展中扮演着至关重要的角色。可预见到全球化趋势将持续推动行业内外的协作，国际标准化机构将进一步统一技术规范，促进软件互操作性和数据交换的标准化；国际研究团队将在项目合作中共享知识，开展联合研究，共同推动软件技术的发展；全球性的教育倡议和在线平台将使得优秀的教育资源和实践案例得以跨越国界传播，培养更多的增材制造人才。这些合作与交流不仅会加速技术创新的步伐，而且有助于形成更加开放和包容的增材制造生态系统，推动全球制造业的转型升级。

在探讨增材制造领域内软件的作用时，须认识到软件不仅是整个打印流程的"指挥官"，还是连接设计与实物输出的桥梁。软件在3D打印工艺中扮演着至关重要的角色，负责实现从模型设计、打印路径规划、层间协调到最终产品质量监控的多种功能。它使设计师能够以数字方式精确构想和修改对象，同时为机器操作者提供详尽的生产指导，确保设计意图的精准实现和材料的最优使用。更进一步，软件通过优化其算法，能够有效预测和减少打印过程中的错误，加速原型制作，从而提升生产效率和产品性能。随着增材制造技术日益复杂化和精细化，软件在整个制造流程中扮演的角色变得愈发重要，从而使得整个行业的创新成果更加依赖于软件功能的深度开发与集成。

在强调软件在增材制造领域未来发展的重要性方面，我们将看到软件不仅是推动技术进步的催化剂，更是支撑行业持续创新的基石。随着增材制造技术向更广泛的行业和应用领域扩展，软件的发展将决定3D打印能否超越现有的技术限制，实现更快的打印速度、更佳的材料兼容性以及更高的产品复杂性。软件的进步将直接影响打印设备的性能，从而决定着增材制造的应用范围和应用深度。在未来，随着数字化转型的深入，软件在设计自动化、工艺优化、数据分析和供应链集成等方面的创新将成为企业提升竞争力的关键，它将使企业能够迅速响应市场需求，缩短产品上市时间，实现个性化和定制化生产，最终推动整个增材制造产业向着更加灵活、高效和可持续的方向发展。因此，软件的发展不仅对技术进步至关重要，而且对行业的长远竞争力和创新能力也有深远影响。

3.3 质量可靠性创新

（广州五所环境仪器有限公司　叶志鹏）

增材制造技术作为全球范围内新一轮科技与产业革命中至关重要的一部分，已逐渐成为当今世界各国对未来产业发展的新增长点。2013年美国麦肯锡咨询公司发布的"展望2025"报告中，将增材制造技术列入决定未来经济的十二大颠覆技术之一。金属增材制造技术是增材制造工艺中技术含量最高、难度最大，同时也是附加值最高的一类增材制造工艺。经过近40年的发展，金属增材制造技术已逐渐由快速原型发展至直接制造、批量制造。尤其是近几年，大幅面、高可靠、大批量生产成为金属增材制造的主流发展方向。随着金属增材制造技术在航空航天、船舶、汽车、核电、模具、电子等领域的不断深化应用，对装备及工艺的稳定性、安全性、可靠性等方面的要求也愈发严格。去年，一起金属粉尘爆炸事件引起了整个金属增材制造产业的轰动，增材制造装备的研发、使用过程中的安全管控问题引起了同行的深切反思，增材制造质量可靠性工作不容放松。

3.3.1 构件全生命周期质量可靠性分析

增材制造构件制造流程及其影响因素如图3.1所示，主要包含五大过程，即设计、材料选择、加工、后处理和质量验证。每个过程对增材制造构件的质量可靠性特征产生的影响不同。

国内外研究人员在对金属增材制造不同加工过程的研究中发现，大约有130个因素会对金属增材制造的构件质量产生影响，其中起决定作用的主要有零件摆放、材料（形状、粉末成分）、激光能量参数、扫描参数（扫描速度、扫描间隔）、加工环境（湿度、含氧量等）、热处理技术和构件测试技术。

（1）零件摆放对构件质量的影响

从增材制造的原理可知，由于成形方式特殊，成形件的性能必然存在各向异性，零件的摆放方式会对成形质量产生较为明显的影响。因此在进行粉末床激光熔融成形时，需要考虑成形件的摆放方式，以保证成形质量。在打印时，如果零件具有悬臂部分，那么熔池下方区域至少有一部分零件会是未熔粉末，这些粉末的导热性远远低于固体金属，因此来自熔池的热量会保留更长时间，导致周围出现较多粉末烧结情况。由于粉末导热性很差，热量会聚集在悬臂部分下方的粉末中，这部分粉末不能充分熔化而附着在悬臂部分的下表面，造成悬臂部分下表面变形或者表面粗糙度非常差。悬垂结构的出现通常是由零件成形时的摆放方式决定的。当零件存在大面积的水平悬垂面时，不仅需要大量的支撑，成形后表面质量也很差，并且长线扫描可能使底面两端发生严重翘曲而脱离支撑。所以大面积的表面应避免作为水平悬垂面，除非其不需要支撑而可直接置于成形基板件截面上。将面积小的表面设为底面的方式支撑添加量最少，但是 z 轴尺寸最大，成形时间最长。一般零件与水平角度小于45°的部分需要添加支撑结构，这一部分通常称为下表面，下表面的表面粗糙度通常比垂直壁面和上表面更差。这时零件下表面的摆放就显得尤为重要，它不仅能优化零件性能，甚至可以决定成形是否成功。若零件有多种摆放方式可选，应选择可实现理想化零件自身支撑摆放，以便尽可能地减少后期处理工作和降低加工成本。

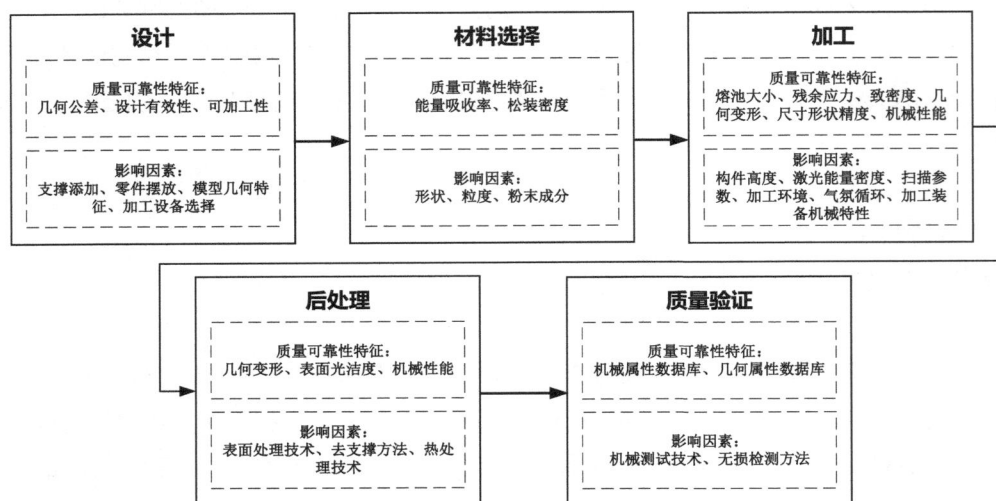

图3.1 增材制造构件制造流程及其影响因素

（2）材料对构件质量的影响

目前金属增材制造大多采用的是金属或金属合金粉末，对于粉末材料，性能的一致性不仅包括材料的化学成分、组织、力学性能等常规性能的一致，同时其形貌特征（如粒径大小、球形度等）也是重要的指标，最理想的增材制造用粉末应该是粒径尺寸、外形一致的。

粉末直径越小、比表面积越大，越容易发生团聚现象，团聚后的粉末会大大降低粉末的可输送性。金属熔融后，受表面张力的作用极易发生球化，由于成型中冷却速度快，球化可能会被完全保留下来，使得工件的表面质量下降，严重时可能造成加工无法进行。当粉末直径过大时，加热过程获取的能量无法充分地将粉末加热至理想成型温度，这可能导致材料的冶金变化不完全，影响材料之间的结合力，使得工件的致密性下降。当粉末直径达到某个临界值时，成型过程将完全无法进行。同时，粉末的氧含量和粉末杂质也是影响成型质量的关键，粉末本身残留的氧化物在高温作用下使液相金属氧化，从而使液相熔池的表面张力增大，球化效应增强，熔池质量下降并影响到后续成形的进行，进而影响到制件的内部组织。受生产工艺及方法的限制，实际生产中，很难采用完全一致的材料，加工用的粉末一般由多种粒径的粉末混合而成。为了保证加工过程中的稳定性，这种混合粉末在加工过程中发生的冶金变化应该控制在合理的范围内。

（3）激光能量参数及扫描参数对构件质量的影响

粉末床激光熔融成形中，对成形质量影响较大的光学参数包括激光功率、激光扫描速度、扫描间距等。增材制造加工参数与构建质量的关系如图3.2所示。

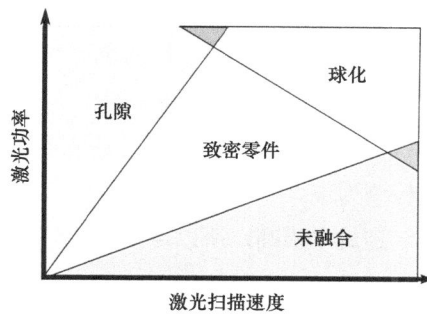

图3.2 增材制造加工参数与构建质量的关系

在成形过程中，各光学参数对成形质量的影响是相互的，具有相互依赖性，因此在考虑光学参数对成形质量的影响时应进行综合考虑，引入能量密度综合评估光学参数对成形质量的影响。

激光功率主要影响激光作用区内的能量密度。激光功率越高，激光作用范围内激光的能量密度越高，在相同条件下，材料的熔融也就越充分，越不易出现粉末夹杂等不良现象，熔化深度也逐渐增加。然而，激光功率过高会引起激光作用区内激光能量密度过高，易产生或加剧粉末材料的剧烈汽化或飞溅现象，形成多孔状结构，表面不平整，甚至引起翘曲、变形等其他缺陷。

扫描速度对孔隙率的影响较大。当扫描速度较低时，尽管成形试样抛光截面照片存在个别小孔隙，但无大孔隙产生，相对密度较高。当扫描速度增大时，孔隙的数量与尺寸有所增大，相对密度会减小。

扫描间距是相邻两条扫描线之间的距离，当扫描间距大于熔池宽度时，相邻两条扫描线之间没有叠加，其间的粉末不能熔化，反映出来就是扫描面上呈现独立的扫描线。当扫描间距小于熔池宽度时，扫描线之间产生搭接，其叠加率的大小变化影响着扫描面的形貌和致密度。一般来说，扫描间距等于或稍小于熔池宽度的1/2时，扫描面的形貌最为平整。

（4）加工环境对构件质量的影响

增材制造过程中，加工环境中的氧含量、保护气体都对最终构件的质量有较大的影响。高含氧量环境会为金属增材制造带来诸多不利的影响，在加工过程中，熔池中液相金属在高温下活性很强，容易与氧反应生成金属氧化物，氧化物与金属一般有较差的浸润性与结合性，从而导致球化与开裂等现象并降低机械性能。因此为保证成形室内的低氧含量，成形过程中需要持续通入惰性保护气体以保证成形室内形成正压环境，同时采用气氛循环过滤系统对成形室内的气氛进行循环过滤以及时将产生的烟尘吹走，从而保证激光扫描后粉末床干净，烟尘飞溅颗粒减少。

（5）热处理技术对构件质量的影响

由于在金属增材制造过程中，加工的构件通常具有极大的残余应力，因此绝大部分零件都需要进行热处理以提高尺寸精度。

金属热处理方式分为在线热处理和后热处理。在线热处理是指在增材制造过程中每打印一层就立即对该层进行热处理，这样可以改善试样内部的晶粒生长过程，解决增材制造过程中内应力导致的变形与开裂问题以及改善增材制造成形零件的性能。后热处理则是在增材制造成形之后再对零件进行热处理。在线热处理的控制较为困难，所以后热处理使用得较为广泛。例如，对微观组织均匀性有要求的零件需要进行均匀化退火处理。对于需要热处理来强化的零件（如马氏体时效钢），需要固溶处理和时效处理等。对于需要进行机械加工后处理的零件，需要进行退火处理来降低硬度。还有一个重要的热处理方式——热等静压处理，该方式可以消除成形零件内部的孔隙等缺陷，提高零件的塑性和抗疲劳性能。

（6）检测技术对构件质量的影响

增材制造的检测技术是衡量增材制造产品质量的关键，同时也可对原材料质量、设备性能及工艺过程进行反馈。对成形件检测技术的研究主要集中在其外部几何结构、组织、内部缺陷、化学成分、物理性能及机械性能等方面，其中组织、化学成分、物理性能及机械性能的表征主要是通过打印试样进行的，而几何结构及内部缺陷的研究则基本以整个成形件的无损检测为主。

增材制造样件通常为一次性的，且制造成本极高，所以传统的破坏性试验无法应用到增材制造工件的质量控制中。而无损检测可以在不破坏工件完整性和服务性能的条件下完成对工件的质量评估，因此它可以满足增材制造工件的独特检验要求。无损评价主要有5个方面的需求：原料无损检测、完工工件无损检测、缺陷影响监测、设计产品数据库和设计物理参数参考标准。原料无损检测，例如金属粉末的尺寸、颗粒形状、微观结构、形态、化学成分的分子和原子组成，这些参数需要被量化并最终评价其性能的一致性；完工工件无损检测包括制造工件检测和后处理工件检测，检测内容包括小尺寸孔隙、复杂工件几何形状和复杂的内部特征；缺陷影响监测，用无损检测方法对完成工件中缺陷的类型、产生频率和尺寸进行表征，便于理解产品属性对产品质量和性能的影响；设计产品数据库，一个微观结构数据库可以编译阐明过程结构与性能之间的关系，包括每个过程中收集的图片或者照片，例如输入材料特性、原位过程监测及制造和后处理后完成生成的特征等；设计物理参数参考标准，目前缺乏合适的全尺寸工件来评价增材制造过程中的无损检测方法的可行性，由于增材制造的零件几何形状复杂，有嵌入较深的缺陷和不同的微观结构（均与锻造相比），无损检测必须创建校验仪器的物理参考标准。目前增材制造技术的各个阶段都对无损检测提出了明确的要求。目前存在的问题主要有两个方面，一方面是无损检测技术本身的应用局限性，另一方面是增材制造和无损检测设备的集成问题。因此，缺乏足够的无损检测手段是阻碍增材制造技术进一步广泛应用的关键原因。

3.3.2　装备质量可靠性发展问题剖析

（1）金属增材装备常见故障模式

金属增材制造装备通常由能量源、机械运动装置（扫描振镜、机器人、直线运动机构、转台等）、材料预置装置（铺粉装置、熔覆头等）、气体保护装置、控制系统等组成。从影响打印质量以及引起设备故障的角度分析，金属增材装备常见的故障模式主要包括能量源的参数漂移、机械运动装置磨损引起的重复定位精度下降、材料预置装置性能退化、气体保护装置局部气氛变化以及流场波动等导致的打印质量下降故障，以及能量特性参数超出阈值、机械运动卡滞、润滑条件破坏、刮刀崩刀、熔覆头堵塞、喷嘴破损、惰性气体保护装置无法供气、控制系统异常故障等导致的打印功能丧失故障。

以电子束选区熔化（Electron Beam Selective Melting，EBSM）装备为例，装备级的故障模式主要包括电子枪系统无法下束、电子束质量下降、无法控制电子束、电子枪系统真空度下降；真空系统无法保证电子枪腔内的真空度、整个真空环境真空度下降、触发报警，停机；成形系统无法铺设新粉末层、无法铺设均匀粉末层、无法完成打印构件、无法继续打印、无法升降、升降异常；电控系统不工作、无法读取设置参数、丧失所有控制功能、数控功能丧失、模拟量输入输出功能丧失、通信功能丧失、电子枪不工作、送粉装置失效、运动轴无法运动、设备无法启动、电子枪/机械泵/分子泵散热效果降低等；绝缘高压保护漏油、导线断路、导线短路；阴极灯丝断裂、下束位置较小偏差、下束位置严重偏差、阴极氧化；栅极杯及阳极损坏、栅极杯位置错误等。

从EBSM装备整机级故障模式结果可见，整机的故障判据主要包括设备无法启动、打印功能丧失（无法开始打印）、打印中断、打印构件质量不合格、构件质量稳定性变差等；而电子枪系统故障判据主要包括下束功能丧失，过滤、聚焦、偏转等控制功能丧失，电子束质量不能达到预期等。此外，能量源故障模式较多，影响大，而且很多故障不直接导致设备故障，但会对成形质量造成较大影响。

对激光器系统的故障模式研究较多。激光器系统主要包括激光器、激光电源、光路系统（扫描振镜、熔覆头以及部分准直、放大、反射等光学模块）。

激光器的主要失效模式包括突然失效、快速失效、缓慢退化、过载退化、静电损伤失效等。突然失效主要与暗线缺陷（Dark Line Defect，DLD）有关，DLD进入有源区可使量子效率突然降低。电、光、热过载，荧变光损伤（Catastrophic Optical Damage，COD）及焊剂和热沉退化等，也可造成突然失效。快速退化与材料生长、工艺制造过程中引入的缺陷、损伤等有关。暗斑缺陷（Dark Spot Defect，DSD）、DLD和非辐射复合均会导致器件快速退化。引起缓慢退化的因素有体内和表面非辐射复合中心的形成和增加，伴随缺陷形成、生长和迁移，p-n结退化，注入效率降低，光化学反应引起表面腐蚀，表面漏电增加，接触层退化，这涉及接触处金属的内扩散、再结晶及接触处污染或生长出须状物构成漏电通道等。这些因素引起的退化可因器件工作时的电流、热、应力等因素而增强。过载退化则主要是过高的反向电压冲击造成电击穿、器件输出光功率超过额定值、有源区温度升高使输出特性恶化，从而导致器件老化，加速失效。静电损伤则是使用和运输等过程引入的静电放电导致器件损伤失效。对于光纤激光器，潜在的失效模式还包括光纤的退化。但据调研，光纤本身出现退化的概率较低。

大功率激光器一般采用电容储能器驱动泵浦源，而由于主要故障均出现在主电容器以及负载支路，因此主要考虑这两处的故障机理，包括单台电容器击穿、母线短路、氙灯短路和开路等。上述故障会对限流电感、调波电感、连接母排及电缆产生强大的冲击力作用，以及瞬态过电压作用。此外，由于激光电源与控制器一般都安装在同一个控制柜中，因此，电源系统的散热问题以及电磁干扰也会对电路产生较大的影响。

光路系统失效主要包括扫描振镜退化、熔覆头退化、光学组件失效等。其中，扫描系统、熔覆头和光学组件均涉及光学元件，在大功率激光作用下，该类光学元件主要失效模式包括静电伤害、环境污染、镀膜或材料失效。其中，环境污染和大功率激光作用下的镀膜或材料失效是较容易出现的两类失效模式。在金属增材制造过程中，金属蒸气的局部增加较容易在保护窗口附近聚集，造成光路衰减，从而导致打印质量下降。此外，光学器件对大功率激光的透射率或反射率或二者之和往往无法达到100%，吸收的激光能量对光学器件造成的损伤随着使用时间的增加而逐渐累积。另一方面，在使用过程中，光学器件材料与涂层的损伤、环境温湿度变化也会导致镜片增生、涂层老化，甚至产生结霜现象，从而影响激光的功率输出和稳定性。

（2）金属增材装备验收测试要求

验收测试是金属增材装备极为关键的一个环节，也是当前设备制造商和增材制造用户较为关心的一项工作。

从标准研制角度分析，国家层面早在2016年就成立了SAC/TC562（全国增材制造标准化技术委员会）。发展至今，形成了涵盖基础共性标准、关键技术标准、培训和服务标准以及行业应用标准4个维度的标准体系，而可靠性属于基础共性标准下的一项内容，但可靠性相关的专用标准仍处于空白状态。

从国内现有与增材制造装备相关的标准制定情况可以看出，对于主要的7类增材制造装备和5类核心零部件，目前仅针对材料挤出设备和医疗器械行业使用的电子枪电源发布了行标或团标，而激光器可参考国际标准执行。装备及核心零部件性能测试要求、可靠性指标评定标准研制情况如表3.1所示。

从目前应用较为广泛的PBF工艺装备看，金属增材装备的验收测试主要包括激光束试验、机械功能试验、加热系统试验、工作空间内的气体检测、数据记录要求、安全系统以及3类可选的测试，并未对可靠性评定做出规定。针对PBF设备，仅规定了运行可靠性的要求，而未给出相应的可靠性评定方法。在核心零部件领域，目前已有的可参考的标准主要对激光器、电子枪两类核心零部件进行了规定。而增材制造领域使用的激光器和电子枪，与其他领域较为突出的区别在于，对电子枪及激光器的束斑质量以及长时运行稳定性要求极高。现有的其他行业规定的激光器或电子枪可靠性指标评定要求和方法并不完全适用于增材制造领域。除上述3项标准，适用于其他增材制造装备和核心零部件的可靠性评定标准均处于空缺状态。现有标准主要针对相关性能参数指标提出了要求和测试方法，未对设备的可靠性指标、测试方法、评定方法做出要求。

表3.1　装备及核心零部件性能测试要求、可靠性指标评定标准研制情况

装备及核心零部件名称	性能测试要求标准	可靠性指标评定标准
粉末床熔融设备	国标、团标	空缺
定向能量沉积设备	国标、团标	空缺
粘结剂喷射设备	国标	空缺
材料挤出设备	行标、团标	行标（运行可靠性）
薄材叠层设备	空缺	空缺
立体光固化设备	国标、行标	空缺
材料喷射设备	空缺	空缺
激光器	国标、行标、团标	国际标准、国标
熔覆头	国标	空缺
电子枪	国标、团标	团标（医疗器械电子枪电源）
扫描振镜	空缺	空缺
阵列式喷头	空缺	空缺

另一方面，国内主流增材制造设备厂商的出厂检验中，以PBF工艺为例，主要的检测项目包括安全性检测、软件检测、检测传感器检测、铺粉运动检测、振镜性能检测、光斑质量检测、过程监测模块检测、警告和故障检测、标准试件打印等。与标准规定的内容相比，设备厂商为了保证其产品出厂合格率、降低维护维修成本等，对装备的测试更为细致。从检测项目看，设备厂商在一定程度上考虑了测试性和保障性，对可靠性相关的试验和评定工作关注较少。

由此可见，国内金属增材制造装备行业目前依然侧重于对功能实现和精度等性能保持的考核，而对可靠性等通用质量特性关注较少，性能设计与可靠性设计"两张皮"问题极为突出。围绕金属增材装备的质量可靠性需求，结合行业现有验收测试标准情况及技术研究现状，不难发现，金属增材装备的质量可靠性工作任重而道远。借鉴机床行业的质量可靠性发展经验，可以梳理出金属增材装备质量可靠性工作现存的几个主要问题。

首先，缺乏系统思维，重性能、轻可靠。从国内增材装备行业发展现状可见，国产增材制造研究院所、生产企业更关心与国外产品的性能指标对标，但可靠性在装备行业中却鲜有提及。无论是可靠性设计分析、可靠性试验、可靠性增长、可靠性评估等工作，还是与可靠性相关的质量管理工作，均未与装备生产、研制相结合。反映的最主要问题是行业整体的可靠性意识不强，企业也缺乏可靠性提升技术手段，这就导致生产出来的装备故障率较高、预测性维护措施不足、中高端产品国际竞争力不强等问题。这与我国数控机床行业发展历程中曾经历的艰难阶段极为相似，而经过几十年的发展和技术积累，数控机床可靠性管理、设计分析、试验评估等技术才逐渐体系化。对于较为"年轻"的增材制造技术，更应以系统思维深刻认识到可靠性在国产增材制造装备研发中的重要作用，理解可靠性是设计出来的、制造出来的、管理出来的。

其次，质量标准空缺，行业应用受限。近几年随着金属增材制造技术的发展，该项技术已成为航空航天、医疗器械、汽车、核电、模具等行业的重要新兴技术之一。然而，无论是从行业的应用广度还是应用深度看，金属增材制造技术依然受到了较大的限制。究其原因，装备质量可靠性控制相关标准的空缺是造成该问题的重

要因素。从现有国家增材制造标准体系框架和现有标准可见，可靠性相关标准目前完全处于空白状态。新产品研制定型时，增材装备制造商往往只能按照出厂检验要求开展相应的测试，而对可靠性的考核无法采用统一的标准依据。这也是导致国内增材制造产业出现装备质量参差不齐现象的根本原因。

同时，可靠性技术成熟度低，攻关难度大。增材制造装备是一种复杂的光机电系统，故障模式多样，机理复杂，涉及的可靠性技术包括设计阶段的可靠性建模、预计、分配、FMEA、FTA、容差设计等技术，研制阶段的环境应力筛选试验、加速寿命试验、可靠性强化试验等技术，验收阶段的可靠性指标验证试验、验收试验等技术，以及适用于所有阶段的可靠性评估技术、可靠性仿真技术等。据笔者了解，目前除激光器在研制阶段和验收阶段需开展寿命试验以外，其他核心零部件和整机产品均未开展相关可靠性工作。笔者有幸在科技部重点研发计划等项目资助下协助开展了典型增材制造装备及其核心零部件等的可靠性建模、FMEA、可靠性指标验证试验、寿命评估等可靠性工作，深刻了解到该项工作在增材制造领域开展可靠性共性技术攻关的重要性、急迫程度以及技术难度。其中，复杂大系统可靠性建模技术、关键部件及核心器件寿命/可靠性试验及评估技术、故障注入技术、整机系统可靠性评定、多场耦合可靠性仿真技术等是目前亟需解决的共性技术难题。

最后，质量数据积累不足，缺乏行业统筹管理机制。可靠性数据的积累是我国制造类装备与国外装备的主要差距所在。大量的故障数据等质量数据积累为装备的研究提供了极大的方便，得出的结论更加符合工程实际，而这一过程很难依靠人力、物力在短期内进行弥补。针对该问题，一方面，增材装备的质量数据呈现出多学科、多行业、跨时空等特征，其质量数据库的建设面临较多的技术难题。另一方面，增材制造质量数据包含设备商设计、研制和生产过程的质量数据，用户使用过程的设备、工艺、原材料、检测等质量数据，由于企业间的技术保护需求以及用户端的保密要求，跨企业的质量数据收集困难重重。目前增材制造行业内建设的共性服务平台，包括云平台、试验服务平台等，均侧重于为业内人士提供信息互通渠道和供需对接渠道，在行业统筹管理机制缺乏的背景下较难形成质量大数据的积累和应用。

3.3.3 未来展望与建议

金属增材制造是一种特种加工工艺，与其他制造工艺相同，其目的是制造出符合客户要求的产品。从可靠性视角看，制造类设备的质量可靠性包括如下几类：装备可靠性、工艺可靠性、构件可靠性。装备可靠性研究的是增材装备出厂时具备的可靠性以及增材加工过程中随着装备的使用出现的性能退化问题，即增材装备的固有可靠性和使用可靠性，评估对象为装备本身。工艺可靠性研究的是由工艺规划等引起的打印过程及构件成形质量波动。工艺可靠性是在装备的基础上进行研究的，其侧重点在于工艺设计引起的变化，而不是时间。构件可靠性研究的是打印完成后构件具备的可靠性，以及构件在用户场景下使用的耐久问题。值得注意的是，无论是装备可靠性还是工艺可靠性，其评估过程都离不开构件的打印和构件质量评测，但构件的质量应该是装备可靠性和工艺可靠性评估的关键指标之一，而不是两类可靠性本身。

从增材构件全生命周期分析，增材装备是制造的载体，是增材构件质量可靠性的"底数"。因此，装备的质量可靠性问题应首先予以重视和探讨。增材制造工艺与传统切削加工工艺的一个重要区别在于，切削加工工艺是在已具备相应材料特性的毛坯件或原料基础上进行加工的，因此前一次切削过程仅对后一次或后续几次切削造成影响，而不会引起零件内部的质量变化，且通过反馈控制，前一次切削形成的问题可以通过工艺补偿完全消除。但增材制造过程的每一次熔凝都会直接影响成形构件的质量，且上一层形成的缺陷尽管在一定程度上可以通过后续打印进行修复，但仍然会保留材料的不连续特征，包括成分偏析、残余应力、气孔等。因此，增材装备的质量可靠性应结合关键功能部件的工艺参数稳定性共同考虑。

对于增材设备的质量可靠性，一方面需要关注关键功能部件的可靠性考核，另一方面还需要在增材设备整机的设计、制造和验收测试、使用等阶段引入可靠性设计、分析、试验等相关工作。依据GJB 450A制定的增材装备各阶段涉及的可靠性工作，项目如图3.3所示。

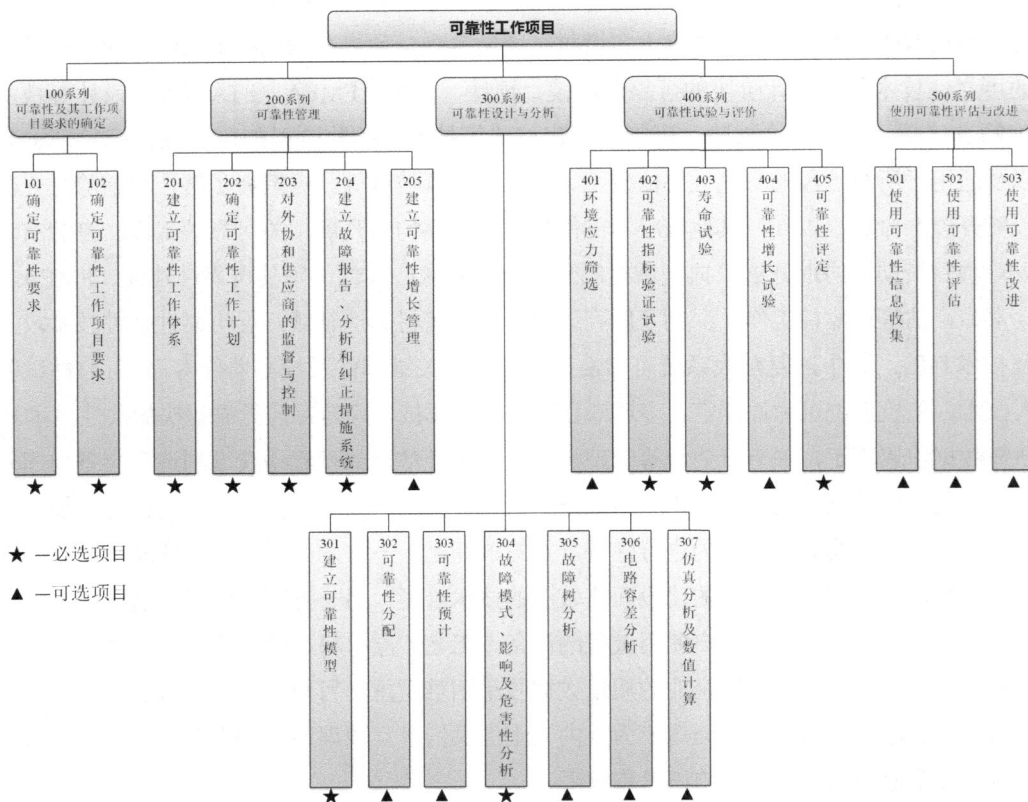

图3.3　增材装备各阶段涉及的可靠性工作项目

　　本综述以增材制造构件产品质量为出发点，分析了构件全生命周期的质量可靠性影响因素，然后聚焦于增材制造装备质量可靠性发展现状，并提出了一套装备质量可靠性工作体系，为增材制造装备质量可靠性工作的开展提供了一定参考。

3.4　创新设计
（北京设计协会 许方雷）

　　近年来，随着市场的成熟，以及与计算机图形学、机器人学、生命科学、材料科学、人工智能等领域的结合，3D打印呈现出越来越丰富的可能性与越来越广阔的应用前景。

3.4.1　参数化设计概述

　　"参数化"一词来源于数学中的参数方程，是指通过数值函数参数更改系统的逻辑运算。参数化设计实际上是参变量化设计，即设计受参变量控制，将设计的元素参变量化，通过对数据的调整，将定量的信息转变成为变量的信息，让数据成为可以任意调整的参数，对参变量进行控制，生成造型。参数化设计的本质在于数据，为设计元素提供可量化的数据，运用数学的逻辑调整数据获得丰富造型。

　　参数化设计从一个全新的角度去思考设计，突破传统的、规则的几何形态设计。将数字化的设计思想融入设计中，通过计算机调节系统中的参数和改变各元素结构达到多样化形态，以提高设计的效率和质量。参数化设计体现了信息时代快速、多变、复杂的特征。在参数化设计过程中，借助算法链接参数，使得参数与参数之间有着紧密的逻辑关系，例如在曲面找形的过程中应用几何算法链接点、线、面参数和其他各个向量参数以及变形算法如移动、缩放、旋转等制定的几何规则。

由于制造技术的不断成熟，参数化设计可以应用在建筑设计、工业设计、机械、电子等很多设计行业。这种技术被应用于解决设计产品中结构复杂模型的描述，并且通过计算机的算法来表达出各种相对复杂的设计造型及产品结构，便于后期对产品的修改，其可视化的特点赋予修改时以高效性，并且在生产制造时具有与生产设备对接时的良好兼容性。

参数化设计最早应用于建筑设计领域，是传奇女建筑师扎哈·哈迪德（Zaha Hadid）的设计方法，国内的鸟巢、水立方、北京银河SOHO等地标性建筑都应用了参数化设计的理念和方法。参数化设计存在诸多优势，近年来也逐步开始应用于产品设计领域。

（1）参数化设计的发展

参数化设计是一种与时代紧密结合的新型创新设计理念，能够将感性与理性相结合，制造出有机形体，传递出不同的设计语义。随着新材料、新技术等新工艺的出现，参数化设计应运而生，个性与科技成为参数化设计的代名词，参数化设计本身在造型层面追求的是迭代、递归、分形等生成性造型语言，这主要是因为其参数化在本质上是数字逻辑，数字的生成过程映射到逻辑里便成为3D模型的生成过程。

参数化设计将静态的图形单元定义成整体的动态趋势，通过肌理的变化抓住人的视觉趋势兴奋点，根据结构、色彩、韵律、材料带来的视觉冲击，生成多变高度抽象和富有动态的逻辑样式，基于视觉的逻辑思考，给人以无限的遐想。可以通过基本型的放大、组合、排列等多种方式排列出多种形态，不同的形态会让人产生不同的心理感受。参数化设计的形成是复杂且带有逻辑性的排列组合，20世纪90年代中后期，参数化设计兴起于应用教学，发展于建筑设计领域。参数化设计已是全球范围内的流行趋势，它为设计提供的是一种更高、更理性化的思维创新模式。

参数化设计具有基于方案性能评价的选优理念的设计优势，以独特、高效、多样化、反复推敲的特点不断革新着传统设计思维方式。这种创新的思维模式从建筑设计领域转向其他设计领域是一种必然的趋势。

大体而言，参数化设计的发展历程分为3个时期，具体划分及主要成果如下。

萌芽时期（1960—1980年）。Ivan Sutherland团队利用数学几何约束作为辅助手段，完成机械零件的图像生成，并开发了Sketchpad系统，形成CAD的概念；Hillyard RC及Braid IC则引入设计尺寸与公差的概念，通过定义不同设计尺寸及公差完成零件的整体外观和结构。

开创时期（1981—1990年）。Robert Light及David Grossard等提出以变量几何的方式建立改变尺寸变量的修改模型的概念；另一位代表者是Maurice M. de Ruiter，PTC公司推出首款参数化设计软件Pro/Engineer，此后几何推理方法兴起，并逐渐被应用于制造业中。

发展时期（1991年至今）。Lee Jae Yeol及Kim K提出以图形的方式表示几何推理，将设计约束和成形规则图形化，以便设计筛选。

（2）参数化设计的基础理论

参数化设计理论根据不同原理可分为分形理论、混沌理论、自组织理论及涌现理论等，下面就两种与本书相关的理论进行阐述。

分形理论由美籍数学家曼德布罗特（B.B.Mandelbort）在研究英国海岸线时发现。分形理论可以描述为具有某个相似性特性的事物，不管通过任何方式的细分或者扩大处理，它都能依照某个最初的结构形态进行呈现，使得整体所表现出的形态特征具有规律很强的相似性，例如闪电、树冠、多肉植物纹理等。

混沌理论的发现是美国气象学家洛伦兹在其模拟研究大气状况时提出的。其以大气改变为例进行描述，具体为微小改变其初始条件就会使得整个大气状况显得不可预测，也就是在一个动态系统之中，微小的变化值会引起整个系统参数的变化，后形成混沌理论。混沌理论通常用来描述在复杂系统之中的不可预知性，当整体系统中某个参数发生微小的变化时就会使得整个系统变得没有秩序可循。其最明显的特征是微小的变化进行累积从而产生更具影响力的现象，如自然界中的蝴蝶效应、布朗运动、旋涡、热力学平衡状态。

（3）参数化设计平台

目前，市场上主要的参数化算法设计软件总体分为两种，分别是编程的方式及设定几何约束的方式，应用最广泛的相关平台有以下两类。

第一类是基于工业设计的造型设计软件Rhino下的Rhino Script和Rhino Python编程插件，但其运用的要求起点较高，使用的设计人员必须具有一定的编程语言基础。通过代码的方式来表现出三维空间中的各个点、线及面的关系，其能实现各种传统建模无法实现的功能，但缺点在于设计时不直观，同时学习成本较大。其次，基于相同平台下的可视化的参数化设计插件Grasshopper，其优势相对较明确，虽然也是基于编程，但是通过可视化组件的方式构建模型逻辑关系从而实现模型的建立，对设计师或设计人员较友好，虽然在运用过程中也必须有较高起点，但是设计人员的学习成本相对较小，会给设计师带来更高的设计及修改效率，并且为设计作品带来更丰富的设计种类及设计视觉感受。

第二类是机械设计及制造的计算机辅助设计工具平台，如Pro/Engineer、SolidWorks等工程类软件。这类平台是比较通用的大型软件系统，对设计产品的尺寸约束较为严格，但能极大地提高生产效率，缺点是利用其做设计相对较慢，在修改产品造型时效率较低。

（4）参数化常用算法

以工业设计的角度切入参数化设计应用的研究，选择工业设计领域常用的软件Rhino作为设计研究平台，以该平台下开发的插件Grasshopper为研究工具。在Rhino平台下的参数化插件Grasshopper中包含很多的算法模块，同时也有很多的程序开发者在这个平台开发其他的针对不同应用场景的算法模块。常见的算法有Voronoi算法、遗传算法、BESO双向渐进拓扑优化算法、模拟磁场算法及极小曲面算法等。

Voronoi算法最早是为推算出荷兰各个地区的平均降雨量而形成的一种随机点云模型，该点云模型是由最近点连接的三角形的中垂线而形成的新型多边形图案，由荷兰气候学家A·H·Thiessen提出，最后演变成现在的形式，即泰森多边形（或称Voronoi多边形）。Grasshopper中有一个独立的Voronoi算法模块。

（5）参数化设计的优势和局限

首先，参数化设计的优势体现在复杂形体的高效、精确设计。传统的产品设计工具擅长对以几何元素为基础的形体的处理，在面对镂空、褶皱、有机曲面等复杂形体的建模时，常常会显得力不从心，即便完成建模了，形体数据也往往并不准确。而在参数化设计中，参数化模型在输入参数和输出形体之间建立了精确、可控的联系，使得复杂形体的设计和建模更为高效且准确。法国设计师Alexandre Moronnoz设计的Muscle Bench肌肉椅，就是通过参数化设计的思维和方法设计而成的。

其次，参数化设计的优势体现在多个方案的快速生成。为客户提供多种备选方案是产品设计中必要的工作。对传统设计方法来说，这一工作会十分繁重，每个备选方案的设计几乎都是一次设计过程的完全重复，工作量很大。而参数化设计对于同一个参数模型，输入不同的参数会输出不同的设计结果，从而能够高效、快速地生成多种备选方案。

第三，参数化设计的优势体现在新设计路径的拓展。传统设计的常规路径是先通过创意构思设想产品的造型及结构,并通过草图进行视觉表达和研究,不断完善,最后通过建模工具实现可视化模型。参数化设计给我们拓展了另一条设计路径:设计师首先定义构成产品形态的参数和逻辑,通过搭建参数间的逻辑关系完成可视化模型的搭建,不断调节参数或修改逻辑即可进行模型的修改、研究、完善。参数的改变、逻辑的调整都会产生不同的产品形态,为设计师拓展出一条全新的设计路径。

尽管参数化设计实现了复杂形体的高效、精确设计,但由于造型和结构的复杂度高,传统的加工工艺与很多参数化设计作品不完全适用,开模难度大大增加,过程十分烦琐,生产加工的成本高、效率低、良品率低;甚至有些根本无法完成模具的制作,更不要说付诸实际生产。这让很多参数化设计难以实现向实体产品的转化。

不仅如此,这些局限反过来作用于设计过程,很多参数化设计擅长的造型在创意阶段就不被考量,使很多参数化设计的优秀方案被摒弃,极大限制了参数化设计优势的发挥,从而让参数化设计在产品设计领域的应用受到很大局限。

3.4.2 参数化在3D打印领域的应用

与传统制造业通过模具、车铣等机械加工方式对原材料进行定型、切削以最终生产成品不同,3D打印将三维实体变为若干个二维平面,通过对材料的处理与逐层叠加进行生产,大大降低了制造的复杂度。这种数字化制造模式不需要复杂的工艺、庞大的机床和众多的人力,直接从计算机图形数据中便可生成任何形状的零件,使生产制造得以向更广的人群范围延伸。

参数化设计作为设计工具正在影响着设计风格,其快速高效、多样化、反复推敲设计的优点,正在影响着传统设计的思维方式。目前,参数化设计分为两类,一类是制造业中以数学几何约束的参数化设计,主要以机械设计为代表,例如Pro/Engineer、SolidWorks、UG、CATIA。另一类则是可视化编程的参数化设计,主要以建筑设计及工业设计的应用最广泛,例如基于Rhino平台的插件Rhino Script、Grasshopper等。

可以说,参数化设计的实现方案天然与3D打印的呈现手段契合,两者的发展其实是相辅相成的。因此,两者共同的快速进步和深入融合,可以极大地促进双方在应用领域的拓展。

第一,快速迭代的硬件升级使3D打印机的打印速度不断提高,与传统生产方式制造速度的差距会逐渐减小甚至实现反超;3D打印相关材料科学的发展也使得材料成本逐年降低,以可打印PLA和ABS材料的桌面级熔融沉积制造(Fused Deposition Modeling,FDM)3D打印机为例,设备成本现在仅需几千元到几万元不等,每公斤材料只要几百元,且仍在不断降低。

第二,3D打印在打印材料方面的创新速度非常快,各种聚合物材料、金属材料、陶瓷材料、复合材料等可用于3D打印的材料不断涌现。3D打印在打印材料方面的局限必会随着材料科学的进步越来越小。如在服装织物领域,英国Tamicare公司从2001年起开始织物3D打印技术的研发,2005年获得的专利能够使用液态聚合物和纺织纤维制造纺织品,轻松实现定制化。又经过10年的后续研发,该公司现在已具备大量生产3D打印纺织品的能力,其第一条生产线的制造能力可达每年300万件。

第三,3D打印的造型优势恰好可以通过参数化设计充分体现。参数化设计的造型复杂程度相比传统产品设计大大提高,假如使用传统的加工方式来制作,不仅成本很高,有些造型和结构甚至无法实现,这时便可以发挥3D打印的造型优势。此外,尽管当今3D打印看似在造型的打印呈现上无所不能,但它必须依靠精准的3D数字模型提供打印所需的准确数据。

参数化设计作为目前计算机辅助设计系统中,最前沿、最先进的设计技术和思维方式之一,自然可以成为3D打印迅速发展的坚实基础。

对参数化设计来说,3D打印是一种既适合复杂形体,又能有效控制成本的生产方式,可以帮助参数化设计的复杂形体付诸实物生产，实现设计方案的落地。近年来，参数化设计与 3D 打印结合，在鞋服、汽车、医疗、家具等诸多领域都有广泛的应用落地。在科技日趋进步的今天，参数化设计不仅是一种全新的造型设计理念，同时也是一种全新的设计方法。参数化设计可以给设计师带来更多种可能性，改变其思维创新模式，以便在设计过程中找到方案的最优解。

参数化设计给产品设计带来了更高的效率和更多的造型可能性，其发展将推动 3D 打印技术的进一步应用；而作为智能制造的重要组成部分，3D 打印的应用也会促使参数化设计更广泛地推广。二者的协同发展，不仅会使参数化设计与 3D 打印技术本身得到迅速发展和广泛应用，同时也会使产品造型和结构的可能性得到极大丰富，更加广泛且深入地影响人们的生活。

具体来说，在医疗领域中，利用 3D 打印技术制作出的植入物与人体相性更好，我国在这方面已经达到了世界先进水平：解放军第四军医大学第一附属医院 3D 打印的钛合金肩胛骨假体和锁骨假体临床应用为全球首例；骨盆假体临床应用为亚洲首例，北京大学第三医院骨科应用 3D 打印技术人工定制的枢椎椎体，为世界首例；3D 打印技术在建筑领域的应用，目前可分为两个方面：一是在建筑设计阶段，主要是制作建筑模型；二是在工程施工阶段，主要是利用 3D 打印技术建造足尺建筑（Full-Scale Buildings）。谈到 3D 打印在建筑方面的应用，不得不提及南加利福尼亚大学贝洛克教授发明的"轮廓工艺"（Contour Crafting）。这是一项通过计算机控制喷嘴按层挤出材料的建造技术，通过打印出建筑轮廓，并对轮廓内部进行填充来实现房屋建造。由于它能建造出单曲率和双曲率造型的建筑，因此特别受崇尚自由形式的建筑师的青睐。轮廓工艺目前尚处于试验阶段，研发团队已经对各种不同的材料成功进行了试验，包括塑料、陶瓷、复合材料和混凝土。目前轮廓工艺已经打印出足尺的结构构件，比如内部结构复杂的墙体或中空墙体。3D 打印技术在文物保护领域的应用主要体现在非接触性扫描与精准复制上。因为文物具有不可再生性，且存在易损、不稳定等因素，《中华人民共和国文物保护法》第四十六条明确指出"复制、拍摄、拓印馆藏文物，不得对馆藏文物造成损害"，所以保证文物的绝对安全是首要条件。3D 打印技术可以在不损伤文物的前提下，通过三维扫描仪快速、准确地收集详细的文物数据，在最短时间内高效完成复制文物的工作。3D 打印为艺术创作的流程带来了变革的可能，极大缩短了设计与实物间的距离，其小批量、定制化、灵活的特点十分适合艺术设计与制作，在建筑设计、珠宝设计、雕塑设计等传统手工艺领域均有应用实例。目前艺术领域运用 3D 打印技术有两种思路：技术的视觉特征转化为形式语言、技术作为传统工艺的替代手段。美国 Kendall 艺术与设计学院的 PhillipRe-Nato 教授在其系列作品"Anticlast"中利用流体模拟设计软件 Realflow 将流体四溅的效果转化为首饰造型，并选择玻璃作为打印材料。数字科技的局限与特征激发了艺术创意，并且利用 3D 打印拓展了"手工艺"的传统定义。此外，3D 打印技术还将许多学科的交叉变得顺畅。在艺术与汽车制造交叉的汽车设计领域，传统模型制作方法难以在制作周期与制作精度之间找到平衡点，而汽车模具对精准度的要求很高，这大大影响了从设计到模型的进度。而 3D 打印的高定制化与高精准度可以将这二者很好地结合起来。

3.4.3 未来挑战

3D 打印作为一种新型制造技术，突破了传统制造业技术的几个复杂性难题（形状复杂性、材料复杂性、层次复杂性和功能复杂性），同时可以降低成本，加速从设计到实现的过程。

3D 打印有着很多传统制造技术不可比拟的优势，但是产品最重要的属性是功能性，现在受材料等因素的限制，3D 打印产品的实用性仍存疑问，也存在知识产权与社会道德的问题。3D 打印可以制造出各种复杂的外形，但是其产品的功能性、力学结构、受力分析等，都是需要考虑的问题。由于分层制造存在"台阶效应"，每个层次虽然很薄，但在一定微观尺度下，仍会形成具有一定厚度的一级级"台阶"，如果需要制造的对象对精度的要求很高，如何克服这种精度上的偏差就成为3D打印需要考虑的问题。

目前供3D打印机使用的材料非常有限，只有塑料、橡胶、金属、陶瓷与部分细胞原料等，这些材料大多成本高昂且工艺复杂，日常生活中大部分材料还无法打印。如果高精度的3D打印技术普及，大众复制事物的能力会极大提高，现实中的事物会得到更为广泛的传播。如何用法律法规来保护知识产权也是需要考虑的问题。3D打印还带来一些伦理和社会问题，比如美国伦斯勒理工学院的博士生Heather Dewey-Hagborg通过收集陌生人的DNA打印出面部模型等，3D打印技术在这些方面的应用会带来信任危机等一系列的社会问题。

总的来说，3D打印仍然是一种新兴的技术，尽管面临众多技术、伦理和社会问题，但其为未来带来的想象力仍值得我们去关注和探索。我国增材制造产业正处于创新与经济转型的交叉点，未来充满挑战与机遇。随着行业的不断发展，其成功将取决于应对复杂监管、利用技术进步和利用新兴市场需求的能力。通过这样做，我国的增材制造产业可以为国家的产业升级做出贡献，并在塑造全球制造业的未来方面发挥关键作用。

3.5　解决方案创新

（中国科学院宁波材料技术与工程研究所 黄其忠，杨阳 宁波中科祥龙轻量化科技有限公司 张浩，诸梦醒）

3.5.1　基于增材制造的轻量化气动操纵面整体解决方案

面对新的国际形势和军事战略环境，高速、远射程/长航程、强机动性日益成为飞机和空天往返飞行器等重大航空航天装备的核心指标，这些指标对飞行器结构的尺寸和质量提出了更严格的要求。增材制造技术突破了传统尺寸/形状优化、等材/减材的制造约束，摆脱了传统机械加工刀具可达性、拔模约束等工艺限制，极大地拓展了复杂结构的设计制造空间，可实现超轻质、多尺度、高性能结构的高质量制造，是一项颠覆性的制造技术。现阶段结合拓扑优化设计的增材制造技术已可实现多维、多尺度结构的轻量化部件研发，实现仿生结构的多层级融合轻量化部件的一体化制备，有力提升了材料的利用率，如图3.4所示。

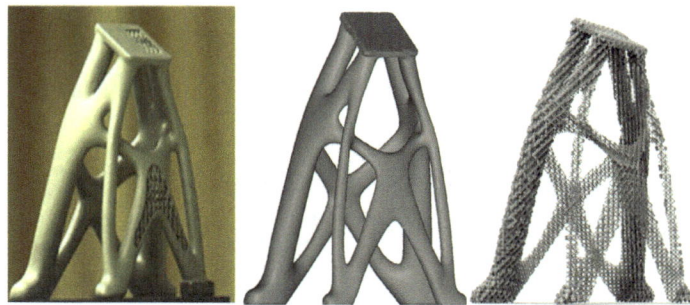

图3.4　基于增材制造的多层级融合轻量化结构

以舵翼为代表的气动操纵面是航天飞行器稳定控制系统的执行机构，亦是实现飞行器稳定飞行及机动的重要部件，如图3.5所示。其结构轻量化程度不仅影响飞行器的机动性和响应速率，还对操纵系统的输出功率有重要影响，是各国争相争夺的科技制高点之一。随着增材制造技术的不断进步，突破了拓扑优化设计与复杂零件制造间的壁垒，气动操纵面的设计方案从最初的实心板式到目前的融合蒙皮－骨架－点阵的仿生结构方案，相比传统结构方案可减重30%以上，材料利用率提升至90%以上。

虽然基于增材制造的结构拓扑优化可大幅度提升结构的轻量化、集成化和多功能化水平，但由于工业级增材制造产品要求建立完整的技术链以满足大批量、高一致性、高效率产品的生产，因此轻量化产品的增材制造解决方案具有显著的"四位一体"特征，即"设计是先导，材料是基础，制造是关键，检验是保障，涉及材料、结构、制造、检测等多个学科，需要多个部门或单位的协同联合以保障设计指标的达成"。融合材料-结构-制造-检测等环节的整体化解决方案通过加快各个环节的迭代速度有力缩短了产品研发周期，促进了工业级增材制造技术成熟度的提升，是最有前景的服务模式。

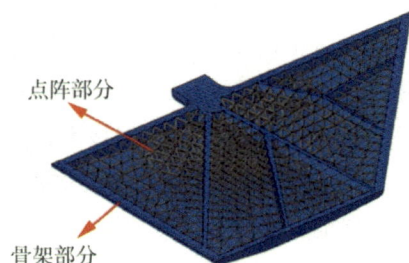

图3.5　仿生结构气动操纵面

3.5.2　国内外整体解决方案的模式和案例

凭借理论基础积累和先进设备开发优势，美国、英国、德国、瑞士等制造强国虽然在轻量化结构的拓扑优化设计理论和增材制造的工艺优化方面取得了相应的成果，但由于缺乏大型设备和应用需求疲软，尚无针对米级产品的融合材料-设计-工艺-检测环节的整体化解决方案报道。增材制造厂商大多局限于材料开发、结构设计、工艺优化、检测评估中的单一/若干环节开展相应的技术攻关，如EOS、3D System等知名企业专注于提供设备研发和工艺优化的"横向"增材制造服务模式，无法提供面向产品需求的"纵向"增材制造服务模式。此外，受限于设备能力与应用需求，尚未查阅到可提供航天飞行器用米级轻量化气动操纵面的整体化解决方案的服务商。

依托于国内工业装备轻量化趋势的旺盛需求，涌现出了铂力特、鑫精合、易加三维、华曙高科、汉邦等增材制造设备供应商，并催生出航天科技149厂、航天科技159厂、中国航空制造技术研究院等增材制造服务商。这些厂商大多局限于制造端提供相应的服务，仅改变了制造方式而未能充分发挥增材制造技术在产品轻量化上的优势。如铂力特针对增材制造中的原材料、设备研发和工艺优化提供相应的服务，航天科技149厂、航天科技159厂针对航天若干轻量化产品的高效率制备、高质量调控提供相应的服务。受限于各个企业单一的业务模式，并未建立系统的面向产品（尤其是米级航空航天产品）的增材制造技术链，导致其未能提供整体化解决方案，限制了所承接任务的轻量化水平的提高和研制成本的降低，未能充分体现增材制造技术在产品轻量化上的优势。

虽然国内增材制造产业中材料的开发、结构的拓扑设计、工艺的优化和检测的方法等均有大量的机构开展相应的研究，但由于各个机构的业务模式单一或经验积累不足，大多无法提供完整的技术链支持，即无法提供一站式的整体化服务。该现象不仅制约了基于增材制造轻量化产品的研制推广，亦不利于我国增材制造技术在航空航天领域技术成熟度的提升及装备性能的提升。因此亟须发展融合材料-结构-工艺-检测环节的整体化解决方案，以满足空天装备不断提升的尺寸和战技指标要求，并提升我国应对复杂环境的能力。

3.5.3　典型解决方法创新案例分析

宁波中科祥龙轻量化有限公司联合中国科学院宁波材料技术与工程研究所创新性地提出了一种考虑材料、结构、工艺、检测等约束的整体化增材制造解决方案，即基于原材料的工艺特性融合了结构拓扑优化、"形性一体"工艺方案和高效、高质量检测措施的多目标协同优化解决方案。该方案突破了增材制造常规的"横向"服务模式，是一种全新的"纵向"服务模式，从链条上解决了增材制造在工业级产品生产中成本高、周期长、效果不理想的痛点，可实现产品重量降低30%以上、材料利用率提高85%以上、成本降低20%以上，极大促进了我国增材制造技术和服务的发展。

研发团队针对轻量化部件的服役环境和载荷要求，基于金属冶金动力学理论建立起成分-性能-工艺耦合的数据库，实现原材料的优选，融合结构拓扑优化、高精度"控形控性"成形与高效、可控后处理技术实现高质量设计制造一体化技术，结合材料性能与无损检测方法建立平衡成本与准度的检测方案，建成面向工业级增材制造解决方案的材料-结构-工艺-检测技术链、创新链和人才链，有力提升了增材制造技术的成熟度。

中国科学院宁波材料技术与工程研究所与宁波中科祥龙轻量化有限公司针对不同空域航天飞行器轻质化、高性能化、整体化、结构功能一体化气动操纵面的应用需求，对不同规格的气动操纵面进行全链条的定制设计及制造：针对高承载性能需求，完成了基于空间点阵多孔结构与变厚度蒙皮结合的轻量化结构设计与制造，相较传统工艺减重32%以上并降低阻力10%以上；针对复杂属性需求，完成了基于空间点阵结构梯度属性分布的设计及制造，相较传统工艺减重35%以上并提高材料利用率80%以上；针对多功能需求，完成了融合异型空间点阵结构与主动调控特性的泊松比-热量-热膨胀系数耦合点阵结构的设计及制造，实现减重35%以上并降低成本15%以上。基于整体化解决方案研制的气动操纵面如图3.6所示。

图3.6　基于整体化解决方案研制的气动操纵面

3.5.4　趋势与展望

基于增材制造的轻量化技术是实现航天航空、国防武器等领域的重大装备战技提升、后勤保障、技术突破的有效手段之一。融合材料、结构、工艺、检测等学科的整体化解决方案是提高产品轻量化水平的关键，亦是促进工业级增材制造产品应用推广和技术成熟度提升的有力措施，是未来发展的重点与热点。随着以宁波中科祥龙轻量化科技有限公司为代表的整体化解决方案的成熟和推广，将涌现更多的以"一站式"整体化解决方案为核心的增材制造服务商，满足航空航天、国防武器、交通运输、高端模具等行业日益增长的大型化、复杂化、集成化增材制造产品的应用需求。

Application
Scenarios

应用场景篇

第 4 章

工业领域
医学领域
文化体育领域
建筑领域

4.1 工业领域

4.1.1 汽车发动机气缸盖随形水冷模具制造

（1）背景概述

受传统制造工艺、材料、装备的限制，目前国内燃油汽车发动机的热作铸造模具的生产速率、模具寿命及铸造良品率的提升已处于瓶颈阶段较长时间。传统技术改进已无法实现生产节拍的提升，国际先进车企对其生产模具温度场的温控技术、模具制造技术进行技术封锁，而以日系为代表的水冷方式风险过高。相关技术进一步提效增值，缩小与国外差距存在巨大困难，使得国内车企生产时温控效果不理想，产品寿命较国外同类产品差距明显，生产节拍已至技术瓶颈，综合使用成本高昂，在国际竞争中短板突出。

（2）解决方案

为实现降温提速，显著提升模具装备的使用寿命、生产效率和产品质量，需要结合先进增材制造技术和数字孪生技术，在模具中建立随形冷却管路来提高模具散热能力，从而达到生产场温度可控，提升生产节拍的目的。

充分利用增材制造在制造复杂曲面、多孔结构等构型时制造约束条件少、产品致密度高、近净成型材料浪费少的特点，研发专用新构型模具制造工艺与流程。对模具的温控结构进行原创性的革命性设计，通过多轮次多构型的对比验证，优化选择最佳的温控结构方案，实现随形冷却管路燃烧室镶块、内部环形冷却流道制造。有效改善发动机气缸盖铸造生产温度场的控制。

通过项目技术优化实施后，长安汽车发动机生产线在保持气冷温控方式下，生产节拍大幅提升，产品质量进一步提升。本项目技术扩大应用于铸造产线其他模具装备的设计制造，可提升现有燃油汽车发动机的生产速率，同时改善铸造产品的质量；或者在保持产能条件不变的条件下，为生产企业节省建设投入，并显著降低能耗，有助于汽车企业实现碳达标。同时，模具使用寿命的显著提升有助于企业有效提效增值，使长安汽车在激烈的国内外汽车竞争中更具优势。

（3）应用推广成效

该技术在汽车发动机核心模具成功应用，已具备在其他模具、其他领域开展同类技术推广应用的经验及价值。研发团队针对设计、材料、工艺研究建立起的数据库，为后续项目实施提供了参考数据，可快速为工业装备提供可行的优化设计改进方案。随着国际形势的变化，有自主知识产权的先进技术是我国企业的发展根本，利用新技术实现对先进国家同类技术的追赶、超越，从而在产品方面获得更明显的竞争优势。所以项目技术的推广应用，是解决目前工装设备温度场控制不理想的最佳方案。通过温度场的改善，进一步提升了生产效率和产品质量，为解决我国各领域装备中的温度场控制提供了新的可行方案，具有巨大的市场需求和技术优势。

4.1.2 柴油机专用工装敏捷换型制作

（1）背景概述

柴油机气缸体、气缸盖等铸件在研发过程中，设计变更、工艺改进等会导致产品结构和工艺方案变更，由此会带来大量铸造模具的修改。传统的铸造金属模具的修改过程比较单一，基本上都是通过电弧焊接金属后根据模具三维进行数控加工；对于焊接位置较多、面积较大的模具，为防止变形还需要在焊接后进行热处理，修改完成后再重新组装模具，模具反复修改性差，离线修改期间不可避免地会影响正常生产；或者需要使用数控加工中心铣削原有结构，同时加工与之尺寸基本一致的镶块进行装配固定，然后再按新的模型进行编程、数控加工。这样做设备占用率高、工序烦琐、耗时长、成本高。

（2）解决方案

提出铸造用金属模具敏捷修改方法，通过增材制造技术打印模具修改部分后进行固定，保证了模具修改精度及强度，且可以不拆卸模具进行在线修改，修改效率高、成本低，非常适用于新产品开发、产品结构优化、工艺方案验证过程。

针对WP13H机体浇注系统、WP13缸体、潍柴重机 6170 机体、WP14H双水套机体等模具在生产过程中产生的问题，采用选区激光烧结进行模具镶块打印，形成最终需要快速成型的三维镶块部件，包含新增产品结构和原模型曲面结构，可以实现无缝贴合装配，加快模具修改周期，缩短验证时间。

（3）应用推广成效

2021年该场景在公司H1、WP3H、WP6H、WP12H、WP13NGWP13H、WP14H、WP15H、PSI、8WH17等系列柴油机气缸体、气缸盖铸造模具上广泛应用，具体应用案例如表4.1所示。

表4.1 铸造模具敏捷修改应用案例

序号	名称	件数	用途
1	WP17气缸盖模具镶块	16	模具修改周期不满足项目要求，使用3D打印模具修改镶块进行工艺方案验证
2	WP15H机体内浇道镶块	7	工艺方案验证
3	WP12法兰镶块	4	工艺方案验证
4	WP12过滤片底座镶块	1	工艺方案验证
5	WP12溢流冒口镶块	1	工艺方案验证
6	WP13H机体镶块	6	P13缸体法兰位置缺陷修复方案快速验证
7	WP13H机体水套镶块	25	模具换型生产需求
8	WP13H机体浇注系统镶块	5	工装验证
9	WP13缸体裂纹缩陷用冒口镶块	18	工艺方案验证
10	PSI缸体镶块	36	新浇道验证
11	WP12蠕铁缸盖镶块	8	减少冲砂验证
12	WP6H气缸体镶块	4	解决桁架处气孔、冷隔问题
13	缸盖冒口镶块	4	用于不同冒口工艺试验
14	WP13H机体芯头镶块	4	3D打印工装备件用于样件生产
15	WP14H机体型板镶块	10	3D打印工装备件用于样件生产
16	WP13机体镶块	2	3D打印工装备件用于样件生产
17	H1缸体样件镶块	8	3D打印工装备件用于样件生产
18	M26型板浇道	2	3D打印工装备件用于样件生产
19	170型板浇道	8	3D打印工装备件用于样件生产
20	P13型板浇道	2	3D打印工装备件用于样件生产
21	WP6H汽缸体桁架平台镶块	4	解决桁架处气孔、冷隔问题
22	WP13NG缸盖上模镶块	14	工装修改

序号	名称	件数	用途
23	WP13H机体底注内浇道	20	工艺方案验证
24	WP13H机体浇注系统备件	47	对加注系统进行优化，目的是方便清理浇注系统及提高工艺出品率
25	WP13H机体型板备件	10	3D打印工装备件用于样件生产
26	气缸盖工装镶块	8	3D打印工装备件用于样件生产

4.1.3 工程机械涡轮随形水冷模具制造

（1）背景概述

塑料产品的生产主要是利用模具在注塑机中成型。整个生产过程中，注塑模具制造占用的时间和成本是最主要的部分。现阶段，个性化、小批量产品需求的日益增加使得模具行业发展迅速，竞争日趋激烈，因此注塑模具除了需要不断提高产品质量和性能，还需要尽量降低其生产成本，缩短产品开发周期，以迅速抢占市场。

以注塑模为例，现有注塑模具因为冷却因素，不能完全满足塑胶件的冷却要求，出现塑胶件质量不达标或者无法直接成形的问题。同时，产品注塑过程中的冷却问题常常制约着产品的结构和功能设计。现有模具加工工艺导致水路冷却效率无法达到最高，影响冷却时间，进一步影响注塑单品出腔时间，从而影响生产效率和产品的市场推广。

（2）解决方案

随形冷却设计和增材制造技术的结合通常可以简化模具设计，通过减少需要组装的部件的数量（称为组装加固），消除或减少密封失效和冷却泄漏。

针对随形水路模具设计产品的结构特点，对难度较高的典型案例进行传统水路的模流分析，探究注塑成形过程中的热点、温度梯度、热变形等痛点，设计弯曲度、与型腔距离、横截面形状不同的随形水路，并不断迭代优化，提升生产效率，分析并归纳出冷却效果和随形水路结构特征与尺寸的关系；着重在不同工况下水路距离型面的最小距离以及在不同距离下的寿命表现和冷却表现、不同结构特征和注塑材料体系对过水量要求的经验公式，分析软件的结果与实际结果的一致性研究。结合随形水路模具制造的特点，通过开发设备控制软件、运行控制软件、算法软件，设计并完成一台符合场景技术特点的金属增材制造装备。

（3）应用推广成效

自支撑水道随形冷却模具设计，突破了常规水道直径限制，提高了模具冷却速率。对模具局部（如装配部位）进行网格减材化设计，节约材料，发挥增材制造轻量化设计和自由制造的优势。依据不同模具的使用工况，通过模拟计算完成了内部复杂随形冷却水路的设计与优化，提高了模具的冷却效率。针对模具钢打印材料，开发成熟的打印工艺参数，并对打印产品进行性能检测，完全符合模具的使用要求，实现了由模具模型到交付产品的标准作业流程满足客户打印的需求。拓展SLM成型在大型随形冷却模具方面的工业应用范围，具有明显的模具结构设计和应用创新性。

4.1.4 工程机械液压多路阀砂型模具制造

（1）背景概述

工程机械是装备制造业的重要组成部分，是支撑国家重大工程、改善民生、服务国家战略的重要力量。目前，我国工程机械行业高端核心零部件严重依赖进口，是产业链自主可控的瓶颈和风险所在。其中，液压阀、液压泵、变速箱、减速机、消防水炮等"卡脖子"核心零部件是影响工程机械产业升级和可持续发展的重要因素。该类零部件结构复杂，制造难度大，通常需制作金属模具，开模成本高、周期长。尤其在新产品研发阶段，零部件最终结构难以确定，若直接制作模具，会导致模具的反复加工，增加成本风险，且无法满足产品快速选代设计的需求，研发周期长、试制成本高，影响新产品快速投向市场。

整体式液压多路阀是工程机械典型高端核心零部件之一，大量依赖进口。据统计，国内大型整体式液压多路阀的传统铸造难度大，铸造成功率低，整体式液压多路阀内部流道复杂，悬空特征多，各油道间相互联系，铸造过程中对砂芯的强度要求较高，采用传统方式制造，难以满足新产品的快速上市的需求。

（2）解决方案

以工程机械结构最为复杂的整体式液压多路阀为载体，通过砂型3D打印工艺优化，设计专用砂型3D打印的铸造工艺系统，配合基于有限元法的砂型铸造过程数值仿真，开发专用的大尺寸、高精度砂型3D打印装备，全面提供"设计-工艺-装备"等全流程砂型3D打印解决方案，确保实现复杂内腔结构整体式液压多路阀的快速铸造。

通过工艺调整，铸造系统设计及仿真，利用自主开发的砂型3D打印机，进行砂型打印、后处理、装配、铸造，成功实现整体式液压多路阀的铸造。经零件-台架-装机等全方面实验测试，基于砂型3D打印工艺快速制造的液压阀在几何尺寸、力学性能、外观/内部质量以及中位卸荷阀性能、输入/输出特性、压力损失、负载无关特性等指标均达到或超过传统制造液压阀的水平。

攻克了覆膜砂的SLS 3D打印技术，结合粘结剂喷射砂型3D打印技术实现了液压阀、减速机、变速箱、消防水炮、消防水泵叶轮等核心零部件的快速制造，建立了基于砂型3D打印工艺的铸造类关键零部件快速制造工艺流程与规范，产出的SLS设备多种材料供/铺粉系统，具备新颖性、实用性，创新程度高。

（3）应用推广成效

通过多年砂型3D打印技术的积累以及应用推广，产出了成熟、稳定的基于砂型3D打印工艺的液压、传动等铸造类核心零部件快速制造技术，并在挖机、装载机、农机、起重机等工程机械主机用片式液压阀大型整体式液压阀，减速机、变速箱、液力变矩器等核心零部件上得到广泛的推广与应用，有力支撑起工程机械行业关键核心零部件的研发，助力打破工程机械"空心化"的行业现状，提高国内工程机械高端产品的核心竞争力。

4.1.5 压缩机关键零部件砂型模具制造

（1）背景概述

铸造是装备制造业的基础，已有约6000年的发展历史。我国是名副其实的"铸造大国"，但大而不强，如轨道交通、机床工具、大型内燃机、发电设备、船舶、压缩机等行业所需铸件主要为多品种、小批量、以手动操作为主的生产模式，约占铸件总需求的60%，且这部分铸件的生产主要采用化学自硬砂等工艺，生产环境差、劳动强度大、效率低、铸件质量不高、环境污染大等，亟待转型升级。

（2）解决方案

针对传统铸造业亟待转型的需求，提出了"铸造转型升级之路=铸造3D打印、机器人等创新技术+绿色智能工厂"，通过3D打印、机器人等"点"上的关键共性技术创新，实现铸造智能生产单元"线"上集成，形成铸造数字化车间/智能工厂"面"上示范，推动铸造行业在"体"上的转型升级。

2012年开始，聚焦3D打印技术在铸造业的产业化应用，提出"数字化（智能化）引领，创新驱动，绿色制造，效率倍增"的转型升级方针，建立"铸造3D打印及铸造智能工厂产业"创新团队，攻克了铸造3D打印工艺、材料、设备、软件、关键零部件及集成等技术难题，成功研制出成型尺寸150mm×100mm×100mm至2600mm×2000mm×1000mm等10款工业级铸造砂型3D打印设备。此外，还研发出了铸造3D打印用粘结剂等液料，摆脱了铸造 3D 打印材料依赖进口、成本高昂等受制于人的局面，材料成本相比进口下降2/3，实现了国产化替代。搭建远程运维平台，解决3D打印等智能设备智能单元、智能工厂的物联及运行状态、维保等生命周期数据管理；通过预警模型、诊断模型、自学习知识库等应用，构建行业设备大数据平台，提供远程设备维护方案、远程智能工厂运营方案。

（3）应用推广成效

铸造砂型 3D 打印技术彻底改变了以手工劳动为主的传统砂型铸造生产模式，生产周期大幅缩短，生产效率及铸件成品率大幅提高，铸件周期流程如图4.1所示，铸造现场环境显著改善，工人劳动强度大幅降低，推动了传统铸造行业向绿色化、智能化转型。该成果给传统铸造业带来的颠覆性变革具体如下。

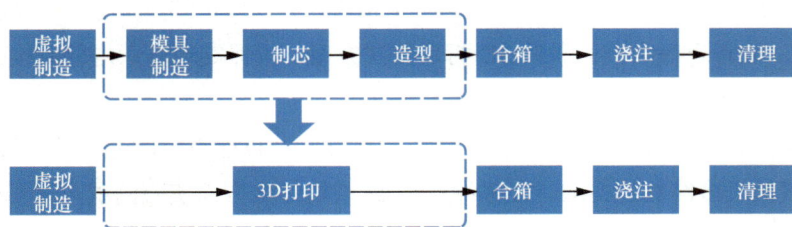

图4.1　铸件周期流程

① 缩短铸造生产流程。铸件工艺直接从三维图形数据制造出复杂结构的砂型，替代了传统使用模具、制型、造型、合箱的手工造型方法，生产周期缩短 50%，生产效率提高2 ～ 3倍。

② 提高铸件质量。铸造砂型 3D 打印技术打印精度高，砂型可快速一体成形，使铸件生产由复杂变简单，成品率提高20% ～ 30%，铸件无披缝，尺寸误差从原来的1mm 降到0.5mm。

4.1.6　汽轮机叶片修复与再制造

（1）背景概述

激光增材制造与再制造是能源、化工、动力等重要产业的共性需求。以通用电气为代表航空制造业的金属增材制造成功模式作为参考，解决不同行业各不相同的痛点。最常见的需求痛点有3个：大型、关键、贵重零件的局部功能退化（如航空发动机的叶顶损、大型水轮机叶片冲蚀、大型轴的轴承端损或断裂、大型模具的局面变形等），替换新零件在成本（包括流程工业的时间成本）上难以接受；大型、关键、贵重零件的局部性能增强（如液压支架表面耐磨性增强等），整体零件采用高性能材料在产品成本上没有竞争优势；关键零件的国产化替代（如舰用发动机喷嘴），性能满足应用行业通行的认证标准。

（2）解决方案

充分掌握材料特性，采用激光选区熔化增材制造技术或激光熔化再制造技术来实现零件的局部修复、性能增强或受制替代。采用独有的专利技术实现修复叶片常温力学强度和高温性能达到要求，界面强度高于基体，尺寸偏差≤0.1mm，解决航空发动机叶片行业的"卡脖子"难题之一。

本案例属于典型的激光增材制造创新产品的研发模式，从材料、工艺、装备、软件到制造具体产品均实现自主、可控，研发过程持续4年时间。最终舰用发动机燃油喷嘴从粉末成分制粉工艺、打印工艺、热处理、热等静压等全套制造工艺参数进行固化，形成了操作规程或工艺规范。增材制造燃油喷嘴的工艺规程也获得行业巨头 WinGD 的确认。这对舰用动力行业中关键零件的国产化替代具有重要的影响意义。

（3）应用推广成效

激光增材制造与再制造是金属材料增材制造应用中最为重要的模式，尽管面向不同行业解决的痛点不同，但已在先进制造技术已经引起广泛的重视。中国科学院重庆绿色智能技术研究院首次提出了多波长高精度激光选区熔化成形原理，构建以之为核心的知识产权保护体系（2019年获得国际专利授权），完成了高精度、系列化的双波长激光选择性熔化成形系统研制，已应用于等动力、生物医疗重要行业/国家重大工程。

4.1.7 煤矿综采液压支架修复与再制造

（1）背景概述

矿山设备的再制造在2007年首先提出，目前已初具规模。矿山机械是煤矿安全生产的必要保证，设备使用率高，要求安全系数大，有些主要安全设备在使用年限到达时强制报废。特别是井下采掘设备，工作面条件恶劣、设备损坏速度快、维修周期短，为保证设备的正常运转、充分发挥设备的效能和延长机器的使用寿命，必须对工作面设备进行强制检修。全国每年有15万台左右的矿山机械以各种形式（如报废、闲置、技术性和功能性淘汰等）对再制造和提升提出需求。再制造液压支架（或主要功能部件）不但"盘活"了废旧矿山设备资源，还节约了大量的矿山设备制造成本，经济效益显著。

矿山设备再制造正在蓬勃发展，前景十分乐观。我国是煤炭大国，面对当前经济下行压力较大、产能过剩的形势，单纯靠产品规模扩大市场的时代已经一去不复返，液压支架历经多年累积，存量大幅增加，已进入报废高峰期，为再制造产业的发展提供了充足的基础。2002年至2012年被称为我国煤炭行业发展的"黄金十年"，煤炭开发增长迅速的同时，伴生的是液压支架存量迅速增加。煤炭企业2012年之前购入的液压支架已达到报废期限，大批液压支架需从井下拆解，给煤炭行业造成巨大负担，在此背景下液压支架再制造技术呈爆发式增长态势。

（2）解决方案

以制造思维做再制造，依托先进的再制造增材技术和制造装备优势、严谨的质量管控体系、完善的ERP、MES生产管理跟踪系统，形成完善的再制造可靠性保证体系：通过多元化、批量化的增材再加工技术手段，让旧的液压支架设备焕发新的生命活力，支架质量特性不低于原型新品性能；对原机进行设计缺陷修正、智能化升级改造后，再制造产品性能可超越原型新品。

通过不断研发、实践，掌握了以盘套件高耐蚀材料数控低温再制造技术、杆类不锈钢熔覆增材再制造技术、杆类高速激光熔覆增材技术、铰接轴外圆增材再制造技术、缸筒内孔表面熔铜增材再制造技术、立柱底阀孔熔覆技术等为主的煤矿液压支架增材制造技术。

（3）应用推广成效

依照国家走循环经济发展道路树立和落实资源再生战略，充分利用废旧产品设备蕴含价值的发展方向，与多家企业合作开展液压支架再制造。

4.1.8 风电机组关键零部件表面强化修复

（1）背景概述

由于风电具有基建周期短、环境效益好、发电成本低、装机规模灵活等诸多优势，"十三五"期间我国风电产业呈现出较好的发展势头，在数量上稳居世界第一，在质量上步入全球前列。我国的风电运维市场规模持续增长。因此，如何降低风场的运维成本将是我国风电产业发展面临的难题。

风力发电机组的核心传动系统（如变桨轴承、偏航轴承及刹车盘等）易出现磨损、裂纹及断裂等缺陷，易造成传动不稳定、控制精度差、发电效率低等问题，甚至可能会造成生命财产损失。传统方案采取吊装更换的方式进行维修，该方案周期长、成本高、发电量损失巨大。

（2）解决方案

针对风电机组再服役过程中极易出现变桨齿圈等关键零部件损失效，而导致风电机组无法正常工作的问题，某项目团队开展了风电机组关键零部件在线修复关键技术研究，采用颗粒增强金属基复合强化材料表面增材制造强化技术，在国内同行业内取得技术领先，填补国内技术空白，延长风电机组关键零部件使用寿命，降低风场运维成本，推动我国新能源产业、电力产业及再制造等技术领域快速发展。

针对风机偏航、变桨齿面等维修项目，提出"颗粒增强增材制造＋再制造升级"的思路，在对现有齿轮进行预处理后，现场增材制造修复，使得齿面尺寸得到恢复。同时，在材料选择上，选择颗粒增强金属基复合强化材料，在充分考虑材料配副性的同时，提高修复齿面的强度和耐磨性，同时利用独特的材料设计，使得修复后的齿面具有自润滑效果，且在服役过程中可以改善润滑条件，进一步提高齿轮服役寿命。

（3）应用推广成效

本技术针对上述情况提出"颗粒增强增材制造＋再制造升级"的思路，考虑风电机组服役工况条件及其服役时对相关零部件的各项性能要求，对风电机组关键零部件磨损失效行为进行实验研究，揭示其磨损失效机理机制。与此同时，为了有效提升修复后的耐损性能，从强化耐磨材料成分设计入手，提出耐磨材料成分设计开发原则，开发出一种专门用于风电机组关键零部件修复的高性能、高耐金属基颗粒增强复合材料体系，目前该技术已成功应用于江苏海上某风场偏航齿圈的修复中，主要修复齿轮发生变形、断裂裂纹、表面剥落等的部位。经过表面增材制造强化修复后，热影响区、焊缝、焊材的金相组织连续性完好，表面无裂纹、气孔等缺陷，整个齿轮的寿面得到大幅度提升。增材强化齿轮，可有效解决风电机组偏航齿圈出现的损问题，实现风电机组核心零部件的耐磨增寿，不仅避免了吊装更换造成的成本提升，还显著增加了风电机组的有效工作时长，有效提升发电量，满足更多地区企业及人民群众对电力的应用需求，具有良好的社会效益和经济效益。该技术采用增材制造的方式对产品表面质量和性能进行优化，可降低消耗成本。

该技术不仅可用于风电机组的修复，还可用于重工业设备核心零部件的表面强化，减少由于设备更换产生的人力、物资成本，给企业带来巨大的经济效益，大大降低装备制造行业核心零部件腐蚀、磨损失效带来的巨额损失。

4.1.9 工程机械关键零部件修复与再制造

（1）背景概述

工程机械是支撑国家经济建设的重要基础装备，广泛应用于能源、矿山、建筑、城市建设等施工领域。我国是工程机械制造和使用大国，拥有全球最大的市场，但同时存在大量的能源资源消耗、严重的环境污染问题。再制造可以降低成本、节约能源、节省材料、显著降低环境影响，具有重大的经济、社会和环境效益。工程机械服役工况恶劣，核心零部件失效模式复杂，再制造修复就需要用增材制造手段对由冲击、磨损、腐蚀等导致的零部件缺损进行修复。由于工程机械零部件（如模具、液压缸导向套等）型面复杂，损伤位置不确定性大，修复区域存在凸台、凹坑、转角、垂直面等多种结构，几何特征不均匀导致再制造成形精度差，因此在修复过程中需要修复终端实时变换位姿，沿着待修复曲面法向方向进行修复，这对增材修复过程路径控制、工艺控制提出了更高的要求。

（2）解决方案

针对复杂结构高效、高精、高质修复的需求，创新性地研发了集配方和工艺优化、缺陷重构、路径优化、柔性修复平台于一体的工程机械零件增材修复与再制造解决方案，并在四轮一带锻造模具、工程机械液压油缸、旋挖钻机驱动套等退役零部件再制造修复进行应用。

针对不同退役关键零部件耐磨损、耐腐蚀、抗疲劳等性能需求，根据不同再制造修复工艺材料要求，开展了钴基合金、镍基合金、铁基合金等修复材料性能试验及考核。利用 DOE 试验方法，以载能束功率、扫描速度、送粉速率等为影响因子，以硬度、晶相、耐蚀性、抗疲劳性等为评价指标，最终开发出面向不同服役工况的激光熔覆等离子喷焊、热喷涂等不同增材修复工艺用专用粉末，构建了面向不同增材修复场景的修复材料体系。

针对退役零部件表面不同缺陷形式及不同缺陷尺度精确修复的需求，搭建三维缺陷识别与重构系统，主要包括动态跟踪系统、手持式激光扫描仪、模型后处理软件。首先利用动态跟踪系统、手持式激光扫描仪对退役关重件表面磨损、腐蚀等损伤进行缺陷识别，生成缺陷表面三维点云数据；然后利用三维几何建模方法重构生成退役零部件表面缺陷 CAD 模型，并与原型新品设计模型进行比对；最后生成表面缺陷损伤模型，精确分析不同损伤部位缺陷尺寸，进而支撑再制造修复工艺方案设计，实现表面缺陷精准、高效再制造修复。

基于退役零部件表面缺陷重构模型，结合再制造修复工艺方案，利用离线编程技术，分别设计了轴类、平面类、复杂形状类等典型退役产品修复路径方案，建立了不同尺度和形状表面缺陷修复路径设计规范。将修复路径直接导入离线编程系统，自动生成机器人控制程序，并进行修复过程虚拟仿真分析，弥补传统人工编程效率低、精度差的问题，退役关重件再制造修复效率提高40%以上。同时，能够进行修复过程加工头和修复对象干涉检查，避免修复过程发生碰撞等安全事故。

为了扩大和提高增材修复及再制造加工平台的加工范围及适应性，实现对多种退役零部件的再制造修复，基于模块化和机器人技术搭建了再制造修复柔性加工平台。平台涵盖了激光熔覆、等离子堆焊、热喷涂等再制造修复系统，分别由预处理单元、修复单元、后处理单元构成，其中，修复单元包括送粉器、转台、机器人、冷水机、核心设备、工装等模块；开发了集中控制系统，使送粉器、转台、机器人等模块协同运动，保证再制造材料按预定轨迹准确沉积以及按位置定量熔覆，使涂覆层均匀、一致，与损伤零部件基体可靠结合。同时，操作人员可借助现场终端实时录入各工序数据及进度，实现再制造过程中的数据实时监控。

（3）应用推广成效

技术成果应用于高性能液压缸、泥浆阀、截割头齿座、抛料板、压路机钢轮等工程机械关重件正向制造中，提升产品性能，替代进口产品，降低生产成本。同时，构建的增材修复与再制造修复技术体系已成功应用于徐工集团分子公司，实现了液压泵马达主轴、泵车变幅油缸活塞杆及导向套、旋挖钻机驱动套及驱动套、汽车起重机悬挂油缸活塞杆、四轮一带锻造模具、矿卡悬挂油缸缸筒、铰点孔销轴等退役关重件再制造修复，有力推动工程机械再制造产业发展。

4.1.10 机载曲面装置多材料一体化制造

（1）背景概述

随着国家工业 4.0 的发展及"绿色制造"概念的提出，加工制造业正在淘汰污染环境、落后的工艺流程，向智能制造方向转变。而目前电子行业使用的频选、射频等近共形天线的制作工艺采用电镀后进行化学、光学等蚀刻，生产周期长、工艺复杂且过程易造成环境污染；或者采用膜贴、转印、模压等工艺，容易造成天线图形变形及精度差、粘贴的胶膜层失效，且非展开曲面天线图形的加工难度更大。对于曲面多层印制板，传统是通过加工平面多层印制板后以热压粘贴、焊接等方式进行曲面覆形，而热压变形产生的内应力及线路内部铜箔的变形均会对印制板性能产生影响。

（2）解决方案

针对曲面共形天线图形及多层板的制备，亟须开发一种灵活的加工制造方法。目前国外 OPTOMEC 公司已经基于气溶胶技术开发了五轴曲面共形打印装备，该项技术已经用于手机天线、飞机传感器等领域。这为本项目曲面共形电子电路图形的打印提供了很好的借鉴作用。

智能蒙皮是指在航天器、军舰或者潜艇的外壳中嵌入智能结构，其中包含天线、微处理控制系统和驱动元件，可用于监视、预警、隐身、通信、火控等，目前的研究方向主要是在航天器上的应用。智能蒙皮天线要实现这些功能，就必须采用与载体表面共形的多层复合介电材料，在复合材料的预装阶段，在各层之间嵌入大量形状各异或周期性放置的金属贴片、传感器、微机电系统（Microelectromechanical System，MEMS）、三级管（transistor，TR）电路、馈电网络、传动装置以及冷却通道等，形成结构复杂的多层共形阵列结构。现有的制造技术仍为基于现有的 PCB 制造技术，在完成多功能板的制备后再采用胶膜或者焊接的方式，热压将制备的平面多功能板覆形于飞机蒙皮上。但是现有的制造工序非常复杂，且在面对曲率较大的蒙皮时很难解决多层电路的覆形及互联问题。而曲面异质材料的 3D 打印技术随着纳米材料技术的发展有望实现一体化制造，实现真正意义上的智能蒙皮的制造。

（3）应用推广成效

从目前 3D 打印技术的发展方向看，通过 3D 打印技术生产加工原型样件或者小批量产品已经得到了越来越多的市场认可。因为 3D 打印技术能够降低成本、加快进度，在科研论证、产品设计、小批量试验等阶段具有明显的优势。

通过将传统二维平面布局表面器件贴装升级至曲面三维分布，器件内部集成，极大地提高了器件集成度，推动电子器件轻薄化、共形化发展，提高横向集成程度，实现真正的多功能高密度、大规模集成电路。随着可靠性、稳定性等产品性能的提升，可应用于空天领域、核工业等国家重点产业，对射频传感器、共形集成功能电路、随形传感单元等异形非可展曲面电子器件的制备提供技术支撑。对于民用领域中车辆、客机、无人机及智能穿戴等装备对负载能力、节能续航、多功能集成的迫切需求，通过随形电路增材制造，实现仪表盘内表面随形电路制造、隐蔽式随形光影显示单元及智能头盔等多层电子电路器件制造。针对本技术可定义、一体化成型等特点，面向民用电子器件（如芯片、传感器及大规模集成电路等）进行小批量、多品种、个性化器件生产推广应用。

4.1.11　大型增材制造装备单光路大幅面精密激光扫描系统应用

（1）背景概述

金属成型设备的发展趋势是不断提升加工成形尺寸和效率。而目前国际上也只能通过不断增加光路数量来实现，技术难度大，量产困难。目前，国内外金属加工行业龙头（如德国 EOS、美国 GE 增材、德国 SLMsolutions、铂力特、华曙高科、西安 BLT 等）都使用该方式。因此，行业急需下一代更大幅面的光学扫描系统，以解决超大成型尺寸与拼接光路过多造成的拼接不良、低良率，以及单光路可用激光功率过低的突出问题。

（2）解决方案

针对该类特殊设备的高良率要求，开发了单光路成型幅面为 650mm×650mm 的特殊激光扫描系统，全扫描幅面均匀性佳，热效应小，可进行多光路拼接。针对超大尺寸航天飞行器发动机一体成型的特殊要求（成型仓水平幅面要求为 2m×2m），进行光学设计优化。自主研发的大尺寸多光束 SLM 增材用光学系统及其核心零部件（主要包括扩束镜、扫描场镜、扫描振镜及其配套的光路设计和算法），主要应用于 3D 金属增材打印领域，该光路系统突破了我国多年来一直高度依赖进口整装 3D 金属增材打印设备，长期无法突破光路稳定性、大幅面大尺寸工件加工、精细算法等技术瓶颈的问题，广泛应用于航空航天、国防军工、高端装备制造、医疗器材等重要领域。

（3）应用推广成效

SLM 光学系统从第一代（250mm×250mm）到目前最先进的第二代（激光扫描范围可达 450mm×450mm），

皆在行业内占据主导地位。大部分大型设备均选用该光学系统或类似方案进行独立装机或者多光路拼接。大尺寸多光路是金属3D打印的前进方向，目前已被我国商务部出口管制。

在过去的几年间，随着国内增材行业的爆发，该项目团队积累了大量的多光学扫描系统在该领域的应用经验，产品服务于行业内几乎所有大型金属3D打印设备集成商，包括但不限于铂力特、易家三维、汉邦、中科煜宸、中航迈特、鑫精合、雷佳等。目前，已经在开发扫描幅面可达650mm×650mm的全新第三代超大幅面SLM光学系统，并与多家增材设备制造商展开合作，结合头部系统集成商的意见，确定650mm×650mm为下一代SLM增材系统的升级方向。已通过光学仿真、理论研究等方式，确认其核心零部件，超大幅面远心扫描场镜的可行性，并已启动样机的试制工作。

4.1.12 重型汽车大型非金属构件研发试制

（1）背景概述

汽车制造中比较重要的两大模块是汽车零部件产品制造及模具开发制造。汽车零部件传统的制造方式是注塑或者冲压成型，每套模具包含复杂的液压、气动及冷却流道等模块。一款汽车零部件产品的开发与制造需要经过产品造型设计，产品分块装配分析，整车装配分析，小模块及整车刚强度、抗碰撞性能、抗共振及降噪性能等分析，产品工艺分析，产品工艺型面补充分析，产品模具型面设计，模具设计，模具出图，模具加工，模具装配，模具调试等一系列过程。而对于更为复杂的热冲压模具或者注塑模具还需要考虑内部流道的分布及可加工性等问题。一系列的过程使得模具开发周期长、人工及时间成本高，费用少则几十万，多则上百万。但是汽车行业竞争激烈，为了快速地占领市场，新车型需要不断地更新换代，传统的制造方式则需要不断地开模，这使得每款汽车的生产成本过高，开发周期长，已不能满足快速开发新车型的需求。

汽车客车零部件尺寸大，绝大部分零件都是采用玻璃钢模具或者木质模具等通过复合材料成型工艺进行制造而成。但是这类模具制造环境差、使用周期长，一套模具只能实现小批量的生产，且使用过后不能进行二次回收利用，污染环境，生产成本高。

（2）解决方案

大型工业级EDP 3D打印技术可以实现无模制作，使得汽车零部件新产品开发省去了复杂的模具设计、加工等过程，为新车型的快速制造提供了强有力的支撑。

同时，非金属颗粒料熔融沉积挤出成型采用ABS、ABS+GF、ABS+CF、PLA、PP、PC等粒状材料为原材料，该类材料与玻璃钢及木材相近，可以替代该类模具，通过3D打印技术实现该类模具的快速制造，生产周期短，同时该类颗粒料可以再次回收利用。

某前面罩初始模型用传统工艺制造需要4套模具，大约需要1年的时间才能完成，如图4.2所示。但是采用EDP 3D打印技术对零件进行一体化设计后，只需要1个零件就能满足要求，如图4.3所示，大幅缩短生产周期。

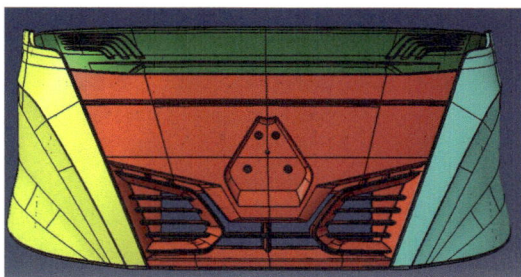

图4.2　前面罩初始模型

图4.3　前面罩打印模型

（3）应用推广成效

现已与中国重汽集团济南动力有限公司签订非金属材料开发、重型汽车前面罩打印制造及非金属熔融沉积增减一体3D打印机3个项目。新材料开发项目已提交一种新材料，验收通过，重型汽车前面罩打印制造项目正进行第一版面罩打印，非金属熔融沉积增减一体3D打印机项目处于设备安装调试阶段。

4.1.13　汽车用纯铜高频感应线圈批量制造

（1）背景概述

国内外汽车领域应用的纯铜高频感应线圈由于形状复杂，一直是汽车工业领域的难题，寻找一种制备成本低、生产效率快又能保证线圈质量的方法与工艺是各个学者和工程师密切关注的问题。目前国内外汽车零部件用传动轴、驱动轴的生产绝大部分采用拼焊技术进行，个别多年轴承巨头逐渐推出3D打印感应线圈、感应器。但造价往往高达数万甚至数十万，严重阻碍3D打印技术在铜高频感应线圈的应用和推广。

（2）解决方案

针对汽车用铜感应线圈类产品长寿命的迫切需求，采用了电子束选区熔化技术，设备源为西安赛隆增材技术股份有限公司，结合应用场景进行铜产品整体形状与内部流道优化设计与制备，尤其对强电流集肤面进行非均匀壁厚结构设计，实现铜线圈产品的长寿命设计，利用粉末床电子束熔融工艺进行制造。

通过本项目的实施，项目申请单位将通过产品中试研究，实现该类产品的批量化生产制备，并在尺寸、成分、力学等性能参数上达到该类产品的技术指标要求，满足轴承实际生产应用需要，逐步替代拼焊，填补国内该类零部件3D打印成型的空白，实现国内大量应用和高质量零件的稳定批量供货。

（3）应用推广成效

西安赛隆电子束选区熔化（Selective Electron Beam Melting，SEBM）成型制备的铜感应线圈已在国内推广测试，使用寿命均是传统制造的2倍以上，生产更智能，设计更自由，工艺更稳定且一致性表现优异。上海纳铁福测试公司SEBM-Y150型设备生产球笼线圈：铜线圈寿命为32万件，是传统拼焊的2倍以上。与国内多家单位测试对比后，GKN表示西安赛隆打印纯铜感应线圈在国内处于最高水平。天津日进（为韩国日进供货商）：使用寿命已超传统拼焊感应线圈2倍以上，已经开始采用3D打印替代传统工艺制造。重庆长江轴承：3D打印工艺先进，比传统机加、焊接方法制作的线圈寿命长，将逐步采用3D打印替代传统工艺制造。南京冠盛HUB线圈经测试使用后，能耗降低20%以上，热处理线效率提升。

4.1.14　城轨列车用高强铝合金减震器座轻量一体化制造

（1）背景概述

轻量化、高性能、降本增效是轨道交通等高端装备制造业面对关键零部件轻量化迫切需求的永恒主题。因此，"轻质高强材料+结构优化设计"已然成为本世纪先进制造发展的主流。"高性能铝合金材料+激光增材制造技术"能够结合轻量化仿生结构和铝合金高强轻质的特性，较好地满足轨道交通对材质轻量化、高复杂结构及高性能的迫切需求，正在成为解决该领域复杂轻量化构件成形难题的有效手段，进一步解决高致密、高强度、高疲劳性、高柔性精密修复等技术难题。

（2）解决方案

传统修复通常采用电弧送丝增材修复方式对其进行修复，但由于内燃机油封件油封壁厚度较小，难以进行精密修复，修复性能较差。在现有研究的基础上，针对不同应用场景的高附加值制件，优化激光修复专用高性能铝合金粉末和高柔性、高能量密度、低热输入激光增材修复装备技术对制件进行精密修复，并对制件进行性能评价。

实际应用中发现内燃机车中的油封件易受磨损导致漏油，在使用过程中因与曲轴轴颈接触摩擦导致油封壁磨损，曲轴轴颈和油封密封环间隙逐渐加大，导致漏油问题发生。针对该问题，采用自研激光增材修复专用铝合金粉末，通过高能量密度、高精度、低热输入激光增材控形控性工艺及装备平台对HXN5型内燃机车油封件进行精密修复（见图4.4）。经无损探伤显示：修复后制件表面光滑平整，无变形，内部高致密冶金结合，无不良融合、气孔及（微）裂纹，经试验验证后性能优异，合格，已装机应用。2023年，该产品应用获得了激光加工学会"中国激光金耀奖"应用类银奖。

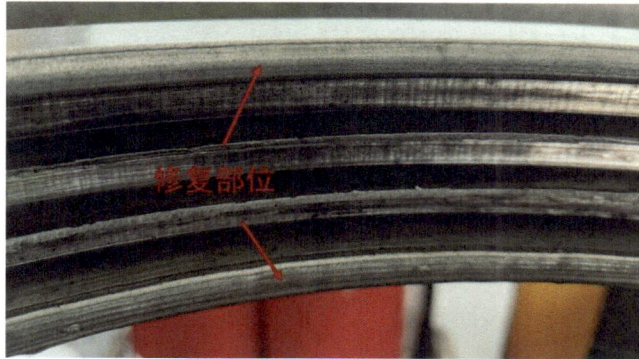

图4.4　薄壁无变形－低缺陷－高性能激光增材修复HXN5内燃机薄壁油封件

（3）应用推广成效

围绕激光增材制造与增材修复高性能铝合金构件的迫切需求，解决了传统2×××系AlCuMg合金、3×××系AlMn、5×××系AlMg、6×××系AlMgSi、7×××系AlZnMg合金粉末，未经成分改性直接进行激光增材制造及增材修复时，存在热裂、力学性能低及难成形等难题，开展增材制造及增材修复专用铝合金材料设计与制备、控形控性成形工艺及装备平台搭建，并进行工程化应用和标准化技术研究。项目紧密结合我国增材制造及增材修复铝合金结构件在轨道交通等领域的迫切需求，丰富了我国铝合金增材制造及增材修复用材料的种类和适用范围，突破和填补了增材制造及增材修复控形控性工艺、结构件一体化成形与寿命延迟修复技术的国外壁垒和市场空白，推动了我国增材制造及增材修复高性能铝合金材料、工艺、装备、应用等全链条的技术发展。因此，该链条技术从理论研究到各领域实际应用均有明显的创新和突破性进展。项目成果先后在多家公司开展应用，应用效果良好。通过技术授权转化形式开展粉末批量制备和推广，现已推广至航空航天、汽车等多个轨道交通外企业，粉末产品反馈效果良好。

4.1.15　冶金用非晶态金属陶瓷耐高温磨损材料及涂层制备

（1）背景概述

据不完全统计，全国钢铁冶金行业每年高温耐磨部件消耗额达上百亿元，因频繁地停机更换部件而导致的人力、物力损耗更大。金属陶瓷是介于高温合金和陶瓷之间的一种耐高温磨损材料，它兼顾了金属的高韧性、可塑性和陶瓷的高熔点、耐腐蚀和耐磨损等特性，在武器装备、冶金制造、机械加工等领域拥有广阔的应用前景。目前我国各大钢厂的热轧卷取侧导板普遍采用的是传统Q235材质衬板，高温条件下磨损严重，使用寿命短，不仅造成工作人员工作强度大，还因为更换侧导板时间长，轧制过程中粘渣严重需停机清渣，严重影响轧线作业率的提高。特别是原材质侧导板极易发生粘钢现象，粘钢剥落后压入带钢表面进而导致热轧板材产生结疤缺陷，易对钢产品质量造成不利影响。在各钢厂热轧产线产能饱和的条件下，侧导板更换频次过高必然影响产能，故非晶态金属陶瓷耐磨侧导板的使用寿命亟需提高。若能使导板更换时间与热轧产线的检修时间统一，则能大幅降低生产现场侧导板更换频次，提高生产效率。

（2）解决方案

为解决这些问题，威海天润金钰新材料有限公司在原有国防专利的基础上，将金属陶瓷技术、高熵合金技术及增材制造技术相结合，使（Ti,W,B,Mo）C固溶体与高熵多元合金复合，开发出高韧性、耐高温、耐冲击的非晶态金属陶瓷高温耐磨材料及涂层制备技术。通过提高陶瓷相的润湿性，减少了多陶瓷相界面的残余应力，提高了金属陶瓷的韧性，并避免了金属陶瓷高温时脱氮或者氧化而造成孔隙增加、强度降低的问题。针对冶金行业热轧产线使用工况，采用大功率等离子熔覆金属陶瓷涂层技术进行延寿强化，以高能量密度的转移等离子束为热源，将非晶态金属陶瓷粉末材料熔敷到侧导板基体表面，实际应用效果证明该技术可使现有的热轧侧导板使用寿命显著增加。

（3）应用推广成效

此新衬板相对原先的普通衬板在各方面都有优势：使用此非晶态金属陶瓷耐磨侧导板后，因使用寿命显著增加，不需要在换辊期间更换侧导板，侧导板更换时间可以与热轧产线的检修时间统一，能够降低生产现场侧导板更换频次，从而降低工人劳动强度，提高生产效率，为今后产线的增产提供了有力的技术支撑；新衬板使用寿命长，磨损后表面无粘渣，对带钢表面异物压入等表面缺陷可以控制得比较好，对产品效益有积极的影响；新材质侧导板可以显著节省劳动力，免去之前每天都要更换卷曲侧导板的工作，可以将更多的劳动力投入别的工作中去，同时还可以减小侧导板更换过程中的吊装生产安全隐患；经济效益显著。

4.1.16　油田井口保温防护装饰装置定制

（1）背景概述

油气开采领域存在大量户外采收、传输、计量、控制装置，比较典型的有采油井、注水井、计量井、控制阀、电控箱、通信箱等。由于环境工况差、季节温差大，设备防护强度、密封程度、智能化水平低和人为因素，这些装置在使用过程中存在故障率高、维护成本高、人工监管难的共性问题，现象多表现为冰冻、渗漏、破损、短路、腐蚀、丢失等。用户急需一种兼顾实用性、适用性、易用性、反馈性、通用性、美观性、可扩展性的定制化防护装置来解决以上问题。传统防护产品多采用两种解决方案。第一种是采用低成本玻璃丝布和粘结剂作为基础材料，依靠人工操作，在防护对象上进行多层缠绕、粘结、喷漆，存在防护性能低、人工成本高、材料老化快、更换操作难、质量标准低、适用对象少、整体外观差、材料不环保的缺点。第二种是采用不锈钢板材，结合防护对象外观做分段设计，通过数控切割、折弯、焊接形成整体防护结构，夹层填充保温材料，外部喷漆。产品防护强度、保温性能、质量标准、拆装便利性、整体美观度得到大幅改善，但是存在材料成本高、加工时间长、防腐性能差、防盗监管难的问题。

（2）解决方案

为各类户外油气生产管道、阀门、通信箱、电控箱等设备、设施提供随形防护产品与物联支持，包括保温、隔热、防冲击、防水、防腐、防火、防辐射、绝缘、防盗等防护功能，工业装饰功能以及标识、定位、环境感知、参数显示、数据存储、数据传输、反馈控制等物联功能。首先，采用模块化设计方式，在设计阶段预留物理、信息和可替代能源端口，可根据用户需求和环境条件随时增加、减少、变更功能模块。其次，产品易于拆装、维护、调试，符合人机交互设计理念，操作逻辑简单、易培训，人机界面简洁、直观，产品使用稳定、耐久。最后，开发户外油气生产装置综合数控中心，实现云定位、云传输、云显示、云控制、云存储功能。针对油田井口的保温、防护、装饰、节能需求，通过系统化、增材化、智能化、绿色化理念进行设计，3D打印制造，进行结构创新和优化。解决油田井口在使用过程中的故障率高、维护成本高、人工监管难的问题。

（3）应用推广成效

本系列产品经过现场实测，相比传统解决方案优势突出，具有更好的经济效益、环保效益，推广前景巨大。

4.1.17 大型装备不可拆卸构件现场高性能原位修复

（1）背景概述

航空航天、能源、汽车等领域的重大装备构件存在修复层组织性能调控难、复合工艺匹配难、复杂应力下寿命评估难、复杂环境修复作业难等问题，企业希望以上问题得到解决。

（2）解决方案

为满足复杂工况环境的原位修复制造，创新设计了轮式移动集成箱体，其中内置激光器、控制器、温控系统，并采用封闭温度调节，可满足不同气候、不同环境下的快速部署作业，实现对大型、不可拆卸构件进行快速原位激光熔锻增材制造。基于一体化、模块化设计方法，研发了激光熔覆-微锻双激光联动与工艺协同智能调控方法，实现了机械臂路径规划算法及自动程序控制，解决了激光熔覆-冲击强化复合工艺耦合技术难题，保障了复杂环境下激光熔锻原位制造设备服役的稳定可靠性。开发了激光修复专用多合金粉末体系，根据基底材料、应用场合和物理性能的不同需求，开发出多系列激光熔覆专用粉末，能够满足耐磨、耐腐蚀、耐冲击、易脱模工况及其复合工况状态下的技术需求。

（3）应用推广成效

目前推广产品主要面向复杂环境条件下的激光熔锻复合增材制造装备，研制面向高/低温、恶劣天气、粉尘、特殊地形等复杂环境下航空航天、能源化工等领域重大装备不可拆卸件的移动式激光熔锻原位修复装备。作为新的工艺和技术，极大地提高了我国激光熔锻高效复合增材制造装备的自主可控能力，引领了激光熔锻高效复合增材制造装备的发展，对我国重大工业装备构件的快速抢修和再制造延寿至关重要。

4.1.18 增材制造构件表面批量精整制造

（1）背景概述

增材制造技术可以实现复杂结构零件的一体化快速成型，在航空航天、国防军工、生物医疗等领域有广阔的应用前景。但是由于层间堆叠及粉末黏附等问题，增材制造零件的表面粗糙度较高，极大地阻碍了其在高端装备上的实际应用，成为增材制造技术推广的"瓶颈"之一。传统表面处理技术（如人工抛光、机加工、喷砂等）属于接触式摩擦去除机理，对磨抛介质容易到达的外表面结构处理效果快且好。但对于复杂结构，磨抛介质的可达性就比较差，因此该技术并不适用于复杂结构工件表面处理。化学及电化学方法虽然可以加工复杂结构表面，但其加工效果及可控性差，无法实现多组元和多物相组成的合金构件的精密、可控精整加工，也无法避免强腐蚀性、强毒性化学物质的使用，不符合环保要求。超声波抛光及磁研磨抛光作用力小，通常作为金属光亮化处理而不具有明显的磨抛作用。震动抛光可用作简单金属结构的粗磨处理，但对孔缝结构除了可达性差，还存在磨粒卡塞的风险。磨粒流可以实现孔槽等异形结构的表面去毛刺及光整，但存在死角磨料残留和表面变质层的问题，也不适用于薄壁件，无法避免端口过抛问题，加工均匀性和精度不足。因此，增材制造复杂构件表面精整技术已经成为增材制造产业发展的痛点和难点。

（2）解决方案

通过分析现有精整技术特点，公司认为流场和电场流的柔性特征为实现复杂构件高品质精整抛光提供了可能性。同时，在研究中也发现，电场和流场共同存在时可以实现共生互补、相互影响。在此基础上，经过潜心钻研，开发了一种电场与流场多场协同作用的新型绿色复合抛光技术（Environmentally Friendly Superfinishing，

EFSF），通过电场与流场的精确协同控制，实现了局部区域剥离增强、精整速率提升和调控，从而实现增材制造复杂金属构件的绿色、高品质、高效率表面精整。

钛合金比强度高，是轻量化结构的理想材料，但是钛合金表面易氧化，常温下即覆盖一层自然氧化层，加热后氧化层更是可以生长到几十甚至数百微米。增材制造钛合金表面除了氧化层还有黏粉、层纹等缺陷，因此钛合金增材制造产品的表面处理难度远远高于不锈钢等常见金属。格栅是一种由拓扑结构构成的复杂多腔体结构，是增材制造实现减重的重要手段，但是格栅结构的独特性使其内部难以进行表面处理。EFSF技术是一种高仿形型的新技术，利用EFSF技术可以较好地实现对钛合金格栅结构的平滑化处理，如图4.5所示。可见，使用EFSF技术加工后，产品表面黏粉、氧化皮等去除明显，粗糙度明显降低，光亮度明显提高。

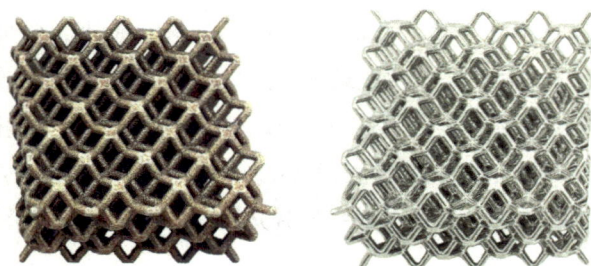

图4.5　钛合金格栅结构的平滑化处理

（3）应用推广成效

本技术是为解决增材制造复杂结构金属工件缺少有效表面精整技术的痛点而开发的新技术，其解决了增材制造产业链的"卡脖子"点，打通了增材制造技术实现实际应用的"最后一公里"壁垒，推动了增材制造技术的市场化进程。此外，除增材制造以外，本产品也同样适用于铸造、粉末冶金、机加工等成型复杂结构金属产品的一体化高效精密精整，在国防军工、航空航天、生物医疗、民用工艺品等领域均具有很大的应用潜力，市场前景非常广阔，产业化应用价值高。

4.1.19　电力装备微通道板式换热器固相增材制造

（1）背景概述

随着我国能源技术领域不断革新，能源的换热技术的攻克也成为新的挑战。例如，工况温度和压力参数不断升高；换热工质多样，物性差异大；换热量巨大、换热速率高、启停反应迅速，对换热设备要求提升；设备占用空间和重量要求高，成本空间不断压缩，模块化制造势在必行；设备的耐高温、耐腐蚀、抗蠕变要求不断提高等。传统换热部件已经无法满足能源领域的换热工况和效率要求。

（2）解决方案

PCHE相较于传统换热器，能够高效解决上述能源换热领域的痛点。具体来说，PCHE是一种传热性能优良、效率高的紧凑式换热器，是扩散焊固相增材制造技术的典型产品，能够满足换热过程中高温、高压、泄漏少、结构紧凑、高效率等要求，在新能源、石油化工、制冷工业、航空航海等领域得到了广泛的应用。扩散焊固相增材制造是一种融合了固相增材这一全新思想与扩散焊这一传统技术的变革性材料成形新方法。金属增材制造的技术本质是"焊接技术+数字化"的材料积分。焊接方法可分为固相焊（扩散焊、摩擦焊）与液相焊（激光焊、电子束焊、电弧焊），两者与数字化结合分别形成了固相增材制造与液相增材制造（即3D打印）。目前，固相增材技术属于国际前沿技术，其研制的产品在多领域内属于高端制造产品，技术壁垒高，产品附加值大，且绝大多数研制的产品处于工程验证阶段，应用前景非常广阔。扩散焊是指在真空、高温和适度压力条件下，固态材料被焊界面通过接触蠕变、原子扩散、再结晶，实现与母材组织、性能相同的接头。相比于熟知的液相增材，扩散焊固相增材具有以下独特优势：保留了母材的锻造组织与良好性能、尺寸精度与表面质量优异、成本低、效率高、适合腔体类零件成形，与制造业传统成形方法具有优异相容性。扩散焊固相增材制造充分融合了增材制造的灵魂"微积分思想"与扩散焊不可替代的高质量优势。此方法不仅在工艺上显著增强了材料成形的能力，更在设计上为制造业结构创新提供了全新思路。

（3）应用推广成效

PCHE在电力与能源、石油和天然气、化学加工和工业气体处理领域均有较好的应用前景。同时，PCHE还是新型清洁高效发电系统——超临界二氧化碳布雷顿循环的核心关键部件，有望在不久的将来替代现在的蒸汽发电系统，使得发电系统更加高效、清洁、节能减排。PCHE的具体市场如下。

① 油气领域，随着海洋石油开发逐步迈向深水油气田领域，海上油气田开发规模越来越大，海上生产设施逐渐向大型化发展。换热器是海上中心处理平台（Central Processing Platform，CEP）常见的工艺生产设备，作为主工艺处理设备，随着整个平台处理能力的提高，其设计参数势必提高。海上浮式LNG生产平台（Floating Liquefied Natural Gas，FLNG）是近年来深水远海天然气开发的必然选择。PCHE是FLNG液化装置的关键设备之一，主要用来对工艺介质进行冷却，如混合冷剂冷凝器，压缩机后冷却器等。

② 超临界二氧化碳（S-CO_2）循环发电系统，该系统是一种高级电力循环系统，具有环境友好、热效率高、经济性好等特点，是未来清洁高效发电技术和能源综合利用技术的热点研究方向，是一项将带来发电变革的新技术。该系统可应用于核能、矿石燃料、太阳能和地热发电，也可衍生于工业废热回收等，在舰船的应用上，在提高发电效率，节省能源，减小发电系统体积和重量等诸多方面均有明显优势。目前国际上正在研究的第四代超高温气冷堆和核聚变反应堆及各类研发进度较为领先的S-CO_2系统，均提出将PCHE作为其关键技术环节。

4.1.20 核能装备全过程监控成形制造

（1）背景概述

传统核能验证周期长、投入高。增材制造快速制造原型和模具的特点为设计快速迭代提供了极佳的便利条件。先进核能对小型化、紧凑化、经济性、可靠性提出了更高要求，传统技术难以大幅提升，基于增材思维的设计则为核能装置的性能提高带来了颠覆性的解决方案。同时，传统核能供应链冗长，加上高技术要求、小批量的特点，使得供应链安全一直备受关注。增材可以实现工艺完全数字化，可便利地实现技术转移及储存，便于供应链安全的控制。

（2）解决方案

利用增材制造技术开展快速研发迭代，采用非金属3D打印开展研发验证，金属件进行定型验证，降低加工成本，提升研发效率，减少设计失误。利用增材高通量材料研发特性，开展新材料开发，解决传统材料制造难题，广泛推进基于增材制造思维的创新设计在核能领域的应用，率先突破了基于增材思维的换热设备设计技术，具备了产品全数字化供货条件。利用增材技术可快速、高效地进行制造。开展过程监测系统研发，采用在线手段进行制造过程实时监控，完整获取增材制造信息，形成产品质量全流程记录，打造增材制造数字质量。设备冷却水泵研发中，利用增材制造技术开展快速研发迭代；在DCS生产研发中，采用非金属3D打印开展光缆终端接线盒的研发验证，大大缩短了采购和加工周期，降低了机械加工成本，提升了研发效率，减少了设计失误。增材制造快速迭代研发案例如图4.6所示。

核动力院在国内率先突破了基于增材思维的换热设备设计技术，掌握了基于增材的换热器虚拟打印评价技术，完成了换热器制造及应用示范，具备了产品全数字化供货条件。此外，在堆芯围筒、燃料定位格架、事故水箱热管换热单元、热管堆关键传热部件、仪控插件盒等项目中，也开展了基于增材思维的设计与研究，掌握了关键技术，实现了性能提升。增材制造产品样件如图4.7所示。

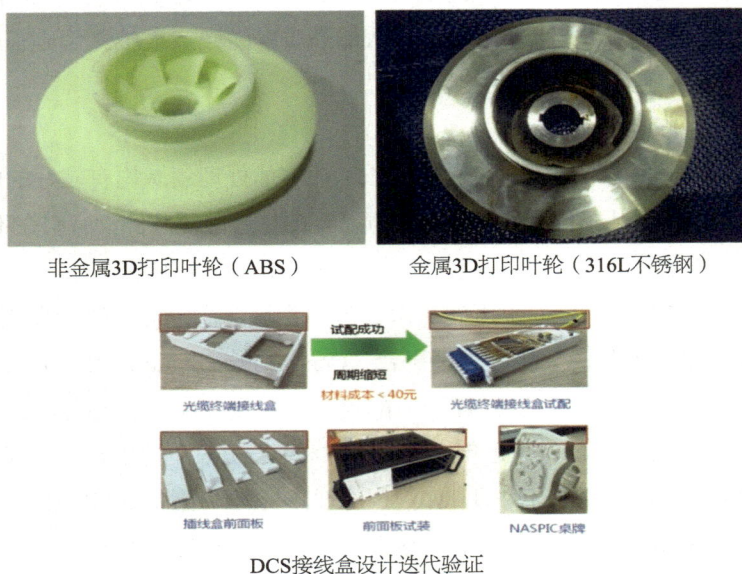

非金属3D打印叶轮（ABS）　　　　金属3D打印叶轮（316L不锈钢）

DCS接线盒设计迭代验证

图4.6　增材制造快速迭代研发案例

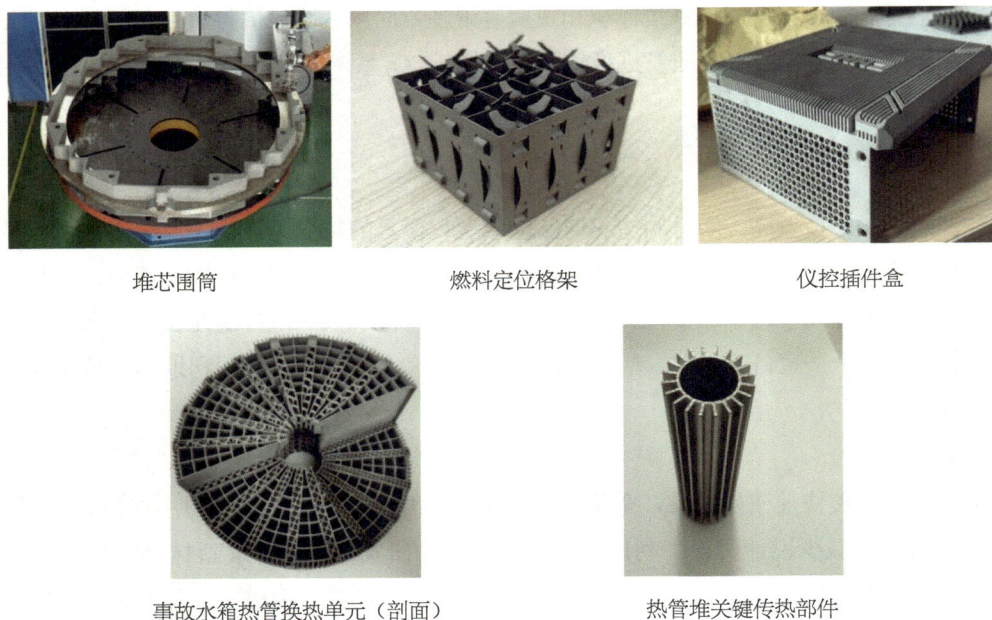

堆芯围筒　　　　　　燃料定位格架　　　　　　仪控插件盒

事故水箱热管换热单元（剖面）　　　　热管堆关键传热部件

图4.7　增材制造产品样件

（3）应用推广成效

在某废物处理系统冷凝器上也采用了增材制造换热器，经过实际应用验证了该型增材制造冷凝器性能完全满足要求，同时设备紧凑性得到大幅提升。通过在线手段实现了过程实时监控，采用先进监测技术实时获取增材制造信息，如打印过程中熔池温度等，形成制品质量全流程记录，从而形成产品质量评判依据，成为增材制品质量控制的有效手段。

4.1.21　金属鞋模轻量化结构创新设计与智能化生产

（1）背景概述

制鞋业一直以来都是一个复杂的劳动密集型行业。传统制鞋市场，鞋的设计与生产包含多道工序，仅仅是鞋底模具制造就需要经历计算机数控（Computer Numerical Control，CNC）加工、木模、拆模、缩模等多个工艺步骤。其中，鞋模细部纹理主要通过腐蚀工艺，即使用强酸性化学药剂浸泡模具来形成花纹，生产过程中会产生大量污水，对环境造成巨大的伤害。因此，传统鞋模制造存在成本高、周期长、难以制作复杂咬花、会造成严重的环境污染等问题。

（2）解决方案

首先，基于真实人体足部进行 CT 切片扫描，然后对所获得的图片进行三维重建，获得包括足部骨骼、肌肉在内的几何模型。创建包括具有解剖学程度近似的足部模型、真实运动鞋鞋垫的有限元模型，模拟足部在不同行走状态的工况下的足底应力分布，对鞋垫的设计方案进行改进，使其更符合人体工学的原理，从而达到提高运动鞋舒适性的目标。

通过采用拓扑优化、形貌优化、尺寸优化和形状优化等优化技术的一种或者多种，设置优化设计的目标和约束条件，以减少原材料的废料形成，从而达到在不降低鞋的性能的前提条件下实现鞋的减重目标。增材制造技术，具备无模化可定制优势，同时在打印效率和打印质量上相比传统金属加工工艺均有较为明显的提升，使得制造流程更简单、设计迭代更高效，产品创新设计也不会受到传统制造技术的限制，甚至能够完成传统工艺无法制造的高复杂度、高精密度零部件，如图4.8所示。

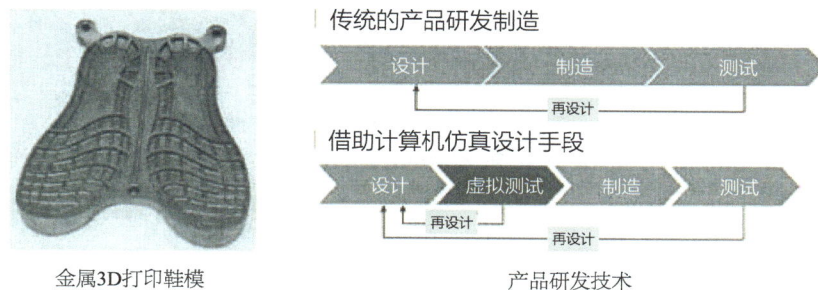

金属3D打印鞋模　　　　　　　　产品研发技术

图4.8　传统的产品研发制造与借助计算机仿真设计手段的对比图

最终，通过增材制造自动化线体物流进行鞋模的SLM打印生产，通过多任务分配与动态调度优化，实现打印、后处理单元等工序的灵活调度，进一步提高产业化生产效率。

（3）应用推广成效

聚焦鞋模3D打印生产技术的积累与沉淀，材料-3D打印工艺适配、生产管理流程建立，已实现鞋模具3D打印稳定量产，与李宁、特步、361°等众多体育品牌形成战略合作。其中，爆米花一体成型鞋底模具应用于爆米花鞋底。这种鞋底一般是由橡胶或聚氨酯制成，外观非常有特色。爆米花鞋底的特点是防滑、弹性好、耐磨性强。该项目符合国家"十四五"国家战略性新兴产业发展规划，同时也符合"工业4.0""互联网+"制造的发展趋势，是鞋模产业颠覆传统铸造工艺技术转型升级的新型业态模式，能够引领福建制鞋业走在行业技术的前沿，项目产业化经济社会效益良好，具有典型的示范和标杆意义。

4.1.22　粘结剂喷射增材制造高强耐热铝合金活塞模具

（1）背景概述

基于BJ金属增材制造技术突破传统加工方法的限制，实现具有内部复杂结构通道模具成型。同时，基于

BJ金属增材随形冷却模具，通过优化内部管路结构和布局解决传统模具温度场不可控、温度梯度分布不规律造成的产品性能差异。借助BJ技术冷成型过程的优势，解决SLM工艺成型随形冷却模具内部通道支撑难以去除问题，同时保证内部通道表面质量，增强冷却介质的流动性和传热稳定性。

（2）解决方案

高强耐热铸造铝合金活塞作为大功率内燃机的关键零部件，相较于普通铸造铝合金活塞，在高温工作条件下具有更高的强度和更好的抗冲击能力，因此对铸造铝合金活塞的材料和工艺提出了新的需求。针对随形冷却模具的特点和应用需求，采用粘结剂喷射成型（BJ）金属增材制造技术制造随形冷却模具的优势更加明显。首先，BJ粘结剂喷射作为"增材制造2.0"技术，其自由成型、柔性制造的特点有效弥补了传统加工制造方法的短板，实现了具有复杂内部通道的随形冷却模具的成型；其次，BJ技术属于冷成型增材制造技术，成型过程中粉末床可实现自支撑作用，无须添加支撑，降低了后处理难度，可实现内部冷却通道形状结构和布局的自由灵活设计；同时，结合成熟的脱脂烧结工艺，实现了成型坯体的烧结致密化，最终获得合格的随形冷却模具，应用于高强耐热铸造铝合金活塞的生产。图4.9所示为使用随形冷却模具生产的高强耐热铸造铝合金活塞毛坯及成品。

高强耐热铸造铝合金活塞（毛坯）　　　高强耐热铸造铝合金活塞（成品）

图4.9　高强耐热铸造铝合金活塞

（3）应用推广成效

项目团队已与多家高校、科研院所及高技术企业基于AFS-J120、AFS-J160R、AFS-J380L、AFS-J400P等系列设备针对不锈钢、工模具钢等多种金属粉末成型工艺与后处理工艺进行深入的产业化应用合作。基于具有自主知识产权的AFS系列粘结剂喷射成型设备以及多年的BJ金属增材制造技术研究经验，进行了随形冷却模具制造，并成功实现高强耐热铸造铝合金活塞的生产。

4.1.23　车辆行走机构关键部件高强耐磨涂层激光熔覆

（1）背景概述

装甲车行走机构承担整车的重量，平衡车辆在工作过程中受到的作用力和反作用力，并进行作业过程中的行走和回转。行走机构主要由履带板、主传动齿、平衡肘等部件构成，履带板通过底面的着地筋与地面发生摩擦作用以获得良好的抓地性，确保车辆平稳、可靠、安全地前进。行走机构各类钛合金部件的耐磨性、硬度、强度等性能对装甲车的机动性能（尤其是越野性能）起决定性影响。

钛合金部件是行走机构的重要组成部分，一般在极端恶劣的环境中工作，部分部件直接暴露在水、污垢、沙、岩石或其他矿物或化学元素的各种研磨混合物中。因此，提升履带式坦克装甲车辆履带板、主动轮齿等钛合金部件表面的耐磨性、强度和硬度等性能是亟待解决的关键技术问题。目前，行走机构钛合金部件的服役寿命仍未达到国外先进水平，存在以下问题：履带齿的磨损与断裂；对磨损的履带板的处理，大多采用的是更换新履带链的方式，这样就造成了材料的浪费，同时也影响了效率及装甲车性能；通过传统堆焊等方法生产时，最终部件（诸如衬套和履带板）不能提供足够的耐磨性和韧性；激光熔覆工艺容易氧化，导致出现气孔、开裂等缺陷。

（2）解决方案

针对钛合金基体材料，重点优化镍基自熔合金+稀土+WC硬质合金、TC4+WC硬质合金等多种增材制造粉末。优化设计涂层材料母体相和硬质相的组成和含量，并添加稀土等进行改性，显著改善了涂层材料与添加相的物理、冶金匹配性，激光熔池的流动性、工艺性、稳定性进一步提升，最终可提高装甲车行走机构涂层的耐磨性、强度、硬度等综合物理性能。同时，开发多道多层激光熔覆控形提性技术，采用送粉器同步送到传动机构部件的表面，利用半导体激光器将粉末熔覆在履带板基体上。研究结构、熔覆工艺、冷却速率等因素对熔覆变形的影响规律，通过控制热输入、多道多层搭接工艺、表面激光熔覆顺序、冷却参数和技术工装等，从根本上减少焊接变形量，解决工件的变形难题。

（3）应用推广成效

目前已生产了一批激光熔覆相关设备并推入市场（包括成套高速激光熔覆产线、超声处理设备）和一批原理样机（如电磁感应加热机）。已经在装甲车钛合金实际部件上开展了应用验证。结果表明，激光熔覆层耐磨性、结合强度、抗疲劳性能均显著提高，传动机构的寿命达到国内先进水平。同时，应用该技术成果后，提质增效、节能减排的效果明显。未来该技术还可以应用推广至飞机、船舶、火炮、农机等领域，在易受冲击、磨损、腐蚀的部件上激光熔覆一层耐磨涂层，进一步提高服役寿命和使用性能。

4.1.24 船用高强薄壁复杂曲面结构件整体化制造

（1）背景概述

目前，具有高强度、薄壁厚特征的复杂曲面结构件在航空航天、船舶和核电等众多领域得到了广泛的应用。在使用过程中，这些关键结构件大多处于高温、高压、高动载的极端条件下，往往需要更高的性能来保证整体结构的可靠性和安全性。而高强薄壁复杂曲面结构件的性能是决定这些关键零部件质量的关键。因此，如何制造出性能优异、稳定、可靠的高强薄壁复杂曲面结构件是目前众多领域研究的热点。SLM增材制造技术在成形高强薄壁复杂曲面结构件时具有快速、高效、成形结构复杂程度高等众多优势，故该技术在整体成形高强薄壁复杂曲面结构件时具有独特的潜力。然而大多数的研究都集中在理论实验阶段，其研究结果在实际批量化生产时，SLM成形的高强薄壁复杂结构件容易出现破裂、变形、翘曲等问题，造成加工的失败。因此，如何确定高强薄壁复杂结构件在SLM过程中工艺参数选定条件、得到高强薄壁复杂结构件的变形和性能控制措施、建立高强薄壁复杂结构件SLM工艺流程设计方案、确定指导高强薄壁复杂结构件SLM顺利成形的有效方案是目前急需解决的问题。

（2）解决方案

本应用场景针对以上问题，以某船用高强薄壁复杂曲面结构件为例，针对高强、防腐的性能需求，选用630不锈钢，通过理论分析、试验测试和有限元仿真三者相结合的方法，确定了该结构件在SLM过程中工艺参数的选取条件、得到了该结构件变形和性能控制措施、建立了该结构件SLM工艺流程设计方案，最终实现了某船用高强薄壁复杂曲面结构件的快速、绿色、智能和整体化加工。针对设计制造的许多关键结构件都是高强薄壁复杂曲面结构件，在进行结构件设计时，易受到传统成形方式的限制，使得结构设计方案不断更改以适应后续的加工需求，导致该高强薄壁复杂结构件存在交付周期延长、加工成本高、性能使用匹配度下降的问题，本应用场景通过应用SLM增材制造技术，进行了该高强薄壁复杂结构件SLM增材制造工艺研究，解决了高强薄壁复杂结构件在成形过程中容易发生破裂和变形的问题，并成功制造出满足性能指标的高强薄壁复杂结构件。

（3）应用推广成效

该应用场景的成效主要体现在解决了设计某船用高强薄壁复杂曲面结构件时需考虑加工的问题，使得结构的设计更加灵活、自由，提升了产品设计与目前要求之间的匹配度，加快了产品从设计到预期功能成功落地的时间，同时降低了产品生产制造的成本，有利于项目整体的进一步推进。

将增材制造技术与某船用高强薄壁复杂曲面结构件制造相结合，打开了结构设计人员的思路，使得结构设计人员能够自由地去尝试一些结构复杂、功能多用、常规加工工艺难以实现或实现过程烦琐的设计，并能够快速地实现设计落地与评测。增材制造技术在某船用高强薄壁复杂曲面结构件的制造应用方面取得突破，不仅有利于船用领域高强薄壁复杂曲面结构件新制造工艺的研发，提升我国船舶领域关键装备的性能，减少与航空制造领域的差距，而且有利于推进增材制造技术在各个领域的推广和应用，进一步实现多个领域内关键复杂零部件结构的智能化、绿色化制造，减少了环境污染，顺应了智能制造强国的号召，为未来材料更多、结构更复杂的构件采用增材制造技术打下了一定的基础。

4.1.25 基于云平台的工业非金属构件分布式制造

（1）背景概述

3D打印设备生产效率不断提高，3D打印材料性能不断攀升，生产成本不断降低，各个行业的终端企业陆续购入各类3D打印设备以配套其产品设计、功能验证、小批量生产、模具制造、展览展示的实际需求。然而，随着3D打印技术适用行业、应用领域的不断扩大，3D打印生产过程高度数字化的便捷性并没有很好地被利用等问题愈发明显，而且设备数量的增加反而造成了大量的人员冗余、设备利用率较低等问题。

（2）解决方案

研发的3D打印智能物联云平台——优联云（UnionfabCloud），基于智能硬件、云计算、边缘计算、物联网、人工智能等先进技术，实现对3D打印设备的智能物联。优联云设计了应用层与管理层双层架构，通过智慧营销、智能生产、数据分析等平台应用工具处理营销订单，通过3D数据处理、工艺生成、设备监控、第三方系统集成软件系统处理生产管理，并用自动分组报告系统帮助3D打印实现综合数字化管理。在帮助企业提升实际生产效率的同时，减少对实地生产人员的依赖。将每一个使用方的3D打印车间快速升级至全自动生产工厂，减少了大量劳动力的投入，精准化管理能耗，从而使企业获得更大的经济利益。

基于自研的优联云解决方案，依托于行业知识积累、各个环节数据的实时打通、数据挖掘及机器学习的算法能力，针对体系内工厂自身服务及组织方式的特点，提供了小批量制造的数字化调度与管理能力。该能力能够帮助提升工厂的吞吐量，并根据实际工作场景，提供端到端、全流程、业财一体化设计的数字化解决方案，帮助客户完成数字化转型，功能覆盖销售、采购、物料、工艺、生产、质检、库存、设备、财务等方面的核心业务流程，实现各业务管理的协同和业务流程闭环。

（3）应用推广成效

通过使用优联云，将工厂里的3D打印设备进行物联互联，实现降本增效。该类场景采用的均是通用软件平台，适合在行业内进行推广与应用。公司将合作的成功经验积极推广至更多制造业厂商和3D打印服务商，加速实现小批量制造的数字化调度与管理，助力客户的数字化转型。后续公司将面向不同规模用户提供不同版本的功能和服务，降低用户接入门槛；提升自动报价能力覆盖的工艺范围，在现有3D打印的基础上增加CNC和铸造的自动报价能力，进一步帮助用户提效；提升产品的获客营销能力，构建客户营销服务能力和会员积分系统，帮助客户提升运营和营销服务水平。

4.2　医学领域

4.2.1　增材制造医用钛合金骨科植入物的定制生产

（1）背景概述

人主承重部位骨骼（如脊柱、髋关节、骨盆等）严重缺损，会造成严重功能障碍，甚至威胁生命。既往重建方式多采用传统制造工艺，经常出现假体与解剖形态不匹配，无法和宿主骨有效整合，或者假体制作不及时、准确性差，延误患者治疗等情况。增材制造的出现与发展给解决以上问题带来希望，尤其在金属植入假体制造上，其可提供准确、高效、个性化治疗解决方案。我国 2021 年骨科植入物市场约 355 亿元，跨国企业一方面通过不断收购国内企业实现了垄断经营；另一方面通过其技术优势获得产品定价权，不断抬高产品价格，获取巨额利润，直接造成了人民群众的医疗费用不断增长。

（2）解决方案

本单位研发的具备自主知识产权的电子束选区熔化增材制造装备和配套工艺软件，已实现增材制造装备的国产化和商业化，推出的医疗骨科专用电子束选区熔化型号设备（S200 设备）已得到国内头部医疗器械企业、医院的认可，并逐步扩大应用范围，实现了电子束选区熔化设备在医疗卫生领域的国产化替代。

得益于电子束选区熔化技术的无应力成形特点，本公司可实现髋臼杯的层叠打印，单炉次生产髋臼杯的数量由 9 个增长至 63 个。得益于髋臼杯单炉次打印数量的增加，单个髋臼杯的生产效率显著提升，生产成本显著降低。电子束选区熔化制备单个髋臼杯的平均耗时较传统工艺降低 93%，较激光选区熔化工艺降低 75%，具有显著的批生产优势。

国内为数不多的国产产品以仿制为主，缺少创新，工艺质量落后，生存艰难。由于增材制造工艺的特点与人体骨骼的高度特异性和复杂性相契合，借助成熟的影像学技术与三维重建等技术可以达成个性化植入假体的设计与制造。世界范围内，增材制造个性化植入假体的应用场景发展迅猛。在临床应用方面，由于我国庞大的基础人口以及存在大量患有疑难复杂疾病的人群，近 5 年内，国内多家医疗机构陆续完成了世界首创的人工枢椎、半骨盆、全骶骨、肩肘关节、腕关节等部位的个性化植入假体设计和植入。但由于设备、原材料、设计、工艺、法律法规等诸多限制，开始批量化应用的案例主要集中于髋臼杯移植体。在髋臼杯骨科移植体的生产应用过程中，关键技术在于增材制造装备和工艺。近年来国内在装备工艺研发方面快速追赶国际先进水平，在金属增材制造设备方面，无论是激光束还是电子束选区熔化装备均可实现国产化，在北京、西安等地的高校、研究机构和企业均有装机使用。其中，本单位在电子束选区熔化装备和工艺技术的国产化领域引领国内发展方向。

尽管国产电子束选区熔化设备生产的个性化植入体临床案例个数仍比较有限，但对国产化植入假体的应用进度来说是巨大的一步，脊柱椎体的重建和髋关节骨缺损在骨科临床非常常见，现有的重建和填充假体价格高昂、使用复杂、长期结果较差。增材制造制备的个性化植入假体将从根本上解决这一问题，假体设计更趋于合理。由于避免了进口设备的工艺参数封闭问题，骨科植入物的生产质量更加可控。同时，通过标准化生产加工流程、降低生产成本，也可使假体费用更加低，减少患者支出，降低社会负担，获得不错的社会效益。

（3）应用推广成效

本单位应用推广的主要产品为髋臼杯假体。髋臼杯是当前国际和国内医疗领域最成功的电子束选区熔化技术应用场景，本单位基于电子束选区熔化工艺特点，将髋臼杯的表面涂层设计为无序多孔结构，由于无序点阵结构与人体骨小梁结构类似，可大幅降低接触面的弹性模量，减弱了髋骨的骨吸收，增加了假体与涂层的力学适配性；同时，髋臼杯内部密布凹孔，有利于髋臼杯装配及骨细胞长入，增强了组织适配性，可以减小手术过程中的创伤面，提高愈合速率，具有显著的临床价值。

4.2.2 可降解骨科植入物生物增材制造

（1）背景概述

骨科临床对3D打印植入器有巨大的需求，具体包括退行性脊柱病变、大断骨缺损、股骨头修复等领域。目前，临床救治主要采用不可降解材料，表现出植入物与救治部位无法有效整合从而极大影响治疗效果的问题，通过3D打印可降解植入物有望解决这些难题。另外，从产业安全的角度来说，目前，我国约60%的脊柱固定器械和80%的椎间融合器械或材料来自进口，在消耗大量的医疗费用采购进口之外，这些产品其实也远远不能满足临床需求，主要的问题如下：永久异物，不可吸收；融合器界面无活性，骨整合欠佳；融合器移位；融合器塌陷；融合器感染。这些临床痛点都对国产创新3D打印可降解植入医疗器械提出了迫切的需求。

（2）解决方案

针对上述场景中存在的问题，我们考虑选择合适的可降解材料进行复合材料的研发，并根据临床病人缺损部位的影像定制化设计产品的模型，结合模型及复合材料属性研发稳定的可降解组织工程骨支架3D打印技术和工艺，生产符合要求的可降解融合器，达到最优的救治效果。

打印产品植入病人缺损部位后，可在体内逐步被代谢过程降解掉，最终自身的骨组织将完全替代3D打印支架，实现骨组织的完全替代，没有任何排异反应。开发的生物3D打印装备及3D打印材料，根据应用单位（空军军医大学、北京协和医院）的临床具体植入部位需求和植入操作的需求，开发了增材制造产品——可降解3D打印脊柱融合器产品，如图4.10所示，并取得了实质性的技术突破。针对融合器可降解性、力学性能等需求，采用的原材料为中国科学院独立开发的可降解高分子材料与无机材料的混合工艺和可打印的复合材料，解决了复合材料生产效率与两种材料以不同配比均匀混合之间相对矛盾的难题，减少从两种材料混合成单一棒状复合材料的中间环节，避免杂质的引入，提高了材料的安全性和稳定性。相应的高分子材料、无机材料和临床级原始材料购买自国内相应有临床许可证的厂家，提高了产品的安全性和稳定性，降低了生产成本，为后续的工艺流程提供了保障。

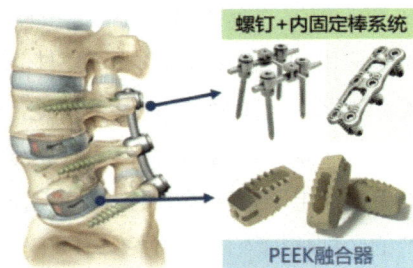

图4.10　现有椎间融合器产品

在融合器从设计到生产的全流程中，在攻克关键技术点时申请了多项专利（已授权4项），并发表了多篇SCI论文，优于其他研究机构同类产品的技术水平，具备更成熟的按需设计方案，更详尽、完善的制作工艺流程，能同时满足个体化及临床的需求。开展的国际首例3D打印可降解椎间融合器的临床研究，经过两年的临床随访，首例病人长期随访检查表明我们的3D打印产品拥有良好的产品安全性和有效性。高性能3D打印复合材料、3D打印制造工艺及装备都实现了国产化产品的创新引领。目前已开展临床研究68例，正在进行更长时间的病人随访评价研究，为下一步的医疗注册取证积累扎实的前期基础。

（3）应用推广成效

①产品数量与应用成效。

产品目前还处于产品取证之前的临床科研阶段，已开展了68例临床研究，通过合作医院对临床患者术后的随访及临床评价，获取到了患者的健康数据与患者及医生的反馈，综合临床测试数据及反馈信息，3D打印的可降解融合器能够明显改善患者的症状，使患者恢复正常的身体机能，摆脱病痛的折磨，提高了生活质量。临床试验评价模型及术后跟踪分析模型的评分均达到理想要求，预计下一步对更长时间的病人随访评价研究的数据与临床反馈进行设计生产的迭代优化，开展产品取证阶段的工作。产品取证之后将加速开展更多应用推广工作，现阶段将开展多中心临床工作。

② 经济效益与应用前景。

随着我国老龄化社会的到来，骨科疾病患者的数量呈逐年增加态势，退行性椎间盘疾病和椎体骨质疏松骨病等发病率越来越高，脊椎手术例数也在逐年上升。随着目前医学的发展，个体化治疗将成为未来医疗的重要发展方向。产品突出了3D打印的优势，采用3D打印技术可快速、有效制备出为患者量身定制的植入器产品，帮助患者良好地恢复外形及功能。采用3D打印技术，材料利用率达到100%，这种先进、绿色的制造方式，避免了传统医疗器械切削铸造过程中的废料产生以及能源浪费，具有很好的生态效益。同时，可降解的融合器降低了进口医疗植入器械带来的巨额医疗费用，以及不可降解材料带来的骨整合欠佳、永久异物、易感染等风险，对提升患者康复效果、提高其生活质量具有重要意义，对提高民生福祉、推动我国民生建设、提高医疗福利具有重要的社会效益，

③ 可复制性、可推广性。

3D打印融合器相关的工艺和装备拥有很强的可复制性、可推广性，不仅能满足脊柱融合的骨科产品需求，还能满足骨科其他类别，以及临床其他组织救治的需求，比如皮肤组织支架制造、软骨组织支架制造等。

4.2.3 钽金属骨科植入物定制

（1）背景概述

随着我国社会的老龄化和社会观念转变，骨科植入物市场呈爆炸式增长。金属3D打印技术契合21世纪的个性化、精准化医疗发展需求，是国家大力发展的高新技术产业之一。

目前骨科植入物市场大部分份额被国外公司抢占，部分产品（如多孔钽修复材料）甚至被美国捷迈公司所垄断，加上钽金属原材料成本比钛合金高，高质量的多孔钽植入物价格较高，单个髋关节翻修垫块产品售价为3万元～5万元，国内急需更优的国产骨科医疗器产品以打破国外垄断，取代进口，解决价格高的问题。此外，目前上市的骨科植入物产品多利用机加工或化学气相沉积法等传统方法制备，生产工艺烦琐，不能实现个性化生产。标准化产品需"削足适靴"，即切削患者自体骨以匹配假体，手术过程及恢复时间长。随着精准医疗的普及，骨肿瘤、畸形患者以及骨缺损患者的需求越来越得不到满足。针对以上痛点，团队已打通3D打印骨科植入物原料、装备、工艺、设计及临床试验全产业链条，无"卡脖子"难题，自主可控，可实现进口替代及技术迭代，大大降低了成本，单个产品成本较进口降低至少1/3。此外，采用自主知识产权的SEBM装备一体成形，可"量体裁衣"，实现定制需求，缩短手术及恢复时间，为肿瘤、畸形等特殊需求的患者实现24小时快速定制。

（2）解决方案

① 个性化多孔钽垫块辅助髋外科脱位入路下髋臼造盖术。

患者13周岁，左髋部疼痛，活动受限，经诊断患有 Crowe Ⅱ型左髋髋关节脱位病症，需要利用个性化多孔钽髋关节垫块进行完全修复。首先将获得的患者 CT 影像数据导入 Mimics 软件以重建髋关节骨骼形态，使用 UG 软件设计出个性化多孔钽髋关节垫块，使用 Magics 软件进行多孔结构填充及零件修复，最终得到植入

假体的三维模型，如图4.11（a）所示。采用Y150型电子束选区熔化装备打印出的多孔钽髋关节垫块如图4.11（b）所示，打印时长约10小时。该例手术于2020年9月10日在陆军军医大学第一附属医院顺利完成，图4.11（c）所示为术中C臂片，显示多孔钽垫块位置良好，完全覆盖骨缺损区。后期对患者进行随访，未出现感染、骨溶解、术后并发症及术后失效等问题。

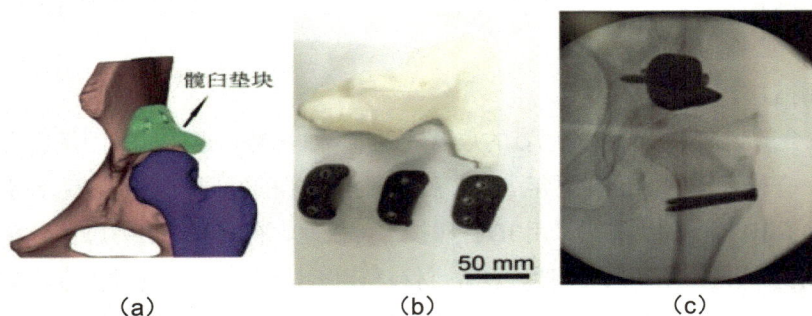

图4.11　个性化多孔钽髋关节垫块修复

② 个性化多孔钽膝关节垫块辅助人工膝关节置换术。

患者79周岁，左膝置换术后3年余，左膝肿痛、流脓5月余，临床诊断为左膝关节置换术后假体周围感染，需采用个性化多孔钽股骨垫块与胫骨垫块辅助股骨髁假体、聚乙烯衬垫及胫骨假体进行左膝关节精准置换手术，多孔钽膝关节垫块建立流程与案例1相似，胫骨垫块及股骨垫块从收到模型到交付医院仅用了36小时，如图4.12（a）、图4.12（b）所示。手术于2020年12月10日在遵义医科大学第五附属（珠海）医院顺利进行，图4.12（c）所示为术后CT影像。

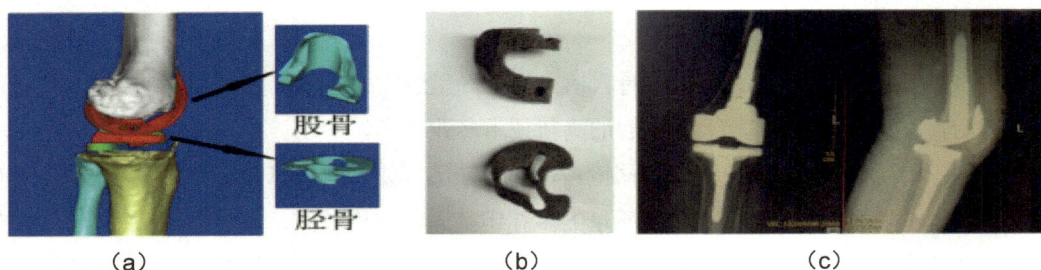

图4.12　个性化多孔钽膝关节垫块辅助人工膝关节置换

③ 个性化金属钽桡骨小头置换术。

该例手术与陆军军医大学第一附属医院合作进行。患者女，41周岁，临床诊断为左肘关节桡骨头粉碎性骨折，需进行个性化金属钽桡骨小头置换术。图4.13（a）、图4.13（b）所示为金属钽桡骨小头置换假体的三维模型及打印后的实物图，该假体分为桡骨小头、桡骨针近端及桡骨髓针远端3部分，其中桡骨小头为抛光后的致密钽（致密度>99.8%），桡骨髓针近端为实体加多孔的复合结构（多孔层厚0.4mm），桡骨髓针远端为多孔结构。手术于2021年3月5日顺利完成，术中C臂片如图4.13（c）所示。

电子3D打印技术在制备金属植入物方面具有熔化快速、洁净、柔性的技术特点，无须后续热处理及线切割，氧增量极低，是目前3D打印金属植入物的主流技术，在实现多孔钽垫块的高效制造方面以及满足患者对假体个性化需求方面具有传统技术无可比拟的优势，国内获得国家药品监督管理局（National Medical Products Administration，NMPA）认证的3D打印金属植入物90%以上采用此技术制得。该技术所采用的原料为金属球形粉末，针对不同需求，团队已形成钽金属（医学界公认生物相容性最好的硬组织植入材料）、钛合金、钴基合金等医用原料的制备及打印工艺包。

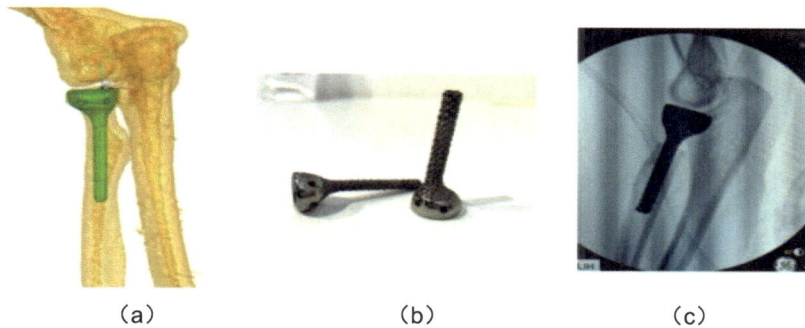

(a)　　　　　　　　(b)　　　　　　　　(c)

图4.13　个性化金属钽桡骨小头置换

（3）应用推广成效

该项目团队与多家三甲医院合作，累计完成 85 例临床试验（患者年龄为 3～83 岁），实现 24 小时快速制造响应。术后植入物与宿主骨界面整合良好，Harris 平均得分为 80.284 分，未发现患者有感染、骨溶解、术后并发症及术后失效的问题，产品安全有效，应用效果良好。在研究过程中，形成了《增材制造用钽及钽合金粉》（GB/T 38975—2020）等国家标准、定制式植入物设计规程及工艺过程等 SOP 文件、临床应用指南等全流程规范性文件，可在其他医院迅速复制推广。

通过本示范应用的实施，将实现植入假体从"选择"到"创造"再到"规模应用"的飞跃，占领增材制造骨科植入物市场高地，打破国外公司在国内市场的垄断，填补广东省金属 3D 打印植入物的空白，促进 3D 打印生物医疗技术及产业发展，对提高国家医疗保健和人民健康水平具有重要意义，因此预估产品上市后会产生良好的社会效益和经济效益。

4.2.4　CT 检查用钨栅格制作

（1）背景概述

CT 医学影像设备中的防散射栅格结构分为 1D 和 2D 两种类型。1D 防散射栅格仅对 x 向的射线具有遮挡作用。与 1D 防散射栅格相比，2D 防散射栅格同时具有 x 向和 z 向的遮挡层，有利于提高对 X 射线散射的吸收程度，具有较好的成像分辨率，所以市面上常见高品质钨光栅通常为 2D 类型。但 2D 防散射栅格的结构复杂度比 1D 防散射栅格高很多。

钨金属具有耐腐蚀性、高熔点（3410℃）等特点和最佳的辐射阻挡能力，所以钨制品在放射性医学领域得到了广泛的应用。传统加工方式一般是使用粉末冶金制造钨片，再进行扦插贴合，但纯钨材料脆性大、硬度高，传统加工方法难以保证高致密度和高精度，无法满足规模化生产需求。受制于技术难点问题，高品质纯钨光栅配件一直依赖进口，是影响医疗器械领域发展的长期痛点。

（2）解决方案

基于 SLM 的金属 3D 打印技术，具有很高的设计自由度，可实现任意维度结构的变化；可调节光束的形状，降低 X 射线散射，确保优异的成像质量；耐热性好，可有效屏蔽辐射；改进和简化了装配流程，提高了效率，降低了成本；高质量检测和滤线栅设计；数字化制造，缩短产品上市周期等。该技术对防散射栅格的加工来说是一种不错的选择，但是在纯钨防散射栅格的增材制造过程中，仍需克服裂纹、强度等挑战。

传统的防散射栅格结构由二维薄片组成，加工难度极高，很难保证防散射要求。在高速旋转的机架上，防散射栅格很容易发生结构变形，进而影响图像质量。同时，防散射栅格结通常以纯钨/钨合金为材料，而这类材料具有极高的硬度和熔点，在3D打印过程中极易开裂。汉邦科技经过大量的研究及工艺设计成功突破了目前钨金属3D打印的技术难点，为打印这种极限壁厚零件在自主研发的软件中开发了独特的新功能，该功能可以根据零件的壁厚分配不同的激光路径，打破了传统的激光路径分配方案，克服了在打印薄壁处能量集中、易变性的技术难点。这也为打印0.1mm甚至更薄壁厚的工件提供了可能，刷新了金属3D打印极限壁厚领域的纪录。同时针对钨金属较难打印的问题进行材料改性，在近200组实验数据中成功开发出符合纯钨/钨合金防散射栅格的工艺参数，其壁厚达到0.08mm～0.1mm，成形精度控制在0.02 m，致密度在99%以上。通过钨金属材料打印出来的防散射栅格，整体刚度和强度远高于传统栅格标准，保证了实际应用过程中在大离心力下的结构稳定性。

在保证超薄壁厚的前提下，为了提高产品在使用过程中的结构稳定性，纯钨防散射栅格必须经过>200N的三点弯曲强度验证，这对金属3D打印纯钨制件来说是一项不小的挑战。

（3）应用推广成效

① 应用成效。

- 数字化制造模式的3D打印技术让产品结构设计更具自由性，从而可以更加精准地将X射线导入光电二极管中。
- 解决了医疗CT扫描领域器械组件长期以来的加工痛点，为未来打开了更广阔的应用前景。
- 目前国产化产品可以打破进口的垄断地位，且产品符合国际标准要求，与国际产品水平相当。
- 与医疗用户开展技术攻关和合作，在经历多次技术验证和产品迭代后，已形成面向纯钨防散射栅格批量生产的增材制造工艺和设备。
- 钨金属材料已经拓展应用到其他医疗系统组件，如针孔准直器，捕获癌症药片等。
- 通过后处理，这些钨零件可用于真空兼容环境，包括X射线管内。钨的高熔点使得这些零件可用于极端的高温度环境，另外其低温下的低膨胀率使其成为温度变化幅度大的环境下最稳定的选择，这也使得其应用范围不局限于医疗行业。

② 经济社会效益。

- 本场景建成后，通过用于医疗器械的高效率、高精度金属3D打印设备的成功研制，可为整个医疗行业提供相关定制服务，并为公司带来百万元以上的销售收入。场景成果不仅可打破对国外厂商的产品依赖，还将显著地促进客户企业实现提质降本增效。其中研制的金属3D打印装备及打印材料工艺可以充分辐射整个医疗行业，单台设备可以满足每年上千个生产需求，由于单位时间内制造成本下降，单台设备将为相关生产行业带来百万到千万元级的经济效益。同时，通过产品质量和工艺的不断改进，零件的价值亦将进一步提升，这将带来巨大的经济效益。
- 我国增材制造领域正处于高速发展期，但是与欧洲、美国、日本等地区和发达国家相比，我国增材制造技术及设备还处于劣势，所以推进增材制造技术、装备的升级和革新尤为重要，这也是我国抢占战略制高点的重要环节。通过设计出高效率、高精度金属3D打印设备以及扩大成形材料工艺数量，大大提升了企业的技术创新能力和服务能级，同时为增材制造技术的深化运用打造了示范标杆，对我国抢占增材制造战略制高点具有积极意义，相信通过本场景方案的实施，必将带动一批制造业企业积极拥抱增材制造，加速我国从"制造大国"向"制造强国"、由"中国制造"向"中国创造"转变。
- 本场景通过带动医疗行业的创新发展，为深入更广阔的应用领域、与现代科技的融合提供了思路和借鉴。
- 本场景将发挥人才集聚效益，在实施运营和产业化过程中，会引进和培养一批技术创新型人才，集聚大量工业设计和金属3D打印相关领域的高端人才，推动上海高端人才集聚目标的实现。

4.2.5　脊柱侧弯矫正器批量定制生产

（1）背景概述

目前至少有300万青少年有不同程度的脊柱侧弯情况，传统采用石膏取形和热塑板包覆的方式制作脊柱侧弯矫形器，工艺流程复杂、效率低，矫形器体积大、透气性差，患者的治疗效果和穿戴体验不好。

现采用三维扫描和3D打印技术制作脊柱侧弯矫形器，可以有效简化制作工艺，缩短制作周期，并且利用激光烧结技术打印的矫形器兼具重量轻、透气、耐用和美观的特点，可以提升患者的治疗效果和穿戴体验。目前部分医院和康复机构已经可以为客户量身定制成熟的激光烧结3D打印脊柱侧弯矫形器，并且能起到良好的矫形效果。未来随着国内对3D打印矫形器收费逐步标准化，激光烧结3D打印脊柱侧弯矫形器的使用量将会更多，规模化的应用前景很可观。

（2）解决方案

患者是一名13岁的女孩，家长在一年前发现孩子疑似脊柱侧弯，在当地医院检查发现侧弯程度并不严重，于是家长选择观察处理。但今年复查拍片发现侧弯明显加重，于是到陈星海医院康复科就诊。医生检查时发现，孩子身体已经有明显倾斜和偏移，X光片检查结果显示胸椎侧弯15°、腰椎侧弯23°。孩子目前处于生长发育期，脊柱侧弯有进一步恶化的风险，于是医生建议定制3D打印侧弯支具对脊柱侧弯进行矫正。确定治疗方式后，就开始进入矫形器的制作过程。

① 三维扫描。

矫形师使用 iReal 手持式白光扫描仪对患者的躯干进行三维扫描，患者无须穿着防护服，全程也不会产生接触，整个扫描时间在1分钟以内，一般在扫描完成后患者就可以返回家中等待矫形器制作完成，与石膏取模相比，体验大大改善。

② 矫形器设计。

在扫描获取患者躯干曲面模型后，矫形师根据病情与治疗方案，结合X光片在专业矫形器设计软件中对曲面模型进行修型、加厚、轻量化处理，最终设计出可供3D打印的脊椎侧弯矫形器STL模型。整个过程根据复杂度不同用时2到3小时不等。

③ 3D打印。

在本案例中，选择盈普P360进行打印，该机的成型尺寸为350mm×350mm×590mm，适合青少年矫形器的尺寸，一次任务可以打印一套矫形器和其他中小医疗模型，兼备灵活性和稳定性。在材料选择方面，使用盈普Precimid1172Pro材料，这款通用型PA12材料具备良好的力学性能和耐久性能，在满足对患者施加足够矫形力的同时，耐磨、耐疲劳、耐用，患者可以长期穿戴。打印完成后，还可以进行化学蒸汽平滑处理，使矫形器更具韧性，同时防水耐脏，有效避免细菌滋生。

最后，安装上内衬和扎带就可以穿戴了。穿戴矫形器后，我们再次拍摄了患者的X光片，结果显示胸椎改善到9°，腰椎改善到11°侧弯度数矫正率超过50%，椎体旋转、骨盆偏移等情况均有所改善。在初次穿戴后，医生通过添加压力垫，进一步将胸腰侧弯控制在5°以内。后续计划每3个月复查一次，半年后根据脱下支具1天照X光片的情况调整治疗方案。总体来看，3D打印脊柱侧弯矫形器的矫正效果是比较理想的，如图4.14所示。

（3）应用推广成效

3D打印与康养结合应用的研究，依托激光烧结三维打印技术制造定制化的保健和康复产品，为病患提供精准的医疗解决方案。医院3D打印应用中心已形成一套成熟的技工结合和收费方式，已有十多个脊柱及四肢康复矫形成功案例，矫形效果良好，获得患者一致好评。未来可在更多医院与康复中心推广复制该模式，产生更大的经济效益和社会效益。

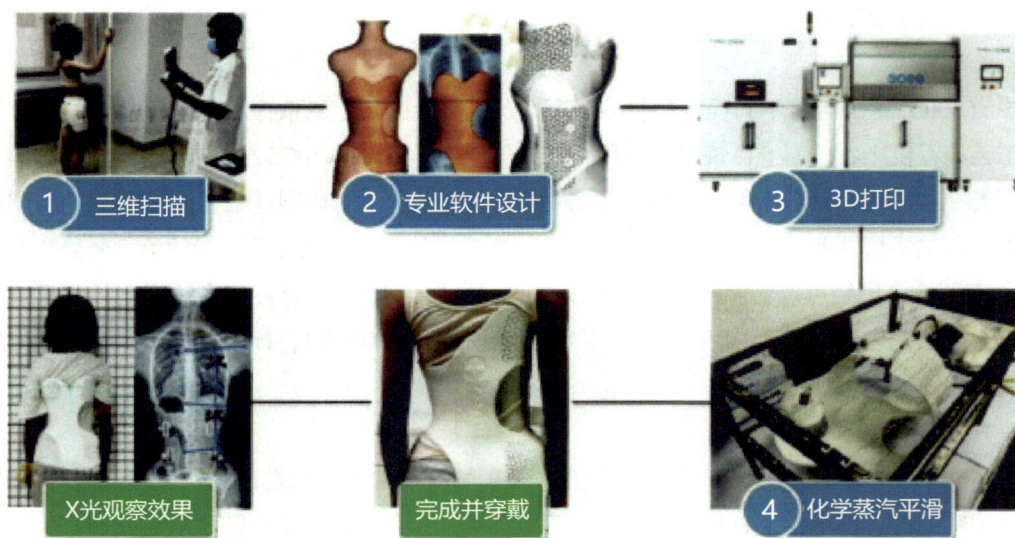

图4.14　3D打印脊柱侧弯矫形器的制作流程

注：未获得药监部门注册证

4.2.6　全彩仿真器官及手术规划模型制作

（1）背景概述

随着 3D 打印医疗市场的扩大，医学影像设备三大巨头（GE、飞利浦和西门子）纷纷关注 3D 打印技术，提出医学影像设备不仅要提供影像数据或胶片，还要提供 3D 打印模型，特别是拟人仿真的手术规划模型和人体标本。目前市场上绝大多数 3D 打印模型是单色和单材料，无法实现模拟真实人体组织结构进行手术规划和手术演练。该项目研究的技术能有效解决色彩管理技术中的"卡脖子"技术难题，实现同一物体多种颜色、不同部位不同材料性能，从而真实地呈现各种所需的结构复杂、颜色丰富的产品，满足医务人员模拟真实人体组织结构进行手术规划和手术演练的需求。

（2）解决方案

自主研发的"直喷式彩色多材料 3D 打印技术"成功打破国际技术垄断，填补了我国在材料喷射 3D 打印技术领域的技术空白，形成了涵盖入门级、专业级、生产级应用需求的完整产品线，具有全彩色、多材料、高精度、高效率、定制化等特点，在数字医疗、教育培训、工业设计、科研等领域得到了广泛的应用。相关的拟人仿真的手术规划模型和人体标本已获得国家二类医疗器械认证。

基于"增材制造原创性技术开发及产业化"总任务，开展了直喷式彩色多材料3D白墨填充技术（White Jet Process，WJP）打印机研究及产业化，攻克现有"卡脖子"技术难题——3D色彩管理技术，提升彩色多材料 3D 喷墨打印机打印三维物体的色彩表现，助推3D喷墨打印机在数字医疗领域、教育领域、工业领域的应用，如零配件打印、艺术品复制、3D人像打印等；开展了多射流反应技术（Multi-jet Reaction，MJR）3D 打印设备研究、产业化及视光领域应用，攻克现有非金属粉末成型技术中打印设备打印效率低且材料种类、材料性能受限的技术缺陷，扩大了非金属 3D 打印技术在工业、视光领域的应用范围。

手术导板属于个性化手术工具的一种，包括关节导板、削骨导板、脊柱导板、口腔种植体导板等。手术导板是在患者做手术之前需要专门定制的手术辅助工具，其作用是依据患者的解剖特征，将植入体与患者病理部位进行准确对接，以实现植入体的精准植入。根据对患者骨骼的扫描数据生成，可以让医生获得最真实的信息，从而更好地规划手术，尤其适合制造异型或个性化的导板，方便医生快速、有效地完成截骨。以骨肿瘤手术为例，因患者肿瘤生长部位、类型、大小不同，手术方式差异很大，再加上患者间的年龄、体型、体质等差异，有必要对患者进行一对一的个体化手术设计。传统的手术方法都是根据对患者的 X 光片实施的，但由于 X 光片是二维的，无法真实反映患者的病变情况，手术较难达到理想的效果。3D 打印手术导板是三维的，可以在术中有效指导手术，医生在手术过程中只需要将导板贴附于病变表面，然后实施定位并进行手术即可，准确性高于传统方法，并且操作更简单。

（3）应用推广成效

3D 打印技术可以轻松完成传统技术难以实现的复杂结构实体的制造，其最大的优势在于可进行高度个性化的设计，生产过程灵活，可制造出任何复杂的结构。目前，全国已有 50 多家三甲医院进行了临床应用，手术及培训案例超过 8000 例，3D 打印的介入为医生带来了极大便捷，主要用来帮助医生与患者沟通、准确判断病情、辅助进行手术规划，以及用于教学培训、制作手术导板等。将 3D 打印技术与医学完美结合，针对特定患者、特定需求，可实现个性化生产，为患者量身定制产品。3D 打印不仅能实现治疗个体化和精准化，同时也将助力医学学术研究领域的发展。

4.2.7 超精密医疗微针器件微纳打印

（1）背景概述

传统给药方式有口服片剂、注射针剂、膏药贴剂、外用软、冲剂等，每种药物的有效成分根据自身的理化性质、药理学等因素采用不同的剂型。在新药开发中，当科学家发现一种有效的新药成分时，最终都要选择一种合适的剂型落地为产品，这样才能在临床上用于普通病患的疾病治疗。

随着技术的发展，一种"将药物贴于皮肤表面"的用药方法（即透皮给药）出现，形成一种新的用药潮流，成为继口服、注射后的第三大给药途径。它既能实现有效给药，还能让患者获得良好的体验。不过，对比市面上其他的经皮给药方式，微针能将活性成分"封存"于微针阵列及基底层中，依靠于人体组织液的浓度梯度缓慢释放到体内。相对于注射给药方式，该方式具有安全、无痛、方便、定量释放的优势。

传统微纳制造（光刻、激光加工、纳米压印）只能实现 2 维或者 2.5 维微纳结构制造，对于复杂精细结构器件，传统注塑工艺存在加工难度大、生产周期长、生产成本高，无法实现微螺旋、微空腔等复杂三维结构及多材料的一体化成型等问题，严重制约了以微针阵列为代表的生物医疗高端装备制造业的发展。

（2）解决方案

突破复杂三维微纳结构器件的高精度增材制造技术、材料设计与制造工艺，研制高精度大幅面微纳增材制造装备，实现在精密医疗器件、生物芯片等微纳结构器件典型示范应用，对解决我国装备制造业"卡脖子"问题、促进我国高端制造业发展、提升智能制造技术水平具有重要的战略意义。

① 微针阵列。

器件整体尺寸：70mm×70mm×3.1mm。细节尺寸：10 um，精密车床无法加工。

器件优势：尺寸极小，精准给药，既能提高给药效率，又能减轻患者痛楚。

器件市场：保守估计每年需求近千万支，正在进行生物相容性、动物实验、冷链运输等一系列测试。

器件材料：摩方自主研发的生物材料（Biomaterial），具有优异的生物相容性、机械性能及耐老化性，材料主题已通过二类医疗认证。

② 微流控芯片。

微流控芯片广泛应用于医疗保健、生物和医疗领域。它们在环境分析以及食品和农业研究中也有越来越多的用途。

三维微流控芯片。整体尺寸为 35mm×15mm×6.2mm，一体打印立体微通道网络，内部管道宽度为 0.2mm，该微流控芯片操作单元可以实现流体的混合液体的生成等。

基于微立体光刻 3D 打印技术，利用光敏树脂材料实现微流控芯片的制备。此工作利用一种新技术制造了单乳液和双乳液的微流控生成芯片。这些芯片采用微纳微尺度 3D 打印技术制作，实现宏观结构和微观结构的有机结合，可同时满足不同乳液类型的制备和生成，清洗后可多次重复使用。同时实现了 5 个平行通道的单乳液生成，为高通量微流控技术的改进奠定了基础。基于此，该微流控芯片成功实现了 W/O/W（水/油/水）和O/W/O（油/水/油）双重乳液的制备。此外，由于制备芯片所使用的树脂材料对油和水都有良好的润湿性，因此不需要使用有机试剂对芯片进行局部改性。该工作以 *Microfluidicdroplet formation in co-flow devices fabricated by micro3D printing* 为题发表在 *Journal of Food Engineering* 上。

（3）应用推广成效

2020 年 11 月，在美国权威科普类杂志《科学美国人》评选的 2020 年有望改变世界的十大新型技术中，微针给药技术名列榜首。根据新思界产业研究中心的分析，未来微针给药在肿瘤、眼科疾病、麻醉、牙科等领域的开发前景非常可观，在医疗、保健和生物学等领域也会带来新的突破。

微针技术优势体现在以下几个方面。

① 可使大分子穿透角质层。

② 几乎无损伤性、无痛感，依从性高。

③ 使用方便、剂量稳定、可控性强。

④ 生物利用度高，成本低，相当于皮下注射。

⑤ 患者可自行给药，方便安全。

4.2.8　基于人体数据学习的个性化康复支具打印

（1）背景概述

个性化康复支具模型设计需要大量的人工交互式编辑，生成时需要手动操作，设计过程烦琐、复杂。

（2）解决方案

利用人体大数据不同姿态深度学习结果和运动医学数据库中的专家基础模板库，根据康复支具功能需求、力学需求、用户心理、年龄和喜好等提取其个性化需求，搭建模型渲染、标准动作下的运动仿真等仿真场景。针对医疗专家、用户构建不同的仿真场景，结合虚拟现实技术，实现支具仿真、用户使用体验仿真等场景。

利用原始三维扫描模型数据深度学习训练的静态、动态模型结果，智能分割和提取康复支具网格模型，开发适应临床、智能化程度高的康复模型的智能设计系统工具，实现个性化康复支具模型的智能编辑和几何形状的智能设计。

该系统创新内容可改变目前支具设计的烦琐程度和复杂性，提升设计效率和个性化设计的准确性。基于大数据深度学习的康复支具智能设计、运动仿真系统的开发研究框架如图 4.15 所示。

（3）应用推广成效

已完成 I 代机、II 代机及其相应的系统研发，打印系统 II 代机已获得国产医疗器械产品（备案）证书、通过欧盟 CE 认证。产品已经入驻或展示于华中科技大学同济医学院附属同济医院、湖北省中西医结合医院、武汉市第四医院、四川大学华西医院、北京通州区枢密院、广州正骨医院、佛山市中医院、山西省汾阳医院、太原市锦东国际中心、云南省曲靖市第一人民医院、烟台毓璜顶医院、烟台山医院等医院或机构。

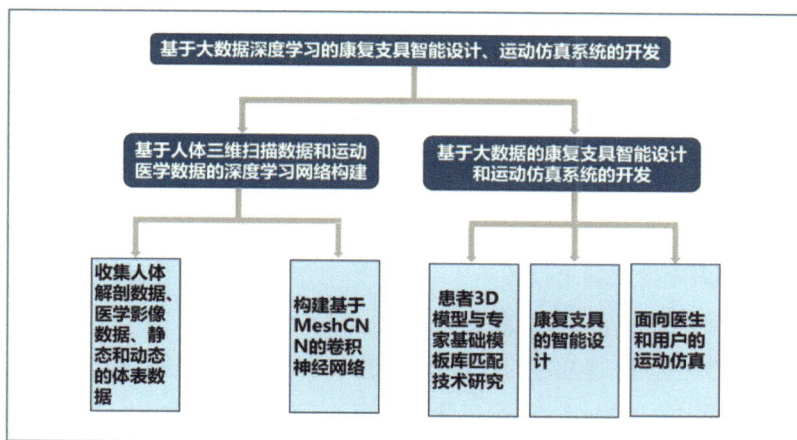

图4.15　基于大数据深度学习的康复支具智能设计、运动仿真系统的开发研究框架

4.2.9　口腔正畸牙模批量定制生产

（1）背景概述

口腔是一个近万亿的大市场，3D打印技术凭借个性化快速生产的能力，可满足每个人每颗不同牙齿/牙冠/牙桥等方面的定制需求，已显示出强大的应用潜力。很多3D打印厂商瞄准这个领域，推出相应的设备、材料解决方案，满足口腔医院、诊所及医生的需求。但是目前在齿科3D打印产业中，主要存在设备商和齿科产品生产商在产业化过程中面临行业不聚焦、技术开发深度不够、产业化质量不稳定、精度不可控、最终产品性能不佳等行业痛点。

（2）解决方案

本场景中最终产品为隐形矫治器（透明牙套），作为二类医疗器械产品，是一种有别于传统托槽矫治的新兴牙齿矫正技术。它是一种通过计算机辅助设计和制作的透明弹性塑料活动矫治装置。由于每个人的口腔状况不同，所以矫治器的设计和生产都属于个性化产品的定制。其中牙套在热压成型之前，需要牙颌模型（牙模）来作为牙套的成型基础，牙模是矫治器生产的核心工艺和生产源头，由于每个牙模都不相同，需要通过3D打印技术实现批量化生产，打印过程的效率、精度和稳定性在很大程度上影响了生产周期、产品质量以及生产成本。无托槽隐形牙颌矫治器和3D打印机打印不同病例牙模示例如图4.16所示。

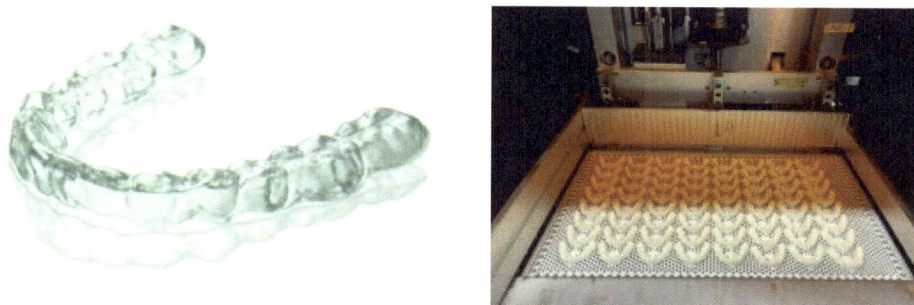

图4.16　无托槽隐形牙颌矫治器和3D打印机打印不同病例牙模示例

在3D打印模型设计和打印技术方面，时代天使以自研MES为依托，可实现牙齿模型的批量化生产，并有效保证牙齿模型精度的控制。本软件系统为企业针对齿科3D打印自主研发的系统，可广泛应用于齿科领域的个性化定制产业化，实现高质量、高精度和高效率的批量生产，并融入医疗器械生产评价体系和质量控制体系，

满足医疗产品生产的特殊性要求。

（3）应用推广成效

通过 3D 打印装备的工艺优化和打印生产信息的全面管理，牙模的不合格率已从6% ～ 7%大幅降低至 1%左右。本场景隐形矫治器作为个性化定制产品实现批量化生产的模式和技术可应用于定制化医疗器械的批量生产中，例如骨骼、人工耳蜗等，将有效促进此类医疗器械行业的发展。

4.2.10 无托槽隐形矫治器大规模定制化服务

（1）背景概述

尽管隐形正畸牙套市场增速远超口腔医疗服务市场增速，但由于每个人的牙齿排列情况不同，需要医生制订个性化治疗方案，以往仅通过人工操作，医生每制订一个治疗方案往往需要花费1天时间，在专业正畸医生数量不足的情况下，较低的工作效率致使医疗资源更加供不应求。利用 3D打印技术打印牙模，探索出适合牙齿正畸这种高精度行业的 3D打印技术和设备。

（2）解决方案

自主研发的Nesting自动排版软件，大幅减少数据准备时间；齿科牙模制造定制了专门的打印控制系统软件，提升了打印效率；3dMagics三维数据分层切片处理软件可进行牙模数据的转换和处理；瑞云系统实现了众多设备的远程管理以及基于大数据的分布式制造；过降低光敏树脂黏度、树脂槽周边安装防波网、支撑以及牙模基底采用隔层扫描、动态变焦扫描等组合策略实现了制作效率的大幅提升；研发了光敏树脂自动添加系统；研发了牙模超声自动清洗装置，如图 4.17 所示。

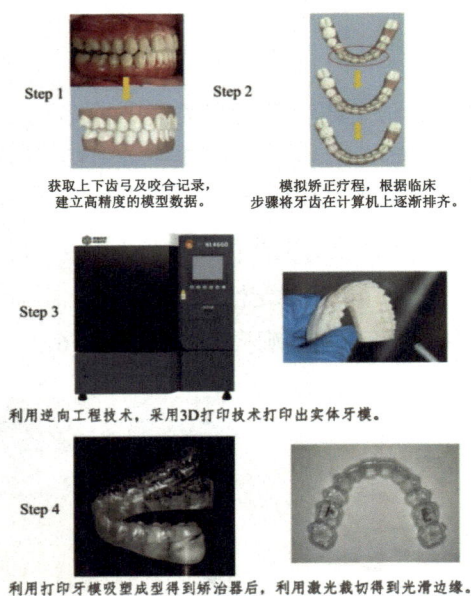

图4.17　牙模超声自动清洗装置

（3）应用推广成效

在无托槽隐形矫治行业通过组合策略的应用，牙模打印效率提升42%；通过使用 Nesting 自动排版软件，大幅缩短数据准备时间75%；通过适当的后处理技术，将牙模热变形温度从70℃提高至115℃，保证了隐形矫治器制作精度，实现了个性化定制式隐形矫治器的规模化生产。

该方案的应用解决了普通 3D 打印加工效率低、热变形温度低和牙模精度不足等问题，实现了隐形矫治牙模的大规模个性化定制。此外，瑞云设备管理系统以及3dWays分布式制造平台的嵌入及使用，实现了设备的远程控制管理以及异地打印数据的上传和打印制造，减轻了仓储准备的压力，极大地提升了制造效率。

4.2.11 医疗科研活体组织细胞打印

（1）背景概述

据估算，我国每年因创伤就医患者数极高，对组织器官修复的需求巨大，严重创伤常常造成多器官、多系统的损伤，伤者危及生命，临床对各类用于创伤修复的医疗器械产品需求迫切。以软组织修复产品中的硬脑膜为例，该产品国内市场容量大、增长速度快，随着国民经济水平的提高和人口老龄化加速等，该类产品后续需求增长率将进一步提高。市场现有脑膜修复产品分为动物源性硬脑膜和人工合成材料硬脑膜。动物源性产品以牛源、猪源等动物源性组织材料为原材料，可设计性较差，存在病毒、免疫反应以及化学试剂带来的毒性风险。人工合成材料硬脑膜主要采用不可降解的高分子材料，不具备良好的生物相容性。结合可降解人工合成材料特性，采用创新的制造技术研发出无免疫风险且具备良好组织相容性和修复效果的硬脑膜组织修复产品的意义重大。生物增材制造技术作为一种新兴的制造技术，具有结构可设计性强、高精度、复杂成型等突出优势，能够顺应高性能医疗器械领域对复杂组织的微观仿生和高精度构建要求。但技术成果仍多停留在实验室阶段，没有实现产业化的产品。主要原因在于该技术规模化生产条件苛刻，稳定性较难控制，存在出丝不稳定、生产效率低等掣肘难题。

（2）解决方案

针对生物增材制造技术中的静电纺丝工艺，成功开发了可实现规模化生产的生物增材制造装备静电纺丝机，可实现产品稳定生产，并采用具备良好生物相容性的人工合成材料，制造了具有独特三维仿生多孔微纤维结构、与自体组织细胞外基质高度接近、修复效果良好，且无病毒传播风险的人工硬脑膜，其相较于市场现有产品具有显著优势。

（3）应用推广成效

利用生物增材制造技术产业化的人工硬脑膜产品的临床应用在全球市场累计超35万例，受到患者和医生的一致好评，具备良好的可推广性。其中国内市场辐射医院千余家，包括中国人民解放军总医院、首都医科大学附属宣武医院、中国医学科学院北京协和医院等多家国内神经外科知名三甲医院。国际市场方面，该人工硬脑膜产品已销售至全球70多个国家和地区，具体有英国剑桥大学医院、英国国王学院附属医院、德国Paracelsus Kliniken医院、西班牙Hospital GermansTrias i Pujol和Hospital Virgen del Rocio 医院、意大利AziendaOspedaliero大学附属医院等国际知名医院。

4.2.12 生物增材制造装备

（1）背景概述

当前我国骨修复产品市场巨大，生物增材制造技术为上述市场所需的人工骨、仿生软组织修复补片的制造及体外组织模型或活体组织的构建，提供了全新解决方案。然而，当前生物增材制造装备的应用推广依然存在较大的局限性，主要痛点如下。

① 不同生物材料对3D打印工艺需求不同，不同临床应用场景对3D打印装备的打印性能要求不同，现有生物3D打印装备普遍存在工艺匹配性差、打印精度不够等问题。

② 性能较全面的生物3D打印装备体积庞大、价格高昂，在一定程度上限制了生物3D打印装备及生物增材制造技术的应用推广。

（2）解决方案

针对痛点一，开发了多工艺集成系统，可根据实际需求选择搭载超低温/逆温敏喷头、低温喷头、高温喷头、光固化喷头、微纳喷头、同轴多组分喷头、喷墨打印头等；创新开发多区段温度控制系统，可实现成型室、成型平台、打印喷头、打印料筒等不同部位温度的独立控制，在面向不同材料打印时参数设置更加灵活，适应不同材料的高精密稳定打印需求，可匹配软组织修复产品、硬组织修复产品及活体组织等不同临床应用产品对打印工艺的需求；同时，装备的精度可达到微纳级别，满足植入医疗器械对打印精度的要求。生物 3D 打印机对不同材料、不同精密结构的打印效果如图 4.18 所示。

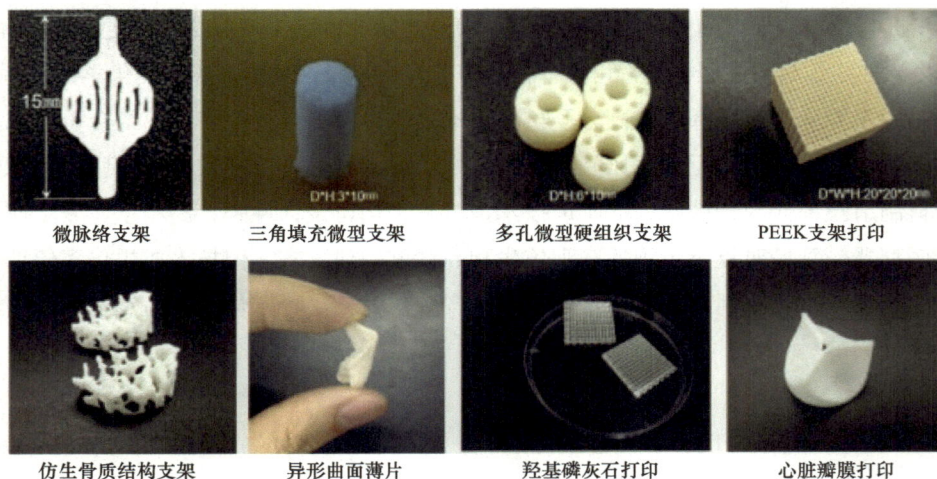

微脉络支架　三角填充微型支架　多孔微型硬组织支架　PEEK支架打印

仿生骨质结构支架　异形曲面薄片　羟基磷灰石打印　心脏瓣膜打印

图4.18　生物 3D 打印机对不同材料、不同精密结构的打印效果

针对痛点二，面向不同的客户群体，推出了先锋版、领航版、通用版、探索版等多个系列的生物3D 打印机产品，如图4.19所示，不同系列打印机对应不同配置，价格跨度在数十万到数百万之间，满足不同客户、不同应用场景的需求。其中，先锋版具有顶级配置，性能全面，可实现精准仿生制造，满足大型科研院所、企业等对体外组织模型或活体组织构建等前沿领域技术探索，以及高端植入医疗器械产品开发等需求；领航版搭载临床级洁净系统，可满足生物医学实验室专业技术研究与植入医疗器械的开发等需求；通用版可满足生物 3D 打印领域技术研究的基本需求，为基础研究实验室提供专业技术装备；探索版面向医工融合前沿学科应用研究需求。所有系列打印机均可实现多喷头多工艺协同打印，且可根据客户需求进行定制。

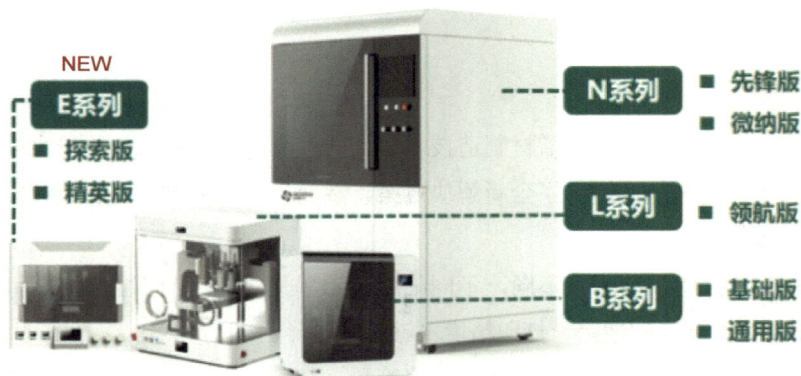

图4.19　不同系列生物3D打印机产品

（3）应用推广成效

生物 3D 打印机客户覆盖国内知名研究机构、高校、医院、企业等，广泛应用于医疗辅助器械、高端植介入医疗器械产品、含活细胞类器官组织等的开发与制备。除了装备销售以外，生物 3D 打印机的应用与产业链上下游企业、高校、科研院所、医院等开展了广泛的产学研医合作，共同攻关当前临床迫切需要解决的关键技术难题。目前，已与多家合作单位携手开展了生物 3D 打印机在颅骨、关节组织、子宫内膜等组织修复领域的应用探索，为后续组织修复高端植入医疗器械开发奠定了坚实的理论基础和实验依据；利用生物 3D 打印机建立了骨转移肿瘤模型、脑垂体瘤模型、肾脏类器官等类组织器官，系统化开展了 3D 打印组织器官在药物筛选等领域的应用研究。

4.2.13　基于云平台的义齿全流程制作

（1）背景概述

基于国内较为普遍的口腔问题，以及人口老龄化和人民经济水平的逐渐提高，口腔义齿行业逐渐得到关注和发展。由于个体患者在牙体缺损、牙列缺损、牙列缺失的形态上具有差异化，导致义齿加工需要个性化生产。而传统义齿加工方式主要依靠手动操作，依赖技师个人经验，质量不够稳定，同时存在制造流程长、订单响应慢、日产量偏低、返工率高、人工成本高、环境污染重等不利因素。

（2）解决方案

通过打造齿科 3D 打印行业智能公共服务平台，利用互联网、人工智能、大数据、云计算等技术构建了国内首个齿科全流程数字化服务云平台，实现了产品协同设计、分布式制造、异地远程监控、智能运维。云平台的总体架构体系面向快响应、低成本、高效率、高品质的用户需求，基于工业全流程的完整数据链为云制造提供了具有无限产能的资源池。通过向地方义齿加工厂进行"设备+技术"投放的形式，完成制造服务终端的云平台接入，每一个终端节按照派单就近区域内的所有义齿厂客户提供 3D 打印公共服务。

（3）应用推广成效

通过口腔义齿 3D 打印全流程数字化服务云平台，每天生产 5000 个活动支架、50000 个牙冠，累计服务全国 1000 余家口腔义齿加工厂，为全球 500 万人提供个性化义齿，金属 3D 打印机累计装机超过 600 台，国内落地 130 个云工厂，海外 3 个。产品和服务出口到美国、加拿大、德国、意大利、韩国、以色列、土耳其、越南等 50 多个国家和地区。

4.2.14　骨科手术定位导板制作

（1）背景概述

在截骨手术及放射粒子植入方面，单纯靠医生经验难以实现准确的定位。传统手术器械在辅助脊柱畸形治疗、关节置换、内翻或外翻截骨等对定位要求较高的手术时仍存在诸多不足，手术过程主要依赖医生经验及传统定位器械，虽然出现了计算机导航辅助手术，但其价格高昂、学习曲线长、操作复杂，且虚拟产品对于手术定位的精度也存在争议。

（2）解决方案

针对畸形矫正、关节置换及截骨重建手术过程中截骨位置、角度、截骨量等精准度不高的问题，开发了手术定位导板。以智能三维设计重构软件为基础，利用智能医疗设备（CT、MRI 等）采集病人的 DICOM 数据，根据二维数据智能构建精准的 1∶1 三维结构模型，并利用智能逆向分析软件设计贴合患者实际组织结构的手术定位导板。手术定位导板以高分子尼龙为原材料，通过选择性激光烧结设备（3D 打印机）生产，在进行后处理杀菌后使用。手术定位导板能够降低手术难度、提高手术成功率，实现截骨量、截骨角度、截骨位置的精确度，辅助手术的实施，缩短手术时间。定位导板及截图导板如图4.20所示。

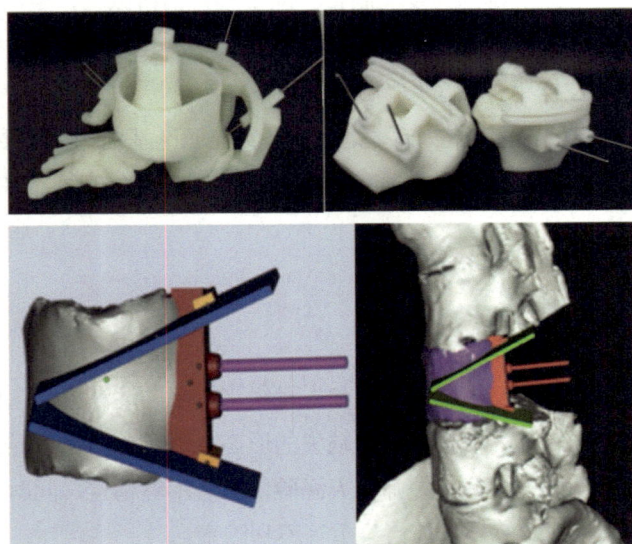

图4.20 定位导板及截图导板

联合多个医院创造了全国首例3D打印辅助脊柱截骨手术、湘雅医院首例3D打印辅助盆骨骨巨细胞肿瘤切除手术、中南地区首例3D打印技术辅助进行骨肉瘤切除手术3D打印辅助全髋关节置换术等各类首创或典型手术案例，获得了媒体的广泛宣传报道，产品也获得了各知名医院及医生的广泛好评。

（3）应用推广成效

截至2021年底，已经开展的3D打印个性化手术规划辅助器具临床应用案例超过8000例，在全国多个三甲医院进行了推广应用，为精准医疗的发展做出了重要贡献。采用个性化医疗模型提高了年轻医生教学训练水平、降低了学习成本，通过可视化手段增强了医患沟通的效果，辅助医生制订出更合适的手术治疗方案。手术导板的应用大幅缩短了畸形矫正手术时间，减少患者出血，肿瘤切除及截骨手术的角度、切除量更加精准，提高了治疗效果。

4.2.15 骨小梁髋臼杯植入物批量制造

（1）背景概述

基于我国人口基数大、老龄化加剧以及城乡居民医疗水平的提高的现状，人们对医疗器械产品的需求持续增长，骨科市场的需求尤其旺盛，同时对骨科植入物产品的治疗质量也提出了更高的要求。传统的制造技术由于自身局限性很难满足复杂形状骨科植入物产品的制造需求，因此需要新的制造满足这一要求，同时进一步提高医疗植入物产品的使用寿命、医疗效果，降低成本，缩短生产周期。

（2）解决方案

利用粉末床电子束3D打印出的骨小梁结构，孔隙率可在70%以上，远远超过了传统的涂层技术。高孔隙率和支撑结构可提供广泛的骨长入空间，为新生骨细胞生长提供了优越的条件，更利于骨质的长入和营养物质的交换，骨整合效果更好，保证假体的长期固定性。髋臼杯如图4.21所示。髋臼杯采用自主研发生产的粉末床电子束3D打印设备制造。目前，该产品采用悬空支撑、堆叠打印，在Y150型、T200型设备上实现批量生产，每炉次根据型号尺寸的不同打印数量为30～280件，大大降低了单件臼杯的制造成本。满炉次髋臼杯如

图 4.22 所示。

图 4.21　髋臼杯

图 4.22　满炉次髋臼杯

（3）应用推广成效

项目团队自主研发的电子束 3D 打印设备与工艺，成功助力某骨科 3D 打印髋臼杯系统获得三类医疗器械注册证（注册证编号：国械注准 20233131002），并与医疗公司达成长期合作，专业从事电子束 3D 打印髋臼杯的国产化批量生产研究，已稳定供货 2000 余件。

4.2.16　功能仿生 PEEK 材料骨植入物定制

（1）背景概述

3D 打印技术在定制化植入物方面优势巨大，目前 3D 打印植入物的主要材料是钛合金，但是钛合金过高的模量会产生应力和辐射伪影，不利于骨生长术后检查。聚醚醚酮（Polyether Ether Ketone，PEEK）材料克服了金属材料的弊端，被认为是下一代骨植入物材料。将 PEEK 材料的优势与 3D 打印技术融合，改善过去材料的不足，实现植入物生物学功能是临床医疗的目标。

（2）解决方案

开展面向胸外科、骨科、神经外科、口腔颌面外科的动物实验与临床应用研究，建成面向不同科室的增材制造定制式医疗器械应用示范。以某患者胸肋骨植入为例，基于患者 CT 数据构建自身胸廓和肿瘤的三维模型，根据胸廓缺损范围设计个性化 PEEK 材料大尺寸胸骨假体以完成胸壁的重建与修复。大范围胸肋骨植入物模型如图 4.23 所示。

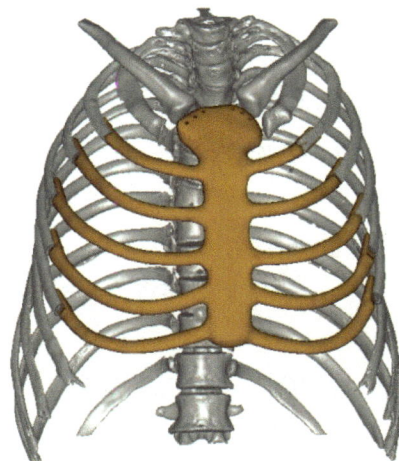

图 4.23　大范围胸肋骨植入物模型

（3）应用推广成效

累计完成数百例增材制造 PEEK 植入物的临床应用，涵盖颅骨、颞下颌关节、颌面骨、下颌骨、锁骨、肩胛骨、胸骨、肋骨、桡骨、股骨、胫骨等人体大多数部位骨骼的增材制造 PEEK 材料骨植入物临床应用。

4.2.17　基于云平台的足部矫形器定制化制造

（1）背景概述

有关研究显示，目前全球有 1/4 的人面临足部疾患的痛苦。全球足部矫形鞋垫市场正在快速扩张，因为全球需要矫形设备以减轻足部疼痛的人口比例上升，全球需要矫形鞋垫的老年人口也在增加。

（2）解决方案

为缓解足部疼痛及疲劳，降低足部筋膜炎、跖骨痛、拇外翻等问题的恶化风险，先采用全新的扫描技术获得足底三维数据，具有专业知识的足部矫形师利用鞋垫专用设计软件设计出最适合客户脚型的鞋垫；然后通过鞋垫专用3D打印机和材料一体打印成型获得更适合客户、更高效环保、更舒适的3D打印定制鞋垫。3D打印技术能够根据患者的需求进行产品的量身定制，且能够最大限度地发挥生产者和设计者的想象力和创造力。矫形鞋垫通过激光凝胶扫描技术扫描获取数据和计算模型、专业人员设计、3D打印制作具有特定形状的鞋垫来适应特定个体，通过对足弓提供支撑作用来矫正和改善行走的步态和姿势。通过重新分布足底压力来保守治疗足底的一些疾病；通过改善下肢力线，预防老年性骨关节退行性病变；通过脚接触地面时的角度和负重点的改变，使客户在站立、行走、跑跳时感觉更加舒适。

（3）应用推广成效

目前项目已推广至国内多家三甲医院、运动康复场景、鞋业门店。通过搭建iSUN3D线上云定制平台，实现一体化线上操作流程：数据采集点采集终端客户足部相关数据→数据通过服务平台传输至设计中心→专业人员设计定制矫形鞋垫→打印中心制作3D打印鞋垫并直接寄送给终端客户。目前推出了更多的合作模式，计划以更低的成本大规模进行铺点覆盖市场，降低项目运营成本并提升产品生产和交付速度，使项目更易复制。

4.2.18 骨科治疗康复器具数字设计与定制

（1）背景概述

数字化及增材制造技术在骨科治疗和康复领域具有巨大潜力，但尚存在一些痛点和挑战，主要是临床适应症与数字化技术的结合难以商业化落地。个性化治疗与标准化治疗的区别在于根据患者个人情况进行有针对性的准确治疗，因此会带来一定的成本升高。如何选择合适的临床适应症，并通过数字化增材制造技术给患者带来更好的医疗服务，且该方案可以商业化落地，是数字骨科个性化治疗康复解决方案的痛点和挑战之一。增材制造的材料选择和工艺开发难。医疗器械要求材料具有生物相容性，确保3D打印的材料不会引发排斥反应或过敏反应，以及其耐久性和机械性能符合骨科需求。增材制造的工艺开发是确保3D打印产品的质量一致性和符合标准的关键，但是难度比较大、成本高。3D打印技术通常需要昂贵的设备和材料，导致其成本升高。成本效益是医疗体系中的重要考量因素，要想增材制造工艺在医疗领域实现商业化落地，成本控制是最重要的一环。

（2）解决方案

为了解决上述痛点，联影智融结合可数字化的临床应用场景，开发出能实现商业化落地的3D打印平台技术。

针对痛点1：临床适应症与数字化技术的结合难以商业化落地。

① 对于临床适应症A：脊柱侧弯，提出数字化脊柱侧弯康复保守治疗方案——3D打印脊柱矫形器，如图4.24所示。传统矫形器主要通过石膏或热塑成型的方式进行设计和加工，整个过程不环保，且通过热塑工艺加工的产品有一定回弹，加工精度较差，同时热塑工艺无法大面积开孔，产品透气性差，高温下无法长时间穿戴使用，穿戴依从性差。

3D打印脊柱矫形器是通过全数字化的手段加上3D打印代替了传统的石膏和热塑方案。通过软件设计和模拟仿真，可以在实现矫形器多孔设计方案的同时保证矫形器的机械性能符合临床要求，并通过3D打印进行成型加工，从而从技术原理上解决产品加工精度差、透气性差和原加工工艺不环保等相关问题。

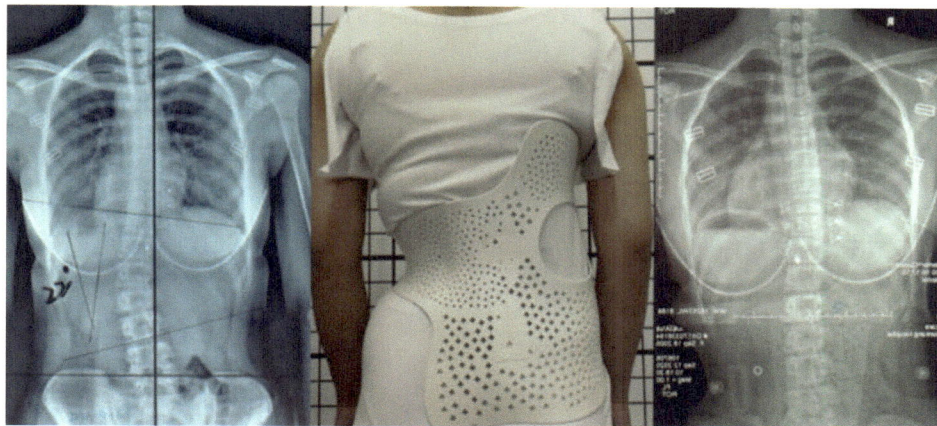

图4.24　脊柱矫形器场景案例

② 对于临床适应症B：骨科手术截骨，公司提出数字化精准截骨解决方案——3D打印骨模型和截骨导板，如图4.25所示。

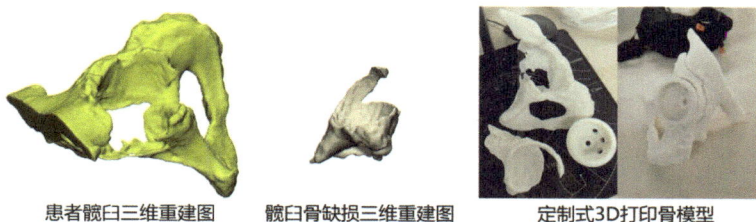

患者髋臼三维重建图　　髋臼骨缺损三维重建图　　定制式3D打印骨模型

图4.25　定制式3D打印骨模型案例

目前骨科临床手术常用徒手手术方式进行截骨，但通常会有以下问题：手术过程中需要多次透视，增加了辐射剂量，延长了手术时间；可能发生操作不精准的问题，影响术后的治疗效果；对医生操作经验的要求较高。

数字化精准截骨解决方案将患者需要进行手术部位的医学影像进行数字化三维重建，并通过3D打印加工成可直观反映患者患处的模型，使医生能在骨模型上进行手术演练；同时根据术前规划设计和打印的3D打印截骨导板，在术中指导截骨的位置和角度。该方案可以明显减少手术过程中的透视次数，缩短手术时间，提高手术过程中截骨的精度，减少术后并发症。方案整体降低了手术难度，缩短了学习曲线。

针对痛点2：增材制造的材料选择和工艺开发难。

医疗器械要求材料具有生物相容性，要求产品质量要有较高的一致性，从而确保产品的安全可靠。增材制造的工艺开发和材料选择是确保3D打印产品的质量一致性和符合标准的关键。3D打印的材料选择和工艺开发，通过选用满足医疗器械条件的打印原材料和打印设备来进行产品的工艺开发，经过近两年的开发与实验验证，我们固化了产品的打印工艺，稳定了产品质量，并实现了增材制造在数字骨科个性化治疗康复解决方案中的商业化落地。

针对痛点3：成本高。

成本效益是决定该方案是否能成功商业化的关键。通过对脊柱矫形器和截骨导板的设计、加工及组装检验等全流程进行梳理，公司有针对性地开发出数字骨科个性化设计平台和尼龙打印平台，并对每个产品进行结构上的优化。通过一整套优化方案，数字骨科的个性化设计时间平均减少了80%，大大降低了人力成本；通过结构优化和尼龙打印平台的建设，产品的打印成本也降低了50%左右。此外，在产品化的过程中，我们还优化了整体交付链，进一步降低了产品的制造成本，最终让数字化脊柱侧弯康复保守治疗方案和数字化精准截骨解决方案的商业化落地成为可能。

（3）应用推广成效

数字化脊柱侧弯康复治疗方案目前已与全国多个脊柱侧弯工作室或医院科室进行了合作，总推广案例数已超350例。目前，这几百例的产品在用户群中取得了广泛的好评。数字化精准截骨解决方案目前已应用于多家省级重点三甲医院，用户反馈该解决方案不仅可以降低手术难度、缩短手术时间，还可以减少患者麻醉时间，从而降低麻醉时间延长的风险。

4.2.19　多翼髋臼骨植入物重建与定制

（1）背景概述

人工全髋关节置换术（THA）是20世纪以来最成功的外科手术之一，临床上广泛应用于治疗各类髋关节疾病。初次或翻修THA中髋臼骨缺损的重建一直以来都是关节外科医生面临的巨大难题和挑战，髋臼骨缺损的个体差异性以及重建手段策略的多样性，让医生们在做出最终决策时总会感到困难和棘手。且不论是初次THA还是翻修THA，髋臼骨缺损都将导致术中髋臼侧假体安放难度增加、术后假体松动、失败率升高、手术时间延长以及手术并发症增多等问题。

（2）解决方案

3D打印技术近年来在骨科领域得到了飞速发展，其增材制造的特点可以实现个体化治疗，通过患者的CT数据重建出患者髋部骨骼形态，然后进行合理的术前设计来桥接髋臼骨缺损区域，确保髋臼假体与宿主骨之间的坚强固定，满足多种复杂类型髋臼骨缺损的重建要求。

应用激光3D打印技术，可以个体化定制多翼髋臼重建仿生骨小梁假体应用于髋臼严重缺损。区别于传统的电子束打印工艺，科仪医疗使用激光3D打印骨科植入物，打印出了类似松质骨的骨小梁结构技术，完善了高适配髋关节假体－髋臼假体打印工艺技术方案，打印出了类似松质骨的骨小梁结构；同时设计了一种新型高适配髋关节假体－髋臼假体，其结构采用无序、随机的多孔连通方式，孔径大小呈正态分布，具有合适的孔隙率和较强的抗压强度，模拟了真实骨骼结构；此外，设计研发了仿生多孔结构和表面粗糙的产品，实现了高摩擦力和稳定性，为临床实现更好地骨长入和骨诱导效果创造了技术条件和环境条件。

（3）应用推广成效

该场景已经推广应用于包括北京、吉林、内蒙古、辽宁等地的34家医院，极大地促进了我国髋关节翻修中髋臼骨缺损的重建修复的发展。3D打印个体化多翼髋臼重建假体可以根据患者的具体情况进行个体化定制治疗，提高了手术的成功率，术后效果良好。此外，相比传统手术方式，可以减少手术时间和出血量，降低手术风险。

4.2.20　全降解可吸收血管支架批量生产

（1）背景概述

随着我国人民生活水平的显著提高和生活方式的巨大改变，我国心脑血管疾病的患者人数大幅上升，2023年6月21日国家心血管病中心发布的《中国心血管病健康和疾病报告2022》指出，我国心脑血管患病率仍处于持续上升阶段，据推算外周动脉疾病达到了4530万人，冠心病达到了1139万人，脑卒中达到了1300万人，以上心脑血管疾病给我国民众健康与社会发展造成了巨大的伤害与影响。

支架植入术是目前治疗上述疾病最简单、有效的方法。但目前临床上普遍使用的永久金属支架存在远期再狭窄率和远期血栓发生率高、支架容易疲劳断裂以及患者需要永久服用抗凝药物等问题。针对金属支架存在的临床痛点，全降解可吸收血管支架是解决上述问题的一类理想产品。目前制备金属或全降解冠脉支架的方法是美国雅培心血管系统有限公司所发明的激光雕刻法（管材制备-热膨胀-激光雕刻相结合的制备生物可吸收支架的工艺方法，专利授权号08679394），该技术存在制造成本高、制造周期长、支架表面光洁度差等弊端。并且，生产加工过程中所需要的管材和飞秒激光雕刻机都需要进口，未来可能面临"卡脖子"问题。

（2）解决方案

围绕上述需求痛点，北京阿迈特医疗器械有限公司（以下简称"阿迈特"）采用了独创的3D多轴精密打印技术，如图4.26所示，进行一系列的全降解可吸收植介入支架产品研发。

与目前普遍应用的逐层3D打印技术不同，3D多轴精密打印技术采用创新的3D四轴打印设计理念，通过与挤出喷头在x、y、z 3个轴上的运动相互配合，即可快速打印出一个精密多孔的血管支架结构。该技术特别适合制造三维管状支架，尤其是具有复杂微孔结构的血管支架，如图4.27所示。与激光切割方法相比，本技术的优点在于从原材料到支架一步成型，同时可以制造出结构更为复杂的血管支架，适用于各种热塑性材料的加工制造，材料适用范围极广。同时，由于该技术是增材制造方法，因此对原材料的利用率远高于传统激光雕刻加工方法，并且省去了表面去渣等烦琐的加工步骤，单个裸支架加工时间仅需1分钟左右，大大提高了制造效率。

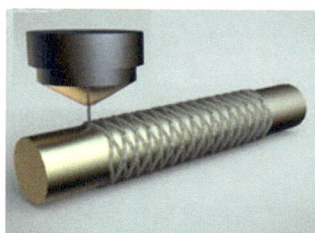

图4.26　3D多轴精密打印技术示意图

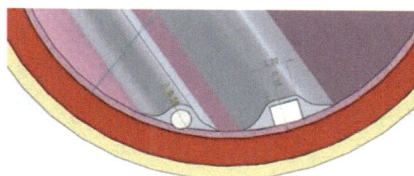

图4.27　三维管状支架示意图

此外，考虑到支架在血管以及消化呼吸道内使用期间，支架各部分所处的不同应力和血液流场环境会对全降解支架的支撑效果和血栓的形成有所影响，再加上支架与组织的相互作用，更会影响支架杆被内膜覆盖的程度，因此公司进行了有针对性的生物力学构型优化设计。独特的结构设计使得3D打印出的支架具有良好的径向支撑力，弯曲性能优异，如图4.28所示，使得支架通过生理弯曲和严重钙化病变部位的能力大大提高。这种独特的支架结构是激光雕刻技术无法制造出的。经大量动物实验以及人体临床试验结果显示，使用该结构设计的全降解支架具有良好的物理、化学、机械、生物以及安全性能，临床应用前景广阔。

图4.28　3D打印出的外周血管支架具有优异的弯曲性能

（3）应用推广成效

围绕解决冠脉血管、外周血管、神经血管以及非血管（消化呼吸道）闭塞性病变临床研究所面临的挑战性难题，依托核心3D多轴精密打印技术平台，研发出一系列具有独立自主知识产权的全降解可吸收植介入支架产品。依托3D多轴精密制造技术研发的全降解可吸收植介入产品，能够克服现有产品的技术缺点，除了具有支撑血管、保持血流通畅的作用外，在支架降解后无须长期服用抗凝药，还具有与MRI兼容、促进血管功能恢复、可消除支架的长期存在而导致的支架内再狭窄和晚期血栓形成等优点。未来这一系列产品的上市销售，有望大大降低各领域支架产品的市场价格，有利于降低患者和医保的负担。考虑到我国不断上升的血管疾病患者人数，公司产品的上市有着具有巨大的社会效益。

4.2.21　口腔正畸、种植物扫描设计生产一体化

（1）背景概述

传统的义齿加工不管是正畸、种植、活动修复、固定修复等，都需要取牙模。传统取模方式会让患者难受，甚至感到恶心不适。取牙模要经过6或7个步骤，不仅耗时长，且硅胶印模存在误差，甚至在运输的过程中会出现丢失或变形，同时也离不开牙科技师们制作蜡模和铸造牙冠的手工技能，制作方式导致返工率高，牙科技工所的工作效率低、患者佩戴义齿的舒适度低。与高度依赖人工的传统义齿加工方式相比，数字化牙科技术以扫描、软件、自动化加工设备替代了大量手工劳动。

（2）解决方案

全链条3D打印数字化齿科应用解决方案，面向义齿加工企业、医院、诊所制订不同的数字化解决方案，可应用到正畸、种植、活动修复、固定修复领域。

面向需求量大的用户群体，制订齿科技工厂数字化解决方案，即"口腔数据扫描采集—方案设计—自动化处理—打印生产—后处理—工厂交付"。加速lab端数字化转型，集群化、智能化生产管理，重构数字化生产链条。在数字化产线改造、人才-流程-产品-服务数字化升级、数字化技工厂品牌形象建立、人才升级改造等方面多维赋能，助力传统齿科技工厂数字化转型。

面向临床即刻应用，制订椅旁即刻诊疗解决方案，即"口腔数据扫描采集—方案设计—自动化处理—打印生产—后处理—交付患者使用"。黑格可视化诊疗场景，改善患者就诊体验；提供远程设计支持，一键自动化前处理，诊疗过程高效、便捷，让数字化诊所成为更多人的首选。黑格数字化种植方案可让医生即刻手术，3D打印种植导板如图4.29所示，患者无须等待，即种即走，安心省时。在自适应导板固定3D打印、下颌ALL-ON-4 3D打印等方面均实现了应用落地。

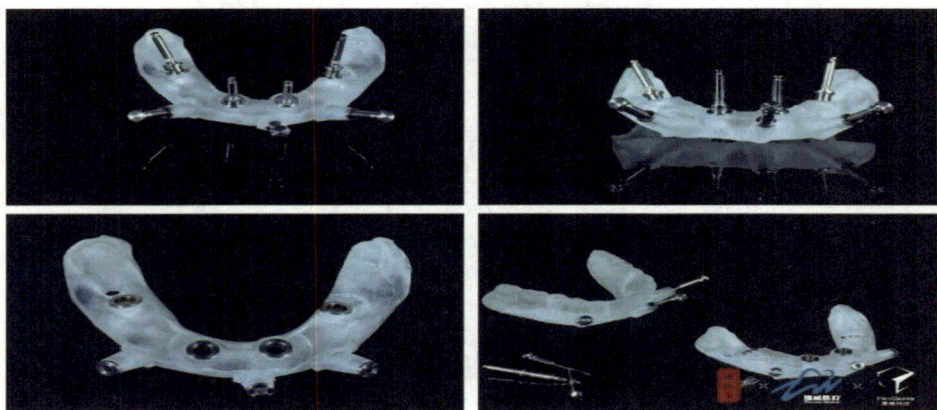

图4.29　3D打印种植导板

（3）应用推广成效

全链条3D打印数字化齿科应用解决方案采用"0租赁设备＋卖耗材"模式，已应用1300余台3D打印设备，2022年产生的经济效益约1.1亿元，预计2023年增长率在55%以上，应用前景广阔，具有千亿级市场空间、齿科应用解决方案可直接复制应用到各大医院、加工企业、诊所等。

目前黑格科技作为全球数字化齿科整体解决方案的领先者，在国内占有超过80%的市场份额，每年间接服务超过上千万位患者。同时，黑格科技数字化齿科全套解决方案出口20多个国家和地区，覆盖100多家国外头部客户。

4.2.22 放射治疗体外补偿物定制

（1）背景概述

放射治疗中存在普遍的计量不均匀、体表烧伤等问题。

（2）解决方案

3D打印定制式体外补偿技术可以实现精确补偿、个性化定制，对靶区剂量和危及器官（Organ At Risk，OAR）有明显改善，而且有效地减轻了放疗带来的皮肤损伤。

肿瘤改良根治术后患者放疗使用通用的硅胶bolus作为组织补偿物，存在以下问题。

① 通用的硅胶bolus不能很好地与皮肤贴合，存在大量空腔、影响靶区剂量分布。

② 通用的硅胶bolus与计划虚拟bolus补偿范围大小、形状、贴敷性不一致，造成了虚拟计划设计与实施治疗偏差较大。

③ bolus作为组织补偿物应根据患者个人需求定制，通用硅胶bolus的大小、厚度和形状都是固定的，不能满足病人个体差异性的变化，造成剂量不确定性。

本项目开发的3D打印定制式体外补偿技术可以很好地解决上述问题，前期基础实验证明，3D打印定制式体外补偿技术，不但可以精确补偿、个性化定制，还在对靶区剂量和危及器官有明显改善，而且有效地减轻了放疗带来的皮肤损伤。基于此本项目将开展3D打印定制式体外补偿技术的模体实验和临床实验，并已获得医疗器械生产许可。

（3）应用推广成效

本产品已接受1000余例患者定制，患者反馈及临床评价良好且应用范围涵盖耳、鼻、喉、胸腔、腹腔、盆腔等大外科，自研专用软件操作简单，自研打印成型设备与软件无缝链接，设计规划一例体外补偿物5分钟内即可完成。目前已经在承德市、郴州市、徐州市三地建立技术研发及推广中心，产品覆盖京津冀、湖南、湖北、江苏、安徽、山东等地，市场反馈良好。

4.2.23 宠物关节植入物定制

（1）背景概述

当前宠物医疗领域发展需求日渐旺盛，主要体现在以下几个方面。

① 个体化需求：每只宠物的身体结构独一无二，因此需要个体化的植入物，传统制造方式无法满足这一需求。

② 长期疼痛：宠物关节问题可能导致严重的疼痛和行动受限，这会影响宠物的生活质量。

③ 高昂的费用：传统植入物价格昂贵，宠物主人可能难以承受高昂的医疗费用。

（2）解决方案

增材制造技术为宠物医疗领域提供了创新的解决方案。通过3D打印技术，可以实现高度个体化的宠物关节植入物，大大提高了植入物的适应性和质量。这种方法不仅可以降低成本，还可以缩短制造时间，减少宠物主人的担忧。

图4.30所示为增材制造宠物关节植入物——髋关节假体系统。传统手术需要手工制造适应该狗的关节植入物，而这可能需要数周时间。通过增材制造，医生可以快速扫描狗的髋部，创建一个定制的3D模型，并在几小时内制造一个合适的关节植入物。这不仅减轻了宠物的疼痛，还减少了术前和术后的不适，使狗能够更快地康复。

（3）应用推广成效

增材制造技术在宠物医疗领域已经广泛应用。国内逾20家大型宠物医院和诊所采用了这一技术，以满足宠物主人对个体化关节植入物的需求。全球范围内已有上万只宠物接受了增材制造的关节植入物治疗。

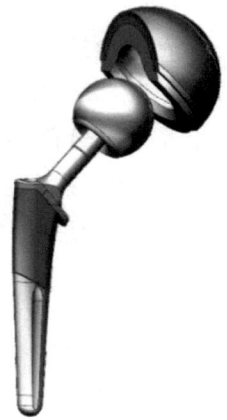

图4.30　增材制造宠物关节植入物——髋关节假体系统

4.2.24　口腔精准医疗各类椅旁器具定制

（1）背景概述

随着人民经济水平的提升和老龄化的加剧，以及种植牙采集等各项政策的正式落地，种植和正畸等口腔诊疗需求激增。传统义齿加工厂存在人工成本过高、交货周期紧张、生产效率过低等制约口腔医疗行业发展的技术痛点，且传统的牙种植手术种植体植入的角度和位置常需在手术中翻开黏骨膜瓣，受手术视野、骨内重要神经血管解剖结构、颌骨生理或病理性吸收等条件限制，种植体植入位置和术前预期位置会发生偏差，易带来诸多手术和修复并发症。

（2）解决方案

开发齿科光固化3D打印机系统智能算法、核心器件、整机设备，突破增材制造中光匀补偿算法、基于模型结构和材料性质的支撑及布局优化、体素切片等关键技术，形成面向齿科诊疗的"3D数据采集—智能设计—3D打印"全流程齿科数字化解决方案，支持模型、导板、蜡型、牙龈、临时牙等广泛齿科应用，为全球口腔客户数字化转型提供经济、高效的齿科3D数字化打印解决方案。

增材制造技术在上前牙区有限骨量下的数字化种植即刻修复、半口即拔即种即刻修复导板、椅旁数字化种植导板引导微创上颌窦内提手术等方面均发挥了重要作用。此外，自主开发了"面曝光光固化3D打印的光学精准控制和打印过程控制技术"，通过光形畸变矫正、光强分区补偿、打印过程精准控制、公差补偿等实现高精度逐层打印；开发了"激光光固化3D打印技术"，通过激光动态聚焦能量控制技术实现扫描同步，通过自适应打印系统、固化成型机理及工艺优化技术提高打印精度和打印效率，生产的光固化3D打印机一次打印模型数据是市面上常见1080p的小版面打印机的2倍，15分钟内完成打印，精度高达35微米，赋能门诊开展椅旁即刻种植、椅旁即刻临时修复、正畸保持器、高效医患沟通等应用场景，为门诊差异化设计诊疗提供设备基础。

（3）应用推广成效

我国目前病牙就诊需求较大，义齿的制作需求、种植需求都在逐年增加，结合齿科的3D扫描技术可用于牙模和种植导板等几何模型的数字化设计和制作，进一步开拓齿科数字化设备的市场，满足牙科病例的诊治需求。

4.2.25　AI精准建模眼镜定制

（1）背景概述

当前用户对现有传统眼镜产品的佩戴舒适度、视物清晰度、镜架容易变形、佩戴后度数持续增加等方面的问题，存在普遍痛点需求。而行业内由于眼镜配套服务成本包含的房租、专业服务等方面的费用较高，使得眼镜价格居高不下，失去了消费者的信任；传统零售模式库存压力大，传统眼镜行业会有大量的不同款式和颜色的眼镜积压，只能通过提升售价来平摊成本；从业人员专业水平低，在我国眼镜销售的终端企业中，拥有先进验光设备和专业验光人员的企业尤为匮乏。

（2）解决方案

基于3D数字化技术实现眼镜的个性化定制服务，打通定制眼镜产业链。

构建3D打印眼镜定制云平台，通过前端智能扫描建模设备、智能建模软件、平台数据管理后台构建智能个性化定制眼镜系统，实现对接供应链系统，形成完善的从前端扫描定制到后端生产制造的3D定制眼镜生态链。同时，通过移动端智能提醒，提升订单流转效率，降低生产成本，满足适合配镜者脸部特征数据的精准化定制眼镜，提升其视光适配性、佩戴舒适感。通过打造3D打印眼镜定制云平台，将从前端的精准人脸数据采集到后端的小规模定制眼镜制造各个环节，以数字化技术手段有机联系起来，将为传统眼镜行业降低经营成本、减小库存压力、提升数字化及专业化程度、减少劳动密度，为行业赋能，助力转型升级。

（3）应用推广成效

在视光领域的应用，设计了"赛纳视博"品牌，并实施全球注册，建立品牌官网等，为客户提供技术支持服务。实现3D数字化赋能传统眼视光行业，首创眼镜行业"3D打印眼镜定制＋巡展快闪"的新模式。巡展车上配有整体的验光设备和人脸AI扫描仪，以便进行现场客人的脸部数据采集。经过2023年上半年的探索，证明"巡展快闪销售模式"是可行且可复制的，一年内实现收回投资，如图4.31所示。

图4.31　巡展快闪商业模式第一年盈利测算模型

4.3　文化体育领域

4.3.1　超大体量不可移动文物复刻与巡展

（1）背景概述

近年来，得益于计算机技术和信息采集技术的飞速发展，文物数字化技术日渐成熟。特别是三维信息的数字化采集技术，在文物数字化保护方面的应用已经非常普遍，其最高数据精度可以达到0.02mm。如此高精度的三维数据，为通过增材制造技术1∶1还原任何文物乃至大体量不可移动文物的空间形态提供了坚实的数据基础。

3D打印技术作为一项新技术，虽然起步较晚，但是目前已经发展出多种技术方法和打印材料。随着技术水平和生产工艺的不断提高，增材制造设备的作业行程和打印精度一直在进步，这为大体量的文物数字化复制工作提供了可行的生产制造基础。

在此基础上，结合机械结构设计、模型加强处理、文物复制品表层质感处理和色彩纹理还原等工艺，让大体量不可移动文物的高精度原比例复制成为可以实现的工作。

（2）解决方案

① "云冈石窟第 3 窟西后室原比例数字化复制"。

2017 年 12 月 16 日，云冈石窟第 3 窟西后室原比例复制项目在青岛揭幕。美科图像（深圳）有限公司、浙江大学文化遗产研究院和云冈研究院联合攻关，首次使用 3D 打印技术实现的大体量文物复制，复制窟整体长17.9m，宽 13.6m，高 10m。该石窟的成功复制，标志着我国大型石质文物的数字化全息高保真纪录达到复原水平，如图 4.32 所示。

图 4.32 云冈石窟第 3 窟西后室原比例复制窟

② "龙门石窟古阳洞北壁四大龛高精度数字化复制"。

美科图像（深圳）有限公司、浙江大学和龙门石窟研究院组成联合项目团队，由浙江大学文化遗产研究院对龙门石窟古阳洞部分佛龛做了目前石窟寺领域最高精度的数据采集，美科图像（深圳）有限公司应用这些数据对佛龛进行了 3D 打印复制，如图 4.33 所示。项目成果在广东省博物馆举办的 "魏唐佛光：龙门石窟文物特展" 上首次亮相，荣登 2020 年 5 月 "中国博物馆十大热搜展览榜"。之后连续参加了在深圳博物馆举办的 "星龛奕奕翠微边——洛阳龙门石窟魏唐造像艺术展"、"在上海大学博物馆举办的" 铭心妙相：龙门石窟艺术对话特展"、在浙江美术馆举办的 "盛世修典—— '中国历代绘画大系' 先秦汉唐、宋、元画特展"，受到了广大群众的好评和众多媒体的关注。

③ "天龙山石窟博物馆第 8 窟复原展示项目"。

2021 年 7 月 24 日，天龙山石佛首回归仪式的举行，标志着流失海外近一个世纪的天龙山石窟 "第 8 窟北壁主尊佛首" 终归故土。石窟佛首回归祖国，成为近百年来第一件从日本回归天龙山石窟的珍贵流失文物。同时，天龙山石窟博物馆推出 "复兴路上国宝归来" 特展。美科图像（深圳）有限公司与太原市天龙山石窟博物馆合作，利用数字化手段，将回归佛首原本所在的第 8 窟部分景观复制到展厅内，给观众带来 "身临其境" 的沉浸式观感。观众看到这个佛首之后，同时也能感受到它在第 8 窟中的原始位置和原来的环境是什么样的。

由于大型不可移动文物细节信息丰富、体量巨大，现有的装备无法满足其在精度和时间效率方面的需求。因此针对性地开发的高精度大体量 3D 打印成型设备在该应用领域具备先进性。

由于目前适用于大型不可移动文物复制的 3D 打印材料只有2种：聚乳酸（Polylactic Acid，PLA）和光敏树脂。受各种原因限制，其 3D 打印成型厚度不会超过 3mm，两种材料在这样的厚度下基本没有强度可言，其阻燃、耐腐等耐候性也达不到展览展示的要求。因此项目团队经过大量实验，选定了一种特殊的强化材料对 3D打印模块进行了加强，该材料具备阻燃、耐腐蚀、强度高、韧性好等特性，并与上述 3D 打印材料有很强的亲和力。

图4.33　龙门石窟古阳洞佛龛高精度复制窟

文物复制最重要的用途之一是展览展示，让更多的人参观和了解相关文物及其所表达的历史信息和文化信息，使相关的文化信息传播变得更加直观、更容易让人们接受。但是各类材质的文物质感不同，同样材质的文物也会因为其所在地域和保存时间的不同而存在不同的质感。因此如何体现文物复制品的质感一直是个未解决的问题，这个问题直接影响了复制品的展示效果。

本项目团队经过大量的研究和实验，成功研发出了石质、木质、陶制和青铜材质文物复制品表面质感材料的配方，这些材料同时具备阻燃、防水、质轻、涂层均匀、涂层厚度极薄等特性。

（3）应用推广成效

① 社会效益。

大型不可移动文物因其不可移动、体量巨大，在展示与传播方面受到了相比其他可移动文物来说更大的局限。此外，在全球气候变化及人为因素的影响下，各类文物的保存状况日渐恶化，更有可能因为意外因素被损毁。

该场景是针对极端条件下造成文物损毁的情况进行的一项利用高科技手段还原再造损毁文物的探索，不仅可以满足考古的学术需求，还可以满足大众日益高涨的学习、认识和传承传统文化的需求。值得重视的是，大型不可移动文物 3D 复制重建的成功，从考古的角度看，标志着大体量文物数字化测量记录达到能复原的水平，而这正是文物考古测量记录技术能达到的理想标准。作为不可移动文物，对其本体进行保护非常困难，因此，借助高科技手段进行保护非常有必要。数字化记录能够提供洞窟原始资料的采集和记录，3D 数据资料记录可以增加原始资料记录的准确度和真实度，推动相关研究的发展。

② 文化效益。

本场景正是应用数字化技术手段，使大型不可移动文物所蕴含的文化艺术走向全国乃至全世界，向世界传播中国声音的切实、可行的探索。

③ 经济效益。

本场景的推广将进一步在科学保护的基础上对相关文物的艺术文化和考古价值进行挖掘，推动相关文物

"活起来，走出去"，更好地宣传和展示我们博大精深的历史和艺术文化，让更多的人认识和了解相关文物精品，从而带动文物所在地的旅游发展。

4.3.2 贵金属文创产品设计制造

（1）背景概述

传统的生产工艺具有成本高、制作周期长、大批量制作等特点，即使增加成本，也难以满足文创产品的个性化生产需求，而3D打印的出现恰巧解决了这一难题。紧紧围绕贵州省"贵银产业"大局，依托黔东南地域传承的非遗物质文化产业，以高新技术和装备介入为牵引，致力打造一个现阶段涵盖贵金属（银）材料、产品研发及产业孵化平台，集产品设计、平台建设、产销于一身，同步把高等院校相关专业培养与实际应用中的生产有机结合，为高校培养的人才导入应用市场提供一个高效、便捷的输出消纳通道，为专业化订单式人才培养起到积极催化的作用，实现产、研、学的综合建设目标。贵州航越科技有限公司控股的子公司贵州越达增材材料科技有限公司是由凯里高新区招商引资引入的一家以3D打印技术为主导，设计、生产符合当地文化的文创及旅游产品的重点发展企业。该公司现有贵金属3D打印生产线一条，925银及纯银增材制造原材料金属粉末生产线一条，银饰冲压塑形生产线一条。贵金属产品如图4.34所示。

图4.34 贵金属产品

（2）解决方案

随着人们生活水平日益提高，"消费升级"的概念深入人心。在品质消费升级的时代，人们越来越愿意为创意买单，文创产品如雨后春笋，呈井喷之势出现在公众视野，受到越来越多的人关注。3D打印是一个连接创意与现实的桥梁，凭借"设计即生产"的特性，3D打印技术应用于文创产品能够创造出更具创意与文化内涵的产品，从而真正地为文化创意产业服务。

3D打印具有按需制造、废弃副产品少、材料多种组合、精确复制实体、便携制造等优势。这些优势可以降低约50%的制造费用，缩短加工周期70%，实现设计制造一体化和复杂制造。

采用华曙高科FS121M金属3D打印设备，进行3D打印制版，实现青铜、红铜、不锈钢等多种材料复杂结构的3D打印。

（3）应用推广成效

目前我们公司在进行各类型的文创产品开发、研制、小批量生产，产业模式摸索，市场调研和推广。

4.3.3 基于云平台的工艺美术品加工制造

（1）背景概述

本场景的目标是建设一个覆盖文物、石雕、木雕、陶瓷等现有传统工艺美术作品的高清3D大数据库共享平台，以及借助大数据和3D技术更好地实现传统工艺美术作品的传承和发展，实现网络个性化定制及3D打印批量化智能生产。主要需求痛点：现有光敏树脂耐温低，当温度在50℃以上时，所打印的产品容易变形，强度和韧性较差；现有的3D扫描设备需要贴点才能精确扫描，扫描速度较慢，且功能较少；一些工艺美术作品没有规范的存档数据，一旦损毁就无法修复。

适用于批量化 3D 打印生产的产品级光敏树脂材料的研发。传统工艺美术作品批量化 3D 打印生产的关键在于 3D 打印材料光敏树脂是否能满足产品级的要求。融合 AI 技术的高精高速高保真工艺美术行业专用 3D 扫描仪的开发。该扫描系统主要的功能及创新点如下。

① 应用 AI 算法，无须贴点。

② 超高精细度（0.02mm）。

③ 兼容暗黑色（无须喷白色）。

④ 超快扫描速度（0.03s）。

⑤ 全彩色扫描。

⑥ 可隔着玻璃扫描。

（2）解决方案

厦门金砖会议的国礼《一诺千金》，是由徐思敏大师以传统中国方印为原型设计创作的，作品 4 个侧面都是绝对平整，4 个侧角也是绝对垂直。这正是传统手工雕塑所无法达到的。在历经了几个月和无数的失败尝试后，本打算放弃的徐思敏大师想到了 3D 技术，在经过几次技术沟通后，比邻三维团队和徐思敏大师团队确定了以计算机数字雕塑＋3D 打印技术为国礼《一诺千金》设计和制作产品原型的总体思路。通过 3D 技术，不仅解决了之前手工创作所遇到的问题，更是让作品提升到了一个新的高度。在通过多角度确认国礼计算机 3D 模型后，比邻三维团队借助国内一流的 3D 打印硬件系统，将国礼通过光固化 3D 打印技术以 0.05mm 的精细分层立体打印出来。经过制模、翻模、烧制、上釉等工序，最终德化白瓷国礼《一诺千金》惊艳亮相金砖厦门会议，作为元首国宾礼吸引了全世界的目光。

本场景增材制造产品主要为客户可通过 3D 打印云平台（3D 工场网站）上传自己设计的作品的 3D 数据，或是在平台数据库选择喜欢的工艺美术作品进行下单，打印自己的个性化产品。目前公司拥有 30 台专业级光固化三维打印机，为上海联泰科技股份有限公司生产，主要设备型号有 Lite600-B、Lite800HD-II-B 等。本场景所涉及的技术主要依托公司自行研发的发明专利及软件著作权，具有国内领先水平。

（3）应用推广成效

本场景的 3D 大数据库网络保护平台为传统手工艺品提供数字化存档保护，同时可为年轻一代的匠人们提供二次创作的素材，有利于传统手工艺的保护与传承，实现传统手工艺与现代文创融合。本场景的主要服务对象为陶瓷、树脂、石雕、木雕等本土传统优势手工艺行业，以及水暖卫浴、电子机械、鞋服、汽车、玩具等传统制造业企业。同时，本场景打造的 3D 打印云平台（3D 工场网站），可快速为制造业企业进行线上 3D 作品展示、3D 设计、报价、打印、后期成品、快递等一条龙服务；用户可通过计算机或手机（无须安装插件）直接上传和浏览 3D 打印模型，很大程度上解决了传统工艺美术行业从业人员进入三维数据化领域的门槛问题。因此，本场景具有良好的应用前景和市场前景，具有较好的推广意义。

4.3.4 头盔、鞍座等体育装备轻量化定制

（1）背景概述

在骑行过程中，骑行者面临着许多挑战，其中最主要的痛点包括鞍座的舒适度、支撑性、减震效果以及透气性。许多传统的鞍座设计往往无法提供足够的支撑，导致骑行者在长时间骑行后感到疲劳，甚至可能引发健康问题。同时，传统的设计往往不具备良好的透气性，使得骑行者在炎热的天气中感到非常不舒适。

针对高端自行车鞍座轻量化、个性化、高舒适度的需求，采用了点阵＋蒙皮设计的结构设计，外面为气动

外形薄壁蒙皮结构，点阵进行整体填充。其结构替换传统自行车鞍座泡沫填充的部分，实现自行车鞍座的创新性设计与制造，并直接采用了CLIP技术成形制造验证。

运动头盔，其缓冲层采用了点阵轻量化结构设计，替换了传统运动头盔的泡沫部分，打破了国外MIPS专利封锁，缓冲层直接增材制造一体化成型，利用选择性激光烧结成型工艺进行制造验证。

（2）解决方案

① 3D打印个性化晶格鞍座。

在自行车鞍座市场，晶格结构设计的应用正在逐渐增长。这种设计主要受到消费者对个性化设计和更高舒适度的需求推动。一些知名的自行车设备制造商已经推出了自己的晶格结构鞍座，例如Specialized Lattice和Posedia Joyseat，他们抛弃了泡沫填充物并选择了晶格结构。这种设计通过在不同区域打印不同的晶格形状和尺寸来产生可变支撑，以适应不同的骑行需求。在欧美市场，晶格结构设计在自行车鞍座的应用已经有一定的普及和接受度。

相比之下，国内市场关于晶格结构设计的应用还相对较少。这主要是由于国内高端自行车市场的发展相对滞后。但是，随着国内消费者对自行车骑行体验和舒适度要求的不断提高，高端自行车鞍座的国产化研发与产业化是必然的道路。

科恒开发出一款以晶格结构设计进行泡沫填充替换的自行车鞍座。晶格结构的自行车鞍座通过独特的空间网格结构，实现了轻量化和更好的减震性能，同时提高了结构的强度、刚度、耐久性和稳定性，进一步提高了舒适度。自行车鞍座设计3D模型图纸如图4.35所示。

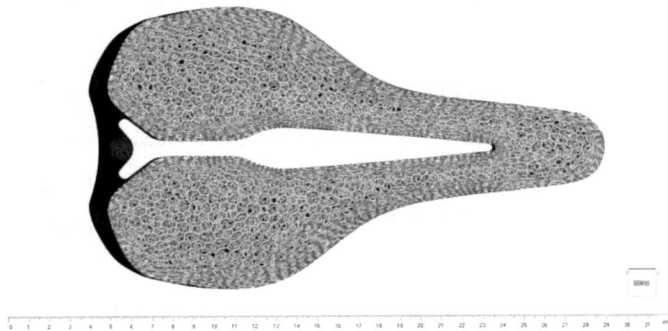

图4.35　自行车鞍座设计3D模型图纸

② 雪车头盔缓冲层。

冬奥会的雪车项目是一个观赏性极强的项目。雪车滑行最高速度可达160 km/h，高速行驶使胜负常在毫秒之间。雪车头盔是运动员的重要防护装备，也是优化阻力的关键。

国内雪车头盔的研发较少，东莞理工学院李楠团队参与国家重点研发计划"科技冬奥"重点专项项目，在雪车的关键零部件研发制造中主要负责雪车头盔的研发，其中东莞市科恒手板模型有限公司提供头盔缓冲层及外壳设计验证。增材制造技术在制造点阵结构的应用中有天然优势——点阵结构轻量化且具有非常理想的抗冲击性能。点阵结构在冲击载荷下一般会发生动态失稳，结构内部发生大的塑性/弹性变形，进而吸收大部分冲击能量。这种超弹性使其兼备极高的能量吸收能力，可用作抗冲击结构。雪车头盔缓冲层如图4.36所示。

最终制作的雪车头盔重量仅约1.1kg，比之前国家队使用的传统头盔减少了500 g，有效地为运动员减少了负重。这款雪车头盔已经通过GB和ECE认证，达到国际雪联规定的赛事头盔要求，并交付给了国家雪车队。目前"雪车专用头盔关键技术研发及产业化"项目已经经过广东省机械工程学会认定，该项目的技术居于国际先进水平。尤其是头盔缓冲层的拓扑优化轻量化设计及SLS技术的应用，在雪车头盔缓冲层制造上属于国内首创。

图4.36 雪车头盔缓冲层

（3）应用推广成效

开发的3款3D打印个性化晶格鞍座，通过材料升级和工艺升级，实现了自行车鞍座性能提升及材料开发提供保障，为高端自行车鞍座高性能TPU材料的应用以及制造生产方式提供了更优质的解决方案。对于雪车头盔缓冲层，科恒参与制定的"增材制造运动头盔缓冲层技术要求"团体标准于2022年正式发布。

该标准规定了3D打印领域制造的运动头盔缓冲层产品的规格、技术要求、试验方法、检验规则、标志、包装、运输、贮存，推动行业规范化发展。

增材制造个性化晶格结构设计的可复制性较强，可以在不同的生产线上进行批量生产。同时，随着增材制造技术的不断发展和普及，这种技术的复制成本也在逐渐降低，使得更多的企业和个人可以参与到这个领域中来。

4.4 建筑领域

4.4.1 建筑、景观、设施整体制造

（1）背景概述

目前，传统混凝土结构施工存在人力需求高、资源消耗大以及环境负载高的问题，这与当今社会所提倡的绿色、可持续发展理念相悖。特别是遇到复杂造型结构施工时，复杂造型模具制作和混凝土浇筑都很困难，同时模具无法二次利用，既增加了成本又带来了浪费，而增材制造能够很好地克服目前传统混凝土结构施工面临的这些问题。

（2）解决方案

20世纪90年代，美国学者佩尼亚（Pegna）最早将水泥基材料用于增材制造，通过砂浆逐层累积并利用蒸养快速固化的方式，打印出混凝土（砂浆）结构。经过20多年的发展，利用混凝土3D打印技术已能够完成混凝土部品与结构的打印，并打印低层房屋。混凝土增材制造技术的核心工艺是将混凝土构件与部分的目标三维结构转换为数字模型，并通过增材制造的方式来实现快速化、精细化、个性化制造。与传统的混凝土浇筑成型建造方法相比，增材制造技术可以减少人力消耗与原材料消耗，降低建筑结构的建造成本，提高施工效率。同时，混凝土增材制造技术摆脱了模具的限制，可以打印出各种曲线优美的异形结构，满足建筑设计师极具创意的设计需要以及客户的个性化定制需求。

① 江北新区市民广场接待中心。

该接待中心荣获了鲁班奖，采用装配式 3D 打印外墙+装配式清水混凝土（Prefabricated Concrete with Glass Fiber Reinforced Concrete and Glass Reinforced Epoxy，GRC+GRE）内装+虚拟与现实耦合工程管理系统的智能建造技术，实现了全国首例 3D 打印全装配式绿色智慧建筑，并利用固废处置再利用技术，推动江苏省低碳、环保节能智慧建造技术的应用和发展。

② 应用推广成效。

研究院以南京为核心积极展开了装配式建筑、3D打印建筑的市场开拓工作，自2018年起已在住宅打印、功能用房、市政工程公共设施、主题场馆、环境治理等领域建设示范项目数十项，奠定了绿色研究院在 3D 建筑行业的影响力。研究院已形成一定的行业影响力，正在主编中国混凝土与水泥制品协会（China Concrete & Cement-based Products Association，CCPA）团体标准"3D打印混凝土基本力学性能试验方法"，该标准已进入征求意见阶段；正在主编中国工程建设标准化协会（China Association for Engineering Construction Standardization, CECS）"3D 打印混凝土收缩测试方法"，该标准于 2020年正式立项；作为共同主编单位，承担 CCPA 团体标准"3D 打印混凝土拌合物性能试验方法"的编写。

4.4.2　复杂环境下建筑结构的原位建造

（1）背景概述

目前建筑 3D 打印技术通过工厂预制的方式，已经较为成熟，国内已有很多项目案例落地，包括路桥景观、小型房屋、围墙护堤、市政设施等。但是对于一些较为复杂的环境，建筑 3D 打印技术的应用受到了一定限制，导致该技术在乡村建设、荒漠开发、灾后房屋建造、军事设施建设等领域无法发挥优势。具体而言，在复杂环境下通过 3D打印技术进行建筑结构的建造仍面临工厂预制模式的局限性和原位建造 3D打印技术欠缺两方面问题。

对于采用工厂预制模式，虽然在理想的环境下进行打印和构件养护可获得较好的成型效果，但是由于运输限制，建筑结构的大小也受到了限制，一些大型建筑结构需要进行分解打印，这会影响建筑的完整性。此外，工厂预制模式无法发挥建筑 3D 打印的优势，与传统预制建筑构件相比缺少竞争优势。最后，对于较偏远地区，采用工厂预制的建造模式所带来的运输成本和损耗也是无法忽视的。建筑 3D 打印技术不但需要建筑 3D 打印设备，还需要配套的控制、搅拌、泵送、清洗设备。在原位现场打印施工时，整套系统需要进行拆装、运输和部署，这对整套系统的重量、体积、集成度有很高的要求。在一些复杂环境下原位打印施工时，会遇到无水电供应、气候条件差、地形崎岖等问题，这要求整套建筑 3D 打印系统具有自带水电供应、可耐恶劣天气、可为人员和新打印建筑结构提供保护的功能，以及一定的越野能力。

（2）解决方案

① 建筑 3D 打印机器人。

原位打印施工，需要打印设备具有较高的灵活性，框架式3D打印机由于需要进行框架的搭建、调平，具有很大的局限性。北京空间智筑开发了 Pstone 系列建筑 3D 打印机器人，采用高精度工业六轴机械臂作为执行机构，可缩小设备体积、提高设备的灵活性和机动性，同时相比框架式设备具有更快的打印速度和更高的精度；配备有伸缩装置，可实现 7 m 的打印范围；打印装置上设有图像分析单元，可实时监控打印状态并调整控制程序，改变打印姿态，避免误差的累积，提升了打印精度；可使用方形喷嘴配合六轴机械臂的扭转驱动部，与传统建筑 3D 打印机的圆形喷嘴相比，一方面增加了打印层间的接触面积，提高了建筑构件的强度，另一方面使打印的建筑构件的整体轮廓更为美观。

② 建筑3D打印设备集成箱。

进行建筑 3D 打印施工，不但需要 3D 打印设备作为执行机构，还需要辅助的控制系统、物料系统，配套的清洗装置、相关工具等。空间智筑开发的建筑3D打印设备集成箱主体为中空的箱体。在各面分别设有门、观察窗、通风窗。箱体内分为操作间和设备间，操作间内设有控制系统，设备间内设有物料系统和水洗系统，使用时设备间通过可折叠滑轨将物料系统展开，与另外的3D打印执行机构配合进行建筑3D打印。通过将不同功能的设备分隔开，避免交叉作业，减少了扬尘对控制电路的危害；通过将设备集中放置，缩短了各操作设备间的距离，易于操作和维护；减少了设备间的管道、电缆用量，同时将设备的动力电缆与控制电缆通过桥架及槽盒安装在内墙上，避免了电缆的杂乱摆放，增强了设备使用的安全性。

③ 履带式建筑3D打印机器人。

为应对在野外复杂地形进行原位建筑3D打印施工，空间智筑开发了履带式建筑3D打印机器人，采用履带式底盘作为移动机构，在上面搭载了控制柜、多功能物料装置、六轴机械臂和打印机构，还有调平装置。可移动电源装置也采用履带式底盘作为移动机构，在进行建筑3D打印施工时，可移动电源装置为整套系统供电。使用履带式移动机构和可移动电源装置，可在复杂地形和没有电网覆盖的区域进行建筑作业，提升可打印建筑尺寸，调平装置也保证了在复杂地形打印的精确性。该系统自动化和集成化程度高，将打印、控制、搅拌、泵送、清洗等功能集成在一个底盘上，整套系统便于运输和快速部署，进行打印时所需的场地更小。

（3）应用推广成效

自2021年起，北京空间智筑技术有限公司已完成包括房屋、园林景观、市政设施、户外文体设施等建筑的3D打印施工项目。2021—2022年，针对河北省张家口市怀安县一处铁尾矿库处理项目，采用现场原位打印的方式，空间智筑自主研发生产的Pstone1建筑3D打印机器人及配套的设备集成箱运输至尾矿库进行施工，并以铁尾矿砂为骨料开发了尾矿型3D打印混凝土，通过现场取材、拌合、打印，建造了一批尾矿库所需的小型建筑结构，包括工具房，花池、桌椅、景观构件等。基于尾矿固废的尾矿库原位建筑建造的应用场景可推广至国内其他有尾矿处理需求的废弃矿山、尾矿库等地，实现尾矿固废的消纳并对当地进行一定程度的建设。2022—2023年，与北京金风科创风电设备有限公司合作进行了基于退役风机叶片的3D打印混凝土材料的研发，并在北京通州区一风电园区内，采用风机固废型3D打印混凝土进行围墙、花池、消防间的原位打印施工。基于退役风机叶片的原位建筑建造的应用场景可推广至国内其他风电场和风电园区，为退役叶片提供一个低成本、无污染、具有附加值的处理方式，同时实现对风电场相关设施的翻新建设。

Regional
Development

第 5 章

区域发展篇

上海市
深圳市
广东省
江苏省
河北省

5.1 上海市

（上海增材制造制造业创新中心）

5.1.1 上海增材制造产业发展现状

（1）总体发展情况

上海作为我国的国际交流窗口，增材制造产业在近年来得到了快速发展。越来越多的增材制造企业在上海设立研发中心和生产基地，推动产业规模的持续扩大。同时，随着技术的不断进步和应用领域的拓展，上海增材制造产业的市场需求也在稳步增长。上海在增材制造领域拥有强大的技术研发实力。众多高校、科研机构和企业纷纷投入巨资进行技术研发和创新，涉及金属装备及材料、高分子装备及材料等多种原材料的打印技术，这些技术自主研产为上海增材制造产业的发展提供了有力支撑。上海市政府高度重视增材制造产业的发展，出台了一系列优惠政策和措施，涉及税收优惠、资金扶持、项目支持等。

近10年来，上海增材制造产业链稳步增长，优势企业快速聚集。全市有200多家企业从事增材制造相关业务，涵盖了基础材料、设备生产制造、应用服务等多个领域，在航空航天、汽车、医疗、消费品、文创、模具、生物、军工、船舶等方面有广泛应用。同时，上海作为科技创新的集聚地，增材制造产业链各环节的龙头企业与长三角形成了链条辐射效应，为长三角地区制造业10000多家企业提供各类服务；增材制造装备企业云集，设备研发、生产和销售相关企业数量超50家，涉及相关打印材料，包括光敏树脂、尼龙材料、PLA可降解材料、钛合金粉末、不锈钢粉末、镍基高温合金粉末以及模具钢粉末等。增材制造技术有效地带动了整个长三角区域增材制造产业的协同发展。联泰科技、汉邦激光、复志信息技术、云铸三维、先临三维、飞而康快速制造、中科煜宸等有代表性的企业技术先进、产品多元、领域专精，在市场中处于领先地位。其中，联泰科技有限公司的SLA 3D打印设备、复志信息技术的多元FDM装备、汉邦激光的SLM装备，在国内外市场中均位列第一梯队，且已远销北美和欧洲的部分发达国家，技术达到世界领先水平。

（2）科研成果转化情况

上海市在增材制造产业的科研成果转化方面取得了显著成效。近年来，上海市大力完善科技成果转移转化机制，并通过一系列举措（如激发企业创新主体活力、营造吸引高科技成果落地的生态环境以及推动创新创业载体转型升级）来加快"科技成果转化步伐"。上海市增材制造产业的科研成果转化得益于政府的大力支持和市场的广泛需求。为了推动增材制造更好地服务经济社会发展，依托工信部政策搭建了15家制造业创新中心，其中包含增材制造创新中心，通过制造业创新中心的行业属性开展共性关键技术研究和行业供给、技术成果转移转化、产业公共技术服务等产业链公共技术服务；开展了增材制造典型案例应用场景征集工作，成功征集了一批技术水平先进、应用效果显著、复制推广价值突出的典型应用场景。此外，上海市的科技创业中心也发布了相关报告，显示上海市在增材制造高新技术成果转化方面取得了显著成果。这些高新技术成果转化项目不仅数量逐年增加，而且聚焦国家重点支持和上海重点发展的高新技术产业领域，对上海加快形成和强化产业体系、打造核心技术优势具有重要意义。在未来制造领域，通过增材制造技术赋能提升了现有制造业的突破能力，加快了产业数字化、智能化步伐。例如，在汽车制造、商用飞机发动机、低空飞行器等高端精密机械装备产业领域，增材制造技术的应用加快了研发速度，提高了生产效率。同时，在生物医学领域，增材制造技术也为病患提供了量身定制的骨骼器官等产品，助力个体化医疗的深入发展。

上海市科研和教育机构相对密集，在增材制造领域集聚了多家科研创新机构等科研资源，有力地推动了产业链高质量发展。例如，中国科学院上海光机所在3D打印激光照明透明陶瓷方面取得了进展，通过数字光处理（Digital Light Processing，DLP）打印技术实现了3D打印用于激光照明的高密度铈活化镥铝石榴石

（LuAG:Ce）陶瓷。这项技术突破了传统陶瓷成型工艺的限制，可以制造具有复杂几何结构的激光照明透明陶瓷。中国科学院上海硅酸盐研究所在3D打印技术方面有着多个研究项目。其中关于3D打印碳化硅陶瓷，通过高温熔融沉积结合反应烧结的方法，提高了陶瓷打印体的等效碳密度。此外，该研究所还开发了基于无机生物活性材料的生物墨水，并利用3D打印技术构建了用于复杂组织再生的仿生多细胞支架。近期，该研究所利用"生物陶瓷+3D打印"制成多细胞支架，可用于肌腱和骨的一体化再生。上海交通大学成立了中国工程院戴尅戎院士领衔的医学3D打印创新研究中心，医工结合，开发了多种3D打印个性化骨关节产品，所属团队和个人获得国家级、省部级科技进步奖项多次，部分成果已经实现产业化并应用于临床。

（3）产业分布情况

通过多年的培育和发展，上海在增材制造产业方面初步形成集群发展格局。上海临港松江科技城拥有3D打印企业30余家，被评为"国家高新技术产业基地——上海3D打印产业中心"；闵行区是3D打印的创新基地，以创新、3D打印企业孵化和3D打印高技能人才培养为导向，目前有相关3D打印装备和材料科技型企业20余家，3D打印联合创新实验室3家；临港新片区通过5年布局，集聚3D打印装备、服务、检验检测机构近20家，相关获得军工认证和CMA/CNAS认证资质；浦东新区张江园区集聚了一大批应用型企业，涉及集成电路、人工智能、医疗器械等科技前沿。从全市增材制造产业链的布局情况来看，各区基本都有企业和科研机构主体发展，各区均有产业链领域特色，有效形成互补错位与合力。从统计情况来看，浦东新区相关增材制造企业数量最多，达到62家，居各区首位；其次是闵行区，35家，居第二位；松江区31家，居第三位；嘉定区、徐汇区、杨浦区10余家。上海版图按照上中下来看，上部包括崇明区、宝山区、嘉定区、青浦区；中部包括松江区、闵行区、浦东新区、普陀区、长宁区、虹口区、黄浦区、静安区等；下部包括金山区、奉贤区；中部区域增材制造发展最为迅速，相关企业占比高达79.44%，上部区域的发展次之。上海增材制造产业布局如表5.1所示。

表5.1　上海增材制造产业布局

地区	企业类型				
	设备	材料	服务	软件	应用
崇明区	0家	0家	1家	0家	0家
宝山区	1家	1家	9家	1家	3家
嘉定区	6家	4家	5家	0家	4家
普陀区	0家	0家	2家	1家	0家
长宁区	1家	0家	0家	0家	0家
青浦区	0家	2家	2家	0家	0家
徐汇区	6家	3家	3家	0家	2家
松江区	7家	5家	15家	1家	3家
金山区	0家	0家	1家	0家	0家
闵行区	8家	6家	26家	1家	11家
奉贤区	0家	2家	2家	0家	0家
浦东新区	11家	2家	12家	3家	7家
黄浦区	1家	1家	2家	0家	1家

地区	企业类型				
	设备	材料	服务	软件	应用
杨浦区	0家	0家	2家	0家	1家
静安区	3家	0家	4家	1家	0家
虹口区	5家	2家	2家	0家	3家

5.1.2 上海增材制造产业发展布局

（1）主要方向和指导思想

以数字化、信息化高质量发展为引领，结合增材制造产业的特点与发展趋势，通过政策引导、技术创新、市场应用等多方面的综合措施，推动增材制造产业与新一代信息技术的深度融合，实现产业链的优化升级，助力新型工业化进程。增材制造作为新型工业化的关键技术之一，不仅是制造业转型升级的重要推动力，也是实现个性化定制、智能制造的重要途径。要深化对增材制造产业重要性的理解，明确其在国家发展战略中的定位，将其作为推动工业化和信息化深度融合的重要抓手。进一步推动增材制造产业在新型工业化进程中的健康发展，为构建现代化产业体系、实现高质量发展贡献力量。

以创新驱动为核心，推动技术革新和产品升级。通过持续的技术创新，提高增材制造的技术水平和应用能力，满足不断变化的市场需求。以市场需求为导向，紧密围绕市场需求进行产品研发和生产布局。加强产学研用深度融合，形成紧密的创新链条。通过建立产学研用一体化的创新平台，推动科研成果的转化和应用，加速增材制造技术的产业化进程。遵循绿色低碳的发展理念，推动产业向环保、节能、高效的方向发展。坚持开放合作的发展理念，加强国际合作与交流，通过引进国外先进技术和管理经验，结合国内产业基础和市场需求，推动增材制造产业的国际化发展。在推动增材制造产业发展的过程中，应确保产业安全可控。通过加强技术保密和知识产权保护，防止核心技术泄露和侵权行为发生。同时，加强产品质量和安全监管，确保增材制造产品和制程的安全性和可靠性。

（2）发展目标和路径

坚持"技术创新、产业升级、应用拓展、生态建设"发展目标。"新型工业化"增材制造产业的发展路径应以技术创新为驱动，完善产业链条，建立产业生态圈。

技术链方面，提升打印精度、效率，发扬材料多样性、设计自由性技术特长，推动增材制造技术与云计算、大数据、人工智能等新一代信息技术的结合，实现关键核心技术的"1+X协同"。

产业链方面，扩大增材制造技术在航空航天、汽车、生物医疗、新能源、消费电子等领域的应用范围，构建完善的增材制造产业生态体系，提高整个产业的效率和竞争力，实现增材制造产业技术对高端制造业的"1+X赋能"。

加强核心技术研发，集中力量对增材制造的核心技术进行突破，包括高精度打印、智能化和自动化技术、多材料打印技术等。通过技术创新，不断提升增材制造的技术水平和制造效率。在增材制造材料、精度和效率上持续创新，关注小批量产制造过程的智能化、自动化。

推动智能化发展，利用人工智能、机器学习等技术优化设计方法、打印路径，减少材料浪费，提高产品一致性和生产效率，开发能够预测和调整打印过程中可能出现问题的智能系统。产业链整合与提升，从原材料、设备制造、打印服务到应用领域，完善增材制造的产业链条，加强上下游企业之间的协同合作，形成产业聚集生态效应。

通过政策扶持与产业环境优化，推动增材制造的国家标准和行业规范的制定，确保产品质量和行业健康发展。加强产学研合作，推动高校、科研机构与企业之间的紧密合作，加快科研成果的转化和应用。通过产学研一体化，培养专业人才，为产业发展提供人才保障。建立完善的知识产权保护制度，鼓励企业创新。同时，加强国际合作与交流，引进国外先进技术和管理经验，提升国内增材制造产业的国际竞争力。鼓励增材制造技术与云计算、大数据、物联网等技术集成应用，实现智能制造和远程制造。

5.1.3 "十四五"上海增材制造产业发展情况

（1）重点发展产业共性关键技术

提升了增材制造适用场景工艺和专用材料的种类。根据应用场景开展增材制造专用装备、材料及工艺研究，加强增材制造专用材料的研究与成果转化，拓展增材制造可用材料种类。

金属增材制造装备、材料、工艺方面，成熟应用高品质钛合金、高温合金、铝合金等金属粉末，稳步向大幅面多激光成熟应用方向进步；开发实现反射率较高的铜、熔点较高的钨等金属材料增材制造成型应用。

非金属增材制造装备、材料、工艺方面，成熟应用环氧类和丙烯酸类相关光固化专用树脂材料，稳步向大幅面高精度高效率方向进步；成熟应用PA12、PA11、PA6相关尼龙类粉末材料；开发实现氧化铝、氧化锆、氮化物陶瓷类增材制造成型应用；开发实现PEEK、PEAK、碳纤维等复合材料打印成型。

生物增材制造材料方面，加快对可植入材料生物学性能和增材制造工艺性能的研究，完善个性化医疗器械的材料设计和微结构设计技术，成熟于临床应用SLA/SLM及相关材料与工艺；开发不同应用领域的生物硅和生物墨水材料及成型装备。

专用软件方面，注重软件的智能化、高性能和稳定性，具体包括数据设计软件、数据处理软件、工艺库、工艺分析及工艺智能规划软件、在线检测与监测系统及成形过程智能控制软件等增材制造核心支撑软件。

（2）应用场景拓展及赋能

航空航天领域，成熟应用激光、电子束熔化及修复技术在大型复杂构件上的示范应用，如承力结构件、燃油喷嘴、涡轮叶片等；实现复杂零部件的快速设计、原型制造；实现易损部件、备品备件等的直接制造和修复；布局开发外太空环境下的易损部件的打印制造和装配应用。针对各类飞行器平台和发动机大型、复杂结构件，推进激光直接沉积、电子束熔丝成形技术在钛合金框、梁、肋、唇口、整体叶盘、机匣以及超高强度钢起落架构件等承力结构件上的应用，推进激光、电子束选区熔化技术在防护格栅、燃油喷嘴、涡轮叶片上的示范应用，加强增材制造技术用于钛合金框、整体叶盘关键结构修理的验证研究。

生物医学领域，成熟运用和推广3D打印临床医学工程技术，依托上海交通大学医学院附属上海第九人民医院创新实现全国3D打印医院联盟模式，为国内30余个地区近80家三甲医院提供医工技术支撑，最远服务至新疆、甘肃、内蒙古、云贵川等地；带动全国医院终端实现医疗领域个性化医疗器械、康复辅具、假体植入物等方向的医学工程应用，实现3D打印生物医学工程方向由浅到深的应用培育；引领开发下一代生物墨水和生物有机材料。

汽车装备领域，基于欧美主机厂10年以前布局的快速成型创新中心布局，汽车增材制造领域我国与发达国家应用代差达到10年。近3年以来，上海增材制造产业界在政府组织下不断缩小应用差距，成熟应用了汽车零部件设计、样车样件试制增材制造无模复杂结构快速成型相关工艺技术，大大提升了迭代竞争力，依托"上海新能源汽车创成式设计与增材制造工程技术研究中心"，基于DFAM理念，成熟应用增材制造技术实现一体化、轻量化、结构优化设计；推进了大型构件、复杂结构零部件的无模设计制造，缩短开发周期的应用示范；组织实施了高分子增材制造专用材料（PA66、PEEK、碳纤等）、大型高分子及光固化增材制造装备、金属增材制造装备以及新工艺的实际应用，为特斯拉、上汽、宁德时代、伟巴斯特、德尔福等大型终端提供制造赋能。

工业模具领域，成熟利用增材制造技术实现模具优化设计、原型制造等；推进复杂精密结构模具的一体化成型，缩短研发周期；应用金属增材制造技术直接制造复杂型腔模具；推进模具优化设计、原型制造的应用示范；实现复杂精密结构模具的一体化成型，缩短研发周期的应用示范；实现增材制造技术直接制造金属复杂型腔、流道等模具方向的应用示范；强化金属增材制造专用材料（不锈钢、模具钢、高温合金等）、金属增材制造装备以及新工艺的创新研发。上海联泰科技、上海悦瑞等产业龙头通过自身多年技术积累和拓展，几乎占据了模具行业半壁江山。

教育应用领域，结合国内各类职业技能竞赛，推进高等院校、职业学校增材制造技术普教工程，依托"长三角增材制造产教联盟"及相关行业赛事专家，5年间实现了职业技术教育由"民用级"向"工业级"的转变，为制造业数字化转型储备了基础技能人才，累计向新疆、云南多地捐赠3D打印机逾百台。

（3）产业分布情况

全市增材制造产业基本实现了错位发展、生态集聚的初步形态，实现以核心龙头企业为引领、以特色园区为载体、以创新示范应用为导向，加强了区域之间的协同、产业链上下游之间的协同、跨界赋能与创新的协同。

西部地区（临港松江科技城、闵行大零号湾）：以装备、新材料、医疗器械为主要特点，具体机构有联泰股份、形状记忆、容智科技、普利生机电、光韵达数字医疗、逸动医悦瑞科技等。

东部地区（张江高科、临港新片区）：主要特点为共性技术研发、典型应用示范、加工制造集聚，具体机构有中国航发商发制造、中国商飞、宁德时代智能科技、特斯拉、GE再制造、上海增材制造制造业创新中心、汉邦激光、云铸三维、创轲新材料、上海交大智能制造功能平台、腾尖检测等，获军工、CMA、CNAS等专业资质认证，形成了增材制造加工服务、联合创新、典型应用、公共服务产业生态圈。

北部地区（智慧湾园区、上海工程大逸仙校区）：主要以文化创意、职业教育、国际联合培养等为主要核心建设内容，注重3D打印文化创意产业发展，工信部3D打印文化博物馆联合极致盛放等牵头承载3D打印文化创意引领示范和产业基地，上海工程技术大学逸仙路校区承载第47届世界技能大赛增材制造项目中国区选拔和训练基地。

5.1.4 总结建议

发挥国家增材制造产业联盟为核心，各省行业新型研发平台为基础的生态网络建设。

发展国家增材制造产业，需要搭建政府和企业间的紧密协作关系，如美国制造业创新网络（National Network for Manufacturing Innovation，NNMI），不计其数的重点应用研发和订单由美国国防部、能源部等国家职能部门向企业直接发放，如雷神、F22、核工业园。2023年9月美国空军部门授予3D Systems价值超过1075万美元的合同，"支持开发大规模高超音速相关"金属3D打印能力；2022年9月，美国空军部门间接资助SLM Solutions开发"世界最大"PBF金属3D打印机，并授予蓝色激光专家NUBURU合同等。美国国防部仅在2023年就在3D打印硬件上直接花费3亿美元，到2024年的直接支出约5亿美元。

建议不断完善国家制造业创新体系，加强顶层设计，加快建立以中国增材制造产业联盟为核心，以各省具有政府认可的公共技术服务能力的创新研发行业平台为重要支撑点和共性关键技术和新质生产力供给网络。建立以市场需求为导向，以企业为创新主体的市场化创新选择机制和利益共享机制，中国增材制造产业联盟应充分整合使用现有各省相关政府部门组建的新型创新研发平台为各地政府及传统制造业的链接枢纽为增材制造企业传递声音和需求，通过强化中央指导，地方对接，企业与政府紧密协作，为增材制造产业提供政府政策、政府订单、技术服务渠道等创新发展资源。

在此基础上，聚焦增材制造产业关键共性技术和高端制造业赋能需求，围绕征集、遴选和引导产业关键共性技术研究和产业应用示范抓手，搭建我国制造业创新网络增材制造生态分支，实现政府、行业、企业协作共赢。

5.2 深圳市

（深圳市3D打印协会）

5.2.1 产业规模

2024年1—2月，我国增材制造设备产量同比增长49.5%，作为新质生产力，增材制造产业在过去几年持续高速增长，深圳是增材制造技术产业化先行者，在产业规模、企业数量和有效专利数量方面均处于国内领先地位，并已初步形成覆盖材料、器件、软件、设备和应用服务全链条的产业生态体系。

截至2024年4月，深圳共有增材制造产业链上下游相关企业5096家。2023年，激光与增材制造产值已超过100亿元。全球消费级增材制造打印厂商，出货量最大的前4名都在深圳，包括创想三维、纵维立方、拓竹科技、智能派，已成为国内最大的增材制造产业集聚区之一，凸显出深圳产业链集群效应带来的巨大优势。

5.2.2 政策引领

深圳作为我国激光与增材制造产业重点发展地区，政策支持力度大，近10年来共发布了激光与增材制造相关政策72项，2022年发布的《深圳市培育发展激光与增材制造产业集群行动计划（2022—2025年）》提出，到2025年，产业增加值达到140亿元，新增10家制造业"单项冠军"、专精特新"小巨人"和"独角兽"企业，在基础材料、核心零部件、支撑软件、高端器件等关键领域取得实质性突破，新增1家省级或以上制造业创新中心、10家企业技术中心。

5.2.3 产业布局

深圳在多模块连续光纤激光器、高功率激光切割头、电池焊接装备等产品类别处于国内一流行列，围绕研发创新、应用示范、园区建设等建立各具特色的区域错位发展新格局，在宝安区、龙华区、坪山区及前海布局研发设计和生产制造环节，建设产业集聚区。

宝安区为核心承载区，打造覆盖激光与增材制造全产业链条的聚集区，发布了《宝安区关于推动工业母机、激光与增材制造产业高质量发展的若干措施》，旨在支持关键核心技术攻关、鼓励企业增加研发投入、推动高精密加工工艺开发等工作，重点规划了"新桥东先进制造业园区"和"福海-沙井先进制造业园区"作为激光与增材制造产业空间承载。

龙华区重点发展包括激光与增材制造在内的"11+4"产业集群，规划了"鹭湖-清湖先进制造园区"和"黎光-银星先进制造园区"两大园区作为激光与增材制造产业空间承载。

坪山区规划了高新北先进制造业园区作为激光与增材制造产业空间承载，以"深圳市3D打印制造业创新中心"为核心，形成产业集群协同创新平台，为坪山区高质量工业发展布局补链。以先进国产智能增材装备为代表，形成材料、器件、软件、设备和应用服务覆盖全链条的产业生态体系。2023年，该中心荣获"重点科技创新载体"称号。

5.2.4 主要企业

深圳在增材制造的研发及产业化等方面已拥有包括建模系统、材料、设备、应用服务在内的全产业链，并成功应用于医疗健康、文化创意、电子信息、航天航空等领域，涌现出了创想三维、纵维立方、快造科技、拓竹科技、云图创智、俩棵树、智能派等消费级增材制造头部企业，黑创科技、汇丰创新、诺瓦智能、金石三维、锐沣科技等光固化增材制造领先企业，极光创新、长朗智能等专业级增材制造优势企业，华速实业、森工科技、大昆三维等FDM增材制造设备及生物增材制造设备重要企业，光韵达、铂力特（深圳）、立现三维等增材制造设备主要企业，大族激光、创鑫三维等核心零部件领先企业，万泽精密、微纳增材、华阳新材料等金属增材制造材料厂商，光华伟业、永昌和、瑞贝思、撒比斯、众景优品、辰岳科技、爱科维、未维实业、新朗三维、彩富三维等增材制造光敏树脂材料厂商，未来工厂等在增材制造服务领域具有领先地位的优势企业，七号科技、巨影三维、原子智造、必趣、创必得、鹏基光电、安华光电、点睛创视、优突视界等主控板、喷头、LCD光机、DLP光机等零部件企业以及英诺三维等3D设计软件企业。

创想三维已累计发布了70款3D打印机，产品覆盖全球100多个国家和地区，累计出货量超过550万台，2020—2023年公司营收连续3年超过10亿元。2024年1月，创想三维在深圳证监局进行IPO辅导备案登记，辅导机构为中国国际金融股份有限公司；纵维立方近九成产品销往美国、德国、法国等地，营收超13亿元；拓竹科技、智能派2023年营收也实现了超10亿元的目标；光华伟业作为我国增材制造材料头部企业，2023年全年实现营业收入4.4亿元，同比增加28.04%；希禾增材是国内第1家、全球第2家推出绿激光金属增材制造设备的企业。

5.2.5 技术水平

截至2024年4月，深圳共拥有增材制造相关专利755项，数量位居全国前列。深圳大学增材制造研究所聚焦于两大陶瓷技术研究领域，采用陶瓷粉体与光敏树脂混合浆料的光固化3D打印工艺以及聚合物作为陶瓷前驱体的光固化3D打印技术。该项工作对先进陶瓷的研发起到积极助力，符合国家的重大战略需求，特别在高端应用领域（如机械电子、能源环保、航空航天和生物医疗骨科植入等领域）具有重要的应用价值和前景。

深圳市3D打印制造业创新中心是深圳市"十大制造业创新中心"之一的新型创新平台，创新中心先后完成了随形冷却模具增材制造研发及产业化项目、激光复合增减材制造装备及自动化生产线研制项目、先进陶瓷激光3D打印项目、连续纤维复材3D打印等多个项目的政府专项立项及内部立项研发，并在航空航天、工业模具及生物医疗行业形成不同程度的合作基础。同时，创新中心面向航空航天轻量化高性能典型零部件，通过开展多项关键或共性技术突破实现先进制造板块的国产化及产业化推进。2023年，广东省筹建广东省增材制造装备创新中心，由广东省激光行业协会、深圳市3D打印协会会长单位——光韵达为牵头单位以及行业专家、领航者、多名博士团队，承接深圳市3D打印制造业创新中心团队，共同组（筹）建以增材制造装备产业化实施、3D打印研究与应用，延续其使命持续打造以关键共性技术为核心的创新载体。

5.2.6 市场情况

深圳的增材制造市场呈现出规模大、品种多、应用广的特点。从工业级打印机到家用打印机，从塑料到金属材料，从医疗领域到航空领域，增材制造技术的应用无所不在。同时，深圳拥有众多增材制造设备制造商和解决方案提供商，在供应链管理、技术服务与支持、二手设备交易、打印服务与定制化生产等各个环节形成了完整的产业链。

深圳拥有完善、健全的轻工业制造基础，作为增材制造重要潜力市场，一些大型企业已经或即将开始使用增材制造。以华为、中兴为代表的电信设备类企业，飞亚达、富士康、比亚迪、创维、TCL、康佳等为代表的仪器仪表、电子制造、汽车、家电企业也正投入使用行列，增材制造技术在深圳的建筑、电子制造、仪器仪表、安防、数码电子、工业设计、珠宝首饰、文化创意等优势产业集群的应用将非常广泛。

2023年7月，在荣耀发布的折叠屏手机Magic V2中，成功地应用了增材制造的钛合金零件，这个零件是折叠屏中的一个关键零件卷轴，作为首次大规模使用钛合金技术，新材料主要用于卷轴器件，铂力特、瑞声、长盈精密、金太阳等公司都有所涉及。

消费电子带动增材制造市场，即将迎来爆发式增长。过去增材制造的痛点在于无法大规模量产，在当前消费电子钛合金趋势之下，增材制造钛合金成本低于传统CNC制造，市场空间释放；国内厂商金属增材制造技术SLM、LPF均成熟，已在航空航天领域实现应用；金属增材制造成本降低，铂力特金属增材制造粉末售价已比3年前降低46%，另外激光头增加、双面铺粉等技术助力生产效率提升和成本下降。

增材制造产业链中，设备厂商占据主导地位。上游原材料价值量约占16%，目前基本完成国产替代，核心零部件价值量占7%，激光器和振镜国产替代进展较慢；中游增材制造设备厂商价值量占比55%，3D增材制造服务商价值量占比为21%，国产厂商收入规模和外资龙头仍有一定差距；全球增材制造下游较分散，我国工业级增材制造下游约60%用于航空航天。

短期分产品测算，假设2024年折叠屏轴盖、Apple Watch表壳、iPhone中框的增材制造渗透率分别为10%、25%、10%，将新增设备市场1.6亿元、10.4亿元、117亿元。中长期，消费电子领域增材制造应用成长空间巨大。2022年全球消费电子领域增材制造市场规模为21.27亿美元，在全球1.01万亿美元消费电子市场的渗透率仅约0.21%，增材制造应用有巨大上升空间。

5.2.7 投融资情况

2017年以来，我国激光与增材制造产业投融动态整体呈现波动中增长的趋势，投融事件主要分布在A轮和天使轮，两者投融事件占总投融事件（不含未公开事件）的60.6%；投融主要标的集中在产业中游阶段，囊括激光器、激光设备、增材制造设备及服务、增材制造材料等几个细分领域。深圳是全国投融事件数量排名第一的城市，数量为64起。

近年来，深圳本土参与投资增材制造领域的机构分别为深创投、同创伟业、高新投、前海母基金。深圳业内较为重要的投融事件为摩方新材及金石三维。

5.2.8 专业机构

2014年，深圳市新材料行业协会联合深圳工业总会、光韵达、中兴通讯、深港产学研基地、中国科学院先进技术研究院等40余家增材制造领军企业、科研院校及机构，成立"深圳市3D打印协会"与"深圳市3D打印产业创新和标准联盟"。

深圳市新材料行业协会于2010年11月成立，是深圳市5A级社会组织、广东省工商联"四好商会"、国家工商联"四好商会"，现有会员近600家。目前，协会规上企业392家，上市公司50家，拟上市企业54家，国家级专精特新"小巨人"企业56家，制造业"单项冠军"示范企业24家，拥有德方纳米、贝特瑞、星源材质、新宙邦、容大感光、先健科技、中金岭南、新星轻合金、南玻、长园、瑞华泰等在全国乃至全球范围内具有竞争力的企业，形成了以深圳市先进电池材料产业集群为代表的产业集聚，还拥有一些国内外新材料龙头企业及相关机构。目前，会员企业家中市人大代表18位，政协委员19位。协会先后牵头成立市电池协会、3D打印协会、石墨烯协会、智能制造协会、真空技术协会、建材行业协会，筹备成立深圳市化妆品行业协会；协助政府先后成立"深圳市石墨烯制造业创新中心""深圳市3D打印制造业创新中心"，筹备成立"深圳市聚酰亚胺制造业创新中心"。

深圳市3D打印协会成立于2014年，是在深圳市科技创新局指导下，由从事技术、设备、网络、应用、服务和运营等3D打印技术相关企事业单位及机构等共同成立的非营利社会组织。协会宗旨是整合及协调深圳市产业上下游资源，营造3D打印技术创新发展环境，促进3D打印产业与传统产业的有机结合，发展适合深圳市及中国、连接国际的标准化、规模化产业市场，促进深圳市3D打印产业健康可持续发展。

5.3 广东省

（广东省增材制造协会 杨永强 陈孝超 叶小蕾）

5.3.1 产业规模

广东省是国内最大的增材制造产业集聚区，产业规模和企业数量占全国30%以上，产业集群发展优势明显，位居全国首位。一是拥有全国领先的产业技术基础，形成了涵盖产品设计、材料、关键器件、装备与系统、工业应用和公共技术服务等产业链。二是企业数量多，拥有大族激光、光韵达、迈普医学、爱司凯、中望软件等一批业务为增材制造领域的上市骨干企业，众多中小企业蓬勃发展，产业集聚态势良好。三是拥有一定数量的创新平台与人才队伍，建立了国家级、省级技术创新平台和工程技术中心。四是市场规模化应用前景广阔，在软件、汽车、模具、生物医疗、文化创意等领域已形成一定的应用规模。在政府、企业、科研机构和行业组织的共同努力下，通过扩大应用市场、推动技术创新等措施，塑造了广东省增材制造产业发展的新模式。

5.3.2 产业布局

广东省在产业布局上坚持错位发展原则，目前已形成以广州、深圳为核心，以东莞、佛山、珠海、中山、江门、惠州等珠三角城市为重要节点的增材制造产业发展格局，省内其他城市也加快引进培育增材制造产业链企业，加速推进增材制造产业集群发展载体建设。从各市来看，广州和深圳的增材制造产业链企业数量占全省增材制造产业链企业数量的 75%以上，全产业链建设相对完善，广州重点布局专用材料、精密激光制造、生物增材制造等领域。深圳重点布局激光器件、激光与增材制造装备等领域，是带动全省增材制造产业链发展的核心城市。佛山、东莞、珠海、江门、惠州等市发挥制造业强市的优势，积极打造一批支撑产业链上中下游协同发展的企业和配套载体，推进增材制造技术在电子信息、汽车、船舶、新能源等领域的创新应用。

5.3.3 产业政策

广东省出台推动增材制造产业发展的相关政策主要为战略性新兴产业发展规划及专项支撑政策。2020年，为贯彻落实《广东省人民政府关于培育发展战略性支柱产业集群和战略性新兴产业集群的意见》，加快培育激光与增材制造战略性新兴产业集群，广东省相关部门出台了激光与增材制造专项行动计划。2024年1月2日，广东省科技厅、发展改革委、工业和信息化厅、商务厅、市场监管局等五大部门联合再次印发了《广东省培育激光与增材制造战略性新兴产业集群行动计划（2023—2025年）》（以下简称《行动计划》）。

《行动计划》主要包括五大部分，重点对广东省激光与增材制造产业的现状与问题进行梳理和分析，提出了"四大发展目标"，围绕目标制定了"六大主要任务""七大重点工程""四大保障措施"，确保行动计划的落实落细落地。

（1）四大发展目标

一是产业规模保持全国领先。到2025年，产业规模保持全国领先，年营收超1800亿元，年均增长超15%；累计培育实现拥有自主知识产权、年营收超50亿元的龙头骨干企业5家以上，年营收超10亿元的企业30家以上。二是产业创新能力大幅提升。到2025年，专利授权量年均增长超8%，有效发明专利量超1万件，制定国际标准、国家标准、行业标准等200项以上，重点龙头骨干企业研发投入强度超8%，成为全国激光与增材制造产业创新策源地。三是产业布局持续优化。打造以广州、深圳为核心，以珠海、佛山、惠州、东莞、中山、江门等地为重要节点的产业发展格局，建成激光与增材制造产业园区5个以上，建设材料、器件、装备与应用基地10个以上。四是产业生态更加完善。打造激光与增材制造领域集产品设计、基础材料、专用材料、关键零部件、高端装备与系统、应用技术与服务等于一体的全流程产业链，建成一批创新平台和服务载体，推动在航空航天、电子信息、汽车、船舶等领域的创新应用与融合，形成应用示范项目100个以上。

（2）主要举措

① 推进六大主要任务。一是优化区域布局，促进产业协同发展。二是培育优势企业，加速产业集群发展。三是强化创新驱动，推动技术跨越发展。四是加强应用推广，助力产业全面发展。五是建设平台载体，支撑产业深度发展。六是深化开放合作，构建全球创新网络。

② 实施七大重点工程。一是强链补链工程。二是园区增效工程。三是创新领航工程。四是应用示范工程。五是平台聚势工程。六是质量品牌培育工程。七是知识产权提升工程。

③ 强化四大保障措施。一是加强纵横向联动协同。二是加大政策扶持与引导。三是加快人才培养与引进。四是建立健全跟踪考评机制。

5.3.4 重点企业

广东省在增材制造产业链的上、中、下游环节均成功培育了一批代表性企业，形成增材制造产业集群化发展的良好态势。广东省在增材制造领域培育发展"专精特新"企业工作成效显著。截至2023年7月，广东省共有广东峰华卓立、深圳大族、深圳智能派、深圳金石三维、广州迈普医学、广州黑格、中山大简、东莞爱的等10家企业被认定为国家级专精特新"小巨人"企业，有爱司凯、广州赛隆、广州瑞通、广州捷和、深圳光韵达、深圳创想、广东汉邦、未来工场、深圳光华伟业、珠海赛纳、珠海三绿、深圳纵维等几十家企业被认定为省级专精特新中小企业。

增材制造装备核心部件相关产业蓬勃发展，产品主要包括激光器、扫描振镜、喷头、精密光学器件等，各个企业之间相互支持与配合，完备的产业环境使广东省激光增材制造装备核心部件的开发和生产能力处于国内领先地位，同时涌现出一批代表性企业和典型产品。激光器或激光器零部件制造产业集中在深圳市，代表性企业有大族激光、创鑫激光、深圳联品激光等，其他光源制造设备商或研发机构零星分布在广州、东莞和珠海，代表性单位有华南师范大学、广州奥鑫通讯、东莞富通尼激光等，涵盖了用于激光增材制造的所有类型的激光器。深圳大族激光和创鑫激光生产的激光器已经被应用到激光增材制造装备上。深圳大族思特开发的扫描振镜得到了市场的充分认可，技术成熟度处于国际先进水平，并在增材设备制造中得到应用。广东省科学院中乌焊接研究所、广州赛隆已成功研制出电子束增材制造中的核心部件电子束枪体。增材制造软件企业稳步发展，涌现出广州中望龙腾、广州谦辉信息、广州晋原铭等专业化软件公司。

广东省增材制造技术的应用范围非常广泛，目前已涵盖生物医疗、模具、珠宝首饰消费品、文化创意、汽车、航空航天等众多领域，与产业结合程度高，形成了一定的应用规模。相关企业主要分布在广州、深圳、东莞、佛山等城市，代表性企业主要包括东莞科恒、深圳未来工场、中山汇联智通、广州文博、广州迪迈等。华南理工大学、广东工业大学、广东省科学院等高校院所也积极与应用端产学研联合，大力推动增材制造技术在生物医疗、汽车、珠宝、模具等领域的应用。

5.3.5 重点产业园区

广东省增材制造产业园区目前主要以广州市3D打印产业园和深圳市3D打印产业园为代表。

（1）广州市3D打印产业园

广州市3D打印产业园成立于2014年，运营单位为广州市晟龙工业设计科技园发展有限公司，位于广州市荔湾区东沙街，园区分四期建设，规划建设面积为13.8万平方米。园区重点发展3D打印设备研发制造及3D打印耗材、工业设计、模具研发、机械电子、软件开发等3D打印产业。截至2023年底，园区入驻企业已超60家，包括瑞鑫通科技、谦辉科技、捷和电子、网能设计、艺企三维等高新技术企业。2018年，广州市3D打印产业园被科学技术部认定为2017年"国家级科技企业孵化器"，成为广东省唯一一家以3D打印产业为载体的国家级孵化器；2020年，被广东省科技厅等部门列入《广东省培育激光与增材制造战略性新兴产业集群行动计划（2021—2025年）》重点建设3D打印产业园区。广州市3D打印产业园立足于区位优势和产业链资源，引进一批国内外知名3D打印技术企业、专业人才，建设广州市3D打印公共技术服务平台，成立创新孵化专业团队、建立孵化服务体系，并牵头成立了广州市3D打印技术产业联盟、广东省医疗3D打印技术产业联盟、广州市增材制造技术行业协会、广东省增材制造协会，整合国内外3D打印产业创新资源要素，构建集3D打印设计、研发、软件开发、整机制造和材料供应于一体的产业综合体。

2024年，荔湾区正在以"广州市3D打印产业园"为核心，按照"一区多园"的规划建设激光与增材制造产业集聚发展示范区，其中包括打造激光与增材制造孵化园70万平方米，激光与增材产业加速器超50万平方米，激光与增材产业园134万平方米，支撑增材制造产业持续发展。

（2）深圳3D打印产业园

深圳3D打印产业园位于深圳市龙华区观澜大道17-1号，占地面积10000平方米左右，由未知大陆与优锐科技共同打造，是深圳市第一家专业的3D打印园区，园区坚持纯市场化的运作方式，以3D打印产业链协同为核心，聚合上下游，提供精准、有效的产业园区服务。

5.3.6　团体标准

为深入贯彻落实《中华人民共和国标准化法》和国务院《深化标准化工作改革方案》文件精神，充分发挥行业协会在组织和推动标准化改革方面的作用，广东省增材制造协会为推动团体标准在支撑和引领行业发展中的作用，加强增材制造产业的标准化工作。2020年以来，协会联合企业、院校共发布团体标准38项，如表5.2所示，有利于增材制造标准的宣传推广和贯彻实施，协调行业发展、促进技术交流。

表5.2　团体标准

序号	团体名称	标准编号	标准名称	发布日期
1	广东省增材制造协会	T/GAMA 36—2024	基于Micro-LED的光固化微纳3D打印设备规范	2024-01-25
2	广东省增材制造协会	T/GAMA 35—2003	增材制造 双激光同幅面激光选区熔化装备技术规范	2024-01-25
3	广东省增材制造协会	T/GAMA 34—2024	增材制造 粘结剂喷射工艺规范	2024-01-17
4	广东省增材制造协会	T/GAMA 33—2024	增材制造 激光选区熔化制备纯钨栅格薄壁结构件工艺规范	2024-01-17
5	广东省增材制造协会	T/GAMA 32—2024	增材制造 激光选区熔化设备装配及过程检查规范	2024-01-17
6	广东省增材制造协会	T/GAMA 31—2023	应用于微纳3D打印的Micro-LED投影光机光学性能测试规范	2023-12-27
7	广东省增材制造协会	T/GAMA 30—2023	增材制造 金属构件张开应力强度因子的测定 数字图像相关法	2023-10-26
8	广东省增材制造协会	T/GAMA 29—2023	3D打印紫外光投影机光学性能测试方法	2023-08-10
9	广东省增材制造协会	T/GAMA 28—2023	增材制造 光固化铸造树脂技术要求	2023-01-04

序号	团体名称	标准编号	标准名称	发布日期
10	广东省增材制造协会	T/GAMA 27—2023	增材制造 光固化高温树脂技术要求	2023-01-04
11	广东省增材制造协会	T/GAMA 26—2022	金属构件表面裂纹张开载荷率测试方法	2022-11-03
12	广东省增材制造协会	T/GAMA 25—2022	增材制造 运动头盔缓冲层技术要求	2022-07-01
13	广东省增材制造协会	T/GAMA 24—2022	增材制造 熔池特征测量 单相机比色法	2022-02-17
14	广东省增材制造协会	T/GAMA 23—2022	增材制造 金属构件缺陷在线检测 热能激励温度响应法	2022-02-17
15	广东省增材制造协会	T/GAMA 22—2021	增材制造 金属构件表面缺陷的无损检测 激光红外热成像法	2021-11-13
16	广东省增材制造协会	T/GAMA 21—2021	增材制造金属构件的离线检测 水浸超声法	2021-08-15
17	广东省增材制造协会	T/GAMA 20—2021	增材制造 高分子材料形状记忆驱动方法 紫外光热驱动法	2021-07-08
18	广东省增材制造协会	T/GAMA 19—2021	增材制造 高分子材料形状记忆性能测试 方法 弯曲测试法	2021-07-07
19	广东省增材制造协会	T/GAMA 18—2021	金属增材制造构件的在线检测 激光超声法	2021-07-01
20	广东省增材制造协会	T/GAMA 17—2021	粉末床激光熔融18Ni300模具钢嫁接增材制造工艺及要求	2021-03-17
21	广东省增材制造协会	T/GAMA 16—2021	增材制造 激光选区熔化工艺金属粉末使用品质控制规范	2021-03-17
22	广东省增材制造协会	T/GAMA 15—2021	增材制造 粉末床激光熔融零件拉伸性能测试方法	2021-03-17
23	广东省增材制造协会	T/GAMA 07—2021	增材制造 医用隔离眼罩加工及技术要求	2021-03-09
24	广东省增材制造协会	T/GAMA 14—2021	增材制造 立体光固化树脂	2021-03-09
25	广东省增材制造协会	T/GAMA 13—2020	增材制造 高分子粉末床激光熔融设计规范	2020-09-21
26	广东省增材制造协会	T/GAMA 12—2020	增材制造 金属粉末床熔融成型工艺过程控制与要求	2020-09-21
27	广东省增材制造协会	T/GAMA 11—2020	增材制造 金属粉末床激光熔融工艺特征及设计规范	2020-09-21
28	广东省增材制造协会	T/GAMA 10—2020	增材制造 粉末床熔融成型钛合金零件	2020-09-21
29	广东省增材制造协会	T/GAMA 09—2020	增材制造 陶瓷牙加工及技术要求	2020-07-20
30	广东省增材制造协会	T/GAMA 08—2020	增材制造 镍钛合金产品的超声检验方法 液浸法	2020-05-07
31	广东省增材制造协会	T/GAMA 07—2020	增材制造 医用隔离眼罩加工及技术要求	2020-04-13
32	广东省增材制造协会	T/GAMA 01—2020	激光选区熔化金属增材制造装备与质量控制	2020-01-07
33	广东省增材制造协会	T/GAMA 02—2020	熔融沉积桌面型3D打印机通用技术规范	2020-01-07
34	广东省增材制造协会	T/GAMA 03—2020	18Ni300马氏体时效模具钢激光选区熔化增材制造工艺流程	2020-01-07
35	广东省增材制造协会	T/GAMA 04—2020	等离子增材复合铣削减材装备与工艺质量控制	2020-01-07
36	广东省增材制造协会	T/GAMA 05—2020	激光选区熔化增材制造AlSi10Mg合金	2020-01-07
37	广东省增材制造协会	T/GAMA 06—2020	金属3D打印过程粉末和激光使用安全规范	2020-01-07

5.4 江苏省

（江苏省增材制造专业委员会 陈振东，宿迁学院 张进，江苏省激光产业技术创新战略联盟 陈长军）

5.4.1 产业背景

习近平总书记在参加十四届全国人大二次会议江苏代表团审议时强调"要牢牢把握高质量发展这个首要

任务，因地制宜发展新质生产力"。2024年政府工作报告也提出了大力推进现代化产业体系建设，加快发展新质生产力的目标。在全球制造业新一轮科技革命和产业变革的背景下，江苏省实施了"1650产业体系"，即在"十四五"时期重点打造的16个先进制造业集群和50条重点产业链，以推动全产业链优化升级，不断增强产业体系的国际竞争力、创新力、控制力。为此，我省出台政策组合拳持续发力，先后参与发布《增材制造产业发展行动计划（2017—2020年）》《中国制造2025江苏行动纲要》《江苏省制造业智能化改造和数字化转型三年行动计划（2022—2024年）》《加快科技创新引领未来产业发展"5个100"行动方案（2024—2026年）》。作为制造大省，江苏发展未来产业具有良好基础，部分领域已形成比较明显的优势，前沿新材料、未来网络等与世界先进水平"并跑"，增材制造、人工智能、氢能与储能等已初具规模。

新质生产力的特点是创新，关键在质优，本质是先进生产力，是顺应时代发展的新需求。新质生产力并非凭空而生，它是技术革命性突破、生产要素创新性配置和产业深度转型升级三者共同催生的结果，而增材制造技术无疑在新质生产力的形成中扮演着举足轻重的角色，是深入实施"制造强国"战略的主攻方向，是加快建设"质量强国、航天强国、数字中国"的重要手段，是传统产业优化升级、新兴产业培育壮大的重要引擎，也是新质生产力的重要内容和时代标志，对推动我国制造业高端化、智能化、绿色化发展具有重大意义。

江苏省通过建立高科技产业园区来集中优势资源，以苏南国家自主创新示范区和省级以上高新区为重要载体，围绕创新链布局产业链，围绕产业链部署创新链，进一步强化金融、人才等要素配置，全力打造"技术策源—应用牵引—企业孵化—产业集聚"的未来产业全生命周期培育体系，抢占未来发展的战略制高点，跑出加速度、塑造新优势。

5.4.2 产业现状

江苏省增材制造产业的发展取得惊人成就，从"小而散"的点状分布，成长为以苏南、苏北两大产业集群，区域分布更加合理，产业布局更加完善，拥有原材料及母材、材料制备、激光器、振镜及光学零部件、装备制造、工业软件、3D打印服务等完整的产业链；产品应用涵盖了航空航天、工业制造、医疗、建筑、教育等多个领域和典型应用场景；旨在构建一个更加高效、绿色、智能的激光制造与增材制造产业体系。2023年产业发展总体水平位居全国前列，增材制造产业年销售额超过60亿元，约占全国15%，与2022年相比增加了50%，增速保持全国领先。

在这些企业中，有上市公司"移花接木"开辟新赛道的"参天大树"，有央企、国企"腾笼换鸟"转型升级的大平台，还有民营科技型中小企业"破茧成蝶""长成林"的专精特新"小巨人"；在其专业领域内具有深厚的技术积累，展现出明显的差异化、精细化的市场竞争趋势，许多已成为各自细分市场的领军者。不仅提升了江苏省增材制造产业的整体水平，也为其在国内乃至国际市场中赢得了独特地位。目前，江苏增材制造企业正在不断强化技术创新，突破基础材料、成形技术、工艺软件等关键环节，研发一批国内外领先的3D打印装备。

增材制造是一个涉及材料科学、先进制造技术、激光技术和信息技术多学科的深度融合，它的产业链可以分为上游、中游和下游3个主要部分。

1. 江苏省增材制造上游产业分析

在原材料领域，江苏省特别注重高性能金属粉末的研发和生产，产品涵盖钛合金、铝合金、高温合金和高熵合金等特种材料的研制，满足国内外在航空航天、汽车、生物医用、能源、机械等领域的增材制造发展需求。例如中天上材增材制造有限公司作为中天科技集团控股子公司，专注于球形金属粉末的生产，这些粉末主要用于增材制造、熔覆修复及再制造等领域，公司已成为国内领先的金属粉末供应商。江苏威拉里新材料科技有限公司，是徐州矿务集团投资控股的"混合所有制改造"企业，专注于生产高温合金和钛合金等3D打印粉末，并通过技术创新推出了全自主化的制粉设备，显著提升了生产效率和市场竞争力。江苏奇纳新材料科技有限公司在宿迁高新区的研发和生产操作中，致力于研发和生产高温合金、特种金属材料，如钛合金、铝合金等，这些材料广泛应用于增材制造，在航空航天等高端制造领域展示了其强大的研发实力和市场潜力。

在激光器领域，江苏省在整个长三角地区乃至全国的激光及光电产业具有集群效应的显著优势，同时也凸显了我省对高新技术企业的巨大吸引力，为国内外市场提供了多元化的光电产品和解决方案。无锡锐科光纤激光技术有限责任公司，作为武汉锐科光纤激光技术股份有限公司的全资子公司，是锐科激光在华东区的总部。无锡锐科专注于激光器技术的研发和生产，其产品线涵盖从低功率到高功率的各种激光器及振镜，包括脉冲光纤激光器、连续光纤激光器、准连续光纤激光器和直接半导体激光器等，广泛应用于增材制造领域。此外，苏州度亘激光凭借其在半导体激光器及激光芯片的研发与生产中达到1.9亿元的产值，展现了其行业竞争力和发展潜力；苏州英谷激光专注于飞秒、皮秒、纳秒固体激光器的研发与制造，以3000台的产量实现1.5亿元的产值，彰显了其在精密加工技术领域的专业能力；苏州中辉激光与苏州精瑞激光分别在碟片激光器与二氧化碳气体激光器领域小规模但专业化地进行研发与生产；南京晨锐达激光和南京诺派激光则在各自的技术细分市场中稳步发展。特别是江苏南大光电，作为激光器原材料光刻胶的生产企业，接近20亿元的产值不仅为激光器制造业提供了强有力的支撑，也标志着该地区在光电材料行业的重要地位。

在振镜光学系统和工业软件集成等"卡脖子"领域，由江苏省产业技术研究院领衔，通过"政产学研用"的协同创新机制，从"引进、消化、再创新"到"跟跑、并跑、领跑"，实现了"0"到"1"突破的"加速度"。苏科思成立于1996年，总部位于荷兰埃因霍温，专注于高精密复杂仪器设备的核心技术研发，服务客户有飞利浦、赛默飞等。2019年，苏科思在苏州成立江苏集萃苏科思科技有限公司，依托顶尖技术团队，在增材制造领域提供定制化软件技术及系统集成的解决方案。江苏金海创科技有限公司在镇江市专门从事光学扫描振镜及其控制系统的研发、生产和销售，其产品广泛应用于激光标刻、激光3D打印及其他多个领域。江苏天凯光电有限公司专注于高功率、窄脉宽激光应用技术的研发和市场应用，为各类精密制造提供核心设备。

总体来看，江苏省的增材制造上游产业通过高度专业化和技术创新，为整个增材制造产业链提供了坚实的支持，推动了行业的发展和技术进步。

2. 江苏省增材制造中游产业分析

在增材制造产业链的中游环节，江苏省表现出卓越的技术创新和产业深度，特别是在金属和非金属3D打印技术的研发、制造及应用方面。除了激光熔覆装备，该地区还涵盖了SLM、EBM设备，以及用于非金属（如塑料和树脂）的SLA和FDM技术。这些技术的发展和应用，使江苏省在增材制造领域的关键企业能够提供从原型制作到功能性部件生产的全面解决方案，进一步巩固了其在全球增材制造市场的竞争地位。

3. 江苏省增材制造下游产业分析

江苏省的增材制造下游企业在将前沿技术应用于实际产品制造和服务方面表现出色。这些企业不仅优化了制造流程，还提高了产品的定制化水平，满足了多样化的市场需求。

航天科工三十一所空天动力研究院项目落户苏州工业园区，总投资36.4亿元，重点打造增材制造领域的数字化、规模化智能制造基地。项目目标是建立国家示范性的技术成果转化中心和智能制造基地，推进苏州本地航空航天产业生态建设。

晨光集团作为中国航天科工集团的一员，长期致力于复杂的机械制造，尤其在采用3D打印技术制造国家级产品的精密部件方面具有显著优势。这种技术的运用大幅提升了研发速度和生产效率，使晨光集团在航空航天和国防产业中继续保持领先地位。

常州钢研极光增材制造有限公司由北京钢研高纳科技股份有限公司及钢研投资有限公司主导，隶属于中国钢研科技集团有限公司，专注于高温合金材料的研发、生产和销售。该公司落户常州市武进国家高新区，项目集3D打印新材料研发、高端精密增材制造、先进后处理及材料测试分析于一体，产品主要应用于航空航天和民用高端制造行业。

南京铖联激光科技有限公司则通过其在齿科3D打印技术的专业应用，提供从原材料到成品的一站式解决方案。该公司还成功构建了全球分布式的增材制造数字化云工厂网络。这不仅改善了生产流程，还通过网络化服务模式推动了全球口腔医疗行业的技术进步和转型。

4.江苏省科研实力雄厚，成果丰硕、厚积待发

增材制造创新机构作为技术创新、产业发展和应用的平台，以国家战略目标和制造创新发展为导向，瞄准重大设备、重要材料、关键工艺、核心软件、核心元件等前沿共性关键技术，以及创新技术、转化技术、孵化技术，通过多学科交叉创新和"政产学研金用"协同创新，打造完整创新链、产业链，带动整个制造业的转型升级，服务中国制造强国战略。中国机械总院集团江苏分院有限公司（江苏分院）是中国机械科学研究总院集团的全资子公司，专注于研发、服务、孵化和人才培养，支持制造业技术转型升级。江苏分院运营多个国家级和省级科研平台，包括江苏省快速制造工程技术研究中心，在增材制造领域优势显著。作为工信部智能制造系统解决方案供应商和国家级专精特新"小巨人"企业，每年企业委托服务合同金额超亿元，推动增材制造技术的创新和应用。此外，江苏省先后建立了江苏省增材制造高性能金属粉末新材料工程研究中心、江苏省航空航天增材制造工程研究中心、江苏省生物3D打印工程研究中心、江苏省生物质复合材料与增材制造技术工程研究中心、江苏省三维打印装备与制造重点实验室、江苏省高性能金属构件激光增材制造工程实验室等增材制造创新研发机构。

江苏增材制造产业的一大特点是自主创新能力较强，全省增材制造领域年专利申请量国内领先。以3D建筑打印产业为例，3D建筑打印分为新设备、新材料、新设计、新工艺4个部分，涉及机械设备、自动化、软件研发、新材料、创意设计、建筑工法等多个学科，属于交叉融合学科。这一核心特点决定了3D建筑打印技术的"门槛"极高。目前，国内大部分院校或研发机构在做研发的时候，都是在某个细分领域单点突破，很难实现产业化应用。

此外，江苏省的高等院校在3D打印和增材制造领域取得了显著的科研成果，为该省在这一先进技术领域的创新与发展做出了重要贡献。通过各大学研究团队的不懈努力和创新，南京航空航天大学与南京大学等机构在*Science*等顶级学术期刊上发表的研究成果，不仅解决了传统制造技术的限制，还拓宽了新的研究和应用方向。从南京航空航天大学提出的"材料–结构–性能一体化增材制造"新概念，到江南大学在无支撑3D打印技术方面的创新，以及苏州大学和东南大学在新材料开发和环境治理方面的研究，这些成就不仅标志着技术突破，也为航天、光电、环境保护等多个领域提供了先进的解决方案。南京理工大学智能制造学院汤海斌课题组，基于华曙高科开源、超高温高分子增材制造设备UT252P，自主研发的碳纤维增强PEEK（Carbon Fiber Reinforced Polyether Ether Ketone，CF/PEEK）复合材料SLS制备工艺研究项目，取得了重要成果。南京理工大学汤海斌课题组开发了CF/PEEK复合粉末材料，并探索了不同的3D打印工艺参数，如激光功率、层厚、铺粉速度、碳纤维重量分数等，并研究了这些参数对制件机械性能的影响。这些研究成果进一步促进了科技的持续进步和产业结构的优化升级。

5.4.3 建议和意见

① 培育和支持龙头企业。

重点支持潜力企业：针对具有成为行业龙头潜力的高新技术企业，例如中瑞智创、江苏奇纳新材料科技有限公司、江苏永年激光成形技术有限公司等，江苏省政府应提供包括资金投入、税收优惠、研发资源在内的全方位支持。这种政策支持不仅可以加速这些企业的成长，还可以促进整个激光制造与增材制造产业链的发展。

加强产业链协同：通过政策引导和资金支持，激励龙头企业与上下游企业建立稳固的合作伙伴关系，优化产业链结构，提升整个产业链的产品质量与竞争力，并促进技术创新与资源共享。

建设创新生态系统：政府应促进建立开放合作的创新生态系统，鼓励企业、研究机构、高等院校间的合作与交流，尤其强调与国际先进研究机构的合作，引进全球视角和先进技术，为本土企业提供创新发展的土壤。

优化投融资环境：政府通过优化政策环境，吸引风险投资、私募基金等资本投入激光制造与增材制造产业，特别是对处于快速成长阶段的企业，提供充足的资金支持，促进其快速成长。

加强品牌建设与市场拓展：支持企业通过参与国内外展会、技术论坛等活动加强品牌建设和市场推广，提高企业品牌知名度和市场影响力，拓展国内外市场，提升江苏省激光制造与增材制造产业的整体地位。

② 技术创新与研发投入。

加强核心技术研发：江苏省应推动企业加大在激光制造与增材制造领域的核心技术研发力度，尤其是在高功率激光技术、精密加工技术等关键领域的技术突破。政府应通过提供资金支持、研发补贴、税收减免等措施，激励企业投入更多资源到创新研发中。此外，政府还应促进科研成果的有效转化，通过建立产业化应用推广平台，加快技术成果从实验室到市场的转换速度。

建立开放创新平台：建议江苏省积极推动企业、高等院校、研究机构之间的深度合作，共同建设开放式的创新平台，如技术创新中心、工程实验室等。这些平台应聚焦于解决行业关键技术难题，同时提供共享资源和服务，如高端仪器设备、研发资金、市场信息等，以提高整个产业的创新能力和效率。

促进国际合作与交流：为加强江苏省激光制造与增材制造产业的国际竞争力，应积极寻求与国际顶尖研究机构、领先企业的合作与交流机会。通过参与国际合作项目、共同开展研发活动、交换人才等方式，引进国际先进技术和管理经验，同时为本土企业提供走向国际市场的平台和机会。

③ 人才培养与引进。

加大人才培养和引进力度：通过与高等院校合作，建立产学研结合的人才培养机制，为产业发展提供人才保障。同时，实施更加开放的人才引进政策，吸引国内外顶尖人才加盟。

搭建人才成长平台：为技术人才和管理人才提供广阔的职业发展平台，包括技术研发、市场营销、产业管理等多方面，通过职业培训、学术交流、国际合作等方式，提升人才综合素质和创新能力。

④ 产业升级与市场拓展。

推动产业向高端市场升级：鼓励企业开发高技术含量、高附加值的激光制造与增材制造产品，如医疗器械、航空航天部件等，通过提升产品的技术含量和质量，满足高端市场的需求。同时，加大研发投入，提升原创设计和核心技术的研发能力，促进产业结构优化和升级。

拓展国内外市场：支持企业通过参加国际展览、建立海外销售网络等方式拓展市场，加强与国际买家的合作关系，提升江苏省激光制造与增材制造产业的国际竞争力和品牌影响力。此外，利用数字化、网络化手段，探索线上市场和电子商务平台，开拓更广阔的市场空间。

5.5 河北省

（河北省增材制造学会）

河北省增材制造学会是地方性学术团体和非营利性社会组织，由河北科技大学、河钢集团有限公司、华北理工大学、石家庄铁道大学、中航迈特粉冶科技（固安）有限公司联合发起成立，并由从事增材制造技术研究与应用的个人、企事业单位和社会组织自愿结成，是为促进河北省战略性新兴产业的繁荣和发展、河北省增材制造技术的普及和推广、增材制造技术人才的成长和提高、增材制造技术更好地服务我省经济而打造的一个增材制造理论、技术与应用研究，增材制造学术交流与普及，增材制造咨询服务与政策建议平台。学会于2022年3月12日成功召开成立大会暨第一届会员代表大会，现有个人会员200余人，单位会员63个。2023年7月，学会在河北省承德市组织召开增材制造技术与装备发展论坛暨2023年度河北省增材制造学会年会，来自增材制造领域的专家学者、学会代表等共120余人参加了论坛。

5.5.1 培育政策

政府在财政、税收、金融等方面制定切实可行、有利于增材制造产业发展的相关专项政策，加大扶持力度，为产业的快速成长创造条件。有效应用金融工具，加大对增材制造重大专项、重大平台、产业园区等方面的政策扶持力度，"一事一议"对具有较大影响力及产业带动作用的重大项目予以支持，推出人才引进和发展新政策，吸引国内外科技人才到石家庄工作，以便开展增材制造领域的前沿性、原创性技术研究，提升"基础与专用材料–关键零部件–高端装备与系统–应用与服务"的链式创新能力。对于符合条件的创意、设计及发明费用，执行税前加计扣除政策。此外，对于处于发展初期的产业，执行适当减免税收的政策。

积极推进校企合作，制定校企协同科技创新的支持政策，强化有组织科研、开展协同攻关、协同推进成果转化三方面协同发力，深化校企合作，打破高校、企业协同创新的信息孤岛、合作门槛等壁垒，推动产教深度融合。出台鼓励和支持增材制造产业园发展的行业政策，建设创新研究院等创新平台，提升原始创新能力，建设中试试验基地等促进重大成果转化和应用，建设专业孵化器、加速器等支持初创小微企业发展。对于有发展潜力和应用前景的增材制造相关产业，以"先存量、后增量"的原则，优先安排用地供应；对发展快、用地集约且需求大的产业，出台可适度增加年度新增建设用地指标的政策。建立增材制造产品政府采购政策，选择高端汽车零部件、医疗等重点行业领域进行推广应用和试点示范，积极探索和积累增材制造的运营和管理经验。强化增材制造技术在各行业领域应用的政府引导，为企业的增材制造设备购置、应用研发、制造转型提供政策支持。

5.5.2 培育机制

鼓励高校、科研院所、企业之间的横向联合，有效整合社会资源，推动和服务企业原始创新、集成创新和引进吸收消化再创新，不断提高自主创新能力和水平，解决产业发展的核心、共性技术问题，加速科学突破向产业核心技术的转化，并带动产业技术体系的形成，扎实构建未来产业的技术基础。重点突破战略性新兴产业领域的原创标志性目标产品，不断提升自主创新层次。

孵化器＋风险投资＋创业板，构建产业新创企业的成长环境，以科技创业支撑产业的成长，形成创业服务、创业投资和资本市场联动，有效发现和筛选产业领域内的先导企业，全方位为科技创业企业提供良好的成长条件和发展环境。以引导资金投向初创企业和建立区域性股权交易市场为突破口，完善科技创业融资体制。

建立科技产业园区，营造技术创新与产业协调发展的良好环境，促进产业的集聚发展。根据资源条件和增材制造产业优势，明确发展重点，科学规划建设融合发展集聚区，打造区域性创新中心和成果转化中心。建立区域协调机制与合作平台，加强产业集群内部的有机联系，形成合理分工与协作，构建优势互补、相互促进的区域发展格局。充分发挥各部门职能，组织实施基础性、引导性重大工程和重点项目，提升产业整体素质，增强发展后劲。

重视市场需求的开发，发挥应用示范项目对增材制造未来产业发展的促进作用。建立健全激励与约束机制，完善知识、技术、管理等要素参与利益分配的方式方法。加强与发达国家的技术合作，加快制定增材制造技术标准，推进增材制造设备市场化。对于市场化效果好的领域，制定规模化发展策略，完善管理体系，加快产品推广，尽早将其规模化，促进其实现在该领域的领先地位。

5.5.3 体系支持

鼓励金融机构建立支持增材制造产业发展的多渠道、多元化投融资机制，鼓励民营资本进入增材制造领域；加强增材制造高端人才的引进，吸引海外留学人员回国创新创业，为想从事增材制造的有志青年提供基础设施，为他们创业提供技术支持、创业指导，将有成功孵化前景的项目直接落户产业园；搭建教育培训平台，着力培养掌握增材制造技术的工人；选择产业发展中的共性问题组织项目攻关，开展创新活动、推动具有自主知识产权的设计、关键技术和软件的研发；积极推进高等院校开设增材制造专业，进行增材制造专业培养方案的制订及相关课程建设，增加专业招生人数；加快增材制造产业园建设，通过资源整合，构建增材制造产业链，跟进已有项目并努力吸引更多知名企业落户；加大招商引资力度，瞄准美国 3D Systems 公司和 Stratasys 公司、德国 EOS 公司等增材制造领域的国际领军企业开展工作；打造增材制造产业集设备、材料、软件等一体化的产业集群，快速做大做强，占领区域发展制高点。

5.5.4 行业未来发展趋势预测

技术进步：未来增材制造技术将持续实现更高精度、更快速度和更大尺寸的打印，同时在智能化、自动化和数字化方面取得突破。

新材料开发：随着科研投入的加大，未来将有更多高性能、环保、低成本的增材制造材料问世，推动产业发展。

应用领域拓展：增材制造技术将进一步拓展到能源、电子、生物医药等领域，助力相关产业的创新发展。

政策支持：世界各国政府将继续加大对增材制造产业的支持力度，推动产业集群发展、人才培养和国际交流合作。

总之，未来增材制造产业将在技术创新、应用领域拓展和产业生态构建等方面实现跨越式发展，为全球制造业的转型升级提供有力支撑。

第 6 章

Enterprise Development

企业发展篇

（按首字母拼音顺序排列）

北京市
福建省
广东省
贵州省
湖南省
湖北省
河北省
江苏省
辽宁省
内蒙古自治区
宁夏回族自治区
上海市
陕西省
山西省
四川省
山东省
天津市

6.1 北京市

6.1.1 鑫精合激光科技有限公司

鑫精合激光科技有限公司（后简称"鑫精合"）于2015年11月成立，注册资金6138万元。公司主要业务领域为增材制造设备及服务、复杂金属零件制造，主要涉及复杂金属定制化产品制造、原材料制备、增材制造设备制造与销售。公司以先进制造工艺为依托，不仅实现了3D打印设备和工艺完全自主研发，而且实现了工程化和产业化，可以为航空航天、汽车、能源、医疗、模具、汽车、轨道交通等高端制造领域提供不同尺寸和全部主流材料牌号的零部件定制化生产。

鑫精合长期从事金属增材制造产业，在增材工艺、增材设备方面具有丰富的工程实践经验和技术积淀，长期为国内大型企业提供配套服务，所研制的增材制造设备已应用于多个企业和高校。自成立以来，鑫精合持续创新，不断进行市场开拓，应用领域逐渐扩大，近3年的营业收入呈高速增长的态势。

作为增材制造一站式解决方案提供商，鑫精合在北京、天津、沈阳、潍坊、西安、蚌埠等地设有生产研发基地。公司坚持技术创新，在激光选区熔化成形技术、激光沉积制造技术、电弧增材技术等领域有多项核心专利，具有夯实的增材设备研发能力，以及丰富的航空航天高性能产品研制工程实践案例，技术实力居于国内领先地位。

公司先后荣获工信部工业强基工程一条龙应用计划示范企业、国家高新技术企业、中关村前沿创新企业、工信部专精特新"小巨人"企业、北京市专精特新"小巨人"企业、国防科学技术进步奖三等奖、中国技术市场协会"金桥奖"项目一等奖、2021首届中俄青年创新创业与创意大赛先进制造企业决赛一等奖、"创客北京2020"创新创业大赛一等奖等荣誉及称号。公司致力于将高性能金属增材制造技术转化为我国重大工业装备发展急需的先进生产力，并在原材料制备、工艺研发、设备研发、行业标准建立、市场开拓等方面取得成绩。

2022—2023年主要新品

大尺寸、多光束、高纵深LiM-X800H设备实现量产，纵深指标居行业前列。LiM-X800H系列设备纵深高度指标居国内前列，成形尺寸达到800mm×800mm×1660mm，z轴成形高度突破1600mm，既可以满足航空航天、能源动力等领域对大尺寸零部件成形的需求，还可满足工业领域对小尺寸零件批量化生产的需求。LiM-X800H系列设备可配备十激光，能实现更快速、更高效的打印制造。采用自主研发的双电机驱动系统进行成形缸运动控制，高精度光栅尺提供实时位置反馈双驱同步闭环控制成形轴运动，保障成形轴全行程定位精度可达±5μm，目前已实现LiM-X800H整机的小批量生产。

推出了模具用大型激光选区熔化LiM-X400M设备，功能稳定，降本增效显著。针对模具行业开发的LiM-X400M产品已实现小批量生产，该设备极大地满足了模具制造行业的应用需求，成形尺寸为260mm×400mm×390mm，标配三激光，可同时出光打印，确保高效生产；可打印高温合金、铝合金、钛合金、不锈钢、模具钢、铜合金、镁合金、钴铬合金、坡莫合金、因瓦合金等多种材料。该设备在铺粉控制、风场系统优化、工艺控制、温度控制、粉末控制等方面均有创新设计，能够有效保证设备的成形质量与生产效率，为模具、鞋模、汽车等行业应用带来创新解决方案。

自主研发的激光金属3D打印前处理软件LiMAMS-SLM成功推向市场。自主研发的LiMAMS-SLM前处理软件适用于公司自有激光选区熔化设备，功能包括数模创建、三维STL零件导入、二维CLI轮廓数据导入、零件移动/旋转/切片/路径规划等，可完全兼容行业标准STL文件格式，支持导入STL的格式零件、CLI格式轮廓数据和自研TLSF切片数据，可导出为TLSF、STL、LMJOB格式的文件，为用户搭建起数模文件与金属3D打印制造间的桥梁，为后续复盘、再次使用提供便利。LiMAMS-SLM软件应用于多激光设备切片时，增加了分区概念，将一个激光覆盖区域划分为单个或者多个小区域，以优化打印区域扫描路径，避免烟尘影响，可针对不同零件结构和摆放调整多光搭接区分割线相关参数，充分发挥多光设备优势，兼顾打印质量和打印效率。

航天用 S-03 高强不锈钢激光选区熔化技术开发成功，综合性能可媲美锻件。S-03 为火箭专用高强不锈钢，低温韧性高，被广泛应用于液体火箭发动机的阀门零部件中，在航天领域具有很好的应用前景。通过组织及性能调控，实现了微观组织中马氏体与逆转奥氏体含量的协调，解决了 SLM 成形 S-03 的室温、低温下强度和塑性的匹配协调难题，其冶金性能和力学性能达到设计目标，室温抗拉强度可在 1000MPa 以上，断后伸长率达到 20%，低温抗拉强度达到 1400MPa，室温冲击功达到 130J，−196℃ 的低温冲击功达到 85J，性能超过锻件。

6.1.2　北京三帝科技股份有限公司

北京三帝科技股份有限公司（后简称"三帝科技"）是一家 3D 打印装备与快速制造服务提供商，是国家级专精特新"小巨人"企业、工信部增材制造典型应用场景供应商。三帝科技拥有激光和粘结剂喷射 3D 打印设备和材料技术及应用工艺，业务涵盖 3D 打印装备的研发及生产、3D 打印原材料的研发及生产、3D 打印工艺技术支持服务、快速成品件制造服务等，建立了完整的 3D 打印快速制造产业链，广泛应用于航空航天、汽车、电力能源、工业机械、船舶泵阀、轨道交通、3C 电子、教育科研、雕塑文创、康复医疗等行业。

自旗下隆源成型于 1994 年成功研制国内首台具有自主知识产权的商品化工业级 3D 打印机以来，三帝科技在多年 SLS、SLM 等 3D 打印设备及应用的基础上，自主掌握了 3DP、BJ 线扫描高速 3D 打印设备、材料及工艺，可满足不同尺寸（从毫米级到米级）产品的制造需求；自主研发了 SLS、SLM、3DP 砂型打印、BJ 粘结剂喷射金属/陶瓷打印等系列智能装备；深度开发了适用于铸铝、铸铜、铸铁、铸镁、铸钢等铸造领域的近 30 种材料工艺配方，针对不锈钢、模具钢、钛合金、SiC 陶瓷等 BJ 成型粉末材料的适配性工艺配方，以及 5 大系列 20 多种材料的粘结剂；通过全国智造中心，以及陕西咸阳、河北大名、河南平顶山、广西玉林、山东日照、河南安阳、安徽铜陵等地的 3D 铸造工厂，建立了全尺寸、多材料、全链路的快速制造服务能力，可为用户提供金属成品件快速试制和批量化生产，以及铸造砂型、蜡型打印等服务。

三帝科技基于 3D 打印装备、材料及工艺的自主核心技术，积极推动 3D 打印产业化规模应用，以科技赋能制造（3D 赋能）。通过并购铸造厂，打通"3D 打印+铸造"工艺，形成可复制推广的示范模式，帮助传统铸造厂改造升级，实现绿色、智能、高端铸造；将粘结剂喷射 3D 打印技术应用于提升粉末注射成型，实现无模快速批量制造，助力行业提质增效，推动传统制造高质量发展、转型升级，拉动千亿级快速制造市场。

三帝科技积极推进 3D 打印在 3C 领域的应用（3D3C），专注研发 3C 专用 3D 打印系统及材料工艺，使得 SLM 和 BJ 技术在自动化大规模 3D 打印生产成为可能。

三帝科技开拓了 3D 打印在康复医疗中的应用（3D 医疗），获得了我国第一张 3D 打印定制钛合金助听器医疗器械注册证，并建立了"太音"系统助听器产品销售渠道。

依托国千科技研究院、博士后工作站、企业研发团队"三位一体"的协同创新体系，三帝科技及旗下企业累计申报近 300 项专利及著作权，通过了 ISO 9001 质量管理体系、ISO 13485 医疗器械质量管理体系、ISO 45001 职业健康安全管理体系、ISO 14001 环境管理体系、绿色供应链管理体系、CE、EAC 等认证，并获得一类和二类医疗器械准入资格认定。三帝科技先后参与起草了多个国家及行业标准的制定并有 3 项国家标准发布，承担 6 个科技部重点研发专项及多个省市级重点科技项目，荣获工信部首批"增材制造优质供应商"、工信部"增材制造典型应用场景供应商""中国高新技术成果暨新产品交易博览会金奖""北京市科学技术奖二等奖""广西科技进步奖二等奖""中国有色金属工业科学技术奖二等奖""机械工业科学技术奖二等奖""全球铸造行业创新技术与产品""全国铸造装备创新奖"等荣誉称号。

2022—2023年主要新品

（1）新设备

① 3DP砂型打印机。

三帝科技自主研发的3DP砂型打印机3DPTEK-J1600Pro（见图6.1）、3DPTEK-J1600Plus（见图6.2）、3DPTEK-J1800（见图6.3）、3DPTEK-J2500（见图6.4）采用高速振动铺粉技术，配合高性能成型工艺和智能算法技术，运行速度快，操作简单，具有成型尺寸大、打印效率高、砂型精度及强度较传统工艺高，适用范围广等特点，适用于大尺寸、中小批量砂模生产，适合样件快速试制以及中小批量铸件的生产。

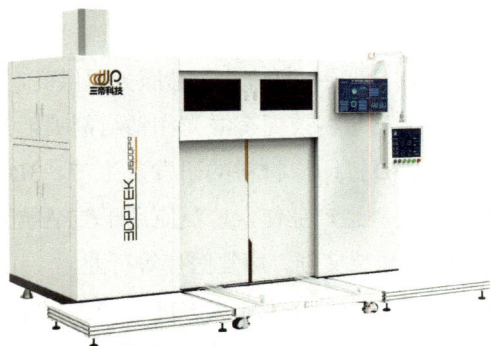

设备型号	3DPTEK-J1600Pro
设备主体尺寸（长×宽×高）	4120 mm×2120 mm×3270 mm
成型缸尺寸（长×宽×高）	1600 mm×800 mm×600 mm
最大成型尺寸	1560 mm×760 mm×580 mm
设备重量	约6t
地面承重要求	≥3t/m²
喷头数量	6
喷头分辨率	400dpi
粘结材料	呋喃树脂/酚醛树脂
成型厚度	0.2~0.5 mm
成型材料	石英砂/陶粒砂等

图6.1　3DPTEK-J1600Pro及设备参数

设备型号	3DPTEK-J1600Plus
设备主体尺寸（长×宽×高）	4170mm×5560mm×3800mm
成型缸尺寸（长×宽×高）	1600 mm×1060 mm×700 mm
最大成型尺寸	1560 mm×1000 mm×680 mm
设备重量	约10.0t
地面承重要求	≥3t/m²
喷头数量	8
喷头分辨率	400dpi
粘结材料	呋喃树脂/酚醛树脂
成型厚度	0.1~0.5 mm
成型材料	石英砂/陶粒砂等

图6.2　3DPTEK-J1600Plus及设备参数

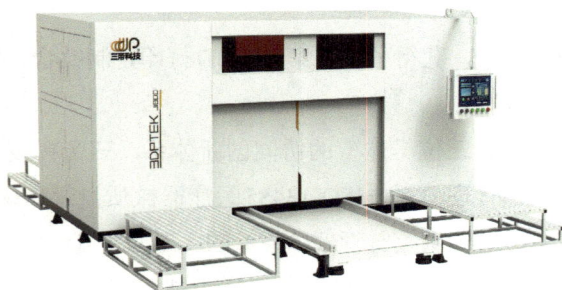

设备型号	3DPTEK-J1800
设备主体尺寸（长×宽×高）	6650mm×4470 mm×3450 mm
成型缸尺寸（长×宽×高）	1860 mm×1060 mm×730 mm
最大成型尺寸	1800 mm×1000 mm×700 mm
设备重量	约13t
地面承重要求	≥3t/m²
喷头数量	8
喷头分辨率	400dpi
粘结材料	呋喃树脂/酚醛树脂
成型厚度	0.2~0.5 mm
成型材料	石英砂/陶粒砂等

图6.3　3DPTEK-J1800及设备参数

三帝科技自主研发的3DP砂型打印机3DPTEK-J4000（见图6.5），突破了传统加工尺寸的限制，采用无砂箱柔性区域成型技术，支持局部打印，最大可成型4米的砂型，从而完成大尺寸、复杂结构铸件的一体铸造，极大地提高了生产效率和铸件质量。该设备极具性价比，可经济高效地实现超大尺寸的砂型制造。

设备型号	3DPTEK-J2500
设备主体尺寸（长×宽×高）	11400 mm×8900 mm×3900 mm
成型缸尺寸（长×宽×高）	2550 mm×1550 mm×1030 mm
最大成型尺寸	2500 mm×1500 mm×1000 mm
设备重量	约34t（总体），约15t（主机）
地面承重要求	≥ 5t/m²
喷头数量	12
喷头分辨率	400dpi
粘结材料	呋喃树脂/酚醛树脂
成型厚度	0.2～0.5 mm
成型材料	石英砂/陶粒砂等

图6.4　3DPTEK-J2500及设备参数

设备型号	3DPTEK-J4000
设备主体尺寸（长×宽×高）	21000 mm×7000 mm×4000 mm
最大成型尺寸	4000 mm×2000 mm×1000 mm
设备重量	约45t
地面承重要求	≥ 5t/m²
喷头数量	16
喷头分辨率	400dpi
粘结材料	呋喃树脂/酚醛树脂
成型厚度	0.2～0.5mm
成型材料	石英砂/陶粒砂等

图6.5　3DPTEK-J4000及设备参数

② BJ粘结剂喷射金属/陶瓷打印机。

三帝科技自主掌握粘结剂喷射成型技术的装备、材料、工艺相关的多项关键技术，完成了科研型R系列、生产型P系列等系列化设备的研制，完成了铁基材料、有色金属、高温合金、难熔金属、陶瓷材料、无机盐、高分子材料、食品材料等体系化材料工艺的开发。在小粒径粉体铺放、粉床致密度提升、高分辨喷墨系统开发、粘结剂配方快速设计开发、脱脂烧结工艺等方面具备成熟的技术和经验。

3DPTEK-J160R设备（见图6.6），是面向高校、科研院所、企业研发机构等的研发型设备。该设备操作方便、快捷，可灵活更换粉末材料和粘结剂墨水，结构简单、易维护，可有效保障科研效率和实验的可重复性。该设备采用自主研发的工控软件和数据处理软件，工艺参数开放度高、自主可调，不仅兼容多种材料，还适用于新材料的探索性研究与快速制备迭代。

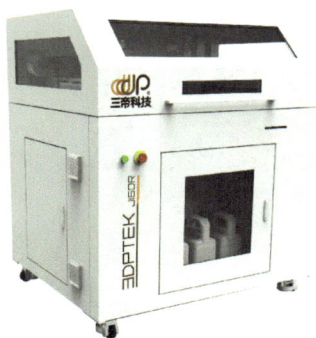

设备型号	3DPTEK-J160R
设备主体尺寸（长×宽×高）	1200 mm×1000 mm×1440 mm
成型缸尺寸（长×宽×高）	170 mm×75 mm×70 mm
最大成型尺寸	160 mm×65 mm×65 mm
设备重量	约0.65t
地面承重要求	≥ 0.5t/m²
喷头数量	1
打印分辨率	400dpi/800dpi/1200dpi
成型厚度	0.03～0.2mm
成型材料	304/316L/钛合金/铜合金/高温合金/钨合金等

图6.6　3DPTEK-J160R及设备参数

3DPTEK-J400P（见图6.7）和3DPTEK-J800P（见图6.8）是面向MIM、模具、刀具等行业的生产型设备，采用上送粉式单缸结构，配备V+精准落粉系统、双辊复合高致密铺粉系统、喷头自动清洗、内置空气净化系统等装置，操作方便快捷、可灵活更换粉末材料和粘结剂墨水。高端生产型设备还配置有高精度成型缸转运车，可实现成型缸的快速转运和快速更换，有效保障生产效率。

设备型号	3DPTEK-J400P
设备主体尺寸（长×宽×高）	2470 mm×1730 mm×2400 mm
成型缸尺寸（长×宽×高）	400 mm×400 mm×310 mm
最大成型尺寸	380 mm×380 mm×300 mm
设备重量	约 2.5t
地面承重要求	≥ 1.5t/m²
喷头数量	3/6
打印分辨率	400dpi/800dpi/1200dpi
成型厚度	0.03～0.3 mm
成型材料	304/316L/钛合金/SiC 陶瓷/铜合金/高温合金/钨合金等

图6.7　3DPTEK-J400P及设备参数

设备型号	3DPTEK-J800P
设备主体尺寸（长×宽×高）	2670 mm×1850 mm×2560 mm
成型缸尺寸（长×宽×高）	820 mm×520 mm×410 mm
最大成型尺寸	800 mm×500 mm×400 mm
设备重量	约 4.2t
地面承重要求	≥ 3t/m²
喷头数量	4
打印分辨率	400dpi/800dpi/1200dpi
成型厚度	0.03～0.3 mm
成型材料	304/316L/钛合金/SiC 陶瓷/铜合金/高温合金/钨合金等

图6.8　3DPTEK-J800P及设备参数

（2）新材料、新技术

三帝科技深度开发了适用于铸铝、铸铜、铸铁、铸镁、铸钢等铸造领域的近 30 种材料工艺配方，以及针对不锈钢、模具钢、SiC 陶瓷等 BJ 成型粉末材料的适配性工艺配方。3D 打印原材料及粘结剂如图 6.9 所示。

图6.9　3D打印原材料及粘结剂

① 非金属材料。

石英砂、覆膜砂、陶粒砂、SiC 陶瓷、水溶性模具材料、聚苯乙烯、PMX 晶态蜡、铸造用光敏树脂。

② 金属材料。

粉体材料：不锈钢、高强钢、模具钢、钛合金、铜合金、高温合金、铝合金等。

丝材：铁基合金等。

（3）粘结剂

① 自主粘结剂体系。

三帝科技已成功研发五大系列 20 多种材料的粘结剂（见图6.10），并具备粘结剂配方的自主设计能力，能够满足客户新材料、新应用对定制粘结剂的开发需求。

型　号	SS06	WU08	SU06	CU02	PU01
类　型	树脂型	水基	溶剂	陶瓷	高分子材料
特　点	主要用于3D打印砂型，强度、硬度高，发气量低，通用性高，固化速度快，成型效率高，成本低	主要用于3D打印金属，低黏度、低成本、高精度，发气量低、脱脂烧结低残留，环境友好型粘结剂	主要用于3D打印金属，高坯体强度、超高精度、脱脂烧结低残留	主要用于3D打印陶瓷，易于喷射，绿坯成型精度高、粘结强度高	主要用于3D打印高分子材料，成型精度高，低残留量，成型强度高
通用材料	硅砂、陶粒砂、宝珠砂等	SS304、SS316L、SS420、4140、M3/2、H13、IN625、17-4PH、W、WC、TC4 等	SS304、SS316L、SS420、4140、M3/2、17-4PH、CuSn10、 Cr、NaCl、KCl 等	氧化铝陶瓷、SiC陶瓷	PMX 晶态蜡等

图6.10　粘结剂体系

② 成型工艺。

三帝科技研究了高致密度脱脂烧结成型工艺，实现对脱脂烧结过程中金属与陶瓷产品的控形与控性，对脱脂烧结后的成品质量实现精准把控，产品性能优于MIM国际材料标准的力学性能。

6.1.3　北京卫星制造厂有限公司

北京卫星制造厂有限公司（又称"529厂"）隶属于中国航天科技集团有限公司中国空间技术研究院，成立于1958年，是我国宇航高端制造技术和产品创新发展的引领者和核心力量，是防务装备制造的重要力量。公司先后完成了400余颗（艘）卫星及飞船的机械、电子与热控产品的研制、总装集成与测试，以及发射场服务等任务，为我国航天事业发展和国民经济建设做出了重要贡献。529厂先后获得包括国家科技进步奖特等奖在内的部级以上科技成果300余项，专利800余项，荣获全国五一劳动奖状、中央企业先进集体、全国模范职工之家等国家级荣誉30余项。

2022—2023年主要新品

由529厂研制的3D打印超大型CMG支架随卫星顺利发射升空。该CMG支架是目前世界上航天领域发射在轨的最大蒙皮点阵结构组合体，形成组合体的单体结构也是在轨最大蒙皮点阵结构。

蒙皮点阵结构作为目前航天金属结构领域最具应用前景的轻量化结构，其中空点阵的设计，在保持甚至提高原始实体结构刚性的前提下大幅降低了结构重量，3D打印一体成形的优势，大幅减少了组合体装配零部件的数量，能有效地提升产品性能、缩短研制周期、降低生产成本。该组合体由五院总体设计部负责设计，529厂负责生产研制。在该项目中，蒙皮点阵结构组合体外形尺寸超2m，形成组合体的单个零件本体包络尺寸达到米级，而内部蒙皮点阵结构尺寸为亚微米级（蒙皮厚度和点阵杆直径仅为0.5mm），各零件单体结构内腔点阵胞元数量有几十万个，内腔点阵杆数量更是有百万之多，属于典型跨尺度结构。单体结构3D打印成形过程要经历数万次粉末铺层和单层激光烧结在控制打印过程稳定性、零件变形、尺寸精度、表面质量和内部质量等方面都是极大的挑战。

529厂开展设备、材料、工艺、检测等全流程的研制攻关。在各部门的资源有力保障和大力协同下，高效、有序地开展了与该组合体研制相关的多项技术攻关验证，突破了超大型CMG支架大跨度激光成形稳定性控制、变形和精度控制、多激光分区组织性能控制、大型内腔多余物控制、装配和组合加工等关键技术。该蒙皮点阵结构增材制造组合体的成功研制并发射增加了529厂在大型复杂蒙皮点阵结构的研制经验，这些原创性经验和技术积累为后续其他类似大型3D打印轻量化结构的研制提供了重要参考，提升了529厂在大型3D打印蒙皮点阵结构方面的研制能力。

6.1.4　北京京城增材科技有限公司

北京京城增材科技有限公司是北京京城机电控股有限责任公司为承接落实北京市政府"十三五"规划提出发展先导产业而专门成立的增材制造科技型公司，实缴注册资本2850万元。公司拥有国际先进的大尺寸工业级3D砂型打印机、金属激光3D打印机、碳纤维打印机及五轴数控加工中心，是3D打印技术应用的服务提供商和领导者。

公司已为航空、航天、军工、汽车、液压等行业提供了1200多种基于砂型3D打印技术的复杂铸件试制及小批生产的研发。公司拥有不锈钢、铝合金、高温合金等金属材料的直接打印成形能力。

公司基于多年的砂型打印工艺经验沉淀，借助集团强大的机械制造、电气控制等能力，于2021年成功研制成功拥有自主知识产权的工业级砂型打印机，同时申报20多项专利，为实现公司从打印服务向上游装备制造业延伸的目标迈出重要一步。

2022—2023年主要新品

主要新品为JCAM-1218工业级铸造砂型打印机，如图6.11所示。

图6.11　JCAM-1218工业级铸造砂型打印机

设备参数如下。

设备尺寸：10350mm×3050mm×300mm。

成型尺寸：1800mm×1200mm×700mm。

设备重量：8450kg。

工作电压：380V。

工作气压：0.6～0.8MPa。

最大功率：20KW（含加热装置）。

工作环境：温度20℃～30℃，湿度40%～60%。

最大噪声：≤85dB。

打印砂型：硅砂、陶粒砂、宝珠砂等。

粘接剂：呋喃树脂、酚醛树脂、无机粘结剂等。

打印效率：40～100升/h。

试块强度：1.0～1.6MPa（可调）。

发气量：≤12ml/g。

最大噪声：≤85dB。

最大噪声：≤85dB。

设备主要元件均为进口元器件。同时，设备搭载自主知识产权的工业4.0系统——京城智造云平台，实现以数据为中心，自动化控制、生产调度优化、资源计划管理三位融合的智能制造过程管控系统，设备信息监控画面如图6.12所示。

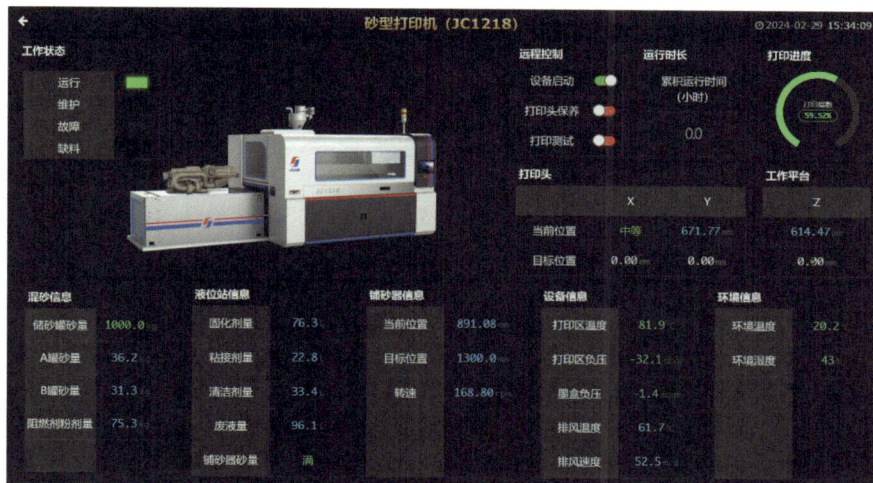

图6.12 设备信息监控画面

6.1.5 北京清研智束科技有限公司

清研智束是我国电子束金属3D打印领导品牌，拥有技术自主知识产权，已实现电子光学系统等核心技术自主可控。系列装备产品在打印效率、材料种类、打印幅面以及多枪控制技术等多方面引领全球发展。清研智束是多家航天、航空、医疗、燃气轮机单位的战略合作伙伴，牵头或参与多项国家重大研发专项。公司拥有ISO9001：2015质量管理体系认证，是国家高新技术企业、专精特新中小企业。

清研智束以重塑制造流程为使命，保持高研发投入以提升产品性能、生产效率和降低综合成本，遵循"成就客户为先"理念，不断提升产品和服务水平，致力于推动金属增材制造在更加广泛的领域批产应用。

2022—2023年主要新品

（1）EBSM® 双枪同幅电子束金属增材制造设备 Qbeam G350（见图6.13）

Qbeam G350设备采用自主研发的双枪同幅技术，可同步进行预热、填充和轮廓扫描，成形效率大幅提升。在确保更大打印幅面的基础上，实现粉床温度精准可控，最高温度可达1250℃，满足低应力打印。适用于形状复杂、裂纹敏感性材料零部件的加工制造，如大尺寸薄壁零部件及金属间化合物、难焊高温合金、难熔金属等材料。

（2）EBSM® 2×2阵列式电子束金属增材制造设备 Qbeam S600（见图6.14）

Qbeam S600设备由清研智束精心打造，满足航天航空对大尺寸、结构复杂构件的高效率、低成本批量化制造需求。该设备使用自主开发的2×2阵列电子枪及电磁绝缘和拼接技术，将打印尺寸扩大到600mm×600mm×700mm，保证高尺寸精度和拼接质量。使用新版EG3.1电子枪及操作软件，充分发挥电子束能量密度高、穿透能力强、偏转速度快的特点，将钛合金极限沉积效率提高至400cm³/h以上。使用最新开发的自动标定技术、吹粉检测技术、光学检测技术及打印结果分析，提高操作便利性、打印质量可靠性及可追溯性。

图6.13　增材制造设备Qbeam G350

图6.14　增材制造设备Qbeam S600

（3）纯钨材料

EBSM®技术成形难熔硬质合金——纯钨大型结构件。该结构件是目前全球单体最大的纯钨材料3D打印零件。纯钨结构件具有良好的物理和化学性能，广泛用于航天航空领域。

尺寸：高度≥300mm。

材料：W纯钨。

打印设备：Qbeam G350。

打印层厚：50μm。

打印耗时：168h。

6.1.6　北京派和科技股份有限公司

北京派和科技股份有限公司于2014年3月成立，注册在北京市海淀区核心区，拥有北京派和智能装备技术有限公司、派和（西安）科技有限公司2家全资子公司，办公及生产场地2000m²，累计投资近亿元。公司获批机械工业联合会"机械工业压电陶瓷应用技术工程研究中心"，是国家高新技术企业、北京市专精特新中小企业、中关村前沿技术企业、中关村高新技术企业、海淀区重点新材料企业、中关村金种子工程企业等。公司拥有专利及资质60余项，主营业务围绕"压电陶瓷材料应用产业"，解决业界"卡脖子"难题，如基于压电材料的微流控技术、高精度点胶封装系统、微纳米精密压电运动与定位产品、Mini LED巨量转移刺晶系统、皮升级喷墨生打印系统、替代进口的超声换能器系统、移动端制冷芯片、手机光学与声学模组等，产品均是压电陶瓷高端产品，部分产品已服务于苹果、华为、京东方、立讯精密、歌尔声学、苏州美特、广东立景、伟创力、小米、宁夏小牛、迈为股份等。

主营产品：压电元件，医用压电陶瓷，叠层压电元件，压电微流控芯片，点胶封装系统，皮升级压电喷墨系统，Mini LED刺晶系统，精密微动台，超声波马达，光学模组，声学模组，有源散热模组，超声换能器，超声功率电源，超声喷涂系统。

6.1.7　南极熊3D打印网

南极熊3D打印网（后简称"南极熊"）创建于2012年，由清华大学x-lab孵化，目前在全球拥有超过100万的关注者，他们是金属加工、汽车、医疗、航空航天、模具、注塑领域，大学实验室和研究机构，以及其他传统制造业中关心3D打印技术的人士，已经覆盖90%的3D打印从业者。

南极熊主要专注于全球3D打印行业的资讯、技术、投融资、产品以及行业发展研究。公司每天都会更新全球3D打印行业进展，每年发布"3D打印行业格局"系列报告，收录近1000家中国3D打印企业和600多家国外3D打印企业，发布行业发展趋势和细分领域应用进展，发布3D打印投融资报告，组织投融资路演活动，协助国内3D打印创业项目进行融资。

目前南极熊与TCT、Formnext、IAME、AM CHINA等行业展会建立了战略合作，已经成为国内3D打印行业公认的专业平台。

6.1.8　有研增材技术有限公司

有研增材技术有限公司（后简称"有研增材"）是国资委直管中央企业中国有研科技集团下属公司，专门从事增材制造及特种合金粉末材料的研发、生产及销售，同时提供特种金属材料制备技术的开发和服务，是国家级高新技术企业。

有研增材建有年产5000吨球形金属粉末的生产线，包括真空惰性气体雾化（Vacuum Inert Gas Atomization，VIGA）、电极感应熔炼气雾化（Electrode Induction Melting Gas Atomization，EIGA）、等离子旋转电极雾化（Plasma Rotating Electrode Process，PREP）设备、高速旋转雾化、铝合金粉末专线等50余台（套），并配有扫描电镜、激光粒度仪、直读光谱等检测仪器与设备。主要产品包括增材制造用高流动性铝合金粉末、高强高导铜合金粉末、高温合金粉末、钛合金粉末、模具钢粉末等20余种，广泛应用于航空、航天、兵器、电工电子、船舶、汽车、通信、核工业等领域。有研增材主要金属粉末产品如表6.1所示。

有研增材是国家科技部首批"金属熔体分散处理高技术创新团队"依托单位，现有"国务院政府特殊津贴"专家2人，北京市科技新星、北京市优秀青年工程师3人，硕士、博士研究生20余人。有研增材先后承担国家重点研发计划、863、973、国家自然科学基金、军工配套项目等40余项，申请发明专利百余项，成果鉴定10余项，参与制定国家标准10余项，获省部级科技成果奖10项，其中"球形金属粉末制备技术研究及产业化"项目获2017年国家科技进步奖二等奖、"增材制造用低成本球形钛粉制备技术研究及应用"获2018年中国有色金属工业科技进步奖一等奖、"增材制造高品质铝合金大尺寸薄壁复杂构件制备技术"获2022年中国有色金属工业科技进步奖一等奖。

有研增材将精准发力，突出、聚焦增材制造金属材料业务，积极推动相关技术创新突破，进一步增强科技转化应用水平，将科技成果快速产业化。通过高性能材料的持续输出，满足下游领域的市场需求，并为我国实现关键原材料国产化做出新贡献。

表6.1　有研增材主要金属粉末产品

主要产品	主要牌号	主要参数	形貌特征
铝基合金粉末	AlSi10Mg、AlSi7Mg、AlSi12、Al2139、2×××系、6×××系、7×××系、AlMg/MnScZr等	粒度范围：15～53μm；形态：球形；氧含量：≤300ppm	
高温合金粉末	GH4169、GH3625、GH3536、GH3230、GH5188、GH4099等	粒度范围：15～53μm；形态：球形；氧含量：≤200ppm	
钛合金粉末	TC4、TA15、TA11、NiTi等	粒度范围：15～53μm；形态：球形；氧含量：≤1000ppm	
铜合金粉末	Cu、CuNiSiCr、CuSn、CuAgZr、CuCrZr、CuCrNb等	粒度范围：15～53μm；形态：球形；氧含量：≤500ppm	
铁基合金粉末	18Ni300、316L、CX、304L、H13、17-4PH等	粒度范围：15～53μm；形态：球形；氧含量：≤300ppm	

2022—2023年主要新品

（1）增材制造用铝合金粉末

随着增材制造装备向大型化、多激光方向发展和市场应用领域的拓展，对铝基合金粉末材料提出了更高的要求。目前，铝合金粉末材料还存在瓶颈，如流动性较差、表面存在卫星球、内部存在空心粉、杂质（尤其是氧）含量高等。基于此，有研增材开发高流动性的铝合金粉末制备技术，实现了高流动性、高松装密度、高球形度、低空心粉含量、低氧含量铝合金粉末的连续工业化生产。以3D打印用15～53μm AlSi10Mg为例，粉末流动性≤80s/50g，松比≥1.45g/cm³，振实密度≥1.65g/cm³，球形度≥95%，低空心粉≤0.3%和表面无卫星球，且氧含量可控制在300ppm以下。先后和中国航空工业集团、中国航天科技集团、中国航天科工集团、北京卫星制造厂、西安航天动力、西安铂力特、华曙高科、易加三维、汉邦科技等单位和公司开展合作，提供高流动性铝基粉末，已开展关键部件的打印并实现规模化应用；此外与中国航空制造技术研究院（625所）、中国航发北京航空材料研究院、上海交通大学、山东大学、北京科技大学、北京工业大学等单位联合开展耐热高强Al-Mg-Sc-Zr系铝合金的研制工作，相继开发出Al-550AM和Al-600AM系耐热高强铝合金材料，实现常温抗拉强度大于550MPa和600MPa，在添加微量稀土元素下实现拉伸强度达到520MPa、延伸率大于10%，以及250℃高温抗拉强度大于200MPa、延伸率大于20%，成功应用于航空航天、深空探测、能源动力和武器装备3D打印复杂热端部件。

（2）增材制造用铜合金粉末

铜及铜合金具有优良的导热、导电、延展、耐腐蚀等特性，在航空航天、武器装备等应用场合是必选材料。有研增材是国内最早开展增材制造用铜及铜合金粉末研究及应用的单位之一，目前已形成全系列的增材制造专用铜及铜合金粉末产品，包括纯Cu、CuSn10、CuCrZr、CuNi2SiCr、CuSn12Ni2、CuAlFeNi等，产品纯度高、氧含量低、流动性好，可实现批量稳定供应。2023年有研增材研发的高强高导热CuCrZr合金在航空航天零部件打印方面取得重要应用，在中国航天科技集团有限公司一院211厂成功实现某型发动机推力室身部内壁试验件的增材制造。据悉，该产品直径达600mm量级，高度达850mm量级，是目前公开报道过的最大的整体增材制造铜合金身部产品，标志着211厂成为国内首家全面掌握大尺寸铬锆铜合金激光选区熔化增材制造技术的单位。该技术填补了国内增材制造技术领域的空白，助力发动机生产跑出创新"加速度"。

此外，有研增材针对新能源领域成功开发出多规格高品质CuSn12Ni2合金粉末，高纯度纯Cu粉在绿光激光器取得批量应用，如图6.15所示。

图6.15　高品质合金粉末

（3）增材制造用高温合金粉末

镍基高温合金化学成分复杂，合金化元素众多；同时，增材制造成形工艺复杂，高速熔化、凝固后，还会经历多次极速再加热过程。大部分常规牌号无法从传统工艺直接过渡到增材制造技术。公司通过合金成分设计优化，抑制或减少了微裂纹、孔洞等缺陷的形成，更适合增材制造成形工艺；通过迭代升级雾化制备关键技术，极大提高了目标粒度段的出粉率，实现了夹杂物的严格控制，如图6.16所示。开发的SLM成形用GH4169、GH3625、GH3536、GH3230、GH5188等球形粉末产品，松装/振实密度高、流动性好、杂质含量低，批次间稳定性好。与钢研高纳合作，成功解决航空航天用高温合金夹杂的问题，实现粉体的高洁净制备；与北京工业大学合作研制应用于航空发动机涡轮盘等关键部件的高温合金粉末，解决增材制造成形过程中的开裂问题；与国内航空航天、武器装备中央企业（航天科技、航天科工、中航工业）和国内头部增材制造设备和服务商持续加强合作。

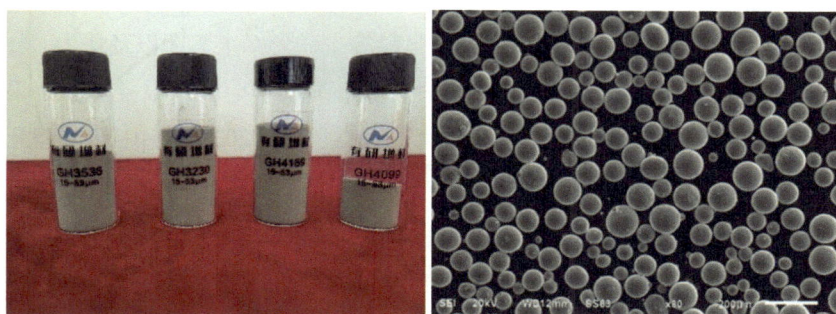

图6.16　目标粒度段出粉效果

公司致力于增材制造行业的标准化工作，先后主持或参与国家标准《增材制造用球形钴铬合金粉》《增材制造用钼及钼合金粉》《增材制造用钨及钨合金粉》《粉末床熔融增材制造镍基合金》《增材制造 金属粉末空心粉率检测方法》《增材制造用镍粉》《增材制造用铜及铜合金粉》《增材制造 激光定向能量沉积用钛及钛合金粉末》《金属粉末 稳态流动条件下粉末层透过性试验测定外比表面积》《增材制造用镁及镁合金粉》《增材制造用铝合金粉》《增材制造用金属粉末的包装、标志、运输和贮存》《增材制造 材料 模具钢粉》等13项，其中9项标准已发布。

6.1.9　中国钢研科技集团有限公司

中国钢研"数字化研发中心"成立于2019年12月，是中国钢研响应新时代材料创新模式变革而设立的直属科研机构，其使命是打造中国钢研数字化研发创新平台、培育数字化研发生态，为上下游行业提供材料全生命周期的数字化解决方案。秉承"高通量计算＋高通量实验＋大数据"的原创性方法论，瞄准多材料增材制备技术，该中心首创了元素粉末激光微区合金化技术，自主研制了业内首台可一次性制备160种不同成分块体金属材料样品的高通量增材制备系统。基于该平台开展了包含高温合金、高熵合金、磁性材料以及不锈钢等材质的元素粉末原位合金化工艺和梯度样品制备技术研究，于2022年被院士专家认定为国际领先水平。

6.1.10　中航迈特增材科技（北京）有限公司

中航迈特增材科技（北京）有限公司（后简称"中航迈特"）成立于2015年，总部位于北京市经济技术开发区，系北京市属国企京城机电控股的混合所有制金属3D打印高科技企业，专注高性能合金粉末材料、金属3D打印设备及航空航天零部件研发生产，是国家级专精特新"小巨人"企业、国务院"科改示范"企业、工信部工业强基"一条龙"示范企业。

中航迈特以国家战略为指引，以市场需求为导向，先后掌握真空惰性气体雾化（Vacuum Inert Gas Atomization，VIGA）、电极感应熔炼气雾化（Electrode Induction Melting Gas Atomization，EIGA）、等离子旋转电极雾化（Plasma Rotating Electrode Process，PREP）、等离子雾化（Plasma Atomization，PA）4种前沿制粉技术，面向国家"两机专项"、北京市"南箭北星"等重大工程需求，先后突破1000℃以上高承温高强度镍基合金、250℃以上高承温高强度铝合金材料及其3D打印成形关键技术，解决材料成形裂纹、高温强韧性不足等世界难题，打破欧美公司专利保护"卡脖子"现状，形成我国3D打印合金材料设计特色和专属知识产权，实现空天装备3D打印关键合金材料自主可控，满足并承担了运载火箭发动机、巡航导弹发动机、大飞机、航空发动机、卫星、商业航天器等装备先进复杂构件3D打印研制任务。一代材料，一代装备，公司自主设计研发、生产了MT170、MT280、MT400M、MT450、MT650等系列智能金属3D打印设备。智能金属3D打印设备如图6.17所示。

中航迈特产品主要供应航空航天军工领域以及医疗器械、消费电子等民用领域，客户包括核九院、航天科工、航天科技、中国航发、航空工业、中国商飞、中国电科等十一大军工集团以及华为、比亚迪、特斯拉、美的、格力、爱康医疗等单位，出口俄罗斯、欧盟、美国等多个国家和地区，服务美国苹果、法国赛峰、英国吉凯恩等世界500强企业，在全球金属3D打印赛道具有较强竞争力。2023年，中航迈特牙科用激光选区熔粉末——CoCr01钴铬合金粉末、Ti6Al4V01钛合金粉末两款合金粉末产品纳入国家医保信息业务编码标准数据库，医用耗材代码为C0706011440100021685，产品合规性和质量安全获认可；CoCrMo粉末助力纳通增材制造匹配式人工膝关节假体获批上市；"商用飞机新型铝合金材料研发与关键零部件制造"入选2023年度工信部增材制造典型应用场景。

粉末系列	牌号	规格 (μm)	应用领域
钛及钛合金粉末	TA1、TC4、TC11、TA15、TA19、TC31、Ti4822、Ti2AlNb、NiTi50等		航空航天、生物医疗、3C电子
高温合金粉末	GH4169、GH3625、GH3536、GH3230、GH4099、GH5188、K438等		航空航天、地面燃机等
铝合金粉末	AlSi7Mg、AlSi10Mg、HSAl (高强铝)	15～45	航空航天、汽车、手板等
医用钴铬合金粉末	CoCr01 (CoCrMoW) 、CoCr02 (CoCrMo) 等	15～53	齿科牙冠、牙桥、活动义齿及骨科植入物等
模具钢粉末	18Ni300、CX、PW01 (鞋模专用) 等	45～105	新能源汽车压铸模具、注塑模具、鞋模等
不锈钢粉末	17-4PH、15-5PH、316L等	53～150	航空航天、3C电子、机械加工
铜合金粉末	CuCrZr、GRcop-42、GRcop-84、CuSn10、CuAlNiFe、CuNi2SiCr等	75～180	航空航天、电力、热工装备等
难熔金属粉末	W、Mo、Ta、Nb等		航空航天、科研等
高强钢粉末	Aermet100、300M、30CrMnSiA、40CrMnSiMoVA等		航空航天

图6.17 智能金属3D打印设备

目前，中航迈特累计承担国家级、省部级科技项目20余项，授权专利70余项，参与编制国家标准、行业标准20余项，已取得国家高新技术企业等资质，建有北京经济技术开发区增材制造和新材料技术创新中心、江苏省增材制造高性能金属粉末新材料工程研究中心等，通过了ISO9001质量管理体系、GJB9001C武器装备质量管理体系、医疗器械注册证认证，荣获中国发明协会一等奖、中国有色金属工业科学技术奖一等奖、第一届大飞机增材制造全球创新应用大赛暨长三角增材制造产业发展大会一等奖、航空航天增材制造产业链创新风云榜-创新产品奖等荣誉。

2022—2023年主要新品

2022—2023年，中航迈特研发了以AlMgErZr高强铝合金和GH4099高温合金为代表的高性能金属材料，并成功应用于航空航天重大型号任务，设计开发了MT450、MT650等多激光3D打印机设备，批产生产MT170、MT280等型号的金属3D打印设备产品。

（1）AlMgErZr高强铝合金

中航迈特自主开发的铝镁系3D打印专用高强铝合金产品是一种低氧含量、低空心粉率、高球形度、高均匀性的优质铝合金粉末材料。该产品主要应用于金属增材制造领域SLM工艺的3D打印，其球形度可在0.9以上，物理性质优良。此外，相较于传统3D打印用铝合金粉末材料，如AlSi10Mg，AlSi7Mg粉末等，该产品在打印过程中更不易开裂和变形，打印件强度更高，综合力学性能更为优良。其中，抗拉强度大于520MPa，延伸率12%以上，可替代空客开发的Scalmalloy合金，填补了国内缺少3D打印适用型-高强铝合金粉末产品的空白。该产品推广应用成熟后，有望借助增材制造技术实现航空航天、船舶、陆军装备等铝合金零部件的轻量化和拓扑结构优化，部分替代钛合金、高强钢等高比重合金构件，显著降低碳排放，提高装备性能，并延长其服役寿命。

（2）GH4099高温合金

GH4099是Ni-Cr基沉淀硬化型变形高温合金，主要应用于制造航空发动机燃烧室和加力燃烧室等高温焊接结构件，具有较高的热强性、组织稳定性，且冷热成形和焊接性能优异。中航迈特依托自主研发的30000r/min等离子旋转电极制粉装备，研制了GH4099高温合金粉末产品，球形度可在0.93以上，采用激光选区熔化工艺的成形件在950℃高温拉伸中屈服强度可超300MPa，常温拉伸的延伸率超26%，实现了优异的高低温力学性能。该产品推广应用成熟后，通过3D打印GH4099高温合金可满足燃烧室关键部件的性能要求，降低飞行器燃油消耗，并可整体成形燃气机关键部件，减少组成零部件，缩短生产周期，减弱对外部供应链的依赖。

（3）金属3D打印设备MT170系列、MT280

中航迈特自主开发的激光选区熔化设备MT170系列（含MT170SL、MT170DL、MT170H这3款）与MT280已经进入批产阶段，并投放市场，销往国内外各行业多家企业，设备以多元定制、多种材料成形、高配置、高效能、高质量、高精度、高性价比、高安全性以及便捷操作与维护等技术特点得到多应用领域客户的一致好评。

MT170系列SLM设备为增材制造开源机型，净成形尺寸为170mm×120mm（直径×高度），MT170系列技术参数如表6.2所示，面向高校及科研院所金属新材料研发、高精度零部件产品小批量试制等定向开发，聚焦材料种类扩展、成形效率及质量提升、综合成本降低，开放、稳定、安全、经济。其中，MT170SL、MT170DL设备为自主齿科开源机型，主要应用领域为齿科，具体包括打印牙冠、支架等；MT170H设备为自主科研开源机型，主要应用领域为科研、教学、小批量制造等。

表6.2　MT170系列技术参数

成形材料	钛合金、镍钛合金、铝合金、高温合金、钴铬合金、不锈钢、模具钢、铜合金、高熵合金、难熔金属等
成形尺寸	170mm×120mm（直径×高度）
激光器类型	500W光纤激光器×1/×2
扫描系统	高速数字振镜
聚焦系统	F-theta场镜
光束质量	$M^2 < 1.1$
光斑直径	40～80μm
最大扫描速度	7m/s
铺粉层厚	20～100μm

6.1.11　北京航天九斗科技有限公司

北京航天九斗科技有限公司（后简称"航天九斗"）成立于2017年4月，前身是中国航天科工集团三十三研究所下属的独立民品事业部。航天九斗在位移测量传感器领域、商业航天发射及服务领域、大型项目进出口领域，与来自全球范围的合作伙伴紧密联合，为国内外企业提供优质的产品和服务。

航天九斗为机床、自动化产线、机器人、3D打印等行业提供产品及解决方案，主营产品包括光栅尺、编码器、球栅尺、机加工配套工具，系列产品在精度、高动态性能、工艺可靠性、多环境适用性等方面提高了机床和自动化系统的性能和效率。

航天九斗凭借在自动化、位移测量领域20多年的服务经验，在我国市场处于有利地位。航天九斗是NEWALL球栅尺、HAVLICEK哈维利斯克光栅尺、PRECIZIKA普斯克光栅尺编码器的中国销售及技术服务中心，是GPI编码器、西门子低压产品的国内经销合作伙伴。依托中国航天的技术研发能力，航天九斗从2015年开始投入位移测量产品的自主研发，NEWTECH球栅数显，HTD、JD系列角度编码器等产品在我国市场已经有广泛的应用。

航天九斗凭借在技术及商业服务方面的专业知识，满足客户的需求并创造有价值的影响。作为沈阳机床、齐重数控、武汉重型、昆明机床、中国一重、三一重工、徐工集团、山东龙马、中船重工、内蒙一机等企业的战略合作伙伴，该公司提供位移测量领域的产品、解决方案及服务。

作为航天科工集团、航天科技集团、中航工业、中国科学院相关院所的战略协作单位，通过整合多方资源促进一系列技术产业融合，在卫星发射及服务、民用直升机、野战医疗设备出口等项目中都取得了良好进展。航天九斗秉承"务实、合作、创新"的精神，竭诚期待与各方伙伴精诚合作，共创未来！

6.1.12　北京空间智筑技术有限公司

北京空间智筑技术有限公司是一家专注于建筑3D打印的高科技企业，自成立以来公司积极联合清华大学、中国矿业大学（北京）等国家高等科研院校，历经3年先后研发出了机器人式建筑3D打印机、尾矿型建筑3D打印材料和建筑3D打印模型库等产品。公司注重科研成果的实际应用，先后完成了多项打印案例，获得近40项自主知识产权、国内领先科技成果评价及新技术新产品证书等荣誉，并作为承办单位组织青年科学家沙龙，承担北京市工业设计促进专项课题等。

目前，公司的建筑3D打印产品无论是力学性能、耐久性能，还是环保及安全性能均已走在同行业前列，已落地2022年北京冬奥会雪花、北京通州副中心花墙建设、金风科技风机固废处理等项目。

公司目标是充分吸纳国内外建筑3D打印的先进技术，锻造一支能持续创新的技术队伍，以最优的建筑3D打印技术迎合市场需求，满足不同客户的需要，用建筑3D打印开启一种全新的建筑理念和居住文化。

6.1.13　北京拓宝增材科技有限公司

北京拓宝增材科技有限公司是安徽拓宝增材制造有限公司控股人上海堃垚机电设备有限公司的投资子公司，公司坚持自主创新道路，建有一支以中国科学院海外引才计划人才、教授和高级工程师为主的稳定的专业核心研发队伍，队伍共30余人，博士研究生4人，正高级职称人员2人。

公司已完成四激光、双激光两大类5个品种的研发生产，实现机械、电气、软件完全自主研发，实现核心关键零部件100%国产化，掌握核心技术，打破了国外对金属激光选区熔化（SLM）技术的垄断。

公司主要经营金属3D打印设备的研发与销售，以及SLM工艺的应用服务。

金属增材制造金属是国家和怀柔区"十四五"重点规划项目，目前公司经怀柔区政府引进入驻怀柔区科学城，是怀柔区的重点推荐项目，承担了北京市科委的怀柔科学城成果落地专项任务，是中关村高新技术企业。公司在2023年申报国家高新企业，未来5年规划申请专精特新，在项目建设期间，完成国家和行业标准的制定，制定自身的企业标准，完善知识产权的建立，为SLM技术建立完善的应用参数及数据库，研发全面的金属增材制造的后处理方案，为企业提供一体化的应用服务解决方案。

6.1.14　晶瓷（北京）新材料科技有限公司

晶瓷（北京）新材料科技有限公司（后简称"晶瓷科技"）成立于2020年，注册在北京市顺义区空港融慧园海高（HICOOL）大厦，是国家级高新技术企业。

晶瓷科技拥有铸造用环保改性甲阶酚醛树脂、3D喷墨打印粘结剂、有色金属高溃散性树脂、微晶陶瓷、铁酸盐二维材料、工业VOCs低温等离子+光电催化集成净化系统等系列新材料成套核心专利技术及产品。

公司持续致力于打造"绿色、高端、智能、高效"的民族企业品牌。晶瓷科技紧盯市场，不断迭代创新研发，不断加强与国内外著名院校及喷墨领域企业和机构的合作，实现了砂型3DP粘结剂自主研制国产化，最新开发出具有自主知识产权的高性能环保3D喷墨打印树脂材料（改性甲阶酚醛树脂），并通过专业的清洁生产工艺打造了高纯净度的树脂、固化剂、增强剂、清洗剂系列3D喷墨打印专用产品；陶瓷及金属3D喷墨打印用粘结剂正在开发中。砂型3DP喷射用改性甲阶酚醛树脂目前已在国内绝大多数主流打印设备上进行打印测试，适用于富士、赛尔、柯尼卡等品牌的系列喷头。

6.1.15 凯联（北京）投资基金管理有限公司

凯联资本是凯联（北京）投资基金管理有限公司旗下品牌（后简称"凯联资本"），成立于2002年，致力于通过价值投资成为行业领军企业。

凯联资本注册资本2亿元，其人民币基金成立于2015年，首批获得中国监管部门颁发的基金管理牌照，管理超过150亿元资产。凯联资本秉持"专业成就信任、价值联接理想"的核心价值理念，团队拥有在投资行业、产业端20年的资产管理和投资基金管理经验。凯联资本人民币基金成立8年来，伴随科技和经济一路成长，助力中国企业通过资本市场实现快速成长并衔接世界经济活动，投资成就了多家千亿级、万亿级企业，以及数十家百亿级优秀行业领军企业。

6.2 福建省

厦门伍壹零贰原力精密制造有限公司

公司位于厦门市同安区，成立于2022年9月，注册资本500万元，主营精密机械零配件、内燃机零配件生产、销售。公司每年有2000万件的产品需要进行镀硬铬等表面处理。

6.3 广东省

6.3.1 中山市海雄科技有限公司

中山市海雄科技有限公司（后简称"海雄3D"）是国内较早从事增材设计、模流分析金属3D打印和后处理整体解决方案的专业提供商。公司核心技术团队由原珠海格力电器、宁波海天注塑机及上海金属材料研发中心高级工程师及专家组建而成。2019年，海雄3D携手德国金属3D打印设备制造商EOS，联合国内知名金属3D打印设备制造商，成立珠三角大湾区西部片区模具增材制造创新中心中山市海雄科技有限公司。该中心坐落于风景优美的温泉之乡——中山市南部片区。

海雄3D的使命：致力于模具领域的增材制造技术研发，诚信经营，多方共赢！

海雄3D的目标：助力企业实现效率与品质提升的同时，帮助客户降本增效！

2022—2023年主要新品

嫁接打印工艺方案如图6.18所示。

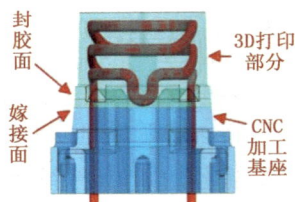

图6.18 嫁接打印工艺方案

模具3D打印分整体打印和嫁接打印。整体打印即整个模具镶件全部由3D打印成型。嫁接打印是以机加的路底座为基础进行3D打印，底座通常以传统的机加式完成，3D打印只做随型路这部分，这样可以降低3D打印成本。

6.3.2 中山市天创祺盛科技有限公司

中山市天创祺盛科技有限公司成立于2023年7月24日，是一家致力于超大型工业级3D打印设备及应用的研发型科技企业。公司所开发的超大型工业级3D打印设备采用龙门式打印机构与升降平台相结合的打印模式，所使用的龙门式走行机构及升降平台均为成熟的市场化通用设备，只需使用大型龙门式走行机构及升降平台就可实现150m×10m×20m的产品的整体打印成型，且即使是20m甚至更大高度，其打印精度也可以达到毫米级以下。

目前，该单位已获授权3件相关发明专利。

① ZL201710508051.9。一种超大型3D打印系统及其打印方法。

② ZL202010128457.6。一种3D打印结构、制作方法及应用。

③ ZL202110436807.X。一种可铺设连续纤维网的3D打印机头及打印方法。

公司在工业级超大型3D打印技术方面拥有完全自主知识产权。目前，该公司致力于3D打印混凝土塔筒的研发工作。GE也正在进行3D打印风力发电塔筒的试验，由于其3D打印设备的限制，打印的塔筒高度最高可达10m。由于该公司超大3D打印设备的优势，其开发的3D打印设备可以打印的塔筒高度可以达到20m甚至更高，且打印精度、层间结合质量及表面质量都高于GE所打印的塔筒，此外，塔筒的稳定性、整体性以及承载能力都高于GE。目前，关于混凝土塔筒的打印正在申请发明专利。

2022—2023年主要新品

风力发电混凝土塔筒如图6.19所示。

其中，右上图是该公司所开发的样机打印塔筒的照片，左上图是GE公司打印的塔筒的照片，可以看出，塔筒层间结合质量、表面质量都比该公司塔筒要差。此外，由于公司3D打印设备的打印高度主要是由升降平台的下降来提供的，因此打印的塔筒高度可达20m甚至更高。

图6.19　风力发电混凝土塔筒

6.3.3　广东峰华卓立科技股份有限公司

广东峰华卓立科技股份有限公司（后简称"峰华卓立"）是一家聚焦于3DP打印装备的研发、制造、销售及应用服务的综合性服务供应商，是国家高新技术企业、国家级专精特新"小巨人"企业，还是全球量产3DP打印设备的公司之一。作为我国最早一批3D打印技术开创者，峰华卓立近20年来一直深耕于3DP打印粘结剂喷射（Binder Jetting，BJ）技术的研发与创新，自2006年推出第一代商用工业级3DP砂型打印机以来，迄今已为国内外100余家客户提供砂型打印设备，产品远销日本、巴西、俄罗斯、印度等国，并为1000余家客户提供了3D打印及快速制造的技术咨询和产品服务，涵盖了汽车、军工、航空航天、船舶、新能源、轨道交通、机械、化工、泵阀、陶瓷、核电、风电等众多领域。

2023年，峰华卓立推出了第六代砂型打印机，有力地推动了砂型3D打印技术在铸造行业的应用和发展，已成为国际知名的工业级3D打印解决方案供应商和铸造企业的合作伙伴。

随着砂型3D打印技术的日益成熟，峰华卓立利用掌握的3DP内核技术，把目光瞄准了金属和陶瓷打印领域，2020年研发出第一代金属、陶瓷打印机，2023年推出第二代升级版金属、陶瓷打印机，第三代会在不久的将来推向市场。

峰华卓立专注于工业级3DP技术高端装备的研发和制造，从工业设计到应用研究，公司始终坚持精益求精，不断学习与进步。从PCM300到PCM2500系列化砂型打印装备，拓展到金属、陶瓷等工艺的3D打印装备，持续革新，不断进行产品迭代更新；并通过建设3D打印+铸造智能产线、金属、陶瓷粉末3D打印+烧结成型智能示范基地以及快速智造云平台，探索分布式3D打印定制化生产模式，不断推进中国智造业向数字化、绿色化、智能化升级。

时代的车轮滚滚向前，本着"共同成长，相互成就"的经营理念，峰华卓立将携手广大合作伙伴，聚焦3DP打印技术，锐意进取，不断创新，致力于成为全球3DP技术的领导者。

2022—2023年主要新品

公司2022—2023年主要新品如表6.3所示。

表6.3　公司2022—2023年主要新品

一、工业级陶瓷3D打印装备BJC2500	

技术参数	有效成型尺寸：2500mm×1500mm×1000mm
	打印层厚（mm）：0.2～0.4
	打印精度（mm）：±0.4
	打印材料：氧化物碳化物、氮化物陶瓷粉末等
	粘结剂材料：FH-1（有机）、FH-2（无机）
技术亮点	● 超大打印幅面，工业级批量生产之选，采用精准的喷墨系统、具有自动保湿，自动清洗功能，喷头正常工作时间>5000小时，不堵塞； ● 适用于第三代半导体材料的打印生产，可提高生产效率、降低生产成本，兼备细粉和粗粉的打印功能

二、工业级陶瓷 3D 打印装备 BJC430

技术参数	有效成型尺寸：430mm×375mm×300mm 平均打印速度（s/layers）：60 打印层厚（mm）：0.2 ～ 0.4 打印精度（mm）：±0.3 打印材料：氧化铝、石膏、碳化物、氮化物陶瓷粉末等 粘结剂材料：FH-1（有机）、FH-2（无机）
技术亮点	● 适用于教育科研领域，打印材料体系丰富； ● 开源设计，软件与材料开放； ● 多功能铺粉和模块，对于粉体和粘结剂的开发优势显著； ● 工业级配置，中小产品性价比之选

三、工业级金属 3D 打印装备 BJM460

技术参数	有效成型尺寸：460mm×375mm×300mm/160mm×125mm×80mm 平均打印速度（s/layers）：30 打印层厚（mm）：0.05 ～ 0.25 打印精度（mm）：±0.15 打印材料：316L\17-4PH\Cu\TC4 粘结剂材料：FH-4（环保）/FH-5

	三、工业级金属 3D 打印装备 BJM460
技术亮点	● 拥有大小缸配置，集研发与批量生产于一体，成型缸为大小缸（160mm×125mm×80mm 和 460mm×375mm×300mm）设计，能满足多种材料打印的测试需求，也能满足航空航天、汽车、医疗、科研、模具等行业的大尺寸和批量打印成型需求； ● 打印系统采用矩阵式布局，打印分辨率为 400/720/1440dpi，客户可以根据精细度、打印速度、不同应用场景等需求选择不同分辨率的喷头； ● 配置喷头独立负压管理系统、打印自动纠错优化算法，喷头系统可单独工作，也可联合工作，避免打印系统因单个喷头损坏而导致工作中止，提高了设备的稳定性和可靠性； ● 提供在线监控功能，实时实现打印过程中自动纠错、喷头自保湿和自清洁功能；水基低碳粘结剂的成功使用，喷头使用寿命可超过 2 年，售后维护成本更低； ● 粉末多层压实功能，生坯打印致密度可达 68% 左右

	四、工业级金属 3D 打印装备 PCM800R

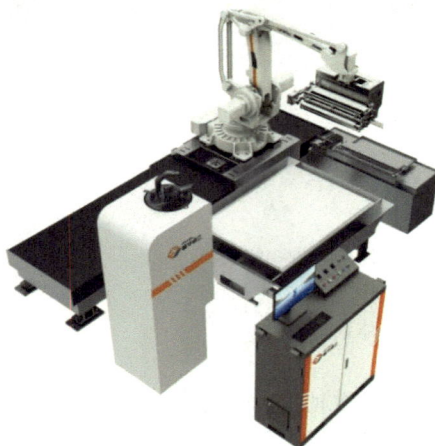

技术参数	有效成型尺寸：800mm×500mm×300mm 平均打印速度（s/layers）：15 打印层厚（mm）：0.2 ～ 0.5 打印精度（mm）：±0.35 打印材料：硅砂、陶粒砂、石英砂、CB 砂等 粘结剂材料：FH-1（有机）、FH-2（无机）、FH-3（环保）
技术亮点	● 机械臂打印系统占地体积更小，满足不同的工作场景和生产需求； ● 实现视觉 AI 自动纠错功能，及时修补打印错误，并持续打印，避免材料浪费； ● 配置耗材及易损件全生命周期管理系统，服务保养及时提醒，提高设备的长效运行

	五、工业级金属 3D 打印装备 PCM2500

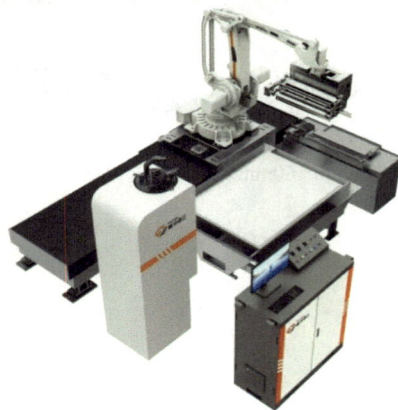

五、工业级金属3D打印装备PCM2500

技术参数	有效成型尺寸：2500mm×1500mm×1000mm 平均打印速度（s/layers）：25 打印层厚（mm）：0.2～0.5 打印精度（mm）：±0.35 打印材料：硅砂、陶粒砂、石英砂、CB砂等 粘结剂材料：FH-1（有机）、FH-2（无机）、FH-3（环保）
技术亮点	● 最大成形空间：2500mm×1500mm×1000mm，满足工业化批量生产需求； ● 成型速度快，采用优化算法，使用最少数量的喷头达到行业最佳的打印效率，运营和维护成本低； ● 独立负压系统，精准墨量管理系统，保证喷头不堵塞，工作时间超过5000小时； ● 可采用孤岛模式，也适配工业产线配置，结合云端系统管理，可实现自动化工厂生产模式

6.3.4 广东腐蚀科学与技术创新研究院

广东腐蚀科学与技术创新研究院（后简称"防腐院"）是2020年3月9日由中国科学院金属研究所、国家金属腐蚀控制工程技术研究中心和广州高新技术产业开发区管理委员会联合举办的新型研发机构、广东省属事业单位。防腐院增材制造耐蚀材料开发与制备课题组在韩恩厚院士和孙桂芳教授的带领下，开展先进金属材料增材制造技术研究，新型高性能合金开发、核电材料激光增材制造，铁基合金、钛合金、高温合金、铝合金、中/高熵合金等材料的增材制造基础研究与应用研究，特殊环境氛围激光增材制造，增材制造金属材料的工艺-组织-性能研究。目前课题组下设选区激光熔化平台和激光金属沉积平台，设备总价值超1000万元。团队通过专有技术研发，实现了透气材料的可控制备，为企业提供了技术服务，获得了显著的经济效益。目前，防腐院正致力于面向航空、3C、热管理等领域的先进增材制造技术研究。

2022—2023年主要新品

团队开发了特殊环境氛围激光增材装备，可实现环境压力氛围、介质氛围、气体氛围等特殊环境下激光增材制造，通过调控熔池冶金反应过程，抑制缺陷形成，显著提升增材制造材料内部冶金质量和力学性能，提高产品的耐蚀性和外形美观性，减少后续热处理工序，降低时间和经济成本，可实现模拟海洋、湖泊、江河、核电站压水堆、化工厂储液罐等环境下的激光增材制造的模拟实验研究。以高氮钢为例，水下压力环境激光增材再制造高氮钢相较于大气环境激光增材再制造高氮钢，致密度从96%提升至99.95%以上，增材再制造试样内部氮含量提升24%，奥氏体含量提升33%，拉伸强度提升20%，耐蚀性提升131%。

该设备颠覆了常规大气环境激光增材工艺技术，有望形成新的战略性新兴产业，能够促进激光增材制造战略性新兴产业集群培育。

6.3.5 广东汉邦激光科技有限公司

广东汉邦激光科技有限公司于2007年进入金属3D打印领域，专注于设备的研发、制造、销售、应用和技术服务，在广东和上海设立公司，是国内专业的工业级金属3D打印设备制造商，覆盖航空航天、医疗齿科、骨科、新能源、模具、汽车、个性化定制、教育科研等多个领域，是"广东省金属3D打印工程技术研究中心""广东省知识产权示范企业""国家专精特新'小巨人'企业""国家知识产权优势企业"。

2022—2023年主要新品

面向航空航天及高端工业推出HBD E500及迭代HBD 1200，推出专注航空航天应用场景八激光HBD E1000和满足连续大规模生产的HBD P400设备。

6.3.6 广东君璟科技有限公司

广东君璟科技有限公司母公司北京君璟科技有限公司于2023年11月在北京市海淀区注册，企业聚焦光固化陶瓷浆料、陶瓷3D打印、激光减材、超声喷涂、生物打印等新技术的开发。全资子公司广东君璟科技有限公司于2021年6月成立，注册资本1000万元，位于广东省佛山市南海区，已入选广东省第2批科技型中小企业、第12批次佛山市南海区蓝海人才团队，拥有专利及资质30余项。目前企业与3C电子厂商、奢侈品厂家、新能源企业、传统陶瓷生产厂、贵金属企业、碳化硅半导体企业、口腔诊所、高校科研院所等合作，为海内外客户提供陶瓷3D打印服务、各类光固化陶瓷打印耗材、光固化树脂、陶瓷打印装备、用户产品整体解决方案等。

2022—2023年主要新品

公司2022—2023年主要新品如图6.20所示。

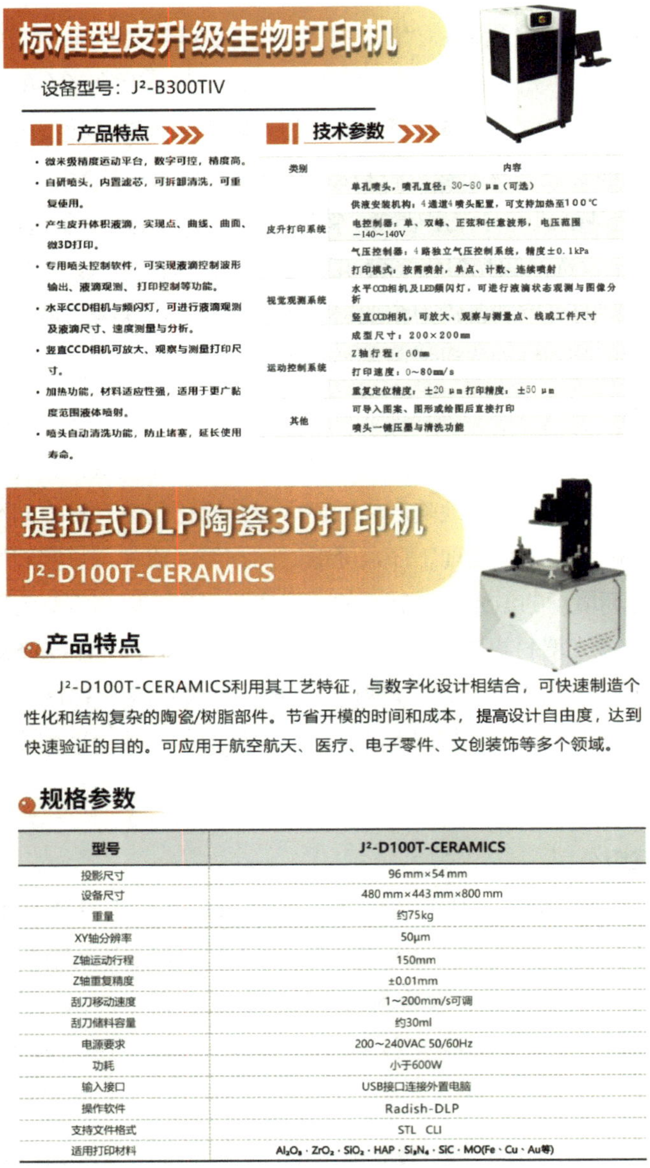

图6.20　公司2022—2023年主要新品

下沉式DLP陶瓷3D打印机

J²-D200P-CERAMICS

🔸 产品特点

聚焦工业（J²-D200P、J²-D300P）、（军工 J²-D400P 500P、600P等）等领域，面向军品：发动机陶瓷型芯、弹体、天线罩、舱体隔热套等。

🔸 规格参数

型号	J²-D200P-CERAMICS
成型尺寸	153.6 mm×86.4 mm×200 mm
UV辐照功率	0～60 mW/cm²连续可调
投影分辨率	40 μm
波长	405 nm
可打印层厚	10～200μm连续可调
铺料速度	1～250mm/s连续可调
打印速度	100层/小时
曝光时间	0～20000ms连续可调
Z轴重复运动精度	高精度伺服控制，重复精度10μm
操作软件	Sinking-DLP
适用材料	氧化铝、氧化锆、氧化硅、压电陶瓷类（BT、PZT等）、羟基磷灰石、氮化硅、碳化硅等

下沉式SLA陶瓷3D打印机

J²-S300P-CERAMICS

🔸 产品特点

100/300大成型幅面，助力高效生产大功率激光，可打印深色陶瓷；兼容浅色陶瓷；工艺成熟、收缩可控；下沉式成型，可添加非接触式支撑。

该机型聚焦可量产的3C电子产品、工业零部件等领域，如耳机、天线、工业零部件等，解决高精度、薄壁变截面、收缩可控等难题。

🔸 规格参数

型号	J²-S100P-CERAMICS	J²-S200P-CERAMICS	J²-S300P-CERAMICS
成型尺寸（mm）	Φ 100 × H150	Φ 200 × H150	Φ 300 × H150
激光功率	紫外355nm 3 W		
成型精度	±0.05mm（依材料而定μm）		
可打印层厚	20～50μm		
打印速度	~120 层/h	~90 层/h	~60 层/h
重量	约1000kg		
工作电压	AC200V 50/60Hz		
工作气压	<0.8MPa		
整机功率	~3 kW		
适用材料	氧化铝、氧化锆、羟基磷灰石等		

高精度五自由度柔性电子3D打印机器人

J²-W300TV-GLUE-PZ

🔸 产品特点

J²-W300TV-GLUE-PZ是君璟科技自主研发的五轴打印机器人，可实现产品空间任意流体轨迹需求，精准控制。

🔸 规格参数

型号	J²-W300TV-GLUE-PZ		
轴数	五轴	Z 轴负载	2 kg
设备尺寸	760 mm×700 mm×1100 mm	y轴工作台负载	10 kg
工作电压	AC220V 50/60Hz	最大速度	500 mm/s
输入气压	0.4～0.7 MPa	最大加速度	0.8 G
总功率	1.2 kW	运动重复定位精度	± 0.004mm/（x/y/z轴）± 0.005 °（R）
设备总量	340kg	视觉定位系统	500万/14帧 130万/60帧
驱动系统	伺服系统 + 高精密模组		
运动模式	五轴联动控制系统，支持各种标准曲线插补等	光源	双路 LED 光源（白色环形光）
x/y/z三轴行程	300 mm×300 mm×100 mm	可选功能	固化灯、视觉检测、高精度激光探高、真空平台
x/y1/z1/四轴行程	—	t 轴偏摆角度	± 40 °
r 轴旋转角度	360 °	t 轴重复精度	± 0.05 mm
r 轴重复精度	± 0.05 mm	最大工作面积	300 mm × 250 mm

通用型桌面3D打印机器人

J²-W300T Ⅲ

🔸 产品特点

3自由度，光固化功能，打印图形及编辑，选配多种打印头，可选配加热料筒，喷嘴可独立加热，可加热到180°。系统打印BTO陶瓷最高固含量为86%，黏度高达383°135mPa·s。

🔸 规格参数

型号	J²-W300T Ⅲ		
轴数	3轴 + N（根据需求选配）	z 轴负载	2 kg
设备尺寸	650 mm×600 mm×600 mm	y 轴工作台负载	10 kg
总功率	1.2kW	最大速度	500 mm/s
输入气压	0.4～0.7 MPa	最大加速度	0.8 G
驱动系统	伺服系统 + 高精密模组	重复定位精度	± 0.004 mm/轴（x/y/z）
x/y/z三轴行程	300 mm×300 mm×100 mm	视觉定位系统	500万/14帧
最大工作面积	100 mm×100 mm	光源	单路LED光源（红色环形光）
		选配件	UV固化灯	可选功能	固化灯、视觉检测、高精度激光探高、真空平台
运动模式	三轴联动控制系统，支持各种标准曲线插补，任意轴直线插补，空间圆弧插补，空间螺旋线插补，空间椭圆插补，空间斜开线插补，空间锥形、螺旋形插补空间样条曲线插补		

图6.20 公司2022—2023年主要新品（续）

6.3.7 广州晋原铭科技有限公司

广州晋原铭科技有限公司拥有应用经验丰富的专业研发团队，拥有华南理工大学顶级增材制造研发专家团队、华南农业大学软件学院研发专家团队的技术支持，致力于提供更专业、更智能的3D打印控制软件系统方案，曾承担多项国家级、省市级增材制造装备及应用课题的研发和应用，产品已商用于国内销量和研发技术领先的3D打印设备生产商。

软件产品优势及特性如下。

（1）稳定可靠：避免打坏，稳定出件。

工业思维架构，防错纠错核心逻辑，让设备达到工业级水准；二次应用研发功能，适应设备多样化自主开发。

（2）精准执行：减少大部分后处理工序，节约人力成本和研发成本。

100%保真打印，保证尺寸精度；层纹均匀，平整光滑，呈现细节。

（3）多能工艺：让设备商研发便捷化，快速掌握工艺制造技术。

将光路参数工具化，形成生产工艺包，节约大量的研发和验证成本；根据材料特性和工艺要求，灵活、便捷启用精度补偿；可设置同工件指定不同工艺、同涂层指定不同工艺，适应精细要求。

（4）超级快造：效益装备。

秒级安装，适合标准化规模化设备制造；专利路径算法，单头（振镜）生产速度同比提高40%以上；支持多头（振镜）任意组合，交叉区域路径规划专利算法。

（5）一键打印：降低使用成本。

集成功能模块I/O，自动化同步协作；即时监控设备运行状态和诊断问题，保持设备良好运行。

（6）自主产权：避免受制于人。

100%自主研发知识产权，不受限制；终身升级技术服务。

2022—2023年主要新品

SLM金属粉末/SLA光固化/SLS尼龙粉末3D打印设备控制软件、3D打印设备网络系统、3D打印设备平台振镜控制卡、LCD/DLP 3D打印设备控制系统软件。

6.3.8　深圳市大族聚维科技有限公司

深圳市大族聚维科技有限公司（后简称"大族聚维"）是大族激光全资子公司，已经发展10余年，公司自成立以来一直秉承创新、专业和卓越的核心价值观，致力于为客户提供高效、优质的增材制造工艺及装备解决方案。大族聚维是一家集研发、生产、销售、售后于一体的高科技公司，拥有相关技术专利30余项。公司着眼于为国内外客户提供整套激光加工解决方案及技术服务，主要产品包括非金属光固化3D打印设备、金属粉末3D打印设备、金属丝材3D打印设备、激光熔覆修复等产品。产品广泛应用于航空航天、轨道交通、船舶、IT制造、医疗器械、3C电子、仪器仪表、模具制造、汽车制造、精密机械、五金制造、珠宝首饰、工艺礼品等行业。

大族聚维依据ISO质量控制体系和ISO14001环境管理体系，对产品在器来料、加工、制造、装配、检验、出货等各个环节进行严格管控，确保产品性能和质量。

大族激光在国内外拥有近百个销售及售后服务网点，并成立了由众多行业应用中心所组成的行业服务群，为客户提供激光加工工艺分析和全方位的激光应用解决方案，使激光技术与各行业的制造工艺实现无缝对接。服务无止境，遍布全国的技术服务人员，为广大客户提供贴心和周到的售后服务。

2022—2023年主要新品

公司2022—2023年主要新品如表6.4所示。

表6.4 公司2022—2023年主要新品

<table>
<tr><td colspan="2" align="center">一、HANS M460-400</td></tr>
<tr><td colspan="2" align="center">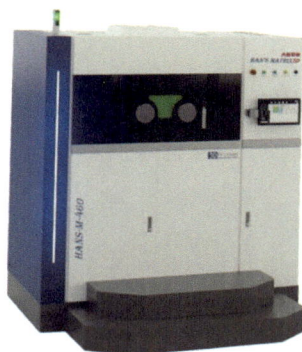</td></tr>
<tr><td>产品特点</td><td>全开放工艺参数包，便于二次开发安全、稳定、高效的气路循环过滤系统，高效双向铺粉精密可调刮刀，保证铺粉精度适用于手板、模具、汽车、航空航天等行业</td></tr>
<tr><td>设备尺寸</td><td>2260mm×1300mm×2600mm</td></tr>
<tr><td>最大成型尺寸</td><td>450mm×350mm×400mm</td></tr>
<tr><td>激光功率</td><td>500W×2</td></tr>
<tr><td>激光波长</td><td>1060 ～ 1080nm</td></tr>
<tr><td>光斑直径</td><td>≤90μm</td></tr>
<tr><td>铺粉层厚</td><td>20 ～ 100μm</td></tr>
<tr><td>光学部件</td><td>F-theta-lens，扫描振镜</td></tr>
<tr><td>扫描速度</td><td>≤10m/s</td></tr>
<tr><td>氧含量</td><td>≤100ppm</td></tr>
<tr><td>供粉方式</td><td>上送粉</td></tr>
<tr><td>气体保护</td><td>氮气/氩气</td></tr>
<tr><td>软件</td><td>Magics+BP/Hans M Path</td></tr>
<tr><td>设备重量（不含附件）</td><td><3500kg</td></tr>
<tr><td>供电电源/功耗</td><td>380V±10%，63A/<25kW</td></tr>
<tr><td>适用材料</td><td>不锈钢、模具钢、钴基合金、高温合金、钛合金、铝合金等</td></tr>
<tr><td>控制方式</td><td>Profinet总线</td></tr>
<tr><td colspan="2" align="center">二、HANS M360</td></tr>
<tr><td colspan="2" align="center"></td></tr>
<tr><td>产品特点</td><td>全开放工艺参数包，便于二次开发安全、稳定、高效的气路循环过滤系统，可选配双振镜，可选配智能监测、嫁接打印功能模块，适用于手板、鞋模、3C、汽车等行业</td></tr>
<tr><td>设备尺寸</td><td>2260mm×1150mm×2350mm</td></tr>
<tr><td>最大成型尺寸</td><td>350mm×350mm×300mm</td></tr>
<tr><td>激光功率</td><td>500W/500W×2（可选）</td></tr>
</table>

二、HANS M360

激光波长	1060 ～ 1080nm
光斑直径	≤90μm
铺粉层厚	20 ～ 100μm
光学部件	F-theta-lens，扫描振镜
扫描速度	≤10m/s
氧含量	≤100ppm
供粉方式	下送粉
气体保护	氮气/氩气
软件	Magics+BP/Hans M Path
设备重量（不含附件）	<3000kg
供电电源/功耗	380V±10%，30A/≤25kW
适用材料	不锈钢、模具钢、钴基合金、高温合金、钛合金、铝合金等
控制方式	Profinet总线

6.3.9 深圳阿尔比斯科技有限公司

深圳阿尔比斯科技有限公司成立于2016年4月26日，注册地为深圳市龙华区民治街道上芬社区龙屋工业区7号厂房整套4楼，经营范围包括快速成型技术的研发，模型、金属零件、模具、汽车零部件的设计及销售，3D打印服务，塑胶产品、金属零件、碳纤维制品、模具、汽车零部件的小批量生产及批量生产加工。

公司目前已构建"互联网+制造平台"，能按客户要求提供塑胶、金属及碳纤维快速零部件的解决方案。

6.3.10 深圳市宝辰鑫激光科技有限公司

深圳市宝辰鑫激光科技有限公司成立于 2022 年，是创鑫激光子公司，专注于激光器在智能制造领域的技术创新与产业应用，推动生产方式的变革性发展。公司坚持创鑫激光的初心，以"科技普惠大众"为使命，立足于激光软硬件产品和行业的激光解决方案，为广大行业客户提供更高端、更智能、更绿色的激光应用。

6.3.11 深圳市人彩科技有限公司

深圳市人彩科技有限公司经营范围包括光学仪器、机械设备、电子产品的技术开发与销售，国内贸易，进出口业务。

6.3.12 深圳薪创生命科技有限公司

深圳薪创生命科技有限公司（后简称"薪创生命科技"）成立于2017年8月，位于深圳市光明区招商局光明科技园。公司专注于骨科及牙科医疗器械与植入物的高分子生物材料的研发、生产及销售。目前，公司主要致力于研发和生产多种可用于3D打印的活性耗材，以简化3D打印骨植入物的制造流程，降低成本，提升生物活性。公司研发的新型生物骨科材料具备优良的物理和生物性能，并获得了ISO的认证，作为安全的打印耗材来生产植入物。

（1）主要业务和产品。

薪创生命科技的产品基于专利的生物活性纳米颗粒制造技术。从过去的纳米骨水泥产品到现在的销往全球的医疗级别3D打印耗材，公司的生物材料技术在全球市场上领先其他竞争对手。公司的医疗级别3D打印耗材具有良好的生物兼容性和生物活性，适用于临床手术。使用公司的3D打印耗材制造的植入物具备与人骨相媲美的抗压强度，还具备良好的骨传导性，有助于骨细胞的生长和复原。截至2023年，该公司的产品在全球多个国家和地区畅销，并得到众多医院和医疗器械生产商的认可。

（2）持续发展技术的先驱。

凭借薪创生命科技的技术研发基础和生产经验，团队持续研究全新的生物材料技术，不断创新，并将最新的材料技术应用于产品开发。公司每年将大量的资金投入研发，力求保持在生物材料研发领域的领先地位。

（3）领先的生产工艺。

对于不同的产品，薪创生命科技深入研究了多种生产工艺，每一种工艺都是追求卓越的表现。在分子和纳米陶瓷合成方面，设计并定制了工业级别的仪器，可批量生产纳米颗粒。基于公司的平台技术，还自主研发了其他产品，利用包裹羟基磷灰石涂层的纳米颗粒作为其他骨科植入物的材料基础。这些纳米颗粒具有不同的粒径大小，从小于100nm到大于800nm都可以精确制造，以满足不同的需求。

薪创生命科技凭借领先的科技实力和高品质的产品在行业内获得了广泛认可。公司致力于推动生物材料科技的发展，为临床手术和医疗器械制造商提供创新的解决方案。

以下是技术亮点。

（1）生物活性纳米颗粒制造技术：公司基于自主研发的生物活性纳米颗粒制造技术，成功结合了纳米共聚物和仿人骨晶体的纳米羟基磷灰石，并将其应用于生物医疗领域。这项技术能够制造出具有优异生物活性和物理性能的材料，用于骨科和牙科植入物的生产。

（2）3D生物打印技术：公司专注于3D生物打印技术的研究和应用。使用自主研发的活性耗材，能够简化3D打印骨植入物的制造流程，降低成本并提高生物活性。该公司的3D生物打印技术具有高精度和可定制化生产的优势，可为医疗器械制造商提供辅助术前规划，降低手术风险。

（3）高分子生物材料研发：公司专注于骨科和牙科医疗器械与植入物所需的高分子生物材料的研发。薪创生命科技的新型生物骨科材料具备优良的物理和生物性能，突破传统聚合物材料的限制，大幅度提高了产品的生物和机械性能。经过临床前测试，材料表现出良好的生物相容性和安全性能。

自2018年开始，薪创生命科技一直致力于使用FDM 3D打印技术研发定制的生物材料。从2021年推出的医用级PMMA FDM丝材料，到2022年推出的Bonlecule（纳米羟基磷灰石-PMMA）生物活性FDM丝材料，都是前沿产品，只有少数高科技材料供应商或化学公司能够提供。为了增强的产品组合，自2023年年初起，公司还向客户提供医用级PEEK材料，作为提供并出口PEEK丝材料（用于打印植入物）的供应商。

薪创生命科技仍在研究具有更好生物活性和力学性能的新型3D打印材料，以适应使用FDM、SLA和SLS等不同技术的一系列3D打印机。

现有产品如下。

（1）FDM - 医用PMMA丝材料。

（2）FDM - 医用Bonlecule丝材料。

（3）FDM - 医用PEEK丝材料。

产品开发计划如下。

（1）FDM - 医用PEEK（纳米羟基磷灰石-PEEK）丝材料。

（2）SLA - 医用PMMA树脂。

（3）SLA - 医用Bonlecule树脂。

6.3.13　广州市晟龙工业设计科技园发展有限公司

广州市晟龙工业设计科技园发展有限公司是国家级科技企业孵化器，于2011年6月由广州市晟龙电子科技有限公司投资成立，是广州荔湾区重点高新技术产业园区"广州3D打印产业园"的运营管理单位，主要为园区入驻企业提供科技孵化认定、技术成果转化、市场开发、投融资、工业产品设计及技术开发、产品试制等服务。

6.3.14 深圳市大族思特科技有限公司

深圳市大族思特科技有限公司，是一家集技术研发、生产和销售于一体的国家级高科技企业，属于大族集团控股但独立运营的子公司，致力于为全球客户提供场镜、光栅尺以及振镜扫描系统解决方案。公司拥有专业的光学、机械、电子、软件、工艺测试等研发团队，拥有数十项实用新型专利、发明专利和软件著作权。除了研发标准扫描振镜和打标控制卡，还为客户提供定制化的振镜扫描解决方案。现产品有光电系列振镜电机、光栅系列振镜电机、空心杯电机、音圈电机、光电系列扫描振镜方头、光栅系列扫描振镜方头、智能一体扫描振镜系统、三维动态大幅面调焦系统、转镜面扫描系统、四轴联动激光加工系统、五轴微加工钻孔系统、光学相干断层扫描和医疗点阵系统等。扫描振镜系统年产量高达10万套。振镜方头和振镜系统解决方案已成功应用于3C电子行业、精密加工行业、PCB加工行业、锂电和汽车焊接行业、光伏新能源行业、显示面板行业、激光演示行业、3D打印行业、食品包装行业、烟草行业以及医疗美容行业等。

6.3.15 广州中望龙腾软件股份有限公司

广州中望龙腾软件股份有限公司是领先的CAD软件、3D软件解决方案提供商也是国内A股第一家研发设计类工业软件上市企业，专注于工业设计软件超过20年，建立了以"自主二维CAD、三维CAD/CAM、电磁/结构等多学科仿真"为主的核心技术与产品矩阵。目前，设有广州、武汉、上海、北京、西安、美国佛罗里达六大研发中心，延揽全球优秀人才，致力于CAX核心技术研发。主要产品有ZWCAD、中望CAD机械版、中望CAD建筑版、中望建筑水暖电、中望结构、中望景园、中望龙腾冲压、龙腾塑胶模具、ZW3D、3D One、中望3D教育版、ZWSim-EM软件。中望软件系列软件产品已经畅销全球90多个国家和地区，用户数量突破140万，广泛应用于机械、电子、汽车、建筑、交通、能源等制造业和工程建设领域。

6.3.16 深圳光华伟业股份有限公司

深圳光华伟业股份有限公司成立于2002年，是国家级高新技术企业，也是中国轻工业塑料行业（降解塑料）十强企业。公司于2016年4月5日在新三板挂牌成功。光华伟业主要从事非金属3D打印材料以及各类环境友好型生物降解材料的研发、生产与销售，是国家级专精特新重点"小巨人"企业，主要产品包括3D打印产品和环境友好型生物降解材料。其中，3D打印产品主要是FDM 3D打印线材和光敏树脂，环境友好型生物降解材料主要包括聚乳酸、乳酸酯和聚己内酯等材料。

6.3.17 中山大简科技有限公司

中山大简科技有限公司是一家3D打印材料解决方案供应商，产品覆盖SLA光敏树脂、DLP光敏树脂、LCD光敏树脂、FDM线材等技术领域。公司拥有国际化的研发和创新团队，在3D打印材料领域取得了突破性成果，研发出了几十款高性能3D打印材料，被广泛应用于工业手板、影视道具、动漫手办、家电家居、趣味玩具、文化周边、汽车应用、鞋模等多个领域。其中高透明、ABS高韧性和铸造材料处于世界领先水平。公司成立至今，获得了10余项国内外专利授权，荣获广东省科学技术奖（科技进步奖）、国家级专精特新"小巨人"企业等荣誉。

6.3.18 珠海三绿实业有限公司

珠海三绿实业有限公司于2013年7月在广东省珠海市成立，经过多年的发展，已成为3D打印行业领军企业。三绿集团以安徽三绿作为集团注册总部，珠海三绿作为集团运营中心的总体架构。集团公司共有员工500余人，拥有40余条自动化3D打印耗材生产线和多个3D电子产品生产车间，主要从事FDM 3D打印耗材LCD光敏树脂、3D打印机、3D打印笔、3D干燥箱及3D光固化箱产品的研发、生产和销售业务，是目前国内3D打印耗材生产规模最大和生产产值最高的企业，公司产品均获得ROHS、REACH、FCC、CE等国际认证，通过海内外代理商及跨境电商平台，产品远销欧美和东南亚等地区。近年来，集团公司围绕3D打印技术先后进行了近30个科研产品项目的研发，申请200余项知识产权，其中发明专利41项，拥有多名管理类、营销类和研发类高端人才，集团公司均为国家高新技术企业，自主研发的3D打印笔和3D打印耗材产品被认定为高新技术产品。

6.3.19 广东银纳科技有限公司

广东银纳科技有限公司是一家拥有制备高品质纳米至微米金属球形粉末核心技术和专利设备，致力于新材料的研发、生产和应用推广的高新技术企业。公司自主研发并具有完全知识产权的丝材雾化法粉体制备设备，可生产高纯低氧、高球形、粒径范围可调可控（纳米级、亚微米级、微米级等多粒径段）的金属正球形粉末，产品品质位于国际前列，深受客户欢迎，成功替代了多款进口材料，成为多家行业龙头的优选供应商。公司以先进技术切入3D打印市场，为医疗、军工、随形冷却模具等领域提供专业的金属3D打印材料及综合解决方案，获得了国内重点科研单位、各领域龙头企业客户的广泛认可，并在钨、钼、钽、铌等难熔金属球形粉末这一细分专业市场占有国内最大市场份额。

6.3.20 广州赛隆增材制造有限责任公司

广州赛隆增材制造有限责任公司成立于2018年10月，是广东省政府自陕西重点引进的高层次人才创办国家高新技术企业。公司现位于广州市黄埔区科技企业加速器园区内，建有5300余平方米的标准厂房，拥有多台电子束3D打印和等离子旋转电极雾化制粉等装备，已建成电子束3D打印复杂零件、高品质球形粉末及粉末冶金金属多孔材料批量化生产线，可为客户提供金属3D打印全产业链定制服务，相关产品已在生物医疗、航空航天等领域获得应用。公司建成具有30余人的全职专业队伍，包含省市级人才，高学历人士超65%。公司取得了ISO9001、ISO13485医疗器械及两化融合ERP管理体系证书，运行医疗器械GMP及GSP体系，研发生产规范高效，获批10余项省市区科技等项目，拥有授权专利22件，软著2件，国标7件，团标2件；被认定为"广东省增材制造技术及应用转化工程技术研究中心"等；被评为国家高新技术企业、国家科技型中小企业、广东省专精特新中小企业、广东省创新型中小企业、广东省守重企业等；获得国家标准优秀一等奖、全国发明展金奖等行业荣誉20余项。

6.3.21 广州纳联材料科技有限公司

广州纳联材料科技有限公司成立于2014年，位于广州清华科技园创新基地，是由江西悦安新材料股份有限公司和中南创发集团（港资）两家大型企业共同投资创建的高新技术企业。投资双方拥有多年的粉体研究经验，与各大高校有着良好的合作关系，资金、技术力量雄厚。公司坚持"高品质，高技术含量"的发展战略，未来3年的目标是成为一个专注于金属材料研究及应用的技术企业，包括建立一个独立的技术研发中心，以提供相关技术的咨询、转让服务，并逐步完善生产制造配套设备设施，努力成为新材料、新技术领域具有影响力的开发商与服务商。公司产品包括3D打印金属材料、微米粉体材料、纳米粉体材料及高精密金属制品，所涉及的行业包括航空航天、医疗、汽车等。公司拥有专利18件，医疗器械质量管理体系认证等16项资质证书。

6.3.22　广州有研粉体材料科技有限公司

广州有研粉体材料科技有限公司成立于2018年3月，是响应《广东省科学院促进科技成果转化暂行办法》、促进广东省材料与加工研究所（原广州有色金属研究院）科技成果转化而成立的企业。公司现有员工37人，其中教授1人，博士研究生3人，硕士研究生4人。公司依托于国家钛及稀有金属粉末冶金国家工程中心，具备先进的制粉技术及应用经验，目前拥有3000平方米的生产办公场地、两条水气联合雾化生产线、真空气雾化生产线、喂料生产线、10余台（套）检验检测设备。具有年产1200余吨高端金属粉体材料的能力。

6.3.23　深圳市金石三维打印科技有限公司

深圳市金石三维打印科技有限公司成立于2015年，是一家致力于3D打印技术研发、应用、创新的国家高新技术企业，是国内少数同时布局金属和非金属3D打印设备、材料及服务并实现产业化的龙头企业，可为客户提供集3D打印设备、3D打印服务、3D打印耗材于一体的工业级3D打印综合解决方案。公司总部设在深圳，在江西萍乡、重庆渝北、浙江平湖、广东珠海、天津武清、陕西咸阳、湖南长沙、江苏苏州等地设有近30家子公司，自有土地8.6万平方米，生产基地面积超14万平方米，是国内产业布局最广的3D打印科技公司之一。公司坚持自主研发，拥有过百项专利，获得了国家高新技术企业、双软企业、专精特新"小巨人"企业、深圳智能制造领航企业、深圳科技独角兽企业、深圳知名品牌、投资界硬科技等资质或荣誉。

6.3.24　深圳光韵达光电科技股份有限公司

深圳光韵达光电科技股份有限公司是激光智能制造解决方案与服务提供商，于2011年6月8日在深圳证券交易所创业板成功上市。公司利用"精密激光技术＋智能控制技术"突破传统生产方式，实现产品的高精密、高集成及个性化生产，为全球制造业提供全种类的精密激光制造服务和全面创新解决方案。公司的主要产品和服务包括3D打印、精密激光模板、柔性电路板激光成型、精密激光钻孔（Precision Laser Drilling，PLD）、电子制造产业的关联产品，航空航天及军工零部件制造等应用服务；智能检测设备、自动化设备、激光设备及3D打印设备等智能装备；激光光源及关键零部件制造。

6.3.25　广州瑞通增材科技有限公司

广州瑞通增材科技有限公司成立于1997年，是一家以数字化口腔正畸、3D打印、医疗服务创新为技术核心，集自主研发、生产和销售于一体的高新技术企业。公司拥有20多年的激光设备制作经验，是国内最早将金属3D打印技术应用于齿科行业的企业。经过20多年的发展，公司的金属3D打印技术处于行业领先地位，是广东省高新技术企业，也是口腔3D打印行业标准制定单位之一，荣获广东省科技进步奖二等奖，并通过了一系列认证（包含国内ISO9000、欧盟CE及ROHS、北美FCC及IC等）。公司拥有国内发明专利40余项，外观专利3项，计算机软件作品著作权12项，实用新型项目65个。与国内近1000家义齿商（如锦冠桥义齿、富乔义齿、华新义齿、卓越义齿、速诚义齿、康隆义齿、丽尔美义齿等）建立深度合作，设备出口至50多个国家和地区，全球正在投入使用的金属3D打印设备超过1200台，设备销量在行业内领先，是我国义齿行业3D打印设备制造领域当之无愧的龙头企业。

6.3.26　珠海赛纳三维科技有限公司

珠海赛纳三维科技有限公司是国际著名打印技术企业"赛纳科技"旗下专注增材制造技术研发与应用解决方案开发的专业化企业。公司致力于工业级3D打印技术的研发、销售与服务，自主研发的"直喷式彩色多材料 3D 打印技术"成功打破国际技术垄断，成功填补了我国在材料喷射 3D 打印技术领域的技术空白，形成了涵盖入门级、专业级、生产级应用需求的完整产品线，具有全彩色、多材料、高精度、高效率、定制化等特点，在数字医疗、教育培训、工业设计、科研等领域得到了广泛的应用。公司自主研发的白墨填充技术（White Jet Process，WJP）可以实现液体光敏树脂、生物水凝胶、蜡质材料等的压电直喷式高精度打印。配合赛纳高性能光敏数字聚合物复合材料，可打印出细节精良、质感优越的成品部件和设计作品。

6.3.27　广州迈普再生医学科技股份有限公司

广州迈普再生医学科技股份有限公司是创业板上市企业，成立于2008年9月，是一家致力于结合人工合成材料特性，利用先进制造技术开发高性能植入医疗器械的高新技术企业。公司是国内神经外科领域同时拥有人工硬脑（脊）膜补片、颅颌面修补产品、可吸收再生氧化纤维素等植入医疗器械产品的企业，覆盖开颅手术所需要的关键植入医疗器械。公司是全球较早将生物增材制造技术应用于高端医疗器械产品产业化的企业，生物3D打印专利数量位列全球第7位。公司申请国内外专利超350件，授权美国、欧盟、日本等地专利260余件，2018年获评第二十届中国专利奖银奖、中国专利奖优秀奖。公司获科技部、工信部、发改委及广东省政府等10余项国家及省部级项目支持。自主研发的Ⅲ类植入医疗器械共获欧盟CE、中国NMPA注册证13个，主营产品在全球80多个国家地区应用近50万例。自主研发的生物3D打印装备入选国家、省、市首台套目录，在国内市场进行销售。

6.3.28　广州黑格智能信息科技有限公司

广州黑格智能信息科技有限公司成立于2016年，是一家以3D打印应用和数字化智能制造技术为核心的科技创新驱动型公司，总部位于广州，在深圳、杭州、无锡、中国台北以及美国加利福尼亚州等地设有子公司。公司专研数字化技术链条，从应用需求出发，将产业化能力与底层技术平台结合，整合智能化数据采集、数据管理、模型设计、3D打印设备、3D打印材料及后处理等完整流程，革新生产制造方式，打造技术平台、产品平台和数字化行业应用解决方案，目前解决方案已覆盖齿科、消费类电子、骨科/康复科、工业、文创等领域。

6.3.29　深圳市创想三维科技股份有限公司

深圳市创想三维科技股份有限公司是全球消费级3D打印机领导品牌、国家高新技术企业，专注于3D打印机的研发和生产，产品覆盖FDM和光固化，拥有160多项消费级、工业级、教育级3D打印机授权专利，自主研发制造的熔融沉积和光固化3D打印机在国内处于领先水平。公司一直致力于3D打印机的市场化应用，为个人、家庭、学校、企业提供高效、实惠的3D打印综合方案。公司总部位于深圳，在北京、上海、武汉、成都等地设有分公司，并与多所高校合作建立产学研教学实习基地，研发、制造、售后体系完备，技术实力雄厚。公司员工超过2000人，其中研发人员超过500人，总生产场地近50000m²，年出货量突破1000000台，拥有先进的大型研发中心、3D打印实验室、创想研究院以及现代化生产线，配合24小时不间断的专业测试线和严苛的品控体系，从源头确保产品质量。公司自2014年成立以来，销量逐年成倍增长，产品远销192个国家和地区，长期稳居全球3D打印机销售榜前列，是国内消费级3D打印机头部企业。

6.3.30　深圳市纵维立方科技有限公司

深圳市纵维立方科技有限公司是全球消费级3D打印机领先企业，秉承"以3D打印技术实现创作和智造自由"的企业愿景和"为智造自由"的品牌使命，致力于为行业应用者和创客提供优质的桌面级3D打印方案。自2015年成立以来，公司相继推出备受好评的Mega、Kobra系列熔融沉积制造（Fused Deposition Modeling，

FDM）技术和Photon系列液晶显示（Liquid-crystal display，LCD）技术。在创新驱动下，公司于2021年联合德州仪器（Texas Instruments，TI）推出重磅桌面级DLP新品，将昂贵的DLP技术带入消费级。目前公司拥有超过700名员工，业务遍及200多个国家和地区。

6.3.31　深圳市智能派科技有限公司

深圳市智能派科技有限公司成立于2015年，成立后快速发展，已经成为全球智能制造行业的新起之秀，专注于研发、生产和销售消费级3D打印机、激光雕刻机、STEM套件等产品，借助编程以及3D打印技术支持，致力于为富有创意设想的不同消费群体提供智能化创作空间，并为他们提供便捷、快乐、个性化的使用体验。以独立站、亚马逊、eBay、阿里巴巴等多元化销售平台为依托，目前已经将百万台产品销往全球70多个国家与地区，并注重与客户的双向沟通，不断完善售后服务。截至2023年3月，公司已获专利111项（发明10项、实用新型36项、外观专利65项），其中包含国际专利35项、拥有软件著作权14项、作品著作权4项。公司正处于高速发展期，销售业绩不断跨越新篇章，实现持续稳步增长。

6.3.32　深圳拓竹科技有限公司

深圳拓竹科技有限公司是一家致力于用前沿的机器人技术彻底革新桌面级 3D 打印产业的公司，成立于2020年，总部位于深圳，在深圳和上海设立了研发中心，并在美国奥斯汀市设立办公室。公司的X1 系列高速智能 3D 打印机瞄准业内最强性能，在诸多关键性能上，实现了数量级上的进步，更是把多色彩打印、支持高性能工程塑料等工业级打印机技术带入消费级产品，拉开了业界期待多年的桌面 3D 打印革命的序幕。客户在打印过程中能够突破色彩和材料的限制，将创造力提升到一个全新的水平，找到纯粹的创造乐趣。

6.3.33　广州捷和电子科技有限公司

广州捷和电子科技有限公司成立于2011年，是国内领先的工业级3D打印设备、快速铸造解决方案的供应商，致力于用3D打印技术为客户解决难题。公司业务涵盖3D打印设备的研发及生产、3D打印材料、快速铸造工艺、3D光学模组等。作为以技术创发展的企业，公司中从事研发的人员占40%，专业技术人员占20%。在美国技术研发团队的参与下，以及结合德国3D打印技术，在市场上千锤百炼，历经多年的沉淀，已经成长为拥有完备的研发、生产、销售与工业应用开发的一体化公司，依托雄厚的研发实力和丰富的人才资源，在追求"共创、共建、共赢"长远合作的经营理念下，为客户提供不同大类的应用解决方案。公司凭借具有国际水准的设备进入航空航天、军工、教育、医疗、艺术等行业，同时为铸造行业开辟了快速制造的新模式。

6.3.34　东莞科恒手板模型有限公司

东莞科恒手板模型有限公司是一家致力于提供增减材一体化全产业链服务的国家高新技术企业，集新材料研发生产、产品设计、开发与制作以及行业应用开发于一体。公司深耕增材制造产业14年，基于客户应用场景建立了定制化产品的标准化体系，改变了产品制造的供应方式，将由传统模式下的"研发+设计+加工+验证"转变为"一站式标准化服务体系"，有效缩短研发周期，提高效率；通过标准设定、生产管理、供应链管理、平台化运营，以数字经济为驱动，致力于为制造业提供高品质、低成本、短交期的产品。公司目前拥有800余台工业级大型3D打印设备及高端CNC设备，涵盖多种打印工艺，每年交付客户上千万件产品。公司长期活跃于航天航空、精准医疗、运动装备、工业制造、3C电子、汽车制造、模具制造、文化创意等领域；以"让智造更简单"为使命，创建覆盖全球的增材制造云服务平台，为终端客户提供专业的"设计与制造"一站式优质解决方案。

6.3.35 深圳市未来工场科技有限公司

深圳市未来工场科技有限公司成立于2015年，是提供3D打印、CNC、钣金、模具等一站式供应链管理服务的高科技智能制造企业。公司3D打印服务采用SLA、SLS、MJP、SLM等多种工艺，覆盖光敏树脂、类ABS、尼龙、玻璃纤维、铝合金、钴铬合金、蜡质等多种材料，能够满足汽车、航空航天、消费电子、医疗、家电等多个行业的应用要求。公司以订单为抓手数字化重构产线，致力于打造柔性制造时代下的智能云平台，为多品种、小批量的非标零部件产业提供"生产+流通+服务"全链条解决方案。在订单端，打造"云工厂"平台，智能化、规模化汇集零散非标零部件的加工需求；在产能端，数字化改造生产流程与生产工艺，智能化高效交付，通过客户柔性需求与刚性产线的结合，系统提升产品质量的稳定性，降低成本，快速交付，为客户创造更多的价值。

6.3.36 中山汇联智通打印科技有限公司

中山汇联智通打印科技有限公司专业提供3D打印、CNC快速成型、产品设计、手板模型、真空复模以及快速模具、5G人工智能领域模型、电器手板、雕塑、动漫、汽车等模型制作服务，不用开模具小批量快速生产，为研发和生产缩短制作周期，节省研发成本。公司自成立以来坚持"诚信、质优"原则，为客户提供个性化定制服务。公司分布东莞、佛山、中山、深圳，仅总中山公司办公区、工厂生产区使用面积达3600平方米，共拥有行业高科技3D打印设备350台，设备投入总价值9000多万元。公司线下业务覆盖广东省，同时经营国内外的线上业务，有天猫旗舰店、阿里巴巴企业店、抖音旗舰店，在亚马逊、速卖通等跨境平台上也有业务。

6.3.37 广州形优科技有限公司

广州形优科技有限公司成立于2016年9月，专注于三维数据验证系统解决方案，以专业知识与行业底蕴提升客户"从设计验证到按需制造"核心环节的体验，是亚太区最大Stratasys 3D打印交付中心，为企业和机构提供符合国际标准的可测试手板模型制造服务。作为美国Stratasys工业3D打印机全国领头分销商，覆盖全国核心区域，能够快速响应客户需求，旗下形优制件社自有配属数十台高端工业级3D打印设备，为创新企业和机构提供符合国际标准的可测试模型制造服务。

6.3.38 佛山市国恒网络科技有限公司

佛山市国恒网络科技有限公司是由3D打印服务行业的领航技术团队创立，至今已有十几年快速金属零件试制经验，根据不同生产需求不断延伸生产链条。公司通过对加工工艺进行优化生产模式，实现单件、中小批量零部件加工服务。

此外，公司通过立体服务功能加强采购商与供应商的桥梁作用，并不断完善开发平台技术支撑与服务功能，例如产品技术优化与同步开发支持、生产工艺模块化、快速制造与3D打印服务零件生产配套、项目生产流转管理可视化采集、关键加工节点直播互动等强大工业互联网系统，为广大工业客户提供一站式公共服务平台。

开发产品涉及缸体、缸盖等发动机部件、变速器及离合器等传动部件，电机及控制器壳体等新能源部件，底盘车架，个性化整机展示及透明功能展示样件等。

6.3.39 东莞爱的合成材料科技有限公司

东莞爱的合成材料科技有限公司成立于2016年7月8日（前身是2009年成立的珠海正邦科技有限公司），公司现位于东莞市寮步镇雅景横路3号，公司面积6000平方米，目前已授权9项发明专利，是一家集研发、生产、销售于一体的3D打印材料与胶黏剂的现代化企业。公司现有员工126名，研发团队占20%，其中有数名国内外博士和硕士研究生，并有在国际一流化工企业中从事本专业研究和实践数十年的经验，是一支具备强大的研发能力、创新能力、大批量生产能力的高效率团队。公司拥有大量先进、专业的检测设备，以确保产品的优良品质。公司在提供高性能产品的同时，注重向客户提供优秀的解决方案和产品定制化服务，可根据客户的要求对产品各项性能进行重新设计和优化。

3D打印材料行业作为劳动密集型转传统产业和生活关联型的民生产业，精密零部件的"个性化制造，精确化生产"将成为产业未来发展的强大引擎，公司拟对一些尺寸小、形状复杂的零件，充分利用材料，合理控制零件的制造成本，优化精密零件的制造工艺、提高精密零件的性能，实现精密零部件的个性化和低成本制造，贯彻3D打印材料行业科技创新，特别是光敏树脂材料的产业化发展。力争到2025年，建设成世界先进、国内领先的规模个性化、可实现精密3D打印产品的3D打印材料产业创新平台。

6.3.40 爱司凯科技股份有限公司

爱司凯科技股份有限公司成立于2006年，于2016年在深圳证券交易所创业板成功挂牌上市，是一家致力于工业打印核心技术研发和多技术（如微机电系统、大功率激光、精密制作及智能控制）融合的高新技术企业。公司主要产品为砂型3D打印机、激光打印机、雕刻机，目前已掌握三大核心技术，即激光技术、压电式喷墨打印技术和精密运动控制系统。在未来的发展中，公司将不断挖掘运用三大核心打印技术，用增材制造代替传统减材制造，用数字化、智能化、绿色化的打印技术颠覆传统制造业，成为工业打印领域的品牌。

6.3.41 工业和信息化部电子第五研究所

工业和信息化部电子第五研究所是国内少有的能够提供全面质量与可靠性技术与检测服务的权威性机构，研究领域包括电子产品、高端装备、机器人、软件等，是中国增材制造产业联盟成员单位、广东省增材制造协会理事单位。在增材制造领域的研究方向，主要涉及制造装备的实时监测与质量控制、制造装备的可靠性建模、装备核心元件及制件的检测与分析、工艺可靠性等。工业和信息化部电子第五研究所曾主持或参与多项增材制造相关研究课题，其中"栅控电子枪受迫振动响应与结构优化分析"项目突破了电子枪静模态、受迫振动等动力学技术难题，并获得国防科技进步奖三等奖，具备电子枪系统可靠性分析与试验能力；牵头了科技部"科学仪器专项"项目"半导体激光器综合测试仪器可靠性管理与保障"，完成了大功率半导体激光器的综合测试仪器开发，并建立了半导体激光器加速试验方法以及可靠性试验体系的研究；参与科技部重点研发计划"增材制造与激光制造"专项1项，负责完成阵列电子枪系统的可靠性建模与分析工作。

2022—2023年主要成果

（1）参与的标准研制

T/GAMA 15-2021《增材制造 粉末床激光熔融零件拉伸性能测试方法》。

T/GAMA 16-2021《粉末床激光熔融18Ni300模具钢嫁接增材制造工艺及要求》。

中国机械工业标准化技术协会团体标准《温度仪表可靠性通用要求》《温度仪表可靠性评估方法》《流量仪表可靠性试验方法、失效分类及判定》等16项团体标准。

ZF《J用测试仪器YYYZ通用要求》等3项标准。

KJ《KJZBJ用测试仪器YYYZ综合评价方法》等3项专项标准。

（2）申请的发明专利

EBSM阴极寿命评估方法，一般发明专利，授权2023。

阴极寿命预测方法，一般发明专利，授权2023。

（3）发表的学术论文

The Use of Phytic Acid Conversion Coating to Enhance the Corrosion Resistance of AZ91D Magnesium Alloy, SCI 论文 2022。

Electrochemical Analysis on the Role of CO2 in the Corrosion of 13Cr Martensite Stainless Steel under a High Chloride Solution, SCI 论文 2022。

6.4　贵州省

贵州森远增材制造科技有限公司

贵州森远增材制造科技有限公司成立于2015年，隶属于贵州科学院冶金化工研究所，位于贵阳国家高新技术产业开发区沙文园区内。公司主要经营范围：增材制造技术咨询、加工服务，3D打印产品的设计、研发、生产、销售。公司于2019年被认定为高新技术企业，2022年复审通过高新技术企业认定，2023年被认定为贵州省高新技术产业化示范工程，2024年被认定为国家工程研究中心共建单位，建有高分子复杂结构增材制造国家工程实验室在贵州的分支机构（贵州工业设计应用中心），增材制造生产体系通过 ISO9001 质量管理体系认证。现阶段装备有华曙高科选择性激光高速烧结设备11台，装机数量位于全国前列，专业从事尼龙12高分子制件的增材制造加工业务。公司装备有大型增材制造生产辅助、检测装备50余台（套）；配套建有材料科学专用实验室，拥有自主知识产权的3D打印成套专利技术。公司致力于数字化智能制造技术的推广应用及加工服务，是专业的增材制造、3D打印创新应用解决方案提供商，拥有较多行业内领先的增材制造创新应用技术与服务经验，重点面向制造业发展需求，提供增材制造技术咨询、产品数据处理、快速原型制造、终端零部件批量制造到产品后处理的全链条技术服务，为客户提供优质、高效的增材制造加工、技术服务，帮助客户提高市场竞争力，实现数字化智能制造技术与相关产业的密切结合。

技术进展情况

针对激光3D打印用尼龙12生产成本高、回收再利用率低等问题，利用前期取得的专利技术成果（发明专利：一种激光3D打印用复合改性尼龙12的制造方法，专利号为ZL201910799463.1），进行激光3D打印用复合改性尼龙12的产业化技术应用与示范实现激光 3D 打印用尼龙12的低成本生产和高回收再利用率，获得激光3D打印用复合改性尼龙12的产业化生产工艺新技术，建立示范装置，加速3D打印服务产业的发展。

在国内首次实现3D打印废旧高分子粉末材料的再生利用，产品技术指标达到国内先进水平（授权发明专利两项 ZL202210860924.3、ZL202110824279.5）；开发针对3D打印制件的表面化学抛光处理技术（申请发明专利两项ZL2023 11009159.5、202311012640.X）。

建设贵州科学院3D打印工程中心，中心拥有各类型工业级3D打印设备35台，工程化能力与技术孵化能力在国内领先，已成为高分子复杂结构增材制造国家工程技术研究中心的共建单位；除制造平台外，中心还搭建了年产50t的3D打印聚合物粉末中试平台、3D打印聚合物粉末改性技术中试平台、聚合物材料基础实验室等研发平台，拥有各类中试设备、检验检测仪器50余台，形成了以3D打印专用聚合物材料制备与改性技术为主的研发方向。公司积极推进制造平台数字化转型，引进3D打印专用生产管理系统软件1套、建设互联网订单平台1个，3D打印生产基本实现数字化管理，选择性激光烧结平台已具备年产5000kg以上聚合物复杂结构制件的能力。

6.5 湖南省

6.5.1 湖南云箭集团有限公司

湖南云箭集团有限公司隶属于中国兵器装备集团有限公司，是我国特种产品科研、生产重点驻湘央企和增材制造全产业链创新应用引领者。作为中国兵器装备集团增材制造技术研究应用中心依托单位，公司长期致力于各类工业级和消费级增材制造高端装备的研发、生产和销售，涵盖激光选区熔融、选择性激光烧结、微滴喷射快速成型、光固化快速成型、熔融沉积快速成型装备和激光立体电路增材制造创新技术，为客户提供系统的增材制造综合解决方案。

历经多年的创新和发展，公司建成了现代化智能制造车间，拥有面向多种材料和工艺的增材制造装备、后处理设备，以及产品检测设备300余台（套），具备先进的增材制造工艺开发、快速制造和技术服务能力，被认定为增材制造国家认定企业技术中心、博士后科研工作站等10余个国家级、省部级科研创新平台。

秉承"围绕产业链部署创新链，围绕创新链打造产业链"的发展思路，公司重点培育和发展增材制造新兴产业，让增材制造融入研发、走向量产，矢志将企业打造成富有活力的国际一流创新型企业集团。

增材制造板块的主要业务如下。

- 增材制造装备：包括SLM、SLS、3DP、SLA、FDM增材制造高端装备的研发、生产、和销售。
- 增材制造加工服务：包括SLM、3DP、SLS、SLA、FDM、DLP等工艺的快速制造，以及增材制造与传统铸造融合的高端定制化铸件快速制造服务。材料涵盖不锈钢、铝合金、钛合金、高温合金、铜、高分子、砂型、工程塑料、光敏树脂等多种金属、非金属材料。
- 增材制造技术服务：提供三维设计、拓扑优化、逆向建模等技术服务。

2022—2023年主要新品

（1）VM450金属3D打印设备

VM450是针对中大型金属零件加工制造而定制开发的SLM金属3D打印设备，该设备吸收了公司多年来在金属增材制造研发领域的大量经验，在运行稳定性、打印精度、烟尘过滤、成型质量方面均有优异的表现。同时，设备还在多项功能的设计上进行了创新，拥有创新性的全自动闭环粉末循环系统（Powder Circulation System，PCS）、气体循环系统（Gas Circulation System，GCS）和智能操作系统。

全自动闭环粉末循环系统是VM450设备在运行过程中，独立于主机单元的全自动粉末供应、溢粉回收和筛分，并持续供应粉末的循环系统。该系统最大的优势是，确保主体设备单元在运行过程中的不间断打印，实现设备的智能化运行和提供人粉隔离的安全保障。全自动闭环粉末循环系统是公司自主研发、具有独立知识产权的增材制造辅助运行系统，始于2022年，是国内首家开创性地实现了全自动闭环粉末循环功能的厂家。

VM450金属3D打印设备拥有450mm×450mm×500mm的成型腔，双激光配置。设备运行时，双激采用独立控制，独立规划扫描路径的方式实现精准搭接，极大保证了大型金属零部件的打印质量。设备可成型不锈钢、铝合金、钛合金和高温合金等金属粉末材料，适合多种应用场景。

VM450设备亮点。

- 多激光高精度拼接，满幅面稳定打印；
- 双向铺粉，打印效率快速提升；
- 批量应用验证，工艺稳定可靠；
- 长效循环过滤系统，有效提升打印质量；
- 集成式气氛控制系统，设备运行智能高效；

- 全自动闭环粉末系统，集成粉末输送、回收及筛分，全流程操作人粉隔离；
- 泄压防爆系统，设备操作更安全；
- 软件自主研发，打印参数开源可调；
- 甄选全球供应，打造高品质智造系统；
- 适应多种材料，满足各类应用场景。

VM450设备参数如图6.21所示。

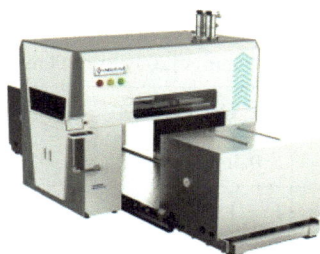

设备型号	VM450
外形尺寸	3180mm×1500mm×2750mm（主体部分）
重量	3500kg
成型尺寸	450mm×450mm×500mm（不含基板）
激光功率	500W（双激光）
光学系统	动态聚焦
光斑大小	75～100μm
铺粉方式	双向铺粉
铺粉厚度	0.02～0.1mm
最大扫描速度	7m/s
氧气浓度	≤100ppm
惰性气体	氮气或氩气
排氧惰性气体消耗量	70L/min
加工惰性气体消耗量	3～5L/min
基板加热	≤200℃
电源与耗电功率	380VAC±10% 3PH/N/PE/50Hz/20kW
环境要求	25℃±3℃/≤60%RH
操作系统	Windows 64位
数据格式	STL文件或其他可转换格式
成型材料	不锈钢、钛合金、铝合金、镍基合金等

图6.21 VM450设备参数

（2）VDP1300微滴喷射快速成型设备

针对泵阀行业的新品研发和中小批量复杂结构铸件的生产，公司定制开发了VDP1300砂型微滴喷射快速成型设备，该设备拥有1300mm×1200mm×800mm的成型腔，配备5个高分辨率压电式喷头，单、双打印工作缸灵活配备，有效助力客户加快新品研发进度，实现批量化生产。设备可成型100～200目各类砂料，包含石英砂、珠宝砂、陶粒砂等，适合多种应用场景。

VDP1300设备亮点如下。

- 单/双大容量工作缸，满足大尺寸铸件需求，更适合批量化生产；

- 打印速度快，成型精度高，有效成型各类型复杂结构铸造砂型模具；
- 压电式进口喷头，砂型表面光洁度高，有效保证铸件产品质量；
- 全自动送粉设计，设备运行更智能；
- 打印喷头、工作缸数量可按需定制，灵活配备。

VDP1300设备参数如图6.22所示。

设备型号	VDP-1300
外形尺寸	9200mm×3300mm×3200mm
成型尺寸	1300mm×1200mm×800mm
重量	11T（双工作缸）
制件精度	±0.4mm
砂型冷抗拉强度	1 ～ 1.5MPa
砂型发气量	10 ～ 14mL/g
打印速度	15 ～ 25秒/层
打印效率	100 ～ 150L/h
成型厚度/Molding thickness	0.2 ～ 0.5mm
送粉方式	自动上送粉
喷头数量	1024×5喷头
喷头规格	分辨率400dpi
软件支持格式	STL
电源要求	380VAC±10%/N/PE/50Hz/10kW
液体材料	呋喃树脂粘接剂、固化剂、清洗剂
成型材料	100 ～ 200目各类砂料（石英砂、宝珠砂、陶粒砂等）

图6.22 VDP1300设备参数

（3）表面立体电路微增材制造

表面立体电路微增材制造即在常规材料基体表面，通过微增材制造的形式共形地附着上具有电气功能的导线、图形，并且可直接在基体上安装元件使其成为一个立体的、集机电功能于一体的电路结构载体。表面立体电路属于三维立体共形电路，激光微增材制造是当前表面立体电路制备的主要手段。

该技术解决了特殊应用场景下，产品结构不紧凑、占用空间大、组装工序烦琐、易出现电磁兼容等难题，可在普通塑料、陶瓷、铝合金、玻璃纤维、高分子等异形零件表面进行电路、功能、结构一体化设计与制造，实现多种材料异形结构共形电路成型与制造，有效扩展了立体电路产品的应用领域。

公司已具备3项表面电路微增材制造工艺，分别是LDS、LAP及激光微增材直写工艺，创新性提出电路、功能、结构一体化的立体电路设计方法，真正意义上实现结构零件从设计、生产、立体电路制备全流程通过自主增材制造生产制备。

（4）其他系列增材制造设备

其他系列增材制造设备如表6.5所示。

表6.5 其他系列增材制造设备

类型	型号	主要特点	适用材料	外观
3DP工艺装备	VDP2211	单/双大容量工作缸，满足大尺寸铸件需求，更适合批量化生产； 打印速度快，成型精度高，有效成型各类复杂结构铸造砂型模具； 全自动送粉设计，设备运行更智能； 喷头、工作缸数量可按需定制，灵活配备； 成型尺寸：2200mm×1000mm×1000mm	硅砂、石英砂、陶瓷砂	
SLM工艺装备	VM280	双向铺粉，打印效率快速提升； 可变光斑扫描、成型更高效； 上落粉结构，可持续加粉，实现大型零件不间断打印； 软件自主可控，工艺参数稳定，系统参数支持用户定制； 三重过滤系统，减少烟尘、延长过滤系统寿命； 全新风场，保障打印质量； 成型尺寸：280mm×280mm×365mm	不锈钢、钛合金、铝合金、镍基合金等	
SLS工艺装备	VS800	适合多种打印材料，可成型铸造砂型和蜡型，材料利用率在90%以上； 多区温控系统，设备运行稳定、打印质量更优异； 打印参数按需调节，兼顾成型精度与打印效率，专为高端精密铸造而设计； 全自动真空定量送粉，按需供粉，设备操作更智能； 设备成型尺寸可定制化，更贴合用户实际需求； 成型尺寸：800mm×800mm×500mm	覆膜砂、PP、PS等高分子材料	
	VS500	适合多种打印材料，可成型铸造砂型和蜡型，材料利用率在90%以上； 多区温控系统，设备运行稳定，打印质量更优异； 打印参数按需调节，兼顾成型精度与打印效率，专为高端精密铸造而设计； 全自动真空定量送粉，按需供粉，设备操作更智能； 设备成型尺寸可定制化，更贴合用户实际需求； 成型尺寸：800mm×800mm×500mm	覆膜砂、PP、PS等高分子材料	
	VS500P	一机多材，支持多种高分子材料； 高精度成型，可一体成型各种复杂结构件； 成型尺寸大，专为小批量定制化生产而设计； 多区温控，设备温场更均匀； 全自动真空定量送粉，操作更方便； 设备可定制化，多尺寸可选； 成型尺寸：500mm×500mm×400mm	PA、TPU等各类高分子材料	
立体电路	—	立体电路电阻率≤ $4×10^{-8}Ω·m$； 立体电路附着力满足GB/T 9286-2021最高分级0级标准； 立体电路线宽、线间距≥100μm； 基体无须注塑成型，可全流程通过增材制造制备生产； 可焊性、耐焊性优异，可进行SMT制备； 真正三维共形制造，可实现更高集成度和小型化	PC、PA、铝合金、玻璃钢、陶瓷、PEEK等	

6.5.2 湖南华曙高科技股份有限公司

湖南华曙高科技股份有限公司（后简称"华曙高科"）由许小曙博士于2009年创立，专注于金属和高分子激光粉末床增材制造技术的创新及产业化应用，为客户提供集设备、材料、软件及技术支持服务于一体的增材制造解决方案。公司是科创板上市企业，拥有"高分子复杂结构材制造国家工程研究中心"，是国家级专精特新"小巨人"企业。华曙高科积极开展国际化布局，在北美、欧洲设立了全资子公司，自研增材制造装备与材料销往全球超30个国家和地区，助力航空航天、模具、医疗、汽车、3C、消费品及教育科研等行业可持续增长。

公司突破增材制造领域系统软件"卡脖子"问题，自主开发全套工业级增材制造装备软件系统，掌握全套软件源代码，为增材制造整体装备的自主可控与持续创新提供支撑。公司承担了国家重点研发计划项目课题、工信部工业转型升级重点项目、工业强基工程项目、湖南省5个100重大产品创新项目、湖南省科技重大专项等各级重大/重点项目课题，在高性能工业级增材制造装备、专用材料及工艺关键核心技术领域取得众多突破。截至2023年10月，公司累计授权的有效专利与软件著作权超400项，其中发明专利超160项，软件著作权超40项，牵头或参与制定了14项增材制造技术国家标准和6项行业标准。拥有20余款开源可定制化的金属、高分子工业级增材制造自主装备及近40款材料。针对航空航天的特定需求，华曙高科自主研发推出了超大型金属增材制造装备FS1521M，其成形缸尺寸达到Φ1530mm×1650mm，配备了16个激光器和闭环粉末输送、筛分、回收循环系统，有效解决了航空航天零件一体化制造难题，大大缩短了零件加工周期，降低了生产成本。面向高效工业制造的大尺寸一体成形或小零件批量生产，自主研发了具备连续生产功能、配备双激光、成形尺寸突破1000mm的高分子增材制造设备HT1001P（1000mm×500mm×450mm），该设备是德国宝马3D打印工厂部署的中国品牌主力粉末床增材制造设备。在全球范围率先构建了集装备、软件、材料、工艺及应用技术于一体的工业级增材制造自主创新完整技术体系。华曙高科面向产业化客户的金属和高分子增材制造主打设备如图6.23所示。

图6.23 华曙高科面向产业化客户的金属和高分子增材制造主打设备

华曙高科在全球客户端的销量快速增长。截至2023年11月底，华曙高科在全球客户端销量突破1000台，如图6.24所示。这是华曙高科在增材制造领域实施持续自主创新助力产业化战略的跨越式里程碑，标志着华曙高科跻身全球粉末床3D打印设备细分市场的领先品牌。

华曙高科持续扩大产能。2024年1月30日，华曙高科研发总部及产业化应用中心和增材制造设备扩产建设项目（又称华曙高科增材制造研发制造总部项目）1号栋科研大楼顺利封顶。该项目位于湘江新区许龙路以东、岳麓大道以北交叉路口地块，其中一期项目为华曙高科研发总部及产业化应用中心和增材制造设备扩产建设，包括科研大楼、生产厂房、倒班大楼、配套仓库等设施，共计约8.2万平方米，总用地面积约8.2万平方米，总建筑面积约14万平方米，比现有厂区面积大6倍，投资约6亿元。一期项目计划2024年年底正式投入运营。

图6.24　华曙高科在全球客户端的销量快速增长

2022—2023年主要新品

华曙高科坚持以客户为中心，不断丰富产品和服务，推出更具创新性、效率更高、更具性价比的工业级增材制造解决方案。2023年9月，工业级3D打印领航企业华曙高科在2023 TCT亚洲展重磅发布多款面向产业化客户的大尺寸高效金属增材制造系统（FS1521M系列、FS1211M、FS811M系列、FS350M、面向超高温烧结产业化应用的高分子增材制造系统UT252P、FS4200PA-F，以及新一代全封闭集成式智能高分子粉末后处理平台，再次以创新引领增材制造大批量、规模化生产，为实现增材制造产业化持续努力。

（1）FS1521M系列

成形幅面达1.5m，实现产业化用户装机。FS1521M系列包含标准版FS1521M及高缸版FS1521M-U。其中，FS1521M-U成形缸方缸尺寸为1530mm×1530mm×1650mm，拥有16激光配置，成形效率达400cm³/h，提升了超大尺寸零件打印效率，如图6.25所示。为满足不同场景生产需求、最大限度降低材料成本，FS1521M系列配备超大尺寸通用平台，客户可根据需求灵活选择不同幅面尺寸成形缸配置，不同尺寸方缸和圆缸可切换使用。同时，FS1521M系列配置有双独立循环过滤系统，标配永久滤芯，支持长效打印。惰性气体保护下闭环粉末输送回收筛分循环系统，实现人粉无接触，解决超大工件打印巨量粉末的管理和安全等问题。

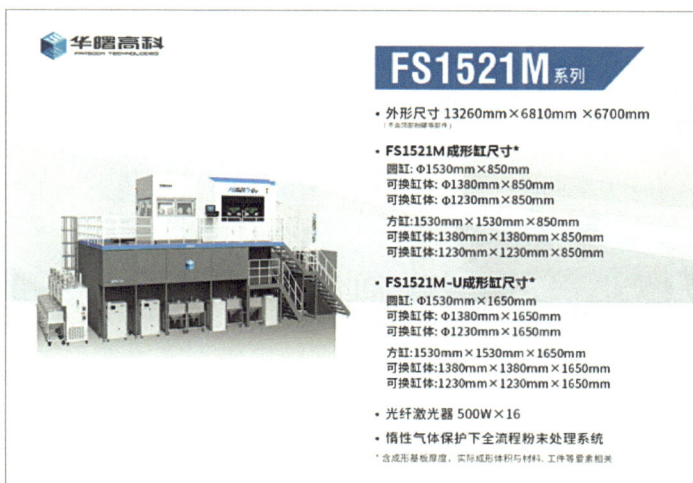

图6.25　FS1521M系列

目前，FS1521M已实现多台装机，成功为产业化客户提供增质、提效、降本、高产出的大尺寸金属增材制造解决方案，为大规模工业制造赋能。

（2）FS1211M——"大"有智慧 纵横无限

FS1211M成形缸尺寸达1330mm×700mm×1700mm，其 x 和 z 方向均超过1000mm，体积大于1580L，适合大尺寸金属工件批量生产。可选配500W×8、500W×10激光器，光束质量高，多激光搭接校准精度控制在±0.05mm以内，全幅面光斑尺寸差异小，并且能很好地兼顾成型效率、表面光洁度等应用需求，如图6.26所示。

图6.26　FS1211M

与此同时，FS1211M配备大容量粉箱，高效的惰性气体保护送粉及独立的溢粉转移和惰性气体保护筛分装置，可实现在全惰性气体保护下快速清粉和工件转移，并配置永久滤芯，降低使用成本。凭借高效、安全、稳定等优势，FS1211M也已在多家产业化客户处装机，实现高品质零件的规模化生产。

（3）FS811M系列——高效稳定、面向航空航天多元应用的高效系统

华曙高科面向航空航天多元应用的高效金属增材制造系统FS811M系列（包括FS811M、FS811M-U两款型号），目前销量超20台，开机率在90%以上，客户端装机累计打印时长超25000小时，大尺寸工件成品率近100%。

FS811M系列进行了全新风场设计，如图6.27所示。采用多孔大幅面上层吹风口，确保多激光大幅面成形过程飞溅无残留，实现高效稳定打印。FS811M系列采用全惰性气体保护环境下的全自动闭环送粉、清粉系统，实现余粉实时回收，即刻重复使用，极大提高粉末利用率的同时确保了粉末材料长时间连续供应。并具有优秀的密封性，全惰性气体保护，避免直接接触粉末，让操作更安全。

图6.27　FS811M系列

FS811M-U是为了满足尖端行业多元应用而批量生产的高效增材制造系统，其成形缸尺寸达840mm×840mm×1700mm（含成型基板厚度），相较FS811M体积提升77%，配备500W×8光纤激光器，可实现产线布局，为客户提供更大尺寸、高品质、一体化成形的解决方案。

（4）FS350M——大尺寸、小身材、高产能解决方案

华曙高科于2023年发布全新4激光金属增材制造解决方案FS350M，具有同级别产品较高的成形尺寸，标配4个激光器，确保高效生产，可打印钛合金、铝合金、模具钢、不锈钢等多种材料，如图6.28所示。

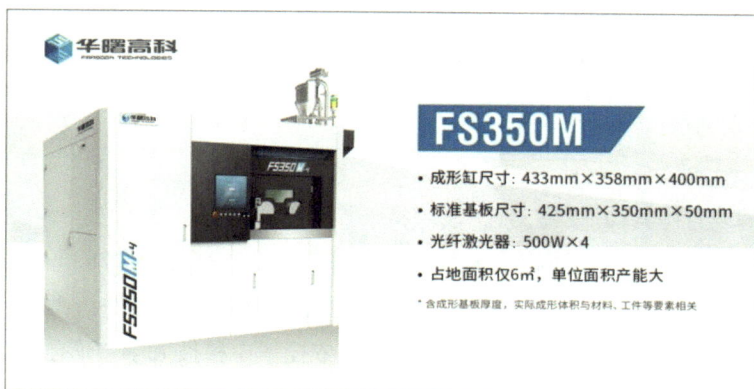

图6.28 FS350M

面向鞋模行业，FS350M可以实现市面上超95%的鞋模尺寸（最大达20码）一双同时打印成形，确保品质稳定、一致；面向模具、航空航天等行业，FS350M可满足大尺寸零件打印与批量化生产需求。

FS350M的设计充分考虑了产业化客户的需求，结构紧凑，集成度高，主机占地面积仅6m²，支持高密度、高灵活性的工厂布局，大幅提升生产效率。

（5）高分子增材制造系统UT252P——350℃熔点高分子材料稳定打印

华曙高科于2023年9月发布面向超高温烧结产业化应用的高分子增材制造系统——UT252P，如图6.29所示，成功实现对PEEK等高温材料的稳定高效烧结。UT252P的面市，标志着华曙高科高分子增材制造解决方案已全面覆盖190～350℃熔点材料，能满足各行业对超高温材料的烧结需求。

图6.29 高分子增材制造系统UT252P

南京理工大学智能制造学院汤海斌课题组，基于华曙高科开源、超高温高分子增材制造设备UT252P，自主研发的碳纤维增强PEEK（Carbon Fiber Reinforced Polyether Ether Ketone，CF/PEEK）复合材料SLS制备工艺研究项目取得了重要成果。

（6）高性能材料FS4200PA-F——华曙高科自主研发高性能"类尼龙11"材料

2023年10月，华曙高科推出新款尼龙材料FS4200PA-F，适用于华曙高科高分子和Flight光纤激光烧结技术。相较于目前市场上的尼龙11材料，FS4200PA-F具有高韧性、高机械强度、各向同性的特点，同时还有较高的耐热性、耐化学性、可回收性，以及易于加工和后处理等优势，是长期使用的最佳SLS材料之一，使用成本远低于尼龙11材料，更具性价比，非常适合手板、汽车、电子电器、医疗等行业生产功能终端件、按需备件和个性化组件。

华曙高科对烧结工艺进行了优化升级，FS4200PA-F新粉添加比例大大降低，即新粉：余粉为2：8，可多次循环使用，并保持性能稳定，具有更高的性价比。

6.6　湖北省

6.6.1　武汉天昱智能制造有限公司

武汉天昱智能制造有限公司（后简称"天昱智造"）成立于2015年5月28日，围绕"高端领域重点突破和传统产业转型升级"，致力于国际原创技术"高性能大型关键金属构件铸锻铣一体化复合增材制造"（ZL201010147632.2 和 US 9302338 B2）的推广应用。公司依托华中科技大学创形创质并行研究室进行复合增材制造核心技术联合攻关，研发团队由国内外著名高校领军人物、知名专家及高学历多层次青年人才组成，团队共有教授10余名，博士研究生10余名，硕士研究生60余名，工程技术骨干40余名，已通过ISO 9001和GJB 9001质量管理体系认证，荣获湖北省"科技型中小企业"称号，建成武汉市"增材制造工程技术研究中心"。通过潜心攻关，天昱智造攻克了大型关键金属构件传统制造长流程、高能耗、高污染和常规增材制造难以兼顾高性能、高效率、高精度的难题，形成设计、材料、工艺、软件、核心器件、装备、质量检测、标准规范的整套系列成果，在大型飞机、航空发动机、燃气轮机、航天、船舶、先进轨道交通、核电等重大装备的研制和生产中得到应用。该技术荣获湖北省技术发明奖一等奖、国家技术发明奖一等奖提名、日内瓦国际发明展金奖、英国发明展双金奖、湖北省专利金奖、增材制造全球创新大赛冠军奖等。2022年，天昱智造采用自主开发的"高性能大型关键金属构件铸锻铣一体化复合增材制造"成功研制了大飞机的A-100超高强度钢主起落架，并一次性通过73吨（当时国内最高30吨，国外未见报道）极限载荷8种载荷工况下的静力考核。此外，研制的GH4169D高温合金燃烧室机匣完成了台架试验，关键性能指标超过传统锻件。2023年，公司参与完成的国家科技重大专项经过专家组充分评审、鉴定，一致认为该项目完成情况为"优"，成果鉴定为"国际领先水平"。"铸锻铣一体化金属3D打印锻件技术"分别于2020年、2023年连续两次被列为国家限制出口技术（183506X、203405X）。本技术对高可靠性轻量化高端装备的短流程绿色智能制造的产业链变革具有非常重要的战略意义。

2022—2023年主要新品

- 涡轮盘。
- 大飞机起落架轮轴。
- 航空发动机机匣。
- 钛合金发动机舱端典型框。
- 大型高强铝合金飞机承力框。

6.6.2　武汉易制科技有限公司

武汉易制科技有限公司（后面简称"易制科技"）成立于2013年，创始人团队来自材料成形与模具技术国家级重点实验室——华中科技大学快速制造中心，公司现有员工70人，其中科研人员30余人，是一支包括教授在内的以中青年技术骨干为主的高层次、跨学科团队，具有多年从事3D打印成形工艺研究的经验，曾获国家技术发明奖二等奖、省科技进步奖一等奖等多项省部级奖项，获得省级高新技术企业、省级专精特新中小企业荣誉称号。

2022—2023年主要新品

高效率、高精度、高稳定性的生产级粘结剂喷射金属打印机M400Pro，如图6.30所示。

图6.30 M400Pro

产品特点如下。

- 高效率。宽幅One Pass打印技术，喷头一次喷射工作缸宽度，满幅正常单层打印时间只需10s。

- 高精度。单轴运动实现1200×1200dpi打印，并采用高精度直线导轨，减小振动影响和多轴运动产生的机械重复定位误差。

- 高稳定性。减去众多冗余的结构和部件，使设备更精简的同时，稳定性更高。

- 自动化。喷头自动保养，可自动修复部分喷孔堵塞，并配置全自动上料、清粉装置。

- 高集成。更小巧的外观，与友商同类型的产品相比，设备占地面积更小，更省空间。

- 打印胚件致密度、一致性高。通过专利上送粉压实技术，常规粉末打印胚件致密度提高5%～10%，并保证整缸零件精度和致密度的高度一致。

- 全环节整体客户支持与服务。

- 易制科技致力于为对粘结剂喷射3D打印工艺感兴趣的客户提供全流程的咨询与服务，提供多种方案供客户选择，并与客户方一起探索和研究新的应用点及合作方式。

- 最优性价比的设备。

- 通过10年在粘结剂喷射3D打印领域的深耕，结合BJ粘结剂喷射的工艺特点，易制科技在整机设备迭代优化上下足功夫，陆续尝试验证七大品牌10种规格型号的喷头在粘结剂喷射领域的使用效果，并结合工艺特点不断改进设备结构，旨在为客户提供价格和性能达到最佳平衡的设备。

- 最具开源性和操作性的软件。

- 打印成形过程中粘结剂喷射的喷墨对零件初坯强度、烧结后致密度、元素残留及性能均具有显著影响。易制科技自主开发的软件控制系统可以对粘结剂喷头墨量进行精细化控制，通过无损RIP转换可以实现数据转换与打印并行处理，为客户大大节省操作时间。同时，公司承诺软件系统终身免费升级。

- 最佳性能的粘结剂材料。

- 易制科技自主研发的高抗堵、高粘结强度和低残余的环保型粘结剂材料，根据客户需打印的材料不同，提供最优粘结剂解决方案。也会同客户一起，探索更深入、更广泛的应用可能。

- 最具灵活性的服务模式。
- 易制科技致力于打造一个良性的粘结剂喷射3D打印生态圈，可根据客户特定的需求定制粘结剂墨水，也可提供开源的控制软件，并为客户提供多元化、不同维度的培训服务。

6.7 河北省

6.7.1 河北敬业增材制造科技有限公司

河北敬业增材制造科技有限公司是敬业集团转型升级的高科技项目，成立于2015年9月，总投资50亿元，拥有粉末冶金、3D打印、注射成形等多条智能制造生产线，是全球领先的工业级全链条增材制造公司，在北京、上海、深圳设有办事处，依托集团平台，产品畅销国内并出口到欧洲、北美和东南亚等10多个地区。2022年产值1.5亿元，利税281万元。

未来3年，公司将具备80条雾化粉末生产线，金属粉末年产能可达4万吨，届时将成为全球大型的雾化粉末生产研发基地；3D打印项目新布局90台大型设备，从而达到100台设备规模，成为全流程的百台级增材制造超级智能工厂。

2022—2023年主要新品

316材料鞋模产品，花纹清晰，致密度很好，耐磨损，单个磨具可生产5000～10000只，研发了针对鞋模磨具的产品工艺参数，在打印鞋模模具上有很好的成型效果。

6.7.2 唐山威豪镁粉有限公司

唐山威豪镁粉有限公司成立于2000年，位于河北省迁安市，是国家高新技术企业、《雾化镁粉》国家有色金属行业标准起草单位、专精特新"小巨人"企业。作为工业化生产雾化球形镁粉及系列合金粉的企业，公司深耕市场多年，屡获殊荣。作为镁合金增材制造领域的专业原料生产商，近年来公司相继推出了高纯镁粉、AZ91D、ZK61、AZ31、WE43、GZ151K、铝镁钪锆、镁锂、铝锂及铝镁锰等合金粉，极大地满足了增材制造领域的市场需求。

6.7.3 河钢集团

河钢集团是排名世界第三、我国第二的特大型钢铁材料制造和综合服务商。近年来，河钢集团面向工业应用场景，布局增材业务，驱动制造转型，推动战略转型。目标主要有3个，一是成为行业领先的高端金属粉末材料供应商，二是成为行业领先的高端打印服务提供商，三是延伸到装备制造领域。河钢集团是全球最大的钢铁材料制造及综合服务商之一，拥有特种钢研发经验。河钢集团可发挥在钢铁材料研发领域的技术优势，成为金属粉末材料供应商，进行粉末材料的研发与制备，基于行业增材应用需求提供铁基合金、高温合金、钛基合金和铝镁合金。利用规模效应，为客户提供高性价比、高批次稳定性的中高端金属粉末产品。作为打印服务提供商，基于设计优化、打印、后处理等关键能力，为模具、航空航天与军工、通用机械、汽车等行业提供部件打印解决方案。未来，河钢集团会将业务延伸到高端装备制造领域，开展制粉设备、打印设备等的研发与生产。

6.8 江苏省

6.8.1 南通金源智能技术有限公司

南通金源智能技术有限公司（后简称"金源智能"）是一家以生产高品质3D打印金属粉末为核心的高新技术

企业，成立于2015年9月，位于江苏省南通市经济技术开发区。公司自成立以来，业务不断拓展，为航空、航天、工业、医疗、电子等领域提供高品质的3D打印材料，业务范围覆盖全国各地，产品远销欧美、日韩、东南亚等40多个国家和地区。公司始终坚持技术的创新，帮助客户应对复杂挑战，以满足不断发展的行业需求，成为为全球客户提供高质量产品的合作伙伴。

公司主要产品包括铝合金（AlSi10Mg/AlSi7Mg/ Al-Mg-Sc-Zr）、钛合金（TC4/TA15）、高温合金（GH4099/GH4169）、钴铬合金（CoCrW）和TC4MIM粉等30多种金属合金粉末。公司通过自主设计和生产的雾化系统、气体回收系统等装备，减少了粉末静电，从而提高了粉末的球形度和流动性，降低生产成本的同时极大地提高了生产效率。

金源智能占地约3.4万平方米，现拥有9条先进的真空气雾化粉末生产线（其中6条VIGA生产线、2条EIGA生产线和1条射频等离子雾化生产线），以及2台EOSM290打印机，现已通过质量管理体系认证ISO 9001、国军标质量管理体系认证GJB9001C、医疗器械质量管理体系认证ISO13485、美国FDA等认证，并拥有多项发明专利。

未来，金源智能将不断运用科技创新提升产业发展，精于研，专于质，努力成长为持续向全球供应优质增材原料、高端制粉设备以及提供3D打印服务的综合性服务商。

2022—2023年主要新品

（1）新装备

① 1000kgVIGA制粉装备。公司自主研发的JY-V1000型VIGA制粉装备解决了大熔炼量成分均匀控制、大尺寸动真空保持、耐久高温冲刷耐火材料、长时间雾化熔体温度保持等关键问题，突破传统300kg常规制粉投料容量瓶颈，实现单炉装炉量达到1000kg，金属粉末制备产能、效能得到了全面升级，实现了高品质3D打印金属粉末产品的大批量、连续化生产，提升了粉末批次稳定性的同时，降低了粉末生产成本，提升了国产装备的设计制造能力。该装备已申请多项专利。

② 第三代EIGA制粉装备。公司自主研发的EIGA第三代钛合金雾化制粉装备，针对日益增长的航空航天、医疗和电子行业需求，在生产效率和细粉收得率等方面有很大的提升，年熔炼量（钛合金）从第一代的100吨提升到300吨，MIM粉收得率从第一代的6%提升到12%。2024年公司将新增4台（套）第三代EIGA制粉装备，所有装备均配备了氩气回收装置。

（2）新材料

① AlMgScZr高强铝合金粉末，主要针对现有Al-Mg合金体系存在的问题，对其3D打印专用粉末成分进行研究改性，从成分配比、性能以及雾化、后处理、热处理技术入手，制备出合适的3D打印用高强稀土铝合金。达到的技术指标：成形件相对密度99.8%以上，抗拉强度600MPa以上，延伸率≥8%。

② 增材制造用GH4169-G高温合金粉末，主要针对现有GH4169从成分配比、性能以及雾化、后处理保证粉末流速，优化适合增材制造用的高品质高温合金GH4169-G。达到的技术指标：成形件相对密度99.8%以上；持久性能（390MPa）时长不少于30min；硬度≥331HB；650℃抗拉≥1000MPa，屈服≥900MPa，延伸率≥12%，650℃高温持久＞25h；800℃抗拉≥540MPa，延伸率≥15%，收缩率≥15%；氧含量≤200ppm。

③ 增材制造用GH4099-G高温合金粉末，制备出合适的3D打印用900～950℃环境服役高温合金。达到的技术指标：成形件相对密度99.8%以上；700℃抗拉≥830MPa，屈服≥620MPa，延伸率≥10%；900℃抗拉≥380MPa，屈服≥350MPa，延伸率≥10%；950℃抗拉≥220MPa，屈服≥175MPa，延伸率≥10%；氧含量≤200ppm。

6.8.2　飞而康快速制造科技有限责任公司

飞而康快速制造科技有限责任公司（后简称"飞而康"）创办于2012年8月，是无锡产业发展集团有限公司下属企业成员之一，深耕金属3D打印10余年，掌握我国领先的3D打印技术，具备钛合金、铝合金、高温合金、不锈钢等40多种金属材料的打印能力，技术水平在国内属于一流梯队。公司主营业务为金属3D打印制件服务，通过3D打印工艺，结合优化设计，使零件达到高性能、轻量化、生产速度快的交付状态，服务以中国航天科技、航天科工、航空工业、中国商飞、商业航天为代表的航空航天产业客户，为国产C919大飞机、高超音速导弹、火箭液体发动机等航空航天武器装备建设做出贡献。

2022—2023年主要新品

2022—2023年，飞而康持续拓宽可打印金属材料体系，如图6.31所示，系统建立了AlSi40、AlSi27、高强铝、K4202、IN738、Ti2AlNb、TiTa等新材料的激光选区熔融工艺数据库，累计开发钛合金、铝合金、高温合金、不锈钢、模具钢、铜合金等可打印金属材料牌号40余款，能满足航空航天、燃气轮机、消费电子、工业模具、汽车零部件、半导体设备等各行业客户的应用需求。

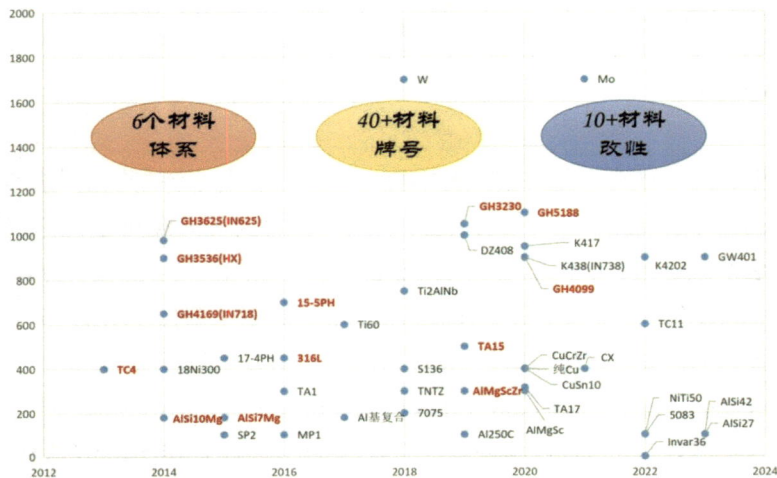

图6.31　飞而康可打印金属材料体系

同时，飞而康围绕3D打印搭建全产业链，做强链补链工作，将工艺链向前和向后延伸，构建技术壁垒，打造"产品级"交付能力。在设计端，飞而康已完成多功能复杂流道创新结构设计，通过仿真优化实现了全局压降最优、流量均匀分配等目标，建立了多物理场热仿真计算能力，赋能液压伺服、散热换热等行业。在后端工序中，通过设备、人员的引进投入，加强机加工、焊接、部件装配等工艺的技术和生产能力。依托设计团队，建立一套以先进设计为牵引、3D打印为核心、成品组件交付为目标的"产品级"快速制造交付能力。

6.8.3　江苏奇纳新材料科技有限公司

江苏奇纳新材料科技有限公司是专业从事高温合金母合金、特种合金丝材、制氢电极网和催化剂等高端特种金属材料生产和研发的国家高新技术企业。为航空航天、燃气轮机、增材制粉、电解制氢、医疗器械等行业及客户提供优质产品。

公司获得授权专利38项，其中发明专利15项，通过了ISO9001质量管理体系认证、AS9001:D航空质量管理体系认证、知识产权贯标体系认证。公司是国家专精特新"小巨人"企业，连续4年被评为江苏省"瞪羚企业"，建有江苏省增材制造高温合金材料工程技术研究中心、江苏省高温合金材料工程研究中心、JITRI-奇纳金科联合创新中心，是国家核电材料发展联盟理事单位、江苏省金属学会理事单位、江苏省新材料协会理事单位，先后承担国家重点研发项目、江苏省科技前瞻项目、宿迁市工业支撑等多个项目。

2022—2023年主要新品

高温合金母合金：高纯净度，$O \leqslant 5ppm$，$N \leqslant 5ppm$，$S \leqslant 3ppm$，如图6.32所示。

图6.32　高温合金母合金

特种合金丝材：纯金属丝系列，高温耐蚀合金系列，如图6.33所示。

制氢电极网：丝径0.01～1.2mm，抗拉强度可调节，可编织35～60目平纹/斜纹电极网，如图6.34所示。

图6.33　特种合金丝材

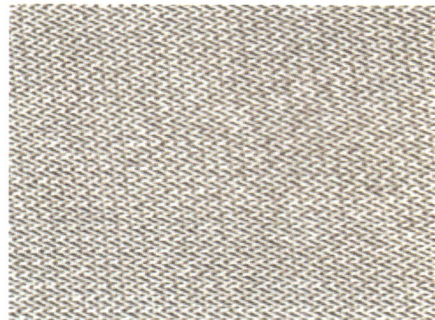

图6.34　制氢电极网

6.8.4　江苏天凯光电有限公司

江苏天凯光电有限公司成立于2018年，专注于研发、生产和销售激光镜头及其配件，面向国内外用户，是目前国内在高功率、窄脉宽激光应用领域技术最成熟、产品最可靠、客户信誉度最高的光学公司之一。其场镜与扩束镜等产品更是获得了32项专利。公司现有员工42人，厂房面积4200平方米，注册资金2000万元。公司是一家集光、机、电于一体的国家高新技术企业，主要产品为平面镜、球面镜、非球面镜、柱面镜、超光滑镜、扩束镜与F－θ平场透镜。公司客户遍布全球，曾为华为手机荣耀系列提供背壳打标镜头，为比亚迪新能源电池组装线研发了高功率焊接镜头，为英特尔（Intel）的PCB电路板切割提供了超光滑的光学镜片，为三星的OLED项目提供了超大幅面的远心镜头，也为苹果的手机、平板电脑、手表等产品提供了二维码标记、精密元件焊接、屏幕切割等多个项目的光学方案。

主要产品如下。

（1）紫外到红外各波段火石玻璃、冕牌玻璃、硫系玻璃、熔融石英、晶体材料的加工以及镀膜能力。

（2）激光镜头的设计、加工能力，主要包括高功率场镜、扩束镜、切割头。

（3）成像类镜头的设计、加工能力，主要包括机器视觉镜头、CCD摄像头、单反镜头、投影镜头。

（4）特种镜头的设计、加工能力，主要包括无热化红外镜头、枪瞄镜头、卫星成像镜头。

2022—2023年主要新品

激光增材加工专用场镜（见图6.35）、扩束镜、准直模块。

图6.35 激光增材加工专用场镜

6.8.5 江苏威拉里新材料科技有限公司

江苏威拉里新材料科技有限公司是江苏省国资委重点培育、徐州矿务集团有限公司投资组建的国家级高新技术企业，主要从事金属3D打印粉末的研发生产，主攻高温合金、钛合金、模具钢和铝合金等增材制造用金属粉末，主营产品市场占有率居行业前列，高端智能装备及关键零部件自主化率100%，达到世界先进水平。公司勇当国有科技型企业改革样板和自主创新尖兵，拥有超4.5万炉次技术数据积累，通过ISO9001、AS9100、ISO13485等体系认证，牵头起草国家标准2项、参与制定国家标准21项，获得授权专利145项，两款金属粉末材料获国家三类医疗注册认证。公司军工资质齐全，成功解决我国增材制造领域关键原材料"卡脖子"难题，入选国家科改示范企业、国家专精特新"小巨人"企业名单，荣获"支持国防建设先进单位""国家知识产权优势企业"等荣誉称号，融入长三角国家技术创新中心体系，是全球领先的金属增材制造整体解决方案提供商。

2022—2023年主要新品

2023年关键核心技术取得重大突破，5款高温合金产品综合性能实现新提升，材料体系更加丰富；制粉装备产能、效率双双提升，国内首套制粉、筛分、后处理一体化设备（VIGA-8型号超音速坩埚气雾化一体化制粉装备），开创性融合熔炼、雾化和筛分工艺流程；全面升级的VIGA-9设备是国内第一套500kg级自动化制粉设备，也是全球首套高端智能装备，自主化率100%。

6.8.6 江苏永年激光成形技术有限公司

江苏永年激光成形有限公司成立于2012年12月，是一家由清华大学颜永年教授团队发起成立的，集金属3D打印技术设备与工艺研发、制造及应用于一体的高新技术企业。

公司主营产品有激光选区熔化（Selective Laser Melting，SLM）设备、激光熔覆沉积成形（Laser Cladding Deposition，LCD）系统和金属3D打印应用及服务，广泛应用于航空航天、新能源汽车、消费电子、工业模具、医疗器械、科研院所和文化创意等领域和机构，为客户提供专业化的产品和服务，满足客户的定制化需求，提供全面解决方案。

公司现有员工36人，其中教授2人，博士研究生3人，硕士研究生8人，大学学历18人，研发人员占员工总数的50%。公司与吴澄院士合作共建院士工作站，与中国科学院葛昌纯院士共建3D金属打印科研创新平台，是江苏省增材制造专业委员会理事长单位，先后承担国家重点研发项目、江苏省科技成果转化项目、江苏省工业支撑计划和宿迁市工业支撑等多个项目。公司通过了国家高新技术企业认定，获得中国机械工业科技进步奖三等奖、江苏机械科学技术进步奖一等奖和二等奖、江苏省最具成长性高科技企业100强、中国宿迁科技大赛一等奖、江苏省中小型企业创新创业大赛三等奖、江苏省专精特新产品认证、江苏省"首台套"认定等荣誉和称号。

公司共申请专利70余项，已获得国家发明专利授权20项、实用新型专利授权26项，获得软件著作权4项，注册商标14项，参与起草地方标准2项，企业标准3项，通过ISO质量管理体系、国军标管理体系、CE产品认证。

公司坚持以市场为导向、自主创新研发和"产学研"相结合的发展战略，实施"工业化、大型化、差异化"的竞争策略，深耕激光金属3D打印设备的细分市场，立足高端和军民融合，为客户提供全面的解决方案。

2022—2023年主要新品

（1）面向航空航天领域的多激光粉末床激光选区熔化成形设备YLM-1000-B（见图6.36）。

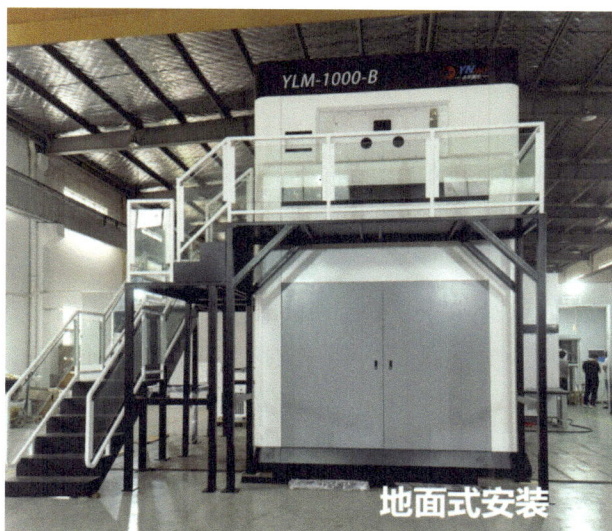

图6.36　激光选区熔化成形设备YLM-1000-B

设备特点如下。

- 超大型SLM设备——成形体积1m³；
- 8激光协同拼接扫描；
- 首创原位取件——成形件原位不动就可叉取，不需要天车；
- 信息嵌入技术型设备，信息共享，远程控制，联网运行，选配铺粉与熔池监控模块；
- 粉末供，清闭环自动循环控制，人粉分离，健康第一；
- 提供两种安装方式——下沉式和地面式，以适应客户厂房高度。

技术参数如下。

- 设备型号：YLM-1000-B；
- 成形空间：1000mm×1000mm×1000mm；
- 最小光斑尺寸：70μm；
- 激光功率：500W×8；
- 激光特性：单模光纤激光，功率波动（长期）±4%；
- 激光光束质量：$M^2 \leq 1.1$；
- 协同扫描特性：分4区域扫描，每区域2激光束全覆盖扫描，共8激光束；
- 激光波长：1060 ～ 1070nm；
- 扫描振镜：8个3维振镜，全密封恒温、恒湿、防尘光学系统；
- 最高扫描速：7m/s；
- 铺粉机构：定量送粉（专利设计），配自动上料系统；
- 成形室气氛控制：氧含量≤200ppm；

- 最小分层厚度：20μm；
- 成形精度：±0.1mm/100mm；
- 成形零件致密度：≥99%；
- 可用成形材料：不锈钢、模具钢、钛合金、纯钛、铝合金、无氧铜、高温合金；
- 设备外形尺寸：3700mm×3400mm×6700mm；
- 软件：采用具有自主知识产权的数据处理软件及成形控制软件（可选用进口数据处理软件）。

（2）激光选区熔化成形设备（3C专用设备）YLM-600-B（见图6.37）。

设备特点如下。

- 多激光高效成形：在450mm×600mm的扫描面积上设置6束激光，大大提高成形效率；
- 热-冷缸技术：热-冷缸技术设计和对可移动的成形底板的直接加热，使其温度≤500℃，大大改善了成形热力学条件；
- 热腔成形技术：热-冷缸技术设计提高了扫描空间的温度-热腔，减小了热应力；
- 微弱支撑技术：成形的热力学条件的改善，微弱支撑可行，大大利于支撑的去除；
- 预热除湿节粉送粉：上粉腔预热除湿粉末，下粉腔精确定量出粉，大大减少粉末用量；
- 少无飞溅成形：成形的热力学条件的改善，减少飞溅。

图6.37 激光选区熔化成形设备（3C专用设备）YLM-600-B

技术参数如下。

- 设备型号：YLM-600-B；
- 成形空间：450mm×600mm×180mm；
- 激光功率：500～1000W（6激光6振镜）、单模光纤激光，激光功率波动长期≤±4%；
- 光束质量：M2≤1.1；
- 激光波长：1060～1070nm；
- 扫描振镜：二维聚焦振镜，封闭光学系统，最高扫描速度为10m/s；
- 铺粉机构：定量式上送粉（专利设计）；
- 成形室气氛控制：氧含量≤100ppm；
- 分层厚度：20～80μm；
- 成形精度：±0.05mm/100mm；
- 成形零件致密度：≥99.9%；

- 可用成形材料：不锈钢、模具钢、钴铬合金、钛合金、纯钛、铝合金、无氧铜、高温合金、钨合金等；
- 设备外形尺寸：2640mm×1790mm×2900mm；
- 软件：采用具有自主知识产权的数据处理软件及成形控制软件。

6.8.7 南京铖联激光科技有限公司

南京铖联激光科技有限公司（后简称"铖联科技"）成立于2017年9月，总部坐落于南京软件谷，是南京航空航天大学增材制造研究所孵化的国家级专精特新"小巨人"企业，通过多项CE、FDA等国际认证，获批中国医疗器械Ⅲ类、Ⅱ类等多种医疗器械注册证和生产许可证，获评2023年《财富》中国最具社会影响力创业公司，荣登"2023中国全球化新锐公司Top 50"榜单。

铖联科技专注于口腔齿科全流程数字化，提供一站式齿科3D打印数字化解决方案，自主研发出多款齿科专用3D打印原材料、齿科专属金属3D打印机、齿科专属树脂3D打印机及配套智能软件系统等，开创基于"互联网"+3D打印的新模式，构建了齿科全流程数字化服务云平台，在全球布设分布式增材制造数字化云工厂，推动了口腔齿科全产业链向智能化、网络化、数字化转型升级。截至2023年年底，在美国、加拿大、法国、意大利等27个国家和地区布设了数字化云工厂300多个，使全球义齿工厂可以通过铖联云平台实时发送订单需求，为全球义齿工厂提供齿科全流程数字化服务，客户可按需选用数字化设计、数据处理、3D打印、后处理等多项服务。通过云平台每天可生产10000个定制式活动支架、100000个定制式固定义齿，服务义齿工厂超1500家，已为全球3000万人提供高品质的个性化定制产品。

2022—2023年主要新品

（1）齿科专用金属3D打印机NCL-M150（见图6.38）

技术参数			
项目	参数	项目	参数
最大成型尺寸	Φ150mm×75mm	电源	AC200～240V 4.25kW
激光器类型	光纤激光器	最低氧含量	≤100ppm
激光器功率	300W×2	设备尺寸	1150mm×780mm×1775mm
光学扫描系统	F-THETA透镜，高速扫描振镜	打印材料	纯钛、钛合金、钴铬合金、不锈钢、高温合金等
最大扫描速度	7m/s	重量	700kg
铺粉层厚	20～100μm	软件	自主研发
光斑直径	40～50μm	数据格式	STL文件或其他可转换标准

图6.38 NCL-M150

铖联科技自研的齿科专用金属3D打印机NCL-M150主要应用于增材制造口腔修复领域，可用于固定义齿、活动义齿、种植牙、人体植入体等个性化定制产品的制造与加工，用途广泛，已成为增材制造口腔修复领域的首选。

该款产品采用全金属密封管道和可移动湿式防爆滤芯设计，通过配合使用过渡舱与手套箱，提升设备安全防护性能；独具创新的风场设计，进一步提升了产品质量和粉末利用率。成型缸和料缸的三点限位结构，方便了设备的后期使用与维护。设备功能区域分离，轻巧、可操作性强。

技术优势如下。

● 气流循环稳定，打印过程光路稳定，成型件一致性好；

● 配置光栅尺，保证每层供料精确可控；

● 采用控形控性智能工艺，可实现结构变形预测，通过补偿技术，进一步减少打印变形，提高打印精度。

净化系统：外置净化系统具有滤芯反吹、湿式雾化等功能，有效保证了滤芯更换的安全性，延长了滤芯使用寿命，同时还提高了粉末利用率。

除尘效率：除尘率最低为99%，滤芯使用寿命约1500小时。

（2）齿科专用金属3D打印机NCL-M180A（见图6.39）

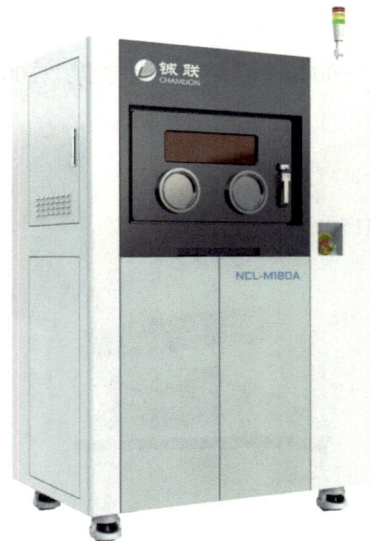

技术参数			
项目	参数	项目	参数
最大成型尺寸	Φ180mm×120mm	电源	200 ～ 240V 50 ～ 60Hz 5.75kW
激光器类型	光纤激光器	最低氧含量	100ppm
激光器功率	300W×2	设备尺寸	1140mm×788mm×1755mm
光学扫描系统	F-THETA透镜，高速扫描振镜	打印材料	纯钛、钛合金、钴铬合金、不锈钢、高温合金等
最大扫描速度	7m/s	重量	800kg
铺粉层厚	20 ～ 100μm	软件	自主研发
光斑直径	40μm	数据格式	STL文件或其他可转换标准

图6.39 NCL-M180A

铖联科技自研的NCL-M180A是一款满足科研医疗及大型制造中心需求的工业级金属3D打印机，与市场现有成熟金属3D打印设备相比，有着明显的优势和自主创新性，整体上具有结构合理紧凑、安全高效以及环保的特点。

该款产品加强了整体舱室的密封设计，有效解决了环境污染和粉气泄漏问题，减少资源浪费，保障操作人员人身安全。粉末循环系统，不但实现了粉末自动吸、筛、送功能，还能节省空间。采用双向铺粉装置，大大提高了生产效率。

技术优势如下。

- 实现了仓室内全区域的吸粉清粉，有效减少粉末清理时的消耗，同时减少操作人员与粉末的接触；
- 铺粉行程短且双向铺粉，提升打印效率；
- 通过风场结构、风道结构、风场调试流程优化，提升打印制件的均匀性、表面质量、一致性，改善烟尘上卷现象。

粉末循环系统：既支持具有送粉、吸粉及筛分功能的自动粉站，也支持人工操作的粉罐方式，适配各种应用场景。

过滤系统：增强反吹效果，进一步延长滤芯使用寿命，同时更易于完成滤芯的更换和箱体的清理。

（3）齿科专用DLP 3D打印机NCL-DF252（见图6.40）

技术参数				
项目	参数	项目	参数	
成型尺寸	250mm×140mm×120mm	触摸屏	10英寸彩色电容屏	
分辨率	3840px×2160px	传输方式	U盘、无线网、以太网	
像素精度	65μm	电源	220V，50Hz	
层厚设置	25～150μm	整机功率	450W	
数据接口	.stl	设备尺寸	600mm×612mm×1620mm	
光源波长	405mm UV LED	设备重量	150kg	

图6.40 NCL-DF252

铖联科技自研的NCL-DF252是一款齿科专用DLP 3D打印机，拥有高精度、大幅面、高效率的特点，可用于固定修复、活动修复、种植修复、正畸矫治等树脂牙模的3D打印制造，实现了牙模的定制化批量生产。

技术优势：该款产品利用自动化智能系统，减少人工操作，进一步提升自动化智能生产水平；打印畸变小，多版打印一致性高，固化效果好，打印精度保持时间长；打印时效高，节约材料，可连续生产，可精准呈现设计效果。

自动化生产模式：自动铲件，自动补液，自动感应门。

智能化操作系统：智能光路校正，智能排版软件，智能环境监测。

精细化打印品质：4K进口光机，0.065极致精度，250mm×140mm超大幅面。

（4）齿科专用3D打印金属粉末（见图6.41）

铽联科技自研的3D打印金属粉末具有杂质元素和有害元素含量低、球形度和流动性好、松装密度高的特点，可满足口腔修复体金属冠、桥、嵌体、桩核、活动义齿支架及卡环等多项产品的3D打印要求。

技术优势如下。

高纯度：粉末杂质元素含量极低，打印的义齿产品表面精细、光亮。

高精度：粉末球形度高，卫星球与空心球极少，流动性好，满足高精度打印需求。

高稳定性：材料物理、化学性能及生物相容性稳定，可满足不同产品的应用需求。

高标准：严格的产品质量检验，已获得国内三类医疗器械产品注册证和许可证以及CE、FDA认证。

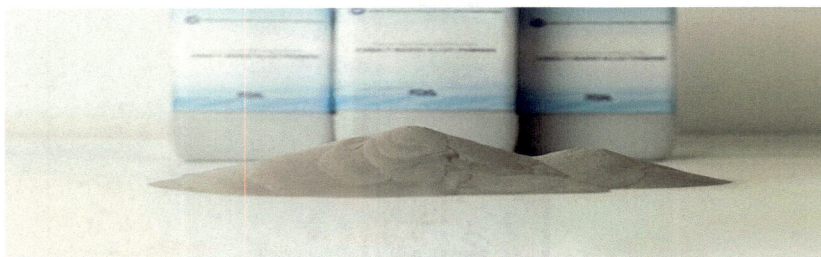

图6.41　齿科专用3D打印金属粉末

（5）平台创新

铽联科技创新地提出了全球协同设计制造的产业生态新模式，基于工业全流程的完整数据链，搭建全流程数字化口腔全球云制造服务平台，如图6.42所示，通过设备和系统之间的通信、交互与自主决策算法实现任务到资源的快速匹配与组合，采用大数据、云计算、边缘计算、人工智能算法等先进技术，实现自动接单、云设计、云排版、智能调度、云打印等自动化流程，产品交付仅需24小时（最快可达6小时），显著提升响应速度和服务质量，是企业战略布局的数据决策系统，全面提升自动化、网络化、智能化水平，带动行业智改数转升级。

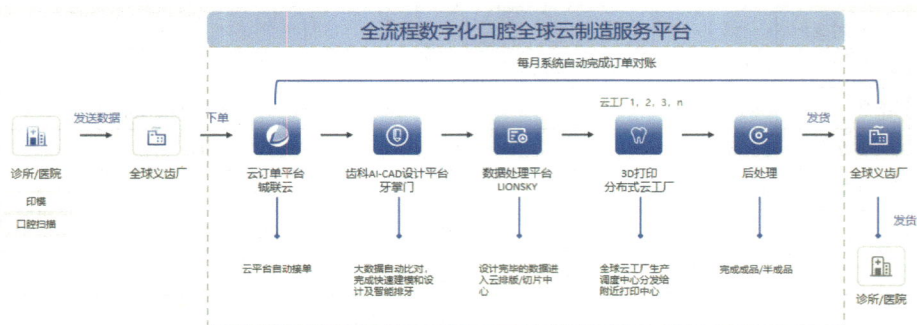

图6.42　全流程数字化口腔全球云制造服务平台

6.8.8　南京辉锐光电科技有限公司

南京辉锐光电科技有限公司成立于2015年，是国家引进海外高层次人才创办的国家高新技术企业，总部位于南京市江宁区，注册资本66666666元。公司秉持绿色制造、智能制造的理念，致力于发展工业级激光金属增材制造技术，为工业企业提供高性能金属零部件快速制造与增材修复的专用设备和技术服务。辉锐集团拥有4家国家高新技术企业、150多项专利和软件著作权。

2022—2023年主要新品

针对传统工业型激光熔覆设备在学校、科研院所及粉末制造商行业的应用痛点，公司技术团队精心研发出小体积、精细化、用粉量少的小型化高通量材料制备装备——Metal+®one高通量金属材料3D打印设备，如图6.43所示，特别适合在科研实验室环境下使用。

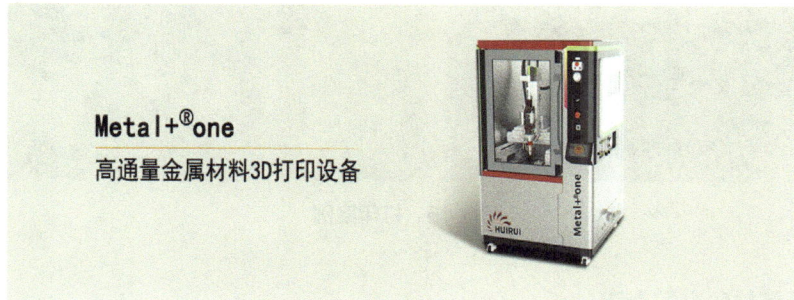

图6.43　Metal+®one高通量金属材料3D打印设备

（1）设备特点

① 配置的多路送粉器可实现多种粉末实时混粉，混合比例精确可控；

② 开发专用高通量试验软件系统及界面，一次性批量打印不同成分比例的材料样块；

③ 可为客户提供一种高效率、高粉末利用率、成分配比灵活、材料选择范围广的高通量或梯度功能材料试验研究装备，适用于钢铁、铝合金、钛合金、镍基高温合金、高熵合金、陶瓷粉末材料的成分筛选、性能研究以及梯度材料的研究。

（2）技术参数

具体的技术参数如图6.44所示。

设备名称	高通量金属材料3D打印设备		
工作范围	300 mm×300 mm×200 mm	熔池形貌检测	CCD同轴相机
重复位移精度	±0.05mm	送粉器	可选配4/5/6筒
环境箱水氧指标	≤10ppm	工作电压	AC380V±10%/3P+N+PE
打印材料范围	钢铁、铝合金、钛合金、 镍基高温合金、高熵合金、陶瓷粉末材料等		

图6.44　技术参数

（3）工作原理

设备使用专用控制软件，按照预设的不同多组份粉末比例成分与打印数量生成打印轨迹以及不同样块各粉桶送粉率。环境箱内水氧指标降到10ppm以下后开始打印，不同送粉率的粉末进入混粉器进行实时充分混合后，

应用范围如下。

该材料刚韧并济，在轻载荷、日常室温的使用环境下可替代一部分的传统PE、PVC、ABS塑料，用于塑料玩具、产品外壳、配件、医疗护具等；与此同时，这款树脂产品可以被光固化打印机以像素为单位雕刻出精致的外观，同时又具有传统塑料所没有的优点，比如易于制造复杂结构、生产周期短，兼顾多样化设计与个性化设计。产品应用案例——3D打印中国龙摆件如图6.56所示。

图6.56　产品应用案例——3D打印中国龙摆件

6.12.2　上海盈普三维打印科技有限公司

上海盈普三维打印科技有限公司（后简称"盈普"）于1999年成立，是国内较早从事3D打印业务的专业技术公司，聚焦于SLS增材制造工艺的研发和应用。公司总部位于上海，研发和生产中心位于广东中山，打印服务中心位于江苏盐城，在北京设有分公司，与上海交通大学和中山陈星海医院合作建立了数字化3D打印医疗中心。

盈普于2007年率先在亚洲地区推出自主研发的工业级SLS增材制造系统；2014年，获得行业巨头Stratasys投资并成立合资公司，技术得到进一步的提升，成为国内首家获得德国莱茵TüV CE认证的SLS增材制造系统生产商；2018年，盈普创始人团队回购全部股权；2019年，"TPM3D盈普"品牌全面独立运营。

针对不同的应用场景，盈普已成功开发出S系列、P系列和E系列激光烧结增材制造系统，非金属粉体增材制造清洁生产方案，以及多种用于制造高品质零件的高分子粉体。目前盈普拥有70多项国家专利。

经过多年的积累，盈普已发展成集设备与材料研发、生产、销售于一体，并能提供定制化产品设计和专业3D打印服务的行业知名品牌，为医疗、汽车、消费品及电子、教育和航天航空等领域客户提供高效、稳定的3D打印智能制造解决方案。

2022—2023年主要新品

（1）工业级大尺寸双激光SLS 3D打印机

盈普于2022年推出了2款工业级大尺寸双激光SLS 3D打印机，并已在国内外完成了多个客户的安装、交付和使用，它们分别是P550DL和S600DL，如图6.57所示。盈普双激光系列有别于市面上大部分基于延长幅面开发的同类设备，其更注重提升生产的品质和效率，具备更宽的双激光扫描重叠区域，并且采用智能协作扫描模式，给2个激光器合理分工，最大限度地提升扫描效率。

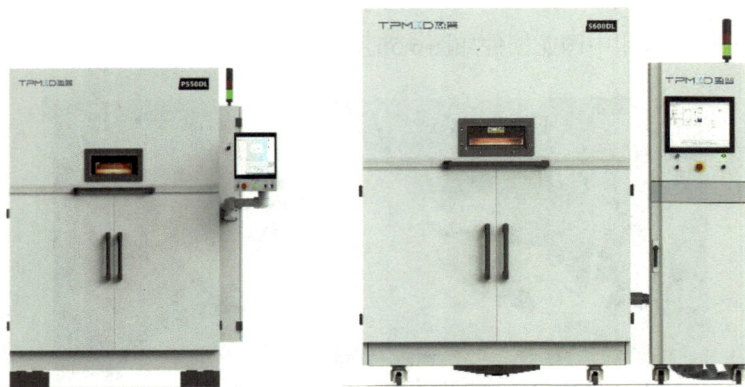

图6.57　盈普2款工业级大尺寸双激光SLS 3D打印机

P550DL属于盈普Performance（性能）系列，成型缸尺寸达到550mm×550mm×850mm，可以一体成型各类大尺寸零件，或批量生产中小尺寸零件。设备采用2套140W陶瓷腔技术二氧化碳激光器，性能稳定，寿命更长，配套的2套高性能动态聚焦扫描系统，最高扫描速度可达22m/s，生产效率极高。P550DL内置氮气发生器，省去了客户购买外置制氮机的成本。除此之外，P550DL还具备盈普主动冷却专利技术，打印完成后更快进入冷却阶段，冷却效率更高，延长了粉体使用寿命，旧粉可真正实现无限次回收循环使用。P550DL以大成型体积、高生产效率以及高性价比等特性瞄准汽车、手板、医疗等行业的客户，满足其对品质和效率的极致追求，可以说P550DL是目前市面上最具性价比的大幅面双激光SLS增材制造设备，如图6.58所示。

S600DL是盈普按照欧盟最高安全标准打造的一款大尺寸双激光系统，属于盈普Superior（卓越）系列。S600DL的成型缸尺寸为600mm×600mm×800mm，体积达到288L，是目前同类SLS设备中最大的，而且x、y、z各方向更加平衡。这款设备了相较于P550DL，在具备更大成型体积、更高效率的同时，还采用机电分离和模块化设计，并且通过了德国莱茵TUV CE认证，设备的安全等级达到Pl-e至高等级，配备了氧浓度检测和烟雾过滤模块，性能稳定、安全可靠。S600DL以卓越的性能和稳定高效的生产能力，帮助汽车、航空航天、军工、医疗等行业的客户创造了更多的价值，如图6.59所示。

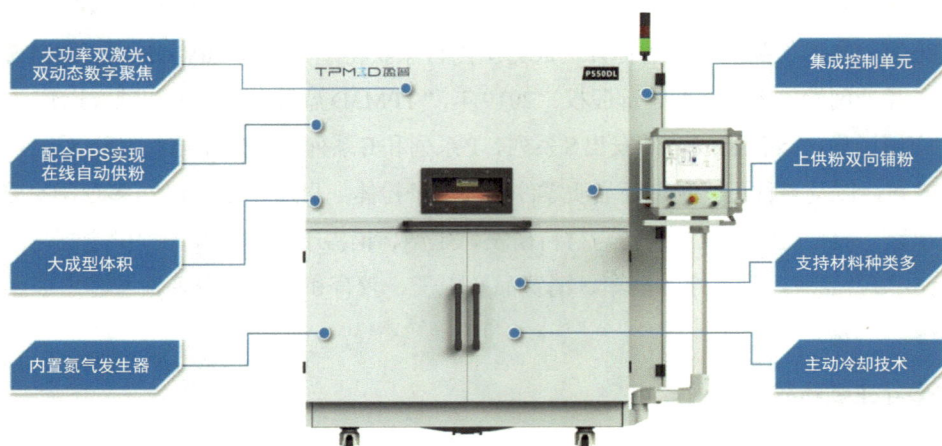

图6.58　高性价比大尺寸双激光SLS设备P550DL

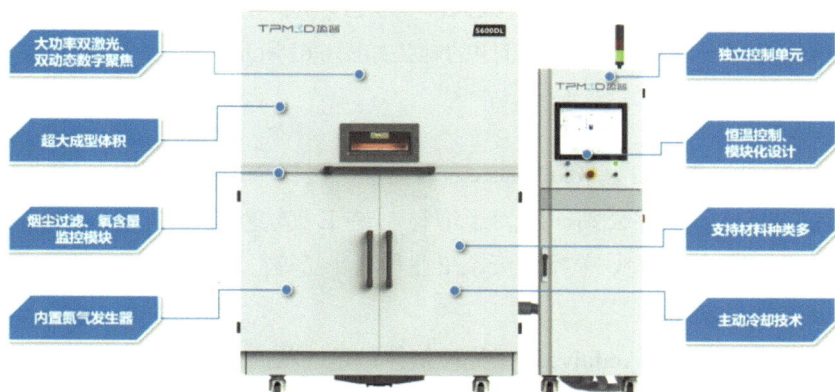

图 6.59 Superior 系列大尺寸双激光 SLS 设备 S600DL

（2）中小企业用得起的工业级 SLS 3D 打印机

作为国内知名的激光烧结增材制造设备老厂牌，盈普专注于 SLS 3D 打印技术 20 多年，是目前业内技术领先的设备制造商，除了技术扎实、设备成熟外，公司紧跟市场潮流、聆听客户需求，潜心研发并于 2023 年推出了 E 系列经济版激光烧结设备——E360。E360 是中小微企业真正用得起的工业级 SLS 系统，如图 6.60 所示。

图 6.60 经济版工业级激光烧结设备和开放式拆包平台 E360

在研发之初，该公司对 E360 的定位就是设备的稳定性、打印质量可媲美目前盈普销量最高、市场评价最好的机型 P360，同时让手板、消费电子等行业的客户可以用更低的成本享受到工业级 SLS 系统的品质。E360 成型缸尺寸达到 360mm×360mm×600mm，配备稳定高效的二氧化碳激光器、内置氮气发生器、主动冷却专利技术、最新智能化操作软件和界面，使用耐氧化性高的分子粉末材料，打印成本更低，且粉包质地均匀、无变硬结块现象，清粉回收时轻松高效、粉体材料浪费更少，能实现接近 100% 的回收利用率。凭借盈普老牌激光烧结设备制造商的技术实力和口碑，E360 一经推出就获得了许多国内外订单，并完成了设备交付，获得了客户好评。

（3）TPU 高分子粉末材料

盈普吸取大量的终端客户反馈，不断对粉体材料和打印设备进行优化，于 2022 年推出了 Precimid1130 88A 粉体材料，并研发了非常适合打印 TPU 产品、配备最新数字扫描系统的 P360 激光烧结设备。

Precimid1130 88A 材料不仅综合强度相较之前的材料有所提高，颜色更白、更亮，经过化学蒸汽平滑处理后，表面也更光滑亮泽，外观效果完全可以媲美注塑和光固化技术打印的 TPU/PU 产品。此外，Precimid1130

88A材料有更高的粉体复用率，最高可达90%，大大降低了打印成本，使3D打印批量柔性化生产更具性价比，使用该材料打印的鞋垫如图6.61所示。

6.12.3 上海漫格科技有限公司

上海漫格科技有限公司（英文名为VoxelDance，后简称"漫格"），是一家以算法为核心的创新3D打印软件公司，致力于增材制造工业软件CAD/CAM/CAE的自主研发，为医疗、教育、航空航天、工业和消费品等行业提供智能化增材制造工业软件解决方案。

漫格研发的产品——Voxeldance Additive数据处理软件，是一款高效、智能的工业级3D打印数据准备软件，可用于DLP、SLS、SLA和SLM等多种3D打印技术，覆盖了手板、鞋模、树脂/金属齿科、珠宝、教育、消费品等主流3D打印应用领域。目前，全球越来越多的增材制造顶尖厂商、服务商已选择与漫格深度合作，联合探索3D打印技术在各个应用领域的创新和发展。

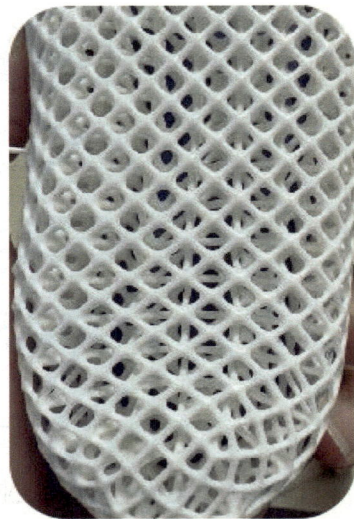

图6.61　使用Precimid1130 88A材料打印的鞋垫

2022—2023年主要新品

Voxeldance Additive是一款由漫格自主研发的工业级3D打印数据前处理软件，包括数据导入、文件修复、方向优化、模型编辑、智能2D/3D摆放、轻量化、生成支撑、分析、切片和路径规划等模块，能够满足客户3D打印前处理的所有需求。基于自主研发的高效几何引擎，客户能够快速实现3D打印前处理数据准备，提高3D打印生产效率，如图6.62所示。

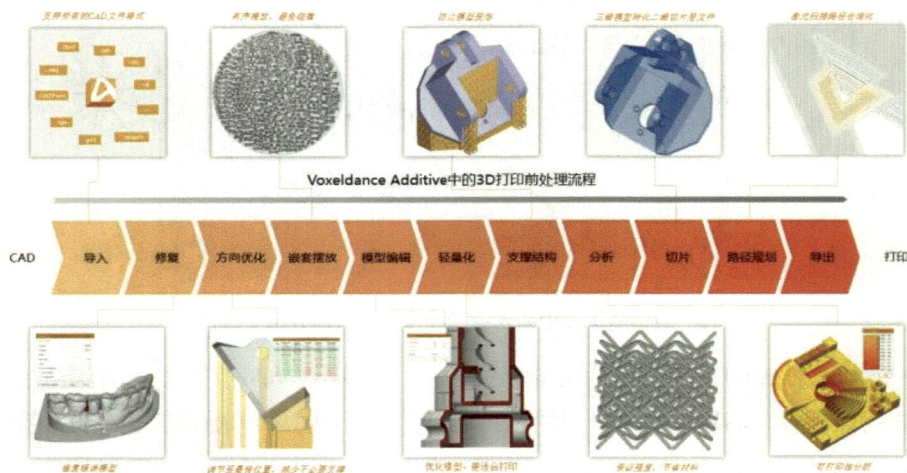

图6.62　工业级3D打印数据前处理软件Voxeldance Additive

6.13 陕西省

6.13.1 西安铂力特增材技术股份有限公司

西安铂力特增材技术股份有限公司（后简称"铂力特"）成立于2011年7月，致力于成为全球领先的增材技术解决方案提供商，现有员工1800余人，已申请金属增材制造技术相关自主知识产权542余项，授权303余项，研发投入连续3年占营业收入的15%左右。2019年7月22日，铂力特正式在上交所科创板挂牌上市。公司2023年年度实现营业收入12.32亿元，同比增加34.23%；利润总额1.38亿元，同比增长145.40%；总资产65.94

亿元，同比增长117.53%；产值为21.08亿元，同比增长30.17%。铂力特主营业务涵盖金属3D打印服务、金属3D打印设备、金属粉末原材料、成形工艺设计开发、软件等，构建了较为完整的金属3D打印产业生态链。公司金属增材制造核心关键技术处国内外先进水平。公司通过持续创新，突破关键技术，大力推动产业化规模，有效带动上游配套加工、耗材等供应商以及下游应用企业等全产业链的协同发展。

2022—2023年主要新品

针对航空航天领域客户对批产型金属增材制造大幅面设备的需求，铂力特于2023年推出大尺寸增材制造设备的平台化方案BLT-S615、BLT-S815和经过工程化应用验证的26激光、超大幅面设备BLT-S1500及其平台化方案BLT-S1300。多激光大幅面设备的发展满足了航空航天领域客户大、中尺寸零部件的组合制造，大尺寸零部件的小批量生产等多样化生产需求。

面对工业领域客户的市场需求与批量生产的痛点问题，铂力特于2023年升级发布了BLT-A400、BLT-S400、BLT-S450的多激光配置方案，提升了设备的生产效率和稳定性，为工业领域提供了更多以设备为核心的高质量的"降本、提质、增效"的批量化生产解决方案。

2023年初，铂力特正式发布了硬质合金（钨钢）增材制造成形工艺，并在TCT Asia 2023展会上展出了多件钨钢新应用。钨钢具有硬度高、耐磨、耐腐蚀等特点，被广泛应用于各类工业刀具和钻头中。铂力特硬质合金增材制造成形工艺解决了传统工艺难以成形复杂结构钨钢零件的问题，成形零件不仅孔隙率低，且没有裂纹缺陷，在加工带有流道、喷嘴等结构的产品方面尤其具有优势，如图6.63所示。

图6.63 喷嘴

在材料方面，2023年，铂力特依据金属增材制造特点，推出多款适用于航空航天领域的可成形高温合金、钛合金材料。对于SLM成形工艺，铂力特发布的高温合金材料BLT-In738（国内牌号为K438），克服了SLM成形过程中较高裂纹敏感性、成形件致密度差等问题，可应用于航空发动机、燃气轮机等热端部件。BLT-Ti64粉末具有优良的机械性能和耐腐蚀性，BLT-Ti具有适中的机械性能、较高的塑性、理想的耐腐蚀性，二者可应用于航空航天等领域；BLT-Ti2AlNb粉末与BLT-Ti65粉末突破了传统钛合金使用温度低于600℃的特性，可应用于航空航天领域的高性能零件。铂力特还推出了适用于粉末冶金（Powder Metallurgy，PM）和EBM工艺的BLT-TiAl4822粉末，有望部分代替镍基高温合金，实现航空发动机高温结构件的大幅度减重。

2023年，铂力特基本建成了面向百余台金属增材制造设备产线的软件生态链。前处理阶段的BLT-BP V2.0，覆盖了铂力特全设备产品矩阵，适配数十个激光器配置的BLT设备，针对鞋模、3C等领域特定的大规模生产场景，配置定制化的高效参数方案，全面提高前处理效率。产线管理"利器"BLT-MES 2.0更是为大规模生产而生，以铂力特数百条金属增材制造产线为样本，量身定制，为金属增材制造"黑灯工厂"保驾护航。智能排产模块可以实现任务远程下发和跨工序数据追溯，串联整个生产工序，实现集团化多区域产线的智能协同管理；物联网模块可以实现数据采集和在线报表等功能，支持第三方软件接入，使得金属3D打印工序真正融入工业制造生产中，为工业制造业进行产业整体智能升级提供了基础条件，降低了技术成本。

6.13.2 西安赛隆增材技术股份有限公司

西安赛隆增材技术股份有限公司成立于2013年，是西北有色金属研究院控股的高新技术企业，专业从事电子束选区熔化（Selective Electron Beam Melting，SEBM）技术与装备、等离子旋转电极雾化（Plasma Rotating Electrode Process，PREP）技术与装备及3D打印复杂金属构件的研发、生产、销售和技术服务。

公司先后推出了国内首台商业化SEBM设备、国际首台搭载间热式电子枪的SEBM设备。针对医疗、汽车、航空航天等领域的需求，开发出Y型、T型及H型三大系列SEBM设备，研发出数百种3D打印复杂金属构件，向国内20余家权威医疗机构提供上万余件骨科植入物，在国际层面率先实现金属钽植入物及锆铌合金植入物的SEBM稳定成形和百余例临床应用。针对3D打印用粉需求，开发出系列化超高转速PREP设备，打破PREP技术制粉细粉回收率低的惯有认识。桌面级PREP设备电极棒最高工作转速达5万转/min，实现了小批量、多类型新材料粉末的快速研制，为客户定制开发300余种新材料牌号球形金属粉末；工业级PREP设备电极棒稳定工作转速为3万转/min，实现了镍基高温合金、高强钢等材料细粉（15～53μm）的工业化批量生产，高温合金细粉回收率超70%。

公司先后承担国家重点研发计划等重大科技项目80余项，累计申请专利205件（其中发明申请155件），获授权专利137件（其中发明授权99件）；牵头制订国家和行业标准9项，参与制修订国家和行业标准35项，是国内SEBM和PREP技术领域专利和标准化的领跑者。

公司是中国增材制造产业联盟等组织的创始成员单位，被认定为国家专精特新"小巨人"企业、国家知识产权优势企业、陕西省瞪羚企业、陕西省新型研发机构等，入选全国硬科技企业之星。

公司以"学习、创新、专注、高效"为企业精神，为打造金属3D打印前沿技术与高端设备的国际品牌而砥砺前行。

2022—2023年主要新品

2023年，公司针对直热式电子枪功率、精度、寿命、阴极成本之间的矛盾，研制出大功率、高精度、长寿命的低成本间热式电子枪，实现核心部件的自主可控，并在国际上率先推出了搭载间热式钨阴极电子枪的系列商业化SEBM设备，主要型号有Y150 Plus型（成形尺寸为170mm×170mm×180mm）、T200型（成形尺寸为200mm×200mm×450mm）、H400型（成形尺寸为400mm×400mm×400mm），适用于钛合金、难熔金属及合金、钛铝等脆性易开裂材料、铜及铜合金、锆合金、镍基高温合金、陶瓷/金属复合材料的高效率、批量化、低成本制造，如图6.64所示。

图6.64 2022—2023年主要新品

6.13.3 陕西金信天钛材料科技有限公司

陕西金信天钛材料科技有限公司是集内腔光整加工、流体内腔构形设计、定制化液压设备、自主高精尖零部件产品研制和重大项目联合攻关等5方面的业务于一体的国际高端装备流体动力零部件制造商，核心技术均为创始人兼董事长米天健先生带领团队自主研制。公司长期在液压系统、压力容器、工控机、流体动力分析测试以及磨粒流和水射流技术领域进行深入的定制化装备开发，针对增材制造伺服阀阀体、机加伺服阀射流喷嘴、航天发动机喷嘴动力性能进行了丰富的定制化检测装置和磨粒流设备开发。公司将微细大长径比异形复杂零部件的光整视为提升我国高端装备制造水平的重要技术途径之一，于2022年迁入陕西秦创原创新驱动发展平台，投资3000万建成涵盖多种液压装置、磨粒流、水射流、流体动力性能测试等相关设备，组建了专门的高压液压推力、密封、流体检测和电控研发队伍，基于丰富的专业经验并通过定制化设计、制造及选配，将磨粒流技术和流体动力性能测试装备优化后应用于国产五代机伺服阀和长征火箭发动机喷嘴等部分关键零部件的研制，加快高端装备制造研发进度。公司先后承担了陕西省多项重点研究成果。公司开展了增材制造伺服阀、航天发动机喷嘴、机加伺服阀射流喷嘴等多种含异形复杂内腔的关键零部件内腔光整后动力性能测试装置的工程化应用研究工作，航天发动机某构型燃烧喷嘴和增材制造伺服阀通过光整设备的加工通过了装机考核，设备具备小批量试制加工能力，形成规范、标准、指导书等技术文件10余份。公司所生产产品符合国际、国家、行业和企业标准，广泛应用于航空、航天、航海、核物理、能源、3D打印等高科技领域，与中国航天、中国航空、中船重工、中国商发、核物理研究所等多所等国内顶级机构保持紧密合作。公司是省级科技中小企业，目前拥有有效专利8项，其中发明专利8项，负责省、市级重点科研项目2项，获得省、市级荣誉10项。公司历来重视科研技术和管理创新，在不断吸纳精英的同时先后引进研发创新方法、技术创新方法、精益管理创新方法等。

公司现拥有多台自主研制的液压光整装备，压力范围为2～94MPa、抛光介质推力室缸径为150～350mm，涵盖立式和卧式加工结构，加工所用抛光介质、抛光工艺及控制系统均为自主研制。目前的关键典型产品有C919某型燃油喷嘴、增材制造伺服阀、四代/五代机伺服阀射流喷嘴、航天发动机燃烧喷嘴、微型核反应器等5类，每类产品包含多个型号。

6.13.4　西安空天机电智能制造有限公司

西安空天机电智能制造有限公司的主体业务为空天动力等高端装备部附件的"i-3D"增材制造特种设备、增材制造/再制造加工服务。公司打造了"i-3D"特种设备研制基地、空天动力等高端装备部附件制造和维保基地两大基地；是专门针对空天动力等高端装备部附件从事智能增材复合制造"i-3D"的高新技术企业，专注于金属及异种材料的3D打印智能化、复合化、"一体"化等"三化"关键核心技术的创新和产业化，打造工业增材制造升级版（效率提高10倍、一次成功），服务于国家空天动力等高端装备制造、维保重大需求，解决部分高端装备制造和维保的"卡脖子"问题或短板技术难题。

公司提出了"i-3D"技术体系和飞秒激光表面制造应用技术体系，目前共有飞秒激光强化增材复合制造、飞秒激光增减材复合制造、钛铝合金定向组织增材制造、多通道等离子体点火器和空气消杀放电板4项国际首创技术，激光粉末床增材制造监控系统及质量认证、镍基单晶/定向晶叶片再制造、飞秒激光超材料结构制造、飞秒激光表面强化及直升机传动齿轮制造4项技术国内领先。

公司专注于增材制造及智能化在线监控技术的研发和产业化应用，深耕增材制造装备、"两机"核心部附件增材制造领域，自成立以来取得了一系列成果。

激光增材过程监控系统基于智能监控的3D打印部件质量评价和数字孪生，改变了3D打印产品只是事后检测的质量认证模式，增加了质量管理手段，加快了质量检验速度；通过基于智能监控的反馈控制，消除铺粉缺陷，提高制造质量。公司在飞秒激光强化及其与激光熔覆复合技术方面承担了陕西省重点研发项目及"光子"产业专项项目，首次将飞秒激光强化用于航空部化，并研发了世界上第一台飞秒激光强化与激光熔覆复合设备。飞秒激光强化与增材制造结合可有效解决高能束增材制造/再制造热应力大而导致的变形、开裂等关键问题。公司研发的3D打印方舱为国际上首个智能化粉末床3D打印方舱，机动灵活，打印质量可控，适应海岛、高原等恶劣环境，可成为战时备件保障的一环。

公司在增材制造方面，突破了TiAl合金和镍基合金定向（或单晶）组织3D打印技术，积极开发新产品、新工艺，掌握了航空航天常用材料、零部件打印加工工艺，具备承接打印加工服务的能力。

6.14 山西省

康硕（山西）智能制造有限公司

康硕（山西）智能制造有限公司于2010年成立，是国内关键零部件领域智能制造引领者。作为国家高新技术企业、国家专精特新"小巨人"企业，致力于关键零部件领域的基础研究、开发、生产和成果转化，涉及新材料、新工艺、新装备、智能制造等多个领域，被工信部认定为关键零部件领域创新成果产业化公共服务平台，并被授予智能制造示范工厂揭榜单位称号。

康硕集团以增材制造解决方案为基础，并延伸到等材制造、减材制造、绿色智能制造、低应力制造、无损检测等多种先进制造检测技术，可实现关键零部件的研发、中试、批量生产全流程制造，产品已广泛应用于航空航天、能源动力、国防装备、轨道交通、汽车工业等行业。

康硕以"'智造'领航，推动制造业高质量发展"为集团使命，将新一代信息技术与先进制造技术深度融合，推动传统制造业转型升级，催生新产业、新业态、新模式，打造具有国内领先水平的高端、绿色、数字化智造产业集群。

2022—2023年主要新品

（1）装备产品

① 砂型3D打印机。

康硕集团自主研发的砂型3D打印机KS1801S，成型尺寸为1800mm×1000mm×750mm，采用3DP成型工艺，成型速度快、精度高、成型尺寸大，适用于大规模工业生产。此外，KS1801S可实现一键启动、无人值守，通过结合智能化系统，可实现全生产流程自动化、智能化。

② 陶瓷3D打印机。

康硕集团自主研发的工业级陶瓷增材制造装备KS301C，成形尺寸为300mm×300mm× 300mm，采用SLA成型工艺。具有以下优势：更高的精度和分辨率，由于该技术形成的物体是一层堆叠的，所以打印精度和分辨率都可以达到很高的水平；更少的材料浪费，与传统陶瓷制造方法相比，这种方法所需的材料更少，可以避免大量的材料浪费；更快的制造速度，相较于传统的陶瓷制造方法，该技术可以更快地制造出所需的陶瓷构件；更灵活的设计，该技术可以支持自由的设计，从而使设计师可以更加灵活地创造新的陶瓷产品；一致性更高，该技术可保证制造出的每一个部件的一致性和可靠性都很高。KS301C拥有专利的脱脂、烧结工艺，采用非接触式支撑相关工艺方案，可打印氧化铝、氧化硅、硅锆混合等材料。

（2）材料产品

① 3D打印用硅砂。

在铸造砂型喷墨3D打印中，原砂是砂型的骨料和主要成分，占砂型重量的95%以上，原砂的质量影响打印时铺砂效果、打印精度以及砂型综合性能，是砂型3D打印中最为基础的材料。

② 3D打印呋喃树脂粘结剂。

3D打印呋喃树脂粘结剂是砂型喷墨3D打印中最为关键的原材料，既要满足3D打印喷头严苛的理化性能指标，长期使用不堵塞喷头，又要保证固化速度、粘结强度、发气量等铸造工艺性能。

③ 3D打印氧化硅基陶瓷浆料。

3D打印氧化硅基陶瓷浆料制备技术及其3D打印成型工艺开发，主要用于航空发动机及燃气轮机单晶叶片陶瓷型芯制备，主要客户有中国航发贵州黎阳航空发动机有限公司、中国航发成都发动机有限公司、东方电气集团东方汽轮机有限公司等。

6.15 四川省

6.15.1 泸州翰飞航天科技发展有限责任公司

泸州翰飞航天科技发展有限责任公司是泸州航空发展投资集团有限公司的全资子公司，为地方国有企业。公司于2017年12月08日成立，注册资本为5000万元，占地面积约33.4万平方米，拥有员工90余人；为西南地区最大的大型金属3D打印服务企业，拥有金属3D打印全流程生产能力，可通过3D打印技术实现快速化、批量化、定制化闭环生产。公司利用金属增材制造技术实现了航空发动机关键零部件的快速试制和整体化制造，显著缩短研制周期、提高生产效率、降低成本，满足个性化定制和快速迭代的需求，并推动航空发动机制造的数字化和智能化发展。

在航空航天领域利用增材制造技术生产更精密、更复杂的组件。公司开发了"SLM增材制造复杂结构件全工艺流程高精度尺寸耦合控制方法"，解决了在研制、生产空天发动机SLM增材制造关键构件时壁薄、复杂内流道腔体构件易变形、尺寸超差等"控形"难题。

6.15.2 四川思创激光科技有限公司

四川思创激光科技有限公司（后简称"思创激光"）始于2017年，由行业精英共同创建，拥有以国内外知名专家、博士研究生和硕士研究生为主的专业技术研发团队，具备丰富的高功率光纤激光器研发、生产和管理经验。多年来思创激光稳步发展，目前拥有员工200余人，企业综合实力不断攀升，位居行业前列，备受行业及资本市场的关注与青睐。自2017年4月公司注册成立以来，总投资金额超过2.5亿元。

思创激光致力于以高功率光纤激光技术为核心，开展面向激光焊接、增材制造、精密加工、安防等应用方向的技术研究及设备生产，是一家集研发、生产、销售、服务于一体的"国家高新技术企业"。思创激光坚持以市场需求、国家发展战略性新兴产业和产业化支持为引导，突出核心技术、关键部件、主营产品的综合竞争力，逐步建立高端工业应用、国防应用等产业体系。

思创激光累计服务企业数量超过1000家，专业服务次数超过10000次，销售网络覆盖全国30余个省、市地区，产品远销于美国、欧洲及东南亚等地区。

2022—2023年主要产品

思创激光增材制造专用激光器全系产品核心技术涵盖光电分离式结构技术、激光热力学系统管理技术、高功率稳定泵浦激光输出技术、一体化光学器件技术、数字化控制系统技术，对市面上现有的金属粉末种类均能实现优异的打印效果。思创激光致力于为高端增材制造设备商提供高亮度、高响应、高精度、高一致性、高稳定性、高可靠性、高效率、高集成、高兼容性的激光光源解决方案，特推出3款增材制造使用光源产品——STR-AM-R500、STR-AM-R1000、STR-AM-M500，如图6.65所示。

STR-AM-R500   STR-AM-R1000

图6.65　2022—2023年主要新品

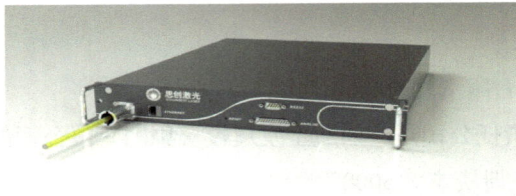

SRT-AM-M500

图6.65　2022—2023年主要新品（续）

6.16　山东省

歌尔股份有限公司

歌尔股份有限公司主营业务包括精密零组件业务、智能声学整机业务和智能硬件业务。精密零组件业务聚焦于声学、光学、微电子、结构件等产品方向，主要产品包括微型扬声器/受话器、扬声器模组、触觉器件（马达）、无线充电器件、天线、MEMS声学传感器、其他MEMS传感器、微系统模组、VR光学器件及模组、AR光学器件、AR光机模组、精密结构件等，上述产品广泛应用于智能手机、平板电脑、智能无线耳机、VR产品、AR产品、智能可穿戴产品、智能家居产品等终端产品中。智能声学整机业务聚焦于与声学、语音交互、人工智能等技术相关的产品方向，主要产品包括TWS智能无线耳机、其他无线耳机、有线耳机、智能音响等。智能硬件业务聚焦于与娱乐、健康、家居安防等相关的产品方向，主要产品包括VR产品、AR产品、智能可穿戴产品、智能家用电子游戏机及配件、智能家居产品等。

2022至2023年，公司研发项目涉及微型扬声器模组、MEMS传感器及微系统模组、VR/AR精密光学器件及模组、AR投影光学模组、VR头戴一体机、TWS智能无线耳机等。

6.17　天津市

6.17.1　科路睿（天津）生物技术有限公司

科路睿（天津）生物技术有限公司是一家集研发、生产、经营、服务于一体的高科技公司，公司致力于医疗领域数字化技术的整体解决方案研究，拥有涵盖医疗领域的三维数字化建模（逆向工程）技术、高分子增材制造技术、模型一体化成型技术、三维视觉技术、康复优化选择成型技术等技术的产品，为医疗领域提供综合的解决方案。

公司主营医疗用3D打印外固定系统、3D打印骨骼及内脏模型，以供手术预演使用。公司会定期与各大合作医院进行技术培训交流。

公司注重科技创新，持续追求技术、品质的进步。公司建立了完备的质量管理体系、售后保障体系，组建了专业的售后队伍，为客户提供安全无忧的售后保障。

6.17.2　亚琛联合科技（天津）有限公司

亚琛联合科技（天津）有限公司于2018年成立，在天津滨海新区和德国亚琛工程谷内的光制造中心均有研发、设备制造基地，并分别在北京、郑州、南京、哈尔滨设立生产基地。公司专注提供定制化的超高速激光熔覆整套生产链解决方案，包含成套装备、核心工艺、材料制备。目前已在煤矿机械、轨道交通、航空航天、石油钻探、钢铁冶金、新能源等行业进行应用。

公司多年来投入大量研发资金，用于新产品、新技术研发及既有产品持续改进，包括实现设备状态与生产过程的智能监控、集成不同涂层的制备工艺数据库，以及开发新一代高效熔覆喷嘴等，牢牢掌握具有自主知识产权的智能化超高速激光熔覆装备核心技术，成为国内及国际独家提供超高速激光熔覆技术自主研发、成套生产和配套服务能力的企业。

技术进展情况

公司作为弗劳恩霍夫协会孵化的高科技公司，率先从德国引进超高速激光熔覆技术。由于初始技术只停留在实验室阶段，无法实现真正规模化工业应用，公司从应用端出发，攻克了诸多技术难题开发了专用装备与核心部件，并注册了专利，包括研制出适合高功率下长时间生产的工业级送粉喷嘴，送粉快速、精准，粉末利用率效率极高；开发出粉末流、熔池、涂层厚度的在线监测系统；设备的模块化设计，适用于工业级别不同尺寸、重量的轴类零件的涂层制造需求；掌握10余种不同种类涂层的制备工艺，涂层性能与质量远超原先水平，并建立完整的工艺参数包。该工艺可在短时间内完成大面积涂层的快速制备，对工件表面基本无损伤，涂层不仅无气孔和裂纹缺陷，且结合强度更高，使用寿命提高了数倍，突破了常规激光熔覆技术大规模推广的最大瓶颈——效率问题，更容易在工业生产中推广应用。并且公司是唯一一家在超高速激光领域拥有从工艺方法、设备部件、外观设计到工业软件专利的高科技企业，综合实力行业领先。

自动化与智能化是激光熔覆产品研发的重要方向之一，旨在提高生产效率、降低生产成本以及实现产品的智能化制造。公司对激光熔覆自动化与智能化研发主要集中在以下几个方面。

（1）自动化设备：研发能够自动完成激光熔覆全过程的设备，包含自动送料、自动熔覆、自动清洗等功能，提高生产效率。

（2）智能化控制：通过引入人工智能、机器学习等技术，实现对激光熔覆过程的智能化控制，提高产品的质量和稳定性。

（3）在线检测与质量控制系统：通过引入在线检测技术，实现对产品质量的实时监控和反馈控制，提高产品质量和稳定性。

激光熔覆技术的应用领域非常广泛，包括航空航天、汽车、能源、冶金等领域。面对市场的新需求，公司在激光熔覆技术的应用上进行了研发拓展。

（1）新领域应用：探索激光熔覆技术在新能源、生物医学等领域的应用，开发新产品并推动新技术的发展。

（2）复杂结构制造：针对复杂结构产品的制造需求，利用激光熔覆技术实现复杂结构的高效、精确制造。例如在航空航天领域制造具有薄壁、镂空等复杂结构的零件。

公司将以市场拓展、技术创新、品质提升、产业协同、人才培养、品牌建设、绿色发展和社会责任为主要方向，全面推进公司的可持续发展。

6.18　浙江省

6.18.1　宁波中科祥龙轻量化科技有限公司

宁波中科祥龙轻量化科技有限公司由中国科学院宁波材料张浩研究员于2021年创建，致力于空天装备关键零部件的轻量化设计制造协同创新技术攻关，基于金属增材制造先后完成了多个型号气动操纵面、空间飞行器舱段、航天发动机部件等工业产品的研制和应用验证，并获得多个批产订单，年产值超过1.3亿元，以年均30%的增幅高速发展。公司现有正式员工130余人，其中拥有研究生学历的研发人员55人，已建立完整的工业级金属增材制造设计、制造、检验硬件平台和人才队伍，实现镍基高温合金、钛合金、高强铝合金、钨铜合金大尺寸、精细化结构的高质量设计和高效制备，累计交付各类产品500余套。公司已获得高新技术企业、专精特新中小企业，企业工程中心、院士工作站等资质证书，有力支撑了企业技术力量和经济规模的快速发展。

2022—2023年主要新品

某型轻量化气动操纵面的研制与应用，基于设计制造一体化技术完成了薄蒙皮和空间点阵结构高温合金气动操纵面的仿生结构设计和复杂结构"形性一体"SLM工艺制备，相比传统工艺实现减重15%、性能提升10%以上，极大地促进了金属增材制造在空天装备领域的应用。

6.18.2　浙江正向增材制造有限公司

浙江正向增材制造有限公司（后简称"浙江正向"，原名"杭州德迪智能科技有限公司"）于2015年成立，是国内3D打印行业中集"设备创新、材料创新和设计服务创新"于一体的全产业链高新企业，面向模具、航天军工、医疗、新能源等行业，提供以金属为主，高分子、陶瓷、复合材料为辅的多行业应用与增材优化设计。

浙江正向以数字化设备、材料和软件为三大生产核心要素并形成地域辐射，搭建多维度数字化创新平台，完善增材制造领域"产教学研用"功能的梯度生态圈建设，如图6.66所示。

浙江正向拥有一支由国内外知名大学教授/博士研究生组成的技术研发团队，团队核心成员已在智能控制、精密制造、微机电系统、先进功能材料等领域深耕10余年，本科及以上学历占80%，研发人员占50%。同时，在金属打印、高速高精度FFF打印、OAM大尺寸开放式打印、光固化打印等领域拥有30余项核心技术、300余项自主知识产权、100余项发明级专利，相关技术成果已在多个行业提供了涵盖成套设备、工艺、材料、系统的整体解决方案。

未来，浙江正向将充分发挥自身全产业链技术服务优势，在技术创新、设备研发、行业应用等方面进一步布局，致力于提供以增材思维为核心的先进设计与智能制造解决方案，打造具有前瞻性、示范性、引领性的数字化项目，助力制造业转型升级。

图6.66　梯度生态圈建设

2022—2023年主要新品

（1）数字化装备

聚焦金属3D打印，面向3C、汽摩、鞋模、模具、医疗、航天军工及新能源汽车等应用场景，发布多款高效金属增材制造系统——DLM-500系列、多元材料混构系统。

① 大幅面金属产品的高质量成型设备——DLM-500系列，DLM-500P（4激光）如图6.67所示。

采用SLM技术，可根据客户需求，配置2/3/4激光（500W光纤激光器），高精度的扫描振镜与动态变焦系统，最大净成型尺寸为500mm×500mm×500mm，成型效率达168cm³/h（不含铺粉时间），适合复杂精密的耐高温、耐腐蚀金属零件的快速制造，目前已实现产业化客户40台设备的批次装机与稳定投产。

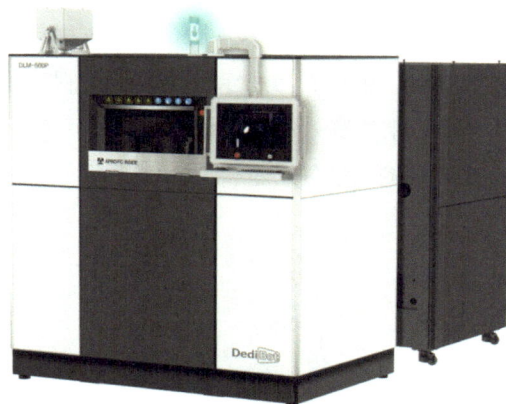

图6.67 DLM-500P（4激光）

② 多元材料的数字化混构系统——DLM-120HT，如图6.68所示。

DLM-120HT采用SLM技术，配置500W光纤激光器，高精度的扫描振镜与动态变焦系统，净成型尺寸为120mm×120mm×150mm，单次可实现4个通道、4种以上金属粉末、160余种材料力学性能样件的一次性制备与均质化处理，并获得2023年度杭州市首台（套）装备认定，目前处于国内同类产品领先水平。DLM-120HT适用于多材料研发、高熵合金、材料异构部件制造等领域，能满足重点领域高性能多材料零部件制备需求，彻底解决成型样件精度差、材料利用率低、孔隙率高等痛点问题。

③ 全自动五轴镭射正畸牙套切割机，如图6.69所示。

全自动五轴镭射正畸牙套切割机是一款光、电、气一体化的高端机床装备，主要应用于三维曲面薄板的切孔和修边，从而代替传统冲孔模和修边模工艺，可对隐形正畸牙套进行多角度、多方位的柔性切割，有效实现了产品的降本增效。

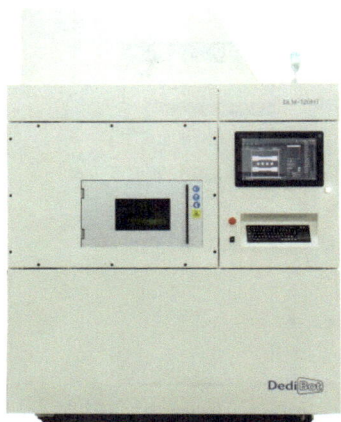

图6.68 多元材料混构系统DLM-120HT

图6.69 全自动五轴镭射正畸牙套切割机
（左为通用版，右为诊所版）

（2）先进金属粉末材料

正向增材·安德伦坚持"数智化赋能3D打印金属粉末"的初心，掌握高性能金属粉末材料设计与制备、熔融金属超音速雾化、智能化增材成形装备与工艺等核心技术。安德伦目前拥有4条高端制粉产线，可生产高纯球形金属粉末近200种，年产能满足增材制造领域批量产能需求，实现了粉末标准产品＋定制需求的全覆盖，帮助客户完成一站式的"新材料试制＋批量制备＋应用投产"全服务流程。在2022—2023年期间，新研发出钛合金超细粉、高熔点高纯球形铬粉等15款新粉末材料，并实现量产应用。

其中创新研发的"数字化柔性智能感应熔炼气雾化TC4钛合金粉末材料制备技术的研发与产业化应用"在全球工程师大赛中荣获"优秀成果转化奖"，如图6.70所示。该项创新制粉技术已获得3项发明专利、13项实用新型专利；实现0～20μm超细钛合金粉末的高效制备，以30kg/h的产量，满足了大批量市场的持续供粉需求，为我国新材料的制备、TC4钛合金产业的发展创造新机遇。

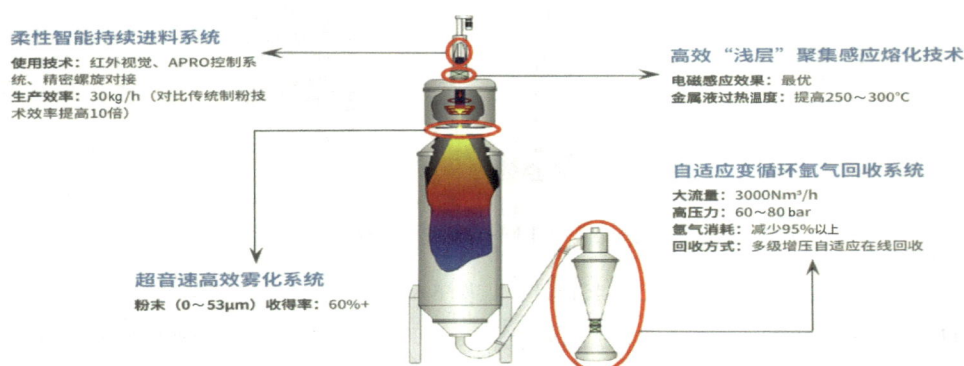

图6.70 数字化柔性智能感应熔炼气雾化TC4钛合金粉末材料制备技术

（3）工业应用软件

正向增材·安世数擎以增材制造、数智制造为平台，专注于增材制造工艺算法、工业大数据挖掘和分析、人工智能、工业互联网平台、区块链等前沿技术的研发。在2022—2023年期间，研发出6款数字智造的系统及软件，以实现技术融合为目标，立志打造为数字智造的发力引擎。

① 自研BP切片软件。

自研BP切片软件是一款具有自主知识产权的切片/路径规划软件，适用于SLM/SLA/FFF工艺的增材制造BP工业软件，如图6.71所示。

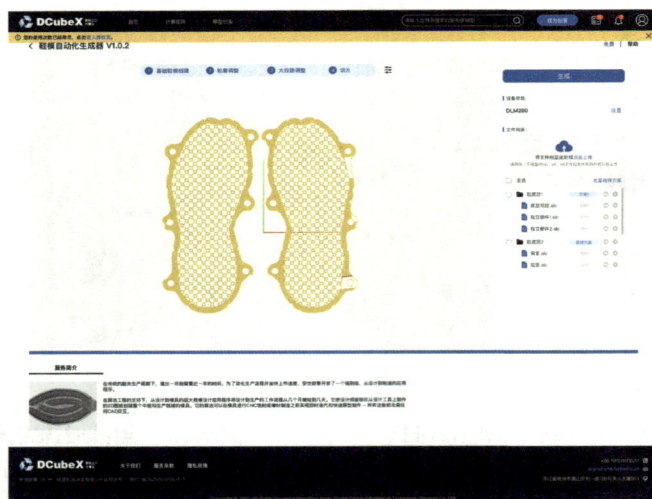

图6.71 自研BP切片软件

② 行业智能 AI 设计——3D 打印眼镜面扫+虚拟试戴系统，如图 6.72 所示。

3D 打印眼镜面扫+虚拟试戴系统为医疗眼科场景实现配镜高度定制化的集现场脸型采集、智能化生成眼镜数据、辅助运营和推广于一体的在线系统。

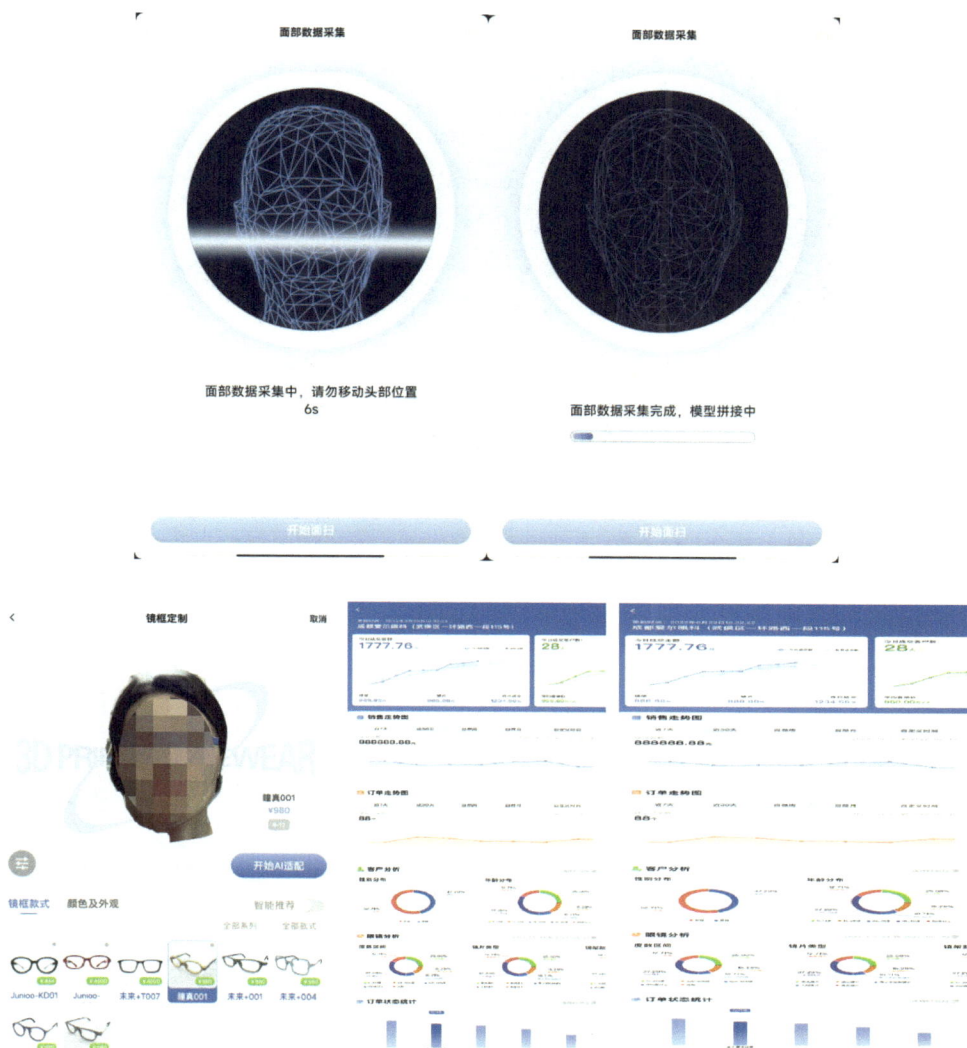

图 6.72　3D 打印眼镜面扫+虚拟试戴系统

③ 齿科解决方案——全自动牙龈绘制软件，如图 6.73 所示。

全自动牙龈绘制软件使用智能 AI 算法，通过分析牙齿和牙龈的图像，自动提取和绘制牙模的齿脊线，以供五轴激光正畸牙套切割机分离加工牙套。

④ 泛医疗管理软件——3D 打印眼镜供应链管理系统，如图 6.74 所示。

3D 打印眼镜供应链管理系统是基于现代技术的创新解决方案，旨在优化眼镜制造和分销的供应链过程。它利用 3D 打印技术快速、灵活和可高度定制的特点，提高生产效率、降低成本，并提供高质量的个性化眼镜产品。该系统涵盖原材料采购、生产制造、质量控制、库存管理、配送和售后服务等环节，实现端到端的供应链管理。

⑤ 鞋行业专项开发系统，如图 6.75 所示。

鞋行业专项开发系统是一种用于实时监控和管理增材制造过程的工具，通过大屏幕展示生产数据，并提供数据分析、报警和远程监控等功能，帮助企业提高生产效率、降低成本，优化产品质量。

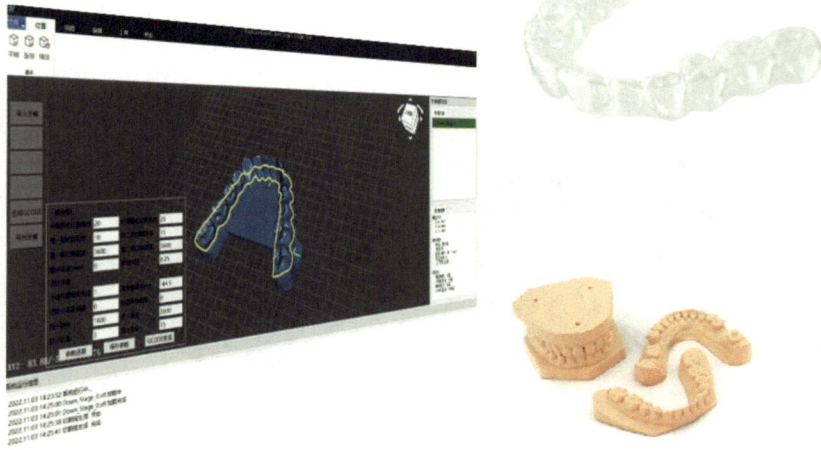

图6.73　全自动牙龈绘制软件

图6.74　3D打印眼镜供应链管理系统

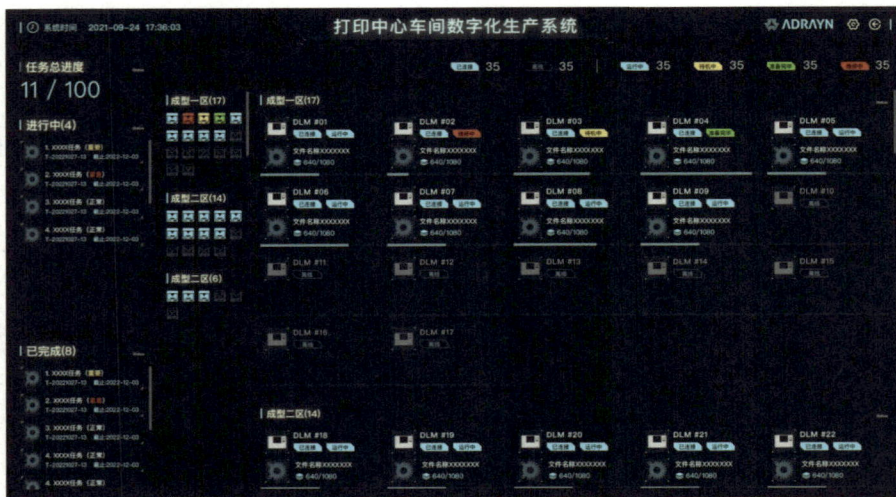

图6.75　鞋行业专项开发系统

⑥ 增材制造计算云平台——数矩立方DcubeX，如图6.76所示。

数矩立方DCubeX以数擎云架构为基础，为数字制造所需的各项计算服务提供运行环境、算力和存储资源，从而形成数字化计算矩阵，是各云计算服务的骨骼和外壳。

技术进展情况

2023年突破多项3D打印技术与工艺的研发。

① 同轴能量实时闭环控制技术。与AproFC激光扫描控制器的结合应用，实现LPBF激光扫测一体及能量实时闭环调控，确保下表面、悬垂等无支撑区域工艺过程中，打印能量输出的持续稳定性、均匀性，从而提高打印成功率、品质精细度。

② 30°以下少支撑、悬空无支撑技术。设计自由度高，大幅度降低后处理工艺难度、缩短制作周期及降低成本，适用于不锈钢、铝合金、钛合金、高温合金、模具钢等材料的复杂零部件无支撑悬垂打印应用。

③ 3C超高精细表面质量工艺。解决钛合金传统加工难度大、材料利用率低、精细度不达标等问题，快速制造结构复杂的零件、缩短产品研发周期、提高材料利用率、优化制造模式。正向增材快速打印智能手表表盘、SIM卡架、芯片散热底座等10余款3C案例基于此工艺，打印态质量高达Ra3.5μm，镜面效果精细至Ra0.5μm。

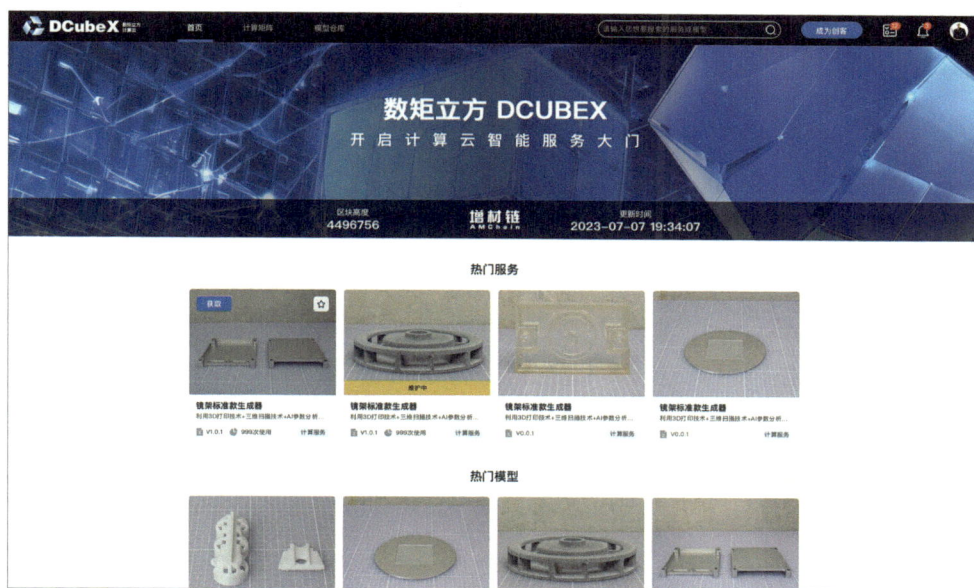

图6.76 增材制造计算云平台——数矩立方DcubeX

④ 自研"呼吸刚"打印工艺。通过打印工艺、参数来控制透气钢的孔隙，不受产品打印形状、位置限制，实现指定区域的随形透气，有效解决模具困气、产品冷却周期长、良品率低的问题。

6.18.3 宁波众远新材料科技有限公司

宁波众远新材料科技有限公司（后简称"宁波众远"）是一家集研发、设计、生产于一体的高新技术企业。2018年，基于国际形势，我国某关键型号发动机所使用的严重依赖于进口的高温合金粉体被限制运输；创始人赵文军博士带领众远研发团队开发设计相应材料，成立宁波众远。

公司从2018年6月成立以来，研发投入2600万元，近3年销售收入分别为3666.57万元、7003.1万元、10955.99万元，公司现有大专学历及以上员工90人，公司现投入运转的生产基地有两个（2500平方米和1.6万平方米）。目前，宁波众远设有1个市级工程技术中心和1个市级重点实验室，有研发人员14人，包括博士研究生4人、硕士研究生5人、外籍教授1人；公司拥有17项授权专利，其中7项发明专利；参与制定7项国家标准（6项已实施）、1项行业标准（已实施）。公司与浙江大学、中国科学院、上海交通大学、哈尔滨工业大学、上海大学等科研院所有着紧密的协作关系，目前宁波众远正在与浙江大学共同承担一项增材制造领域的浙江省重大专项科研工作，与中车研究院共同承担一项宁波市重大专项科研工作。

宁波众远利用企业的生产和品控能力生产满足军工和民品需求的关键产品，解决行业关键问题，确立行业地位，进而依靠产品的性能优势赢得客户和占领市场，并积极听取市场与客户的声音，确定研发方向，不断强化研发以保持竞争优势，打造品牌优势；立足宁波深耕长三角辐射全国、进军海外，为我国航空航天、新材料领域的发展奠定坚实基础。

2022—2023年主要新品

① 高温合金GH4099、GH5188；铝合金ZY6061，可用于增材制造，并可以进行氧化上色；用于铝合金压铸模具的18Ni300金属粉体。

铺粉机构	单向变速铺粉
气体支持	Ar/N$_2$
工作氧含量	≤100ppm
成型效率	30cm³/h（单激光，与零件的形状、尺寸、材料和参数有关） 60cm³/h（双激光，与零件的形状、尺寸、材料和参数有关）
主机尺寸	1400mm×800mm×1800mm，1400mm×800mm×1600mm
安装尺寸	3200mm×2400mm×2380mm，3200mm×2400mm×2180mm
供电电源	AC220V
功耗	7kW（单激光），9 kW（双激光）

② MT280 SLM。

MT280为入门级小批量生产先锋机型，净成形尺寸为265mm×265mm×400mm，设备核心参数全开源，支持钛及钛合金、高温合金、铝合金及多种难熔金属材料的打印，具备高可靠性、稳定性和成形质量，是行业同类机型的集大成产品，主要应用领域为航空航天、医疗、模具、汽车、科研、教育等。

MT280技术参数：

成形材料	钛合金、高温合金、铝合金、钴铬合金、不锈钢、模具钢、铜合金、镍钛合金、高熵合金、难熔金属等
成形尺寸	250mm×250mm×300mm
激光器类型	IPG500W×1/×2
扫描系统	高速振镜
聚焦系统	F-theta场镜
光束质量	M²<1.1
光斑直径	70～100μm
最大扫描速度	7m/s
铺粉层厚	20～100μm
平台预热温度	RT+20℃～200℃
铺粉机构	单向变速铺粉

气体支持	Ar/N$_2$
工作氧含量	≤100ppm
成型效率	30cm³/h；55cm³/h（与零件的形状、尺寸、材料和参数有关）
主机尺寸	2300mm×1400mm×2150mm
安装尺寸	2950mm×3500mm×2600mm
供电电源	AC220V
功耗	8.5kW/10kW
设备重量	约1500kg/约1650kg

MT170系列、MT280设备技术特点如下。

- 成形尺寸大、成型效率高。

MT170系列设备、MT280设备净成形尺寸、成型效率均高于同类型其他设备。

- 多元定制。

根据客户实际需求提供定制服务，光学系统数量与配置均可选配。

- 支持多种材料。

可成形材料包括但不限于钛合金、钴铬合金、不锈钢、镍基合金、铝合金等金属粉末，适用于复杂金属结构件的快速增材制造精密成形，应用范围广。

- 运动系统闭环控制，保证高精度。

运动系统闭环控制，并采用高等级防护设计，避免粉尘、水汽等进入从而影响设备运行精度。

- 大容量送粉缸设计。

无须开箱加粉，保证打印一次成形。

- 多刮刀类型适配。

橡胶、高速钢、陶瓷、毛刷等，适用性强。

- 多重过滤设计。

粗滤加精滤，更加高效，具备自动反吹功能，滤芯使用寿命长。其中MT280设备还可以选配永久除尘系统，选用高品质高压风机，性能稳定可靠，保证设备在24小时不间断工作状态下的稳定运行；过滤器采用旋风分离器与永久式过滤芯多级过滤方式，滤芯寿命不低于100000h；紧凑的模块化设计、全面的安全性保障，为设备长时间稳定运行保驾护航。

- 风场优化设计。

覆盖材料广，全幅面成形质量一致。

- 软件自研，核心参数全开源。

设备控制软件Avimetal_control与数据处理软件Avimetal_preatment为中航迈特自主研发，具有自主知识产权，激光功率、扫描速度等多项工艺参数开源可调。

- 全程实时监控。

成形全程实时记录、输出、诊断，对氧含量、风速等重要参数进行实时监测，可生成日志报告和数据报表。

6.18.4 中航天地激光科技有限公司

中航天地激光科技有限公司，由中航重机股份有限公司与北京航空航天大学、北京市政府共同发起设立，负责实施激光快速成形技术的产业化。公司成立于2011年12月19日，注册资本1.1亿元，注册地址位于北京市北京经济技术开发区双羊路6号，隶属于通飞板块下的中航重机股份有限公司，是航空工业唯一一家专门进行激光增材制造技术产业化的企业，主要从事大型钛合金、高强钢等高性能金属结构件激光快速成形技术的研发、生产加工及销售。

公司的发展定位：聚焦航空主业，做大增材产业；承接中航重机内部专业化分工；与行业内从事"同轴送粉激光增材""选区熔化激光增材"的企业同台竞技，成为航空通用增材结构主力供应商。

公司主要业务围绕深挖航空航天两大市场，开展飞机、发动机、火箭、导弹大中型整体、精密复杂增材结构件的研发与批产，立足4类增材技术（同轴增材技术、表面增材技术、选区熔化增材技术、光固化增材技术），做强金属增材主业；均衡发展3类"增材+"业务（增材+模具、增材+机加、增材+锻铸），以增材制造产品与服务为主要发展方向；实现低成本、高难度先进制造、绿色制造、敏捷制造的发展理念，融入中航重机"新生态""新业态""新平台"发展格局。

2022—2023年主要新品

公司连续3年圆满完成了主机单位02批、03批、04批"X型框整体框下框段"产品任务，有力地保障了主机厂的生产节奏，获得了沈阳飞机工业（集团）有限公司（后简称"沈飞公司"）的好评。

由此，公司顺利承接到该型产品升级产品"X型整体框"的试研制任务，并完成了批次稳定性、全面性能、解剖性能、机加工艺性等4个层级的验证和评价工作。2023年5月，公司"X型整体框"顺利通过由通过设计研究所主导的工艺评审、装机评审，成为设计单位、主机厂的合作方，目前该型产品备产12件。

其中，在"X型整体框"研制过程中，公司申报项目"增材制造钛合金框段类结构件"于2022年11月25日顺利通过专家评审及"三新"认定小组审核，被列入"第十七批北京市新技术新产品（服务）公示名单（新技术新产品领域）"，属于北京市重点支持的战略性新兴领域。

2024年3月21日，公司《TC11钛合金激光送粉成形制件研制实施方案》通过沈阳飞机设计研究所（601所）主导的方案评审，"X框后尾梁制件"的研制实施方案获得来自海军代表室、中国科学院金属研究所、沈阳航空航天大学、601所、沈飞公司等单位的专家的认可。评审组一致认为公司"X框后尾梁制件"制件拟定的实施方案合理、可行。

6.18.5 杭州唯迪尚创新科技有限公司

杭州唯迪尚创新科技有限公司（后简称"唯迪尚"）成立于1993年，是一家成立近30年，主营广告、标识、展览、3D打印、文旅、景观等耗材和设备及装置的综合服务商，也可为客户提供上述项目的设计、技术指导和整体解决方案。

3D打印高分子材料在唯迪尚的推动下，已实现工业化应用，填补了全球在3D打印耗材大规模工业化应用的空白。唯迪尚技术团队在几十年户外灯具研究技术积累的基础上研发了适用于户内外多种恶劣环境应用的MMLA 3D打印高分子合金耗材。这种合金耗材由多种高分子材料共混改性合金而成，克服了目前市场上3D打印耗材的缺陷，具有阻燃 V-0、抗UV（紫外线）、环保、高强度、对打印机适用性强等特点。该材料的研发成功，将推动3D打印行业和传统制造业迈上一个新台阶。

唯迪尚秉承以"诚"取信用户、以"信"赢得客户的宗旨，携手国内外客户共创双赢局面，力争成为具有国际竞争力的全球知名企业。

6.18.6　杭州浙富核电设备有限公司

杭州浙富核电设备有限公司创建于2016年3月，地处浙江省桐庐县红旗南路99号，注册资本15000万元，占地面积38000平方米，在册员工70人，技术人员24名，占总人数的34%。公司致力于各堆型核级泵、池内构件及军工产品的研发、设计、制造与服务，年生产大型、中型、小型核级泵10余台，具有年完成约50000万元人民币产值的设计制造能力。

6.18.7　先临三维科技股份有限公司

先临三维科技股份有限公司（后简称"先临三维"）成立于2004年，是三维视觉领域科技创新型企业，国家专精特新"小巨人"企业，专注于高精度三维视觉软硬件的研发及应用，主要从事高精度工业3D扫描和齿科数字化设备及软件的研发、生产和销售。公司致力于成为具有全球影响力的三维视觉技术企业，推动高精度三维视觉技术的普及。公司总部位于杭州中国视谷核心区，在成都、天津、香港、德国斯图加特、美国旧金山、美国坦帕等地设有子公司，总部基地占地面积2.2万平方米，大楼建筑面积40000平方米。先临三维专注高精度三维视觉技术10余年，拥有300项授权专利和170多项软件著作权。公司拥有研发人员400多名，占总人数的38%，其中硕士研究生和博士研究生研发人才约占45%。先临三维的高精度三维视觉技术深度应用于高精度工业3D扫描（3D数据建模、三维视觉测量与检测）和齿科数字化，公司产品已经销往全球100多个国家和地区，国际业务占比超60%。

2022—2023年主要新品

AccuFab-CEL 高速3D打印系统、FreeScan Trio 三目激光手持三维扫描仪、FreeScan Combo 计量级双光源手持三维扫描仪、EinScan H2 双光源彩色手持3D扫描仪、DS FSCAN+ 手持/固定两用面部3D扫描仪、Aoralscan 3i 口腔数字印模仪、Aoralscan 3W 口腔数字印模仪。

6.18.8　宁波海天增材科技有限公司

宁波海天增材科技有限公司成立于2021年，隶属于海天集团激光机械产业（海天光机），专注于金属3D打印设备的研发与制造。

公司现已开发250mm×250mm至1500mm×1500mm幅面（高度可定制）的成熟机型，支持多种成型尺寸与激光策略，可满足差异化市场需求。闭环粉末循环处理系统实现了全流程人粉隔离。自主研发软件，实现了智能视觉铺粉及打印质量检测。配套MES，满足了数字化大生产时代的信息化需求。公司致力于为客户提供高精、高效、安全、经济、智慧的SLM金属3D打印设备及一站式技术解决方案，已与航空、汽车、3C、模具等多个领域的客户达成深度合作。

第 7 章

增材制造主要科研机构和主要科研团队基本情况

高校
研究院所

Overview of
Major Research
Institution
and Research
Teams in
Additive
Manufacturing

7.1 高校

7.1.1 西安交通大学

高校名称	西安交通大学
团队名称	高性能增材制造技术
研究方向	增材制造与生物制造
团队简介	西安交通大学自1993年开始3D打印技术研究，是国内最早开展增材制造技术研究的单位之一，形成了以卢秉恒院士、李涤尘教授和贺健康教授为学术带头人的"增材制造"教育部创新研究团队。团队现有8位教授、7位副教授和5位助理研究员。研究团队依托精密微纳全国重点实验室、国家快速制造技术工程研究中心、增材制造国家创新中心等国家科研与中试基地，围绕高性能金属材料增材制造、功能化非金属材料增材制造和生物增材制造技术开展研究，获得国家科技进步奖二等奖1项、国家技术发明二等奖2项，在增材制造领域获得授权发明专利400余项

7.1.2 北京航空航天大学

高校名称	北京航空航天大学
团队名称	大型金属构件增材制造国家工程实验室研究团队
研究方向	金属增材制造
团队简介	该团队由我国金属增材制造领域领军人王华明院士组建，自1994年成立以来面向国家重大装备发展需求和学科前沿方向，长期从事大型金属构件增材制造技术基础理论和工程应用研究。团队拥有大型金属构件增材制造国家工程实验室和国防科技工业激光增材制造技术创新中心两个国家级科研基地，以及教育部工程研究中心和北京市工程技术研究中心两个省部级基地，是中组部首批"万人计划"重点领域创新团队和教育部首批全国高校黄大年式教师团队。现有正式教职工研究团队15人，专用科研场地约3000m^2，建设了合金冶炼、原材料粉末制备、增材制造、热处理和组织及力学性能测试等全套科研设备

7.1.3 西北工业大学

高校名称	西北工业大学
团队名称	高性能金属增材制造创新团队
研究方向	金属增材制造
团队简介	团队以黄卫东、林鑫教授为带头人，4名教授、5名副教授/副研究员为骨干，组建了涵盖金属增材制造材料研发、工艺/组织性能调控、装备研制的创新团队。依托凝固技术国家重点实验室、金属高性能增材制造与创新设计工业和信息化部重点实验室等国家级/省部级平台，围绕航空航天等高技术领域对高性能金属结构件轻量化、一体化精密成形的迫切需求，发展了金属高性能激光增材制造科学理论，完善了技术体系，拥有国内第一批金属增材制造源头创新专利，发展了自主可控、技术指标先进的高性能激光增材制造装备。成果转化应用保障了我国先进飞机、航天飞行器、发动机等30余个重点型号的研制，取得了巨大的经济效益和社会效益

7.1.4 华中科技大学

高校名称	华中科技大学
团队名称	材料学院快速制造中心
研究方向	对聚合物、金属、陶瓷等增材制造专用材料的制备与成形技术开展研究
团队简介	由原华中理工大学校长黄树槐教授创建，黄树槐教授于2007年不幸去世后，由史玉升教授接替学术带头人，继续领导中心的发展

7.1.5　清华大学

高校名称	清华大学
团队名称	生物制造与快速成形中心
研究方向	生物3D打印、电子束金属增材制造
团队简介	团队学术带头人为孙伟教授，成员包括林峰教授、熊卓教授、弥胜利教授（清华大学深圳研究生院）、张磊副研究员、张婷副教授、庞媛副研究员、欧阳礼亮副教授、方永聪助理研究员、梁啸宇助理研究员等。 团队目前拥有教育部/国家外专局"生物制造与体外生命系统工程"111创新引智基地、生物制造与快速成形技术北京市重点实验室等科研及交流平台，并作为中国机械工程学会生物制造分会挂靠单位。 孙伟教授担任主编的 *Biofabrication* 是国际上第一本关于生物制造和生物3D打印的学术期刊，孙伟教授也是该刊物的创刊人。 自1998年团队开始主办"增材制造与生物制造国际会议（International Conference on Additive Manufacturing and Bio-Manufacturing，ICAM-BM）"系列，为亚洲地区最早举办、规模最大的增材制造（快速成形）和生物制造国际学术交流会议，至今已有6届，提升了我国在相关研究领域的学术影响力

7.1.6　华南理工大学

高校名称	华南理工大学
团队名称	华南理工大学增材制造实验室
研究方向	金属增材制造工艺、过程监控与装备
团队简介	团队带头人杨永强教授，现任中国机械工程学会增材制造分会常务理事、增材制造设计专委会主任。团队成员包括海外高层次引进人才专家Trofimov教授、广东省杰青王迪教授、广东省特支青年宋长辉副研究员、韩昌骏副教授、黄延禄副教授、李阳讲师。团队近年来先后主持国家重点研发计划课题、国家重点基础研究发展计划、国家自然科学基金面上等国家及省部级重大科研项目20余项。参与起草国家标准10余项。团队自2002年开始开展激光粉末床熔融增材制造装备与工艺优化相关研究，拥有成熟、完整的SLM设备、DED设备、粘接剂喷射设备、软件、材料和工艺的研发链，多材料金属3D打印设备、激光/等离子增减材设备已投入科研并实现产业化

7.1.7　南京航空航天大学

高校名称	南京航空航天大学
团队名称	材料-结构一体化激光增材制造
研究方向	高性能金属构件激光增材制造
团队简介	团队依托江苏省高性能构件激光增材制造工程研究中心，由南京航空航天大学材料科学与技术学院顾冬冬教授任中心主任。团队具有结构合理的学术梯队，目前有高级职称人员4名、中级职称人员5名、博士和硕士研究生120余名，团队成员入选国家杰出青年科学基金、国家"万人计划"科技创新领军人才等，形成了具有材料、制造、光学、力学、控制等多学科专业背景的高水平科研队伍。团队围绕增材制造与智能制造产业发展中的高端装备核心部件研发、专用普适性金属材料研制与标准、增材制造与激光制造关键工艺技术、高性能关键金属构件一体化制造及航空航天等领域应用评价等方向，建设面向高性能复杂金属构件激光增材制造及3D打印技术"产学研"成果研发平台

7.1.8　浙江大学

高校名称	浙江大学
团队名称	生物制造团队
研究方向	生物3D打印、器官重建
团队简介	浙江大学生物制造团队聚焦于生物3D打印方法及工艺研究，团队以杨华勇院士为学术带头人，以贺永教授（杰青）、尹俊研究员（青千）等为核心。在国家重点研发计划（变革性专项）"功能化生物活性组织/器官体外精准制造基础"、基金委创新群体"运动系统组织再生研究"、国家杰出青年科学基金"生物3D打印"等重大项目的支撑下，以活性器官体外重建与再生为目标。团队核心成员：杨华勇、贺永、尹俊、马梁、周竑钊、祝毅。依托平台：流体动力基础件与机电系统全国重点实验室

7.1.9　中国人民解放军空军工程大学

高校名称	中国人民解放军空军工程大学
团队名称	航空动力系统与等离子体技术全国重点实验室
研究方向	战时应急保障复杂现场环境增材制造
团队简介	团队带头人为中国科学院院士李应红教授。团队成员包括周鑫（空军高层次人才）、周留成（万人青拔）等。团队依托航空动力系统与等离子体技术全国重点实验室，是空军外场保障3D打印的技术牵头单位，承担创新特区、自然基金等10余项重点项目。激光加工和增材制造（修复）发表学术文章100余篇，授权发明专利20余项

7.1.10　兰州大学

高校名称	兰州大学
团队名称	超导力学研究院
研究方向	超导材料3D制备及结构、功能一体化增材制造
团队简介	兰州大学超导力学研究院成立于2020年，是目前国内力学界唯一从事超导力学理论与实验研究的单位，周又和院士任主任。兰州大学超导材料增材制造技术研究始于2014年，由周又和院士总体筹划布局、张兴义教授（国家杰青）具体指导，该研究方向目前有院士1人、杰青1人、高级工程师1人、讲师1人、博士研究生5人、硕士研究生5人。主要研究方向为围绕复杂形状YBCO超导块材的3D打印技术及韧化，以及YBCO超导材料芯丝的3D打印制备工艺方向上的探索性研究。团队带头人介绍如下。 1. 周又和，中国科学院院士，兰州大学超导力学研究院院长，力学家。 2. 张兴义，国家杰青，兰州大学土木工程力学学院副院长，主要研究方向是极端环境超导材料实验力学、电磁固体力学及超导材料3D打印制备，已发表学术论文110余篇

7.1.11　南京理工大学（一）

高校名称	南京理工大学
团队名称	微纳卫星设计与整体制造研究团队
研究方向	南京理工大学微纳卫星设计与整体制造研究团队，以服务我国空间在轨服务重大战略需求为目标，秉承"智能引领空间变革、操控改变星空格局"的理念，致力于微纳卫星在轨服务与装备的研究工作，包括航天结构极限轻量化设计、卫星快速整体制造技术等特色鲜明的增材制造方向，具体增材制造相关的研究方向包括增材制造结构创新设计、智能化金属增材制造技术与装备、陶瓷增材制造技术与装备、三维结构-电路一体化制造技术与装备

团队简介	团队由国家"万人计划"领军人才、何梁何利基金科学与技术奖和全国创新争先奖获得者廖文和教授领衔，是一支由国防卓青、国防青拔、国防青托等高层次人才组成的，包括专职教师、引智专家、特聘教授、硕士研究生、博士研究生180余人的创新型研发队伍，队伍成员来自航空宇航科学与技术、机械工程、材料科学与工程、软件工程等学科，交叉特色鲜明，是国防科技创新团队。 团队依托兵器科学与技术"双一流"建设学科，建设有"数控成形技术与装备"国家地方联合工程实验室、"空天结构增材制造技术"创新中心、高端装备制造技术协同创新中心、江苏省高端制造装备工程技术联合实验室，以及"难成形材料增材制造技术与装备"111引智基地

7.1.12 南京理工大学（二）

高校名称	南京理工大学
团队名称	高效高精高性能智能增材技术团队
研究方向	成分-结构-功能-制造一体化结构高性能机理、大型多维结构受控电弧增材制造、电弧复合增材制造技术
团队简介	团队聚焦大型高承载结构，长期从事大型异质异构整体增材和大型结构智能焊接等技术研究，突破了异种金属增材（焊接）、智能控制、整体复合增材多维异构机理与方法等4类关键瓶颈。团队拥有受控电弧智能增材工信部重点实验室、特征车辆设计制造集成技术全国重点实验室、南京智能制造系统重点实验室等平台，负责人为教授博导，兵器工业首席科学家，JKW前沿创新重大项目专家组首席科学家，国防科技工业科技委创新领域委员、船舶科技委材料与工艺领域委员、兵器科技委先进制造领域委员王克鸿教授，团队成员包含130余名教授、副教授和工程技术人员，60余项关键技术获生产应用，获国家技术发明二等奖等科技奖28项，发表SCI文章500余篇，拥有发明专利450余项

7.1.13 北京工业大学

高校名称	北京工业大学
团队名称	智能成型装备与系统研究所
研究方向	电弧熔丝增材制造、多电极电弧增材、轨迹规划与优化
团队简介	智能成型装备与系统研究所团队学术带头人为陈树君教授。团队现有教授5名，副高级职称人员8名。团队拥有北京市焊接设备研究与开发中心、汽车结构部件先进制造技术教育部工程研究中心两个科研基地，在电弧增材制造、绿色焊接/增材电源、焊接电源检测和弧焊机器人应用方面有大量科研成果，近年来，在航天、汽车和管道领域获得了不错的成绩，完成了国家973、国家863、国家科技重大专项、国基金项目20余项，企事业合作项目40余项，发表论文70余篇，获得美国专利授权2项，国家发明专利授权30项。团队获得国家科技进步奖二等奖1项，省部级科技进步奖8项，并入选北京市高水平创新团队建设计划和首都科技领军人才团队建设计划

7.1.14 上海交通大学

高校名称	上海交通大学
团队名称	上海市复杂薄板结构数字化制造重点实验室
研究方向	面向增材制造的多学科结构拓扑优化
团队简介	上海市复杂薄板结构数字化制造重点实验室团队由林忠钦院士于1996年创立，现任主任是李永兵教授，2023年获得"全国高校黄大年式教师团队"荣誉。实验室现有教职工25人，其中中国工程院院士1人、国家杰青2人、长江学者2人、万人领军人才2人。实验室围绕"薄板成形及装配质量控制"开展基础与应用研究，形成了薄板结构设计、精益成形、制造质量控制、数字化封样等核心技术，在汽车、机床、航空、航天等国家基础制造业技术的自主开发中取得显著成效，与航天八院、宁德时代、上汽通用等企业保持长期、紧密的产学研合作，共建了多个联合实验室及研究中心

7.1.15　厦门大学

高校名称	厦门大学
团队名称	功能微结构精密加工团队
研究方向	精密制造技术、新能源与节能技术、智能传感器
团队简介	厦门大学周伟教授带头的功能微结构精密加工团队长期致力于精密制造技术、新能源与节能技术、智能传感器等的研究工作。目前研究团队有教授1名、副教授5名、助理教授2名、实验师1名、科研助理2名、博士后2名、硕士和博士研究生43名。团队依托福建省精密制造业技术开发基地、福建省微纳制造工程技术研究中心等平台进行建设。团队曾获教育部技术发明奖二等奖、福建省科技进步奖一等奖、厦门市科技进步奖一等奖、广东省科技进步奖二等奖、中国上银优秀机械博士论文奖优秀奖指导教师奖等

7.1.16　哈尔滨工业大学（一）

高校名称	哈尔滨工业大学
团队名称	机电系统与智能控制研究中心
研究方向	多材料功能结构增材制造技术与装备
团队简介	研究团队由国家杰青李隆球教授牵头创立，现由12名教师（其中教授5人、副教授4人）和60余名硕士/博士研究生组成。团队科研实力雄厚，包括国家杰青1人、国家海外优青1人、国家级青年人才（海外）2人，同时引进中国工程院刘合院士作为技术顾问及兼职博士生导师，是一支年龄结构合理、科研能力突出、在国内外增材制造领域具有重要影响力的研究队伍。团队隶属于"机器人技术与系统全国重点实验室"和"微系统与微结构制造教育部重点实验室"，先后主持国家重点研发计划、国自然杰出青年基金、JKW基础加强重点项目等横/纵向课题50多项。团队曾获GF科技进步奖一等奖、中国仪器仪表学会科技进步奖一等奖、黑龙江省自然科学一等奖、技术发明一等奖、科技进步二等奖2项等

7.1.17　哈尔滨工业大学（二）

高校名称	哈尔滨工业大学
团队名称	材料结构精密焊接与连接全国重点实验室
研究方向	高性能金属材料电弧增材制造，增材制造过程智能化监控
团队简介	团队现有教授/研究员4人（杨春利、林三宝、范成磊、范阳阳）、副教授/副研究员2人（蔡笑宇、陈琪昊）、助理教授/助理研究员2人（董博伦、李鑫磊）、研究生30余人。团队10多年来一直致力于电弧增材制造材料、冶金、工艺，以及智能化方面的教学与科研工作，自有各类电弧增材制造设备8台（套），以及熔池监控、红外成像、三维扫描等智能化设备10余套。在电弧增材制造方向上承担国家级、省部级科研项目10余项，发表论文50余篇。团队结构合理，优势互补，经验丰富，立足哈尔滨、郑州两地，携手行业头部企业，打造了完善的产学研生态系统，具有一定的国内外竞争力与影响力

7.1.18　陆军装甲兵学院

高校名称	陆军装甲兵学院（2025年调整组建为陆军兵种大学）
团队名称	增材修复与再制造团队
研究方向	维修与再制造工程
团队简介	团队依托再制造技术国家重点实验室平台，坚持以国家循环经济发展战略为牵引，以推动再制造工程学科发展为目标，深入开展再制造基础研究、应用基础研究和关键技术攻关，为实现废旧及在役机电装备的"起死回生，修旧胜新"提供支撑。 团队带头人为再制造技术国家重点实验室主任朱胜教授，任中国机械工程学会常务理事、再制造分会常务副主任、增材制造（3D打印）分会副主任、世界再制造峰会组织常任联合主席，是"973"、国家重点研发计划等技术首席，获国家科技进步奖二等奖1项、省部级科技进步奖一等奖8项，授权发明专利60余项，发表论文150余篇，出版专著15部，先后获留学回国人员成就奖、中国青年科技创新奖、"求是"奖、"百千万人才工程"国家级人选

7.1.19　北京理工大学

高校名称	北京理工大学
团队名称	跨尺度智能增材制造团队
研究方向	多弧并行增材制造、超大规格点阵结构增材制造
团队简介	团队以增材制造颠覆传统结构为主导思想，以智能增材制造系统与装备为根基，构建超大跨尺度结构设计与增材制造理论与技术体系，服务航天、海洋、建筑等行业需求，形成了10～100米级超大型点阵结构增材制造、钢筋结构无人化增材制造、超大海洋浮式平台增材建造等特色。团队带头人刘长猛教授，为国家重点研发计划项目首席科学家。团队现有教授2人、副教授3人、助理教授2人，依托北京理工大学机械与车辆学院复杂微细结构加工技术（国家级）国防科技创新中心等平台

7.1.20　华东理工大学、南京工业大学

高校名称	华东理工大学、南京工业大学
团队名称	增材/强化/减材复合制造团队
研究方向	面向低温环境的关键构件可靠性制造
团队简介	团队负责人是华东理工大学张显程教授（国家杰青、国防卓青获得者），团队依托于华东理工大学承压系统安全科学教育部重点实验室和南京工业大学可靠性制造研究院，团队成员包含教授4人、副教授2人、讲师1人，面向我国重大低温工程关键构件的可靠性制造需求，聚焦于发展激光增材/强化/减材复合制造技术与装备，拟攻克复杂构件表面状态-控制方法-疲劳寿命协同控制难题

7.1.21　吉林大学

高校名称	吉林大学
团队名称	仿生增材制造创新团队
研究方向	仿生结构设计、增材制造
团队简介	团队负责人张志辉教授，是国家杰出青年科学基金获得者、中组部万人计划科技创新领军人才，兼任ISO国际仿生学标准化技术委员会主席、国际仿生工程学会（International Society of Bionic Engineering，ISBE）秘书长、中国机械工程学会特种加工分会常务理事、中国光学学会激光加工专业委员会常务理事、吉林省增材制造学会理事长等，牵头承担国家重点研发专项、国家自然科学基金重点项目、国防先进制造项目等17项。 团队成员包括正高级职称人员3人、副高级职称人员3人，来自吉林大学985工程仿生科技创新平台，是4个国家和省级创新团队的主要成员。 团队依托国内唯一一个专门从事工程仿生研究的教育部重点实验室，是国际仿生工程学会和国际刊物仿生工程学报（Journal of Bionic Engineering，JBE）的发起单位。实验室拥有10000平方米的研发场地、总价值1.5亿元的仪器设备，科研水平先进，技术力量雄厚

7.1.22　重庆大学

高校名称	重庆大学
团队名称	重庆大学绿色智能增材制造团队
研究方向	轻量化多孔结构设计制造、激光增材制造与再制造、多能场复合电弧增材制造、多材料喷墨3D打印、选区激光烧结工艺与装备、粘结剂喷射成形工艺与装备
团队简介	团队现有教授4人、副教授2人、硕士研究生和博士研究生100余人。团队学术顾问为曹华军教授，团队成员主要包括唐倩教授、李坤教授、王超教授、李军超副教授、伊浩副教授等。团队依托高端装备机械传动全国重点实验室、高端装备铸造技术全国重点实验室、国家镁合金材料工程技术研究中心、工业CT无损检测教育部工程研究中心、高性能结构增材制造重庆市重点实验室等平台建设

7.1.23　天津大学（一）

高校名称	天津大学
团队名称	长寿命高可靠性焊接结构成形与评价团队
研究方向	高温合金增材制造与性能评估，高熵合金增材制造与性能评估，铝、镁轻质合金增材制造，耐磨耐腐蚀合金激光熔覆，4D打印记忆合金
团队简介	团队负责人徐连勇为天津大学讲席教授、焊接所所长、天津市现代连接技术重点实验室主任，国家杰出青年科学基金获得者，国家重点研发计划项目首席科学家，现任中国焊接学会副理事长、增材制造专委会副主任、天津焊接学会理事长、国际焊接学会IIW C-X委中国代表等职务。团队成员还包括天津大学韩永典与赵雷教授、郝康达副教授、任文静与王天竺助理研究员，以及硕士和博研究生50余人。团队拥有激光送粉、激光铺粉、电弧送丝、电子束送丝增材制造设备数台，面向海洋工程、高效洁净火电、新一代核电、航空航天、氢能等领域，在高温、低温、疲劳、腐蚀、涉氢等复杂极端环境下工作的重大装备，从事焊接/增材制造及其性能评定等相关基础理论与应用技术研究。在 *Acta Materialia*、*Int J Plasticity*、*Corros Sci*、*Addit Manuf*、*Int J Fatigue* 等期刊发表SCI论文230余篇，SCI他引3000余次，授权发明专利100余项，千万级以上项目6项，近5年总经费超1.2亿元

7.1.24　天津大学（二）

高校名称	天津大学
团队名称	精密焊接团队
研究方向	梯度材料3D打印、生物仿真3D打印、非均质的空间3D打印和水下激光增材修复、高熵合金激光增材产品和无应力电解加工及纳米抛光修形等，工业机器人智能增材制造与系统集成
团队简介	天津大学罗震团队。罗震，教授、博士生导师，智能制造领域专家，中国机械工程学会焊接学会常务理事、中国焊接协会理事、中国机械工程学会理事、中国工程焊接协会常务理事，教育部新世纪人才，在增材制造、工业机器人智能制造与生产应用、焊接机器学习与数字孪生领域有多年的研究经验。本团队获得省部级科学技术奖一等奖1项，二等奖2项，三等奖3项；在2022年，团队参与的"港珠澳大桥"获得国际钢结构工程与焊接方向最高奖项——Ugo Guerrera Prize。 团队专注于增材制造前沿技术与产品领域的研究，是天津市增材制造产业联盟副理事长单位，可进行金属丝材增材制造、金属材料选区激光熔化等增材制造工作，采用高熵合金、钛合金、铝合金和记忆合金等材料进行具有增材制造功能的产品的开发与生产，取得了多项成果，成功地将增材制造技术应用于多个复杂零件的制造中。团队注重设备的智能化、集成化和高效化研究，成功开发出了水下激光增材修复系统及其辅助系统、非接触无应力的电解加工以及纳米抛光设备。基于生物仿生原理开发了具有不均匀性的3D材料打印产品。研究基于机器人丝材增材制造技术与系统，基于人工智能、大数据等方法进行路径规划，可进行光学相干扫描/层析测量和激光光谱诊断的熔深在线监测，实现3D打印过程监控与预测，通过仿真计算获得增材"形性"数字孪生过程。团队研究了3D打印的"成形工艺-组织结构-力学性能和疲劳性能"关系，以分析与评价产品的在役性能

7.1.25　广东工业大学

高校名称	广东工业大学
团队名称	高效精密制造技术与装备研究
研究方向	高性能零件的增材制造原理、技术与装备
团队简介	IMT团队致力于提升高质高效精密制造技术的基础理论、应用基础工艺、工具与装备的研究与技术创新能力，构建机械制造科学中的高性能零件/构件的精密制造基础科学理论体系。团队带头人为王成勇教授，建设有"高性能工具全国重点实验室"和"广东省微创手术器械设计与精密制造重点实验室"双平台，从事增材制造技术的人员主要包括王成勇教授（广东省特支计划杰出人才）、王军教授（国家级海外高层次人才）、杨洋教授（珠江人才计划引进高层次人才）、李晟讲师（海外引进博士）等国内外著名专家学者，在金属、树脂、陶瓷和

| 团队简介 | 生物材料等增材制造技术方向引进教师和专职科研人员10余人，已形成集机械、生物、材料、光学、控制等多学科交叉的研究优势 |

7.1.26 西南交通大学

高校名称	西南交通大学
团队名称	高速交通轻量化材料与激光加工团队
研究方向	激光增材制造与再制造
团队简介	团队带头人陈辉，西南交通大学教授/博导，长江学者特聘教授，西南交通大学材料科学与工程学院院长，中国机械工程学会焊接分会副主任委员、地方委员会主任委员、四川省焊接学会理事长，四川省机械工程学会焊接专业委员会主任委员。团队由18名专业教师组成，含国家级人才1名、国家级青年人才2名、省级人才4名。依托材料先进技术教育部重点实验室、先进结构材料铁路行业重点实验室、航空装备先进材料与制造技术四川省科技重点实验室和四川省先进焊接与表面工程技术研究中心，取得了省科技进步奖一等奖4项，省科技进步奖二等奖2项，出版专著4部，发表论文300余篇；主持国家级项目30余项，校企合作项目100余项，累计科研经费超1亿元

7.1.27 浙江工业大学

高校名称	浙江工业大学
团队名称	高能束制造与增材制造创新团队
研究方向	激光智能制造、增材制造与再制造等
团队简介	团队带头人姚建华教授，博士，浙江省特级专家，现任浙江工业大学机械工程学院院长、激光先进制造研究院院长。团队现有教职工30余名，在读硕士和博士研究生200余人，海外高层次人才8名。团队入选首批浙江省高校"黄大年式教师团队"，依托机械工程、材料科学与工程、光学工程及控制科学与工程学科，建有高端激光制造装备省部共建协同。 创新中心、激光绿色制造技术创新引智基地（111计划）、国家能源材料及应用国际科技合作基地、过程装备及其再制造教育部工程研究中心、特种装备制造与先进加工技术教育部/浙江省重点实验室等省部级以上科研平台，与英国剑桥大学、乌克兰国立科技大学、美国内布拉斯加林肯大学等建有5个国际合作联合实验室，还建有3个地方合作研究院及10余个企业联合研发中心

7.1.28 江苏大学

高校名称	江苏大学
团队名称	激光先进制造科学与技术
研究方向	**多能场融合增材制造、移动式复杂现场环境增材制造、激光表面强化、异质仿生结构设计及一体化增材制造**
团队简介	团队带头人鲁金忠教授为教育部长江学者特聘教授，团队成员包含教授4名、副教授2名、中级职称人员5名。团队依托机械制造及自动化国家重点（培育）学科、"高端装备关键结构健康管理"国际联合研究中心等平台，在国家重点研发计划、国家自然科学金重点项目等项目资助下，从事激光增材制造理论、技术、装备和工程应用研究。研究成果获中国专利金奖2项、江苏省科学技术奖一等奖3项、中国国际工业博览会"CIIF创新引领奖"1项、中国机械工业科学技术奖一等奖1项等。成果应用于沈阳黎明、沈飞、上海航天、山能重装、瑞兆激光等龙头企业关键构件的再制造和强化，为航空航天、核电煤矿等重大装备关键构件高性能制造提供成套解决方案，服务于国家重大工程，提升了国家核心竞争力

7.1.29　江西理工大学

高校名称	江西理工大学
团队名称	生物增材制造
研究方向	生物增材制造装备与技术
团队简介	团队聚焦生物增材制造，依托植入医疗器械江西省重点实验室，组建了一支集制造、材料、医学等多学科交叉的研究队伍，团队成员70余人；团队负责人帅词俊教授入选长江特聘、万人领军、全国优博等，以第一/通信作者发表SCI论文290余篇，其中ESI高被引76篇、热点36次，科协优秀科技论文、期刊 *Best/Excellent Article Award*、*Most Cited/Hot Article* 共23篇；被中国、美国、英国等国110余位院士等学者正面引用15000余次，连续入选2022、2023 Elsevier高被引学者，2020中国大陆材料科学家50强；获省自然科学一等奖等省部级奖励7项；承担国自科重点项目、国家重点研发等课题，担任中国工程院院士增选外部同行评选专家、国家重点研发计划答辩评审专家、国家优青会评专家等，*Int J Extreme Manuf*、*Virtual Phys Prototy* 等期刊副主编/编委

7.1.30　大连理工大学

高校名称	大连理工大学
团队名称	激光制造与增材制造团队
研究方向	增材制造、激光精密加工、激光焊接
团队简介	激光制造与增材制造团队依托大连理工大学高性能精密制造全国重点实验室，拥有8套自主化增材制造装备。团队带头人为马广义教授，团队包括教授2人、副教授3人。 团队面向航空航天、能源动力、生物医疗等领域高端装备制造的重大需求，主要从事激光制造与增材制造基础理论、共性技术与工程应用研究工作，针对轻质合金、复杂梯度材料等关键构件自主化制造中缺陷多、性能低、质量差的难题，以"理论突破—技术创新—装置研制与示范应用"为研究主线，开展轻质合金复合增材制造、梯度材料能场辅助激光增材制造、增材制造智能监测等，实现轻量化、梯度材料、极端尺寸等构件的高质量自主制造

7.1.31　西安电子科技大学

高校名称	西安电子科技大学
团队名称	共形电子增材制造技术研究团队
研究方向	精密微滴喷射机理，保性控性烧结固化，曲面多层电路一体化成形
团队简介	团队带头人为黄进，团队成员主要包括孟凡博、王建军、赵鹏兵、杨玉鹏、张洁、杨贞、刘铭。依托平台：高性能电子装备机电集成制造全国重点实验室。团队围绕共形电子的保形控性制造需求，主攻一体化喷射成形和原位烧结固化机理、成形性能的在线监控、工艺参数的自适应调控和一体化喷射成形设备的研发

7.1.32　哈尔滨工程大学

高校名称	哈尔滨工程大学
团队名称	先进材料成形制造
研究方向	大型金属构件增锻减复合制造技术与装备
团队简介	哈尔滨工程大学先进材料成形制造团队现有高级职称人员11人、中级职称人员3人、研究生和博士后160余人，目前团队负责人是留美学者姜风春教授。该团队是黑龙江省增材制造创新团队，是工信部深海装备与技术重点实验室和黑龙江省大型金属构件增减材复合制造技术与高端智能机床设备开发"头雁"团队、山东省激光快速成形与制造技术工程研究中心的重要组成部分。近年来，团队先后承担了科技部重点研发计划、中央军委基础加强重点和科工局基础科研等增材制造项目20余项，在超声能场辅助增材制造、复杂构件增减材复合制造技术与装备等方面取得了重要成绩。团队发表相关高水平论文300余篇，授权国家发明专利30项，美国发明专利1项，获省部级以上科技进步奖4项

单位名称	单位级别
武汉天昱智能制造有限公司	理事单位
石化盈科信息技术有限责任公司	理事单位
北京易博三维科技有限公司	理事单位
广州中望龙腾软件股份有限公司	理事单位
山东蓝合智能科技有限公司	理事单位
天津微深科技科技有限公司	理事单位
青岛尤尼科技有限公司	理事单位
北京航天智造科技发展有限公司	理事单位
上海探真激光技术有限公司	理事单位
浙江亚通新材料股份有限公司	理事单位
杭州喜马拉雅信息科技有限公司	理事单位
广东奥基德信机电有限公司	理事单位
杭州德迪智能科技有限公司	理事单位
上普博源（北京）生物科技有限公司	理事单位
北京紫熙科技发展有限公司	理事单位
南京机器人研究院有限公司	理事单位
西安艾德三维科技有限公司	理事单位
潍坊金健钛设备有限公司	理事单位
北京钢研新材科技有限公司	理事单位
深圳市纵维立方科技有限公司	理事单位
北京三帝科技股份有限公司	理事单位
邢台春蕾新能源开发有限公司	理事单位
山西增材制造研究院有限公司	理事单位
陕西鼎益科技有限公司	理事单位
江西宝航新材料有限公司	理事单位
浙江天钛增材制造技术有限公司	理事单位
南京铖联激光科技有限公司	理事单位
深圳市创想三维科技股份有限公司	理事单位
北京航天新风机械设备有限责任公司	理事单位
中国兵器科学研究院宁波分院	理事单位
首钢集团有限公司技术研究院	理事单位
广东省增材制造研究与应用协会	理事单位
中国机械工程杂志社	理事单位
中国兵器装备集团增材制造研究应用中心	理事单位
斯棱曼激光科技（上海）有限公司	理事单位
苏州博理新材料科技有限公司	理事单位
苏州聚复科技股份有限公司	理事单位

单位名称	单位级别
上海市增材制造协会	理事单位
南京紫金立德电子有限公司	理事单位
广西增材制造协会	理事单位
北京紫光卓越数码科技有限公司	理事单位
广东省增材制造协会	理事单位
宁波中科祥龙轻量化科技有限公司	理事单位
歌尔股份有限公司	理事单位
宁波中科祥龙轻量化科技有限公司	理事单位
中车工业研究院有限公司	理事单位
武汉重型机床集团有限公司	理事单位
重庆市增材制造产业协会	会员单位
苏州中瑞智创三维科技股份有限公司	会员单位
江苏智仁景行新材料研究院有限公司	会员单位
西安欧中材料科技有限公司	会员单位
上海盈普三维打印科技有限公司	会员单位
江苏智仁景行新材料研究院有限公司	会员单位
中国航发北京航空材料研究院	会员单位
广州市 3D 打印产业园	会员单位
湖北超卓航空科技股份有限公司	会员单位
浙江工业大学	会员单位
南京晨光集团有限公司	会员单位
西华大学	会员单位
北京阿迈特医疗器械有限公司	会员单位
黑龙江鑫达企业集团有限公司	会员单位
安徽煜锐三维科技有限公司	会员单位
上海普利生机电科技有限公司	会员单位
安徽拓宝增材制造科技有限公司	会员单位
上海光韵达数字医疗科技有限公司	会员单位
云南增材佳唯科技有限公司	会员单位
深圳市瑞普莱斯信息科技有限公司	会员单位
陕西智拓固相增材制造技术有限公司	会员单位
渭南鼎信创新智造科技有限公司	会员单位
深圳微纳增材技术有限公司	会员单位
江苏威拉里新材料科技有限公司	会员单位
天津希统电子设备有限公司	会员单位
武汉惟景三维科技有限公司	会员单位
江苏威宝仕智能科技有限公司	会员单位

单位名称	单位级别
河南泛锐复合材料研究院有限公司	会员单位
武汉萨普科技股份有限公司	会员单位
北京大璞三维科技有限公司	会员单位
陕西东望科贸有限公司	会员单位
上海珺维信息科技有限公司	会员单位
上海极臻三维设计有限公司	会员单位
陕西天元智能再制造股份有限公司	会员单位
南京百川行远激光科技股份有限公司	会员单位
弗尔德（上海）仪器设备有限公司	会员单位
禅月工业智能科技（上海）有限公司	会员单位
宁夏锐海科技有限公司	会员单位
天津大格科技股份有限公司	会员单位
上海悦瑞三维科技股份有限公司	会员单位
北京实诺泰克科技有限公司	会员单位
浙江迅实科技有限公司	会员单位
优克多维（大连）科技有限公司	会员单位
磐纹科技（上海）有限公司	会员单位
北京仙塔纳克机电技术有限责任公司	会员单位
金华市易立创三维科技有限公司	会员单位
广州优塑塑料科技有限公司	会员单位
厦门螺壳电子科技有限公司	会员单位
深圳市普立得科技有限公司	会员单位
深圳森工科技有限公司	会员单位
宁波速美科技有限公司	会员单位
深圳市优锐科技有限公司	会员单位
形创（上海）贸易有限公司	会员单位
武汉易制科技有限公司	会员单位
河源市光神王网络技术有限公司	会员单位
广州宝恒科技有限公司	会员单位
厦门三维天空信息科技有限公司	会员单位
青岛亿辰电子科技有限公司	会员单位
深圳三维立现科技有限公司	会员单位
江苏豪然喷射成形合金有限公司	会员单位
大连三垒科技有限公司	会员单位
青岛科元三迪智能科技有限公司	会员单位
雷诺丽特塑料科技（北京）有限公司	会员单位
河南医工智能科技有限公司	会员单位

单位名称	单位级别
浙江必印三维科技发展有限公司	会员单位
上海万耀科迅展览有限公司	会员单位
北京天星盛世投资中心	会员单位
河南华宇光医疗科技有限公司	会员单位
深圳市七号科技有限公司	会员单位
航天恒星科技有限公司	会员单位
沙河市远维电子科技有限公司	会员单位
江苏薄荷新材料科技有限公司	会员单位
山东中科智能设备有限公司	会员单位
深圳市威勒科技股份有限公司	会员单位
华鑫证券有限责任公司西安阎良红安路证券营业部	会员单位
辽宁森远增材制造科技有限公司	会员单位
保定翰阳科技有限公司	会员单位
湖北恒维通智能科技有限公司	会员单位
上海数巧信息科技有限公司	会员单位
北京金橙子科技股份有限公司	会员单位
广州晋原铭科技有限公司	会员单位
辽宁冠达新材料科技有限公司	会员单位
新乡市滤清器有限公司	会员单位
浙江天雄工业技术有限公司	会员单位
宁夏北鼎新材料产业技术有限公司	会员单位
江苏云仟佰数字科技有限公司	会员单位
上海龙烁焊材有限公司	会员单位
蓝点（辽宁）人工智能技术研发有限公司	会员单位
盘星新型合金材料（常州）有限公司	会员单位
重庆瑞佳达科技有限公司	会员单位
武汉必盈生物科技有限公司	会员单位
苏州双恩智能科技有限公司	会员单位
苏州倍丰智能科技有限公司	会员单位
北京中显恒业仪器仪表有限公司	会员单位
南京联空智能增材研究院有限公司	会员单位
河北新立中有色金属集团有限公司	会员单位
浙江起迪科技有限公司	会员单位
镭脉工业科技（上海）有限公司	会员单位
堃腾（上海）信息技术有限公司	会员单位
未来三维教育科技（厦门）有限公司	会员单位
苏州西帝摩三维打印科技有限公司	会员单位

单位名称	单位级别
江苏锐力斯三维科技有限公司	会员单位
博纳云智（天津）科技有限公司	会员单位
北矿新材科技有限公司	会员单位
广州瑞通增材科技有限公司	会员单位
江苏金物新材料有限公司	会员单位
西普曼增材科技（北京）有限公司	会员单位
乔治费歇尔精密机床（上海）有限公司	会员单位
深圳升华三维科技有限公司	会员单位
上海航翼高新技术发展研究院有限公司	会员单位
南京英尼格玛工业自动化技术有限公司	会员单位
EDF(中国)投资有限公司	会员单位
云维电子科技有限公司	会员单位
山西智航增材制造有限公司	会员单位
上海典翔自动化设备有限公司	会员单位
洛阳易普特智能科技有限公司	会员单位
安徽哈特三维科技有限公司	会员单位
河北英曼卡科技有限公司	会员单位
承德钛能轧钢有限公司	会员单位
天津镭明激光科技有限公司	会员单位
江苏泰特尔新材料科技股份有限公司	会员单位
常州欧亚咨询有限公司	会员单位
江苏科技大学海洋装备研究院	会员单位
桂林狮达技术股份有限公司	会员单位
南京威布三维科技有限公司	会员单位
运城黑麦科技有限公司	会员单位
厦门五星珑科技有限公司	会员单位
北京绿程生物材料技术有限公司	会员单位
浙江维彬三维科技有限公司	会员单位
德世爱普认证（上海）有限公司	会员单位
上海云匙科技有限公司	会员单位
嘉兴颐投模具有限公司	会员单位
必印科技股份有限公司	会员单位
北京龙宇互联科技有限公司	会员单位
优你造科技（北京）有限公司	会员单位
爱思特科技发展有限公司	会员单位
苏州艾诺得贸易有限公司	会员单位
吉林省世纪归来智能科技有限公司	会员单位

单位名称	单位级别
青海圣诺光电科技有限公司	会员单位
中国机电产品进出口商会	会员单位
南京神舟航天智能科技有限公司	会员单位
浙江云印三维科技发展股份有限公司	会员单位
上海睿现信息科技有限公司	会员单位
广东九聚智能科技有限公司	会员单位
山东迈得新材料有限公司	会员单位
西安国宏天易智能科技有限公司	会员单位
杭州聚丰新材料有限公司	会员单位
杭州始足体育科技有限公司	会员单位
深圳市优奕视界有限公司	会员单位
深圳市云图创智科技有限公司	会员单位
青岛德创表面技术工程有限公司	会员单位
深圳撒罗满科技有限公司	会员单位
浙江中环瑞蓝科技发展有限公司	会员单位
斯科瑞新材料科技（山东）股份有限公司	会员单位
宁夏锐界信息科技有限公司	会员单位
重庆三迪时空网络科技有限公司	会员单位
三迪时空网络科技（北京）有限公司	会员单位
江苏三迪时空网络科技有限公司	会员单位
四川省增材制造技术协会	会员单位
北京神州三维创想科技有限公司	会员单位
青岛三迪时空增材制造有限公司	会员单位
深圳三迪时空网络科技有限公司	会员单位
上海三迪时空网络科技股份有限公司	会员单位
青岛三迪时空智能科技发展有限公司	会员单位
重庆世纪之光科技实业有限公司	会员单位
上海中冶医院	会员单位
上海云铸三维科技有限公司	会员单位
上海创克加科技有限公司	会员单位
长沙麓创增材制造有限公司	会员单位
上海德济医院有限公司	会员单位
精唯信诚（北京）科技有限公司	会员单位
上海福斐科技发展有限公司	会员单位
山东创瑞激光科技有限公司	会员单位
锐力斯传动系统（苏州）有限公司	会员单位
暨南大学	会员单位

单位名称	单位级别
广州康科三维数字技术有限公司	会员单位
北京斯克莱特科技有限公司	会员单位
南通金源智能技术有限公司	会员单位
浙江起迪科技有限公司	会员单位
中航试金石检测科技（大厂）有限公司	会员单位
广州康科信息科技有限公司	会员单位
镭脉工业科技（上海）有限公司	会员单位
苏州倍丰激光科技有限公司	会员单位
苏州双恩智能科技有限公司	会员单位
易欧司光电技术（上海）有限公司	会员单位
重庆瑞佳达科技有限公司	会员单位
北京中显恒业仪器仪表有限公司	会员单位
北京云尚制造科技有限公司	会员单位
河北新立中有色金属集团有限公司	会员单位
辽宁冠达新材料科技有限公司	会员单位
清锋（北京）科技有限公司	会员单位
北京梦之墨科技有限公司	会员单位
武汉必盈生物科技有限公司	会员单位
广州晋原铭科技有限公司	会员单位
新乡市滤清器有限公司	会员单位
南京市增材制造协会	会员单位
北京斯克莱特科技有限公司	会员单位
中海陆基（北京）科技发展有限责任公司	会员单位
北京德雷凯科技有限公司	会员单位
飞腾信息技术有限公司	会员单位
深圳鼎新智能自动化设备有限公司	会员单位
北京拓宝增材科技有限公司	会员单位
东莞爱的合成材料科技有限公司	会员单位
杭州浙富核电设备有限公司	会员单位
北京航天九斗科技有限公司	会员单位
沈阳五寰材料科技有限公司	会员单位
杭州唯迪尚创新科技有限公司	会员单位
晶瓷（北京）新材料科技有限公司	会员单位
科路睿（天津）生物技术有限公司	会员单位
凯联（北京）投资基金管理有限公司	会员单位
深圳薪创生命科技有限公司	会员单位
苏州沃瓦克工业除尘设备有限公司	会员单位

单位名称	单位级别
北京空间智筑技术有限公司	会员单位
陕西金信天钛材料科技有限公司	会员单位
深圳市人彩科技有限公司	会员单位
厦门伍壹零贰原力精密制造有限公司	会员单位
苏州永沁泉智能设备有限公司	会员单位
深圳市宝辰鑫激光科技有限公司	会员单位
南京健安干燥设备厂	会员单位
亚琛联合科技（天津）有限公司	会员单位
内蒙古众合增材制造科技有限公司	会员单位
河北敬业增材制造科技有限公司	会员单位
长三角先进材料研究院	会员单位
深圳阿尔比斯科技有限公司	会员单位
深圳奇遇科技有限公司	会员单位
贵州森远增材制造科技有限公司	会员单位
北京万维增材科技有限公司	会员单位
宁波石墨烯创新中心有限公司	会员单位
广东省科学院新材料研究所	会员单位
广东腐蚀科学与技术创新研究院	会员单位
智维新材（西安）科技有限公司	会员单位
创联三维科技（青岛）有限公司	会员单位
EDF（中国）投资有限公司	会员单位